Java Programming in Action

关东升◎编著

Java

从小白到大牛

（第2版）

清华大学出版社
北京

内容简介

本书是一部系统论述 Java 编程语言、OOP 编程思想以及函数式编程思想的立体化教程(含纸质图书、教学课件、源代码与视频教程)。全书共分为四篇:第一篇 Java 基础(第 1~10 章),第二篇面向对象(第 11~18 章),第三篇 Java 进阶(第 19~28 章),第四篇项目实战(第 29 和 30 章)。主要内容包括:Java 语法基础、Java 编码规范、数据类型、运算符、控制语句、数组、字符串、面向对象基础、继承与多态、抽象类与接口、枚举类、Java 常用类、集合框架、泛型、Java 函数式编程、异常处理、文件管理与 I/O 流、多线程、网络编程和 Swing 图形用户界面编程、反射、注解和数据库编程等技术。最后是项目实战,系统地讲解了两个项目:PetStore 宠物商店和 Java 版 QQ 聊天工具开发过程。

为便于读者高效学习,快速掌握 Java 编程方法,本书作者精心制作了完整的教学课件、完整的源代码与丰富的配套视频教程以及在线答疑服务等内容。

本书不仅适合 Java 初学者阅读,也适合作为高级 Java 技术人员的参考书。

本书封面贴有清华大学出版社防伪标签,无标签者不得销售。
版权所有,侵权必究。举报:010-62782989,beiqinquan@tup.tsinghua.edu.cn。

图书在版编目(CIP)数据

Java 从小白到大牛/关东升编著. —2 版. —北京:清华大学出版社,2021.1
ISBN 978-7-302-56797-4

Ⅰ. ①J… Ⅱ. ①关… Ⅲ. ①JAVA 语言—程序设计—教材 Ⅳ. ①TP312.8

中国版本图书馆 CIP 数据核字(2020)第 217414 号

责任编辑:盛东亮　钟志芳
封面设计:李召霞
责任校对:时翠兰
责任印制:宋　林

出版发行:清华大学出版社
网　　址:http://www.tup.com.cn,http://www.wqbook.com
地　　址:北京清华大学学研大厦 A 座
邮　　编:100084
社 总 机:010-62770175
邮　　购:010-83470235
投稿与读者服务:010-62776969,c-service@tup.tsinghua.edu.cn
质量反馈:010-62772015,zhiliang@tup.tsinghua.edu.cn
课件下载:http://www.tup.com.cn,010-83470236

印 装 者:三河市中晟雅豪印务有限公司
经　　销:全国新华书店
开　　本:203mm×260mm　　印　张:31　　字　数:838 千字
版　　次:2018 年 5 月第 1 版　　2021 年 3 月第 2 版　　印　次:2021 年 3 月第 1 次印刷
印　　数:1~2500
定　　价:99.00 元

产品编号:089116-01

推荐序
FOREWORD

  Java 已经诞生 20 多年了。20 多年对于一门计算机语言来说,已经非常悠久了。然而,20 多年来 Java 一直是最受欢迎的计算机语言之一!

  20 多年来,Java 语言与时俱进。Java 诞生之时,互联网刚刚兴起,面向对象的编程理论十分流行,Java 为适应当时的潮流,被设计成为基于 Java 虚拟机的面向对象的编程语言,这些优点使之易学易用、适合快速高效开发项目、一经编译就能到处使用。随着时代的发展,函数式编程成为新的流行风格,Java 8 便引入了函数式接口、Lambda 表达式,使其也能够支持函数式编程。

  一直以来,不断有新的编程语言试图取而代之。例如,Python、Kotlin 和 JavaScript 等语言的上升势头就很迅猛。Python 简单易用,开发库众多,应用领域也非常广泛,现在很多项目开发者已经开始使用 Python。Kotlin 则是更为年轻的语言,Kotlin 语言以 Java 为鉴,在其基础上改进,使之变得简单而实用。2017 年的 Google I/O 大会上,Google 公司宣布 Kotlin 语言作为 Android 应用开发的一级语言。JavaScript 语言原本是设计在浏览器中运行的脚本语言,现在也可以用于开发服务器端程序了,还可以开发游戏。面对众多后来者的对于市场的"蚕食",虽然挑战众多,Java 仍然是排名第一的计算机编程语言。使用 Java 开发的项目几乎无处不在!这除了是因为 Java 固有的优点之外,Java 开源社区为开发者提供的丰富的 Java 库,也功不可没,它们使 Java 项目开发快速而稳定。为了使 Java 生态更为完善,2017 年 8 月 Oracle(甲骨文)将 Java EE(Java Enterprise Edition)移交给开源组织,让更多的开发者参与到 Java 的不断改进和壮大中来。

  本书作者受清华大学出版社再三邀请,针对零基础的入门级读者(高校学生、刚步入工作岗位的程序员),编写一本涵盖教材、课件、代码、视频与互动答疑的立体化教程(《Java 从小白到大牛》)。全书共分为四篇:第一篇 Java 基础(第 1 章~第 10 章),第二篇面向对象(第 11 章~第 18 章),第三篇 Java 进阶(第 19 章~第 28 章),第四篇项目实战(第 29 章~第 30 章)。主要内容包括:Java 语法基础;Java 编码规范;数据类型;运算符;控制语句;数组;字符串;面向对象基础;继承与多态;抽象类与接口;枚举类;Java 常用类;集合框架;泛型;反射机制;注解;Java 函数式编程;异常处理;输入输出;多线程;网络编程和图形用户界面编程;反射;注解和数据库编程等技术;项目实战。期待读者能够透彻学习本书,真正实现作者所期待的 Java 编程开发从"小白"到"大牛"。

  此外,更值得称赞的是,作者还为本书录制了完整的配套视频,这种含金量极高的增值服务,将带给读者前所未有的学习效果。

高嫄

Oracle Academy 中国教育主任

前言 PREFACE

距离《Java 从小白到大牛》第 1 版出版已经三年多时间了，由于 Oracle 公司加快了 Java 版迭代步伐，Java 14 已经发布，读者需要知道更多的 Java 新功能。在这个大的背景下，我们推出了《Java 从小白到大牛》第 2 版。

新变化

根据广大读者第 1 版的反馈，以及 Java 新功能的增加，《Java 从小白到大牛》第 2 版变化如下：
（1）IDE 工具不再推荐使用 Eclipse，而是 IntelliJ IDEA。
（2）介绍 Java 10 增强局部变量类型推断功能。
（3）介绍 Java 14 中的 switch 语句。
（4）调整优化介绍 Java 函数式编程和 Lambda 表达式。
（5）在集合中增加介绍 forEach() 方法。
（6）介绍搭建自己的 Web 服务器。
（7）数据库升级为 MySQL 8。

立体化图书

本书继续采用立体化图书概念，所谓"立体化图书"就是图书包含书籍、配套视频、配套课件、配套源代码和服务等内容。

本书读者对象

本书是一本 Java 编程语言入门图书。无论您是计算机相关专业的大学生，还是从事软件开发工作的职场人，这本书都适合您。但如果您想更深入学习 Java 应用技术，则需要选择其他图书。

使用书中源代码

书中包括了 200 多个完整示例，以及两个完整的案例项目源代码，读者可以到清华大学出版社网站下载。

下载本书源代码并解压代码，会看到如图 0-1 所示的目录结构。ch3～ch30 是本书第 3～30 章示例代码。

配套代码大部分都是通过 IntelliJ IDEA 工具创建的项目，读者可以通过 IntelliJ IDEA 工具打开这些源代码项目。如果读者的 IntelliJ IDEA 工具处于如图 0-2 所示的欢迎界面，则单击 Open or Import 按钮，打开如图 0-3 所示的项目对话框，找到 IntelliJ IDEA 项目文件夹，即 ■ 图标的文件夹。如果读者已经进入 IntelliJ IDEA 工具，可以通过选择菜单 File→Open 命令打开如图 0-3 所示的项目对话框。

图 0-1 示例源代码目录结构

图 0-2 欢迎界面

图 0-3 项目对话框

致谢

在此感谢清华大学出版社盛东亮编辑给我们提供了宝贵的意见。感谢智捷课堂团队赵志荣、赵大羽、关锦华、闫婷娇、刘佳笑和赵浩丞参与部分内容写作。感谢赵浩丞手绘了书中全部草图,并从专业的角度修改书中图片,力求更加真实完美地奉献给广大读者。感谢我的家人容忍我的忙碌,以及对我的关心和照顾,使我能抽出这么多时间投入全部精力专心编写此书。

由于Java更新迭代很快,而作者水平有限,书中难免存在瑕疵及不妥之处,请读者提出宝贵意见,以便再版时改进。

关东升

2020年10月

知识图谱
MAPPING KNOWLEDGE DOMAIN

目录
CONTENTS

第一篇 Java 基础

第1章 开篇综述 ... 3
- 1.1 Java 语言历史 ... 4
- 1.2 Java 语言特点 ... 4
- 1.3 Java 平台 ... 6
  - 1.3.1 Java SE ... 6
  - 1.3.2 Java EE ... 6
  - 1.3.3 Java ME ... 6
- 1.4 Java 虚拟机 ... 6
- 1.5 本章小结 ... 7
- 1.6 同步练习 ... 7

第2章 开发环境搭建 ... 8
- 2.1 JDK 工具包 ... 8
  - 2.1.1 Windows 平台安装 JDK 14 环境要求 ... 8
  - 2.1.2 JDK 下载和安装 ... 8
  - 2.1.3 设置环境变量 ... 9
- 2.2 IntelliJ IDEA 开发工具 ... 13
  - 2.2.1 IntelliJ IDEA 下载 ... 13
  - 2.2.2 IntelliJ IDEA 安装 ... 15
- 2.3 使用文本编辑工具 ... 15
- 2.4 本章小结 ... 16
- 2.5 动手实践 ... 16

第3章 第一个 Java 程序 ... 17
- 3.1 使用 IntelliJ IDEA 实现 ... 17
  - 3.1.1 创建项目 ... 17
  - 3.1.2 创建类 ... 18
  - 3.1.3 运行程序 ... 19
- 3.2 文本编辑工具+JDK 实现 ... 20
  - 3.2.1 编写源代码文件 ... 21
  - 3.2.2 编译程序 ... 21
  - 3.2.3 运行程序 ... 21
- 3.3 代码解释 ... 21
- 3.4 本章小结 ... 23

3.5 动手实践：世界，你好！ ··· 23

第4章 Java语法基础 ·· 24
4.1 标识符、关键字和保留字 ··· 24
　　4.1.1 标识符 ·· 24
　　4.1.2 关键字 ·· 24
4.2 Java分隔符 ·· 25
4.3 变量 ·· 26
　　4.3.1 变量声明 ··· 26
　　4.3.2 使用Java 10局部变量类型推断 ······································· 27
4.4 常量 ·· 28
4.5 Java源代码文件 ··· 28
4.6 包 ··· 29
　　4.6.1 定义包 ·· 29
　　4.6.2 引入包 ·· 31
　　4.6.3 常用包 ·· 31
4.7 本章小结 ·· 32
4.8 同步练习 ·· 32

第5章 Java编码规范 ·· 33
5.1 命名规范 ·· 33
5.2 注释规范 ·· 34
　　5.2.1 文件注释 ··· 34
　　5.2.2 文档注释 ··· 34
　　5.2.3 代码注释 ··· 36
5.3 代码排版 ·· 38
　　5.3.1 空行 ··· 38
　　5.3.2 空格 ··· 39
　　5.3.3 缩进 ··· 40
　　5.3.4 断行 ··· 41
5.4 其他规范 ·· 41
5.5 本章小结 ·· 42
5.6 同步练习 ·· 43

第6章 数据类型 ··· 44
6.1 基本数据类型 ·· 44
　　6.1.1 整数类型 ··· 44
　　6.1.2 浮点类型 ··· 45
　　6.1.3 字符类型 ··· 46
　　6.1.4 布尔类型 ··· 48
6.2 数值表示方式 ·· 48
　　6.2.1 进制数字表示 ··· 48
　　6.2.2 指数表示 ··· 48
6.3 数值类型相互转换 ·· 49
　　6.3.1 自动类型转换 ··· 49

		6.3.2　强制类型转换 ······ 50
6.4	引用数据类型 ······ 51	
6.5	本章小结 ······ 52	
6.6	同步练习 ······ 52	

第 7 章　运算符 ······ 53

7.1	算术运算符 ······ 53
	7.1.1　一元运算符 ······ 53
	7.1.2　二元运算符 ······ 54
	7.1.3　算术赋值运算符 ······ 55
7.2	关系运算符 ······ 56
7.3	逻辑运算符 ······ 57
7.4	位运算符 ······ 58
7.5	其他运算符 ······ 60
7.6	运算符优先级 ······ 60
7.7	本章小结 ······ 61
7.8	同步练习 ······ 61

第 8 章　控制语句 ······ 62

8.1	分支语句 ······ 62
	8.1.1　if 语句 ······ 62
	8.1.2　switch 语句 ······ 64
	8.1.3　Java 14 中 switch 新特性 ······ 66
8.2	循环语句 ······ 66
	8.2.1　while 语句 ······ 67
	8.2.2　do-while 语句 ······ 67
	8.2.3　for 语句 ······ 68
	8.2.4　增强 for 语句 ······ 69
8.3	跳转语句 ······ 70
	8.3.1　break 语句 ······ 70
	8.3.2　continue 语句 ······ 72
8.4	本章小结 ······ 73
8.5	同步练习 ······ 73
8.6	动手实践：计算水仙花数 ······ 74

第 9 章　数组 ······ 75

9.1	一维数组 ······ 75
	9.1.1　数组声明 ······ 75
	9.1.2　数组初始化 ······ 76
	9.1.3　案例：数组合并 ······ 77
9.2	多维数组 ······ 78
	9.2.1　二维数组声明 ······ 78
	9.2.2　二维数组的初始化 ······ 78
	9.2.3　不规则数组 ······ 79
9.3	本章小结 ······ 81

9.4 同步练习 ... 81
9.5 动手实践：排序给定整数 ... 81

第 10 章 字符串 ... 82
10.1 Java 中的字符串 ... 82
10.2 使用 API 文档 ... 82
10.3 不可变字符串 ... 84
    10.3.1 String ... 84
    10.3.2 字符串池 ... 86
    10.3.3 字符串拼接 ... 87
    10.3.4 字符串查找 ... 88
    10.3.5 字符串比较 ... 89
    10.3.6 字符串截取 ... 91
10.4 可变字符串 ... 92
    10.4.1 StringBuffer 和 StringBuilder ... 92
    10.4.2 字符串追加 ... 93
    10.4.3 字符串插入、删除和替换 ... 94
10.5 本章小结 ... 95
10.6 同步练习 ... 95
10.7 动手实践：公民身份号码识别 ... 96

第二篇 面向对象

第 11 章 面向对象基础 ... 99
11.1 面向对象编程 ... 99
11.2 面向对象三个基本特性 ... 99
11.3 类 ... 100
    11.3.1 类声明 ... 100
    11.3.2 类体 ... 100
11.4 方法重载 ... 102
11.5 封装性与访问控制 ... 104
    11.5.1 私有级别 ... 104
    11.5.2 默认级别 ... 105
    11.5.3 保护级别 ... 106
    11.5.4 公有级别 ... 108
11.6 静态变量和静态方法 ... 108
11.7 静态代码块 ... 110
11.8 本章小结 ... 111
11.9 同步练习 ... 111

第 12 章 对象 ... 113
12.1 创建对象 ... 113
12.2 空对象 ... 114
12.3 构造方法 ... 114
    12.3.1 构造方法概念 ... 114

12.3.2 默认构造方法 ·············· 115
12.3.3 构造方法重载 ·············· 116
12.3.4 构造方法封装 ·············· 117
12.4 this 关键字 ·············· 118
12.5 对象销毁 ·············· 119
12.6 本章小结 ·············· 119
12.7 同步练习 ·············· 119

第 13 章 继承与多态

13.1 Java 中的继承 ·············· 120
13.2 调用父类构造方法 ·············· 122
13.3 成员变量隐藏和方法覆盖 ·············· 123
  13.3.1 成员变量隐藏 ·············· 123
  13.3.2 方法的覆盖 ·············· 124
13.4 多态 ·············· 126
  13.4.1 多态概念 ·············· 126
  13.4.2 引用类型检查 ·············· 127
  13.4.3 引用类型转换 ·············· 129
13.5 再谈 final 关键字 ·············· 131
  13.5.1 final 修饰变量 ·············· 131
  13.5.2 final 修饰类 ·············· 132
  13.5.3 final 修饰方法 ·············· 132
13.6 本章小结 ·············· 133
13.7 同步练习 ·············· 133

第 14 章 抽象类与接口

14.1 抽象类 ·············· 135
  14.1.1 抽象类概念 ·············· 135
  14.1.2 抽象类声明和实现 ·············· 135
14.2 接口 ·············· 137
  14.2.1 抽象类与接口区别 ·············· 137
  14.2.2 接口声明和实现 ·············· 137
  14.2.3 接口与多继承 ·············· 139
  14.2.4 接口继承 ·············· 140
  14.2.5 接口中的默认方法和静态方法 ·············· 141
14.3 本章小结 ·············· 143
14.4 同步练习 ·············· 143

第 15 章 枚举类

15.1 枚举概述 ·············· 144
15.2 枚举类声明 ·············· 145
  15.2.1 最简单形式的枚举类 ·············· 146
  15.2.2 枚举类中成员变量和成员方法 ·············· 147
  15.2.3 枚举类构造方法 ·············· 148
15.3 枚举常用方法 ·············· 149

- 15.4 本章小结 150
- 15.5 同步练习 150

第16章 Java 常用类 151
- 16.1 Java 根类——Object 151
  - 16.1.1 toString()方法 151
  - 16.1.2 对象比较方法 152
- 16.2 包装类 153
  - 16.2.1 数值包装类 154
  - 16.2.2 Character 类 156
  - 16.2.3 Boolean 类 156
  - 16.2.4 自动装箱/拆箱 158
- 16.3 Math 类 159
- 16.4 大数值 161
  - 16.4.1 BigInteger 类 161
  - 16.4.2 BigDecimal 类 162
- 16.5 日期和时间相关类 164
  - 16.5.1 Date 类 164
  - 16.5.2 日期格式化和解析 165
  - 16.5.3 Calendar 类 167
- 16.6 本章小结 168
- 16.7 同步练习 168

第17章 内部类 170
- 17.1 内部类概述 170
  - 17.1.1 内部类的作用 170
  - 17.1.2 内部类的分类 170
- 17.2 成员内部类 171
  - 17.2.1 实例成员内部类 171
  - 17.2.2 静态成员内部类 173
- 17.3 局部内部类 174
- 17.4 匿名内部类 175
- 17.5 本章小结 177
- 17.6 同步练习 177

第18章 Java 函数式编程 178
- 18.1 Lambda 表达式概述 178
  - 18.1.1 从一个示例开始 178
  - 18.1.2 Lambda 表达式实现 180
  - 18.1.3 函数式接口 180
- 18.2 Lambda 表达式简化形式 181
  - 18.2.1 省略参数类型 181
  - 18.2.2 省略参数小括号 181
  - 18.2.3 省略 return 和大括号 183
- 18.3 作为参数使用 Lambda 表达式 183

18.4 访问变量 184
 18.4.1 访问成员变量 184
 18.4.2 捕获局部变量 185
18.5 方法引用 186
18.6 本章小结 187
18.7 同步练习 187
18.8 动手实践：找出素数 188

第三篇　Java 进阶

第 19 章　异常处理

19.1 从一个问题开始 191
19.2 异常类继承层次 191
 19.2.1 Throwable 类 192
 19.2.2 Error 和 Exception 193
 19.2.3 受检查异常和运行时异常 193
19.3 捕获异常 194
 19.3.1 try-catch 语句 195
 19.3.2 多 catch 代码块 196
 19.3.3 try-catch 语句嵌套 198
 19.3.4 多重捕获 199
19.4 释放资源 199
 19.4.1 finally 代码块 199
 19.4.2 自动资源管理 202
19.5 throws 与声明方法抛出异常 203
19.6 自定义异常类 204
19.7 throw 与显式抛出异常 205
19.8 本章小结 206
19.9 同步练习 206
19.10 动手实践：编写自己的异常处理类 208

第 20 章　对象容器——集合

20.1 集合概述 209
20.2 List 集合 210
 20.2.1 常用方法 210
 20.2.2 遍历集合 212
20.3 Set 集合 214
 20.3.1 常用方法 214
 20.3.2 遍历集合 215
20.4 Map 集合 217
 20.4.1 常用方法 217
 20.4.2 遍历集合 219
20.5 本章小结 220
20.6 同步练习 220

第 21 章　泛型 221
21.1　一个问题的思考 221
21.2　使用泛型 223
21.3　自定义泛型类 224
21.4　自定义泛型接口 226
21.5　泛型方法 228
21.6　本章小结 229
21.7　同步练习 229
21.8　动手实践：编写自己的泛型类 229

第 22 章　文件管理与 I/O 流 230
22.1　文件管理 230
22.1.1　File 类 230
22.1.2　案例：文件过滤 231
22.2　I/O 流概述 233
22.2.1　Java 流设计理念 233
22.2.2　流类继承层次 233
22.3　字节流 236
22.3.1　InputStream 抽象类 236
22.3.2　OutputStream 抽象类 236
22.3.3　案例：文件复制 237
22.3.4　使用字节缓冲流 239
22.4　字符流 241
22.4.1　Reader 抽象类 242
22.4.2　Writer 抽象类 242
22.4.3　案例：文件复制 242
22.4.4　使用字符缓冲流 244
22.4.5　字节流转换字符流 245
22.5　本章小结 246
22.6　同步练习 247
22.7　动手实践：读写日期 247

第 23 章　多线程编程 248
23.1　基础知识 248
23.1.1　进程 248
23.1.2　线程 248
23.1.3　主线程 248
23.2　创建子线程 250
23.2.1　实现 Runnable 接口 250
23.2.2　继承 Thread 线程类 252
23.2.3　使用匿名内部类和 Lambda 表达式实现线程体 253
23.3　线程的状态 255
23.4　线程管理 256
23.4.1　线程优先级 256

23.4.2 等待线程结束 ... 257
23.4.3 线程让步 ... 258
23.4.4 线程停止 ... 259
23.5 线程安全 ... 261
23.5.1 临界资源问题 ... 261
23.5.2 多线程同步 ... 263
23.6 线程间通信 ... 266
23.7 本章小结 ... 269
23.8 同步练习 ... 269
23.9 动手实践：时钟应用 ... 270

第24章 网络编程

24.1 网络基础 ... 271
  24.1.1 网络结构 ... 271
  24.1.2 TCP/IP ... 272
  24.1.3 IP地址 ... 272
  24.1.4 端口 ... 272
24.2 TCP Socket 低层次网络编程 ... 273
  24.2.1 TCP Socket 通信概述 ... 273
  24.2.2 TCP Socket 通信过程 ... 273
  24.2.3 Socket 类 ... 274
  24.2.4 ServerSocket 类 ... 275
  24.2.5 案例：文件上传工具 ... 275
  24.2.6 案例：聊天工具 ... 278
24.3 UDP Socket 低层次网络编程 ... 280
  24.3.1 DatagramSocket 类 ... 280
  24.3.2 DatagramPacket 类 ... 281
  24.3.3 案例：文件上传工具 ... 282
  24.3.4 案例：聊天工具 ... 284
24.4 数据交换格式 ... 286
  24.4.1 JSON 文档结构 ... 287
  24.4.2 使用第三方 JSON 库 ... 288
  24.4.3 JSON 数据编码和解码 ... 288
  24.4.4 案例：聊天工具 ... 291
24.5 访问互联网资源 ... 293
  24.5.1 URL 概念 ... 293
  24.5.2 HTTP/HTTPS 协议 ... 294
  24.5.3 搭建自己的 Web 服务器 ... 294
  24.5.4 使用 URL 类 ... 296
  24.5.5 使用 HttpURLConnection 发送 GET 请求 ... 298
  24.5.6 使用 HttpURLConnection 发送 POST 请求 ... 299
  24.5.7 案例：Downloader ... 301
24.6 本章小结 ... 302
24.7 同步练习 ... 302

24.8 动手实践：解析来自于 Web 的结构化数据 ... 302

第 25 章 Swing 图形用户界面编程 ... 303
25.1 Java 图形用户界面技术 ... 303
25.2 Swing 技术基础 ... 304
    25.2.1 Swing 类层次结构 ... 304
    25.2.2 Swing 程序结构 ... 304
25.3 事件处理模型 ... 307
    25.3.1 采用内部类处理事件 ... 308
    25.3.2 采用 Lambda 表达式处理事件 ... 310
    25.3.3 使用适配器 ... 311
25.4 布局管理 ... 313
    25.4.1 FlowLayout 布局 ... 313
    25.4.2 BorderLayout 布局 ... 314
    25.4.3 GridLayout 布局 ... 317
    25.4.4 不使用布局管理器 ... 319
25.5 Swing 组件 ... 320
    25.5.1 标签和按钮 ... 320
    25.5.2 文本输入组件 ... 322
    25.5.3 复选框和单选按钮 ... 325
    25.5.4 下拉列表 ... 327
    25.5.5 列表 ... 329
    25.5.6 分隔面板 ... 330
    25.5.7 使用表格 ... 331
25.6 案例：图书库存 ... 334
25.7 本章小结 ... 340
25.8 同步练习 ... 340
25.9 动手实践：展示 Web 数据 ... 340

第 26 章 反射 ... 341
26.1 Java 反射机制 API ... 341
    26.1.1 java.lang.Class 类 ... 341
    26.1.2 java.lang.reflect 包 ... 342
26.2 创建对象 ... 343
    26.2.1 调用构造方法 ... 343
    26.2.2 案例：依赖注入实现 ... 345
26.3 调用方法 ... 346
26.4 调用成员变量 ... 348
26.5 本章小结 ... 350
26.6 同步练习 ... 350

第 27 章 注解 ... 351
27.1 基本注解 ... 351
    27.1.1 @Override ... 351
    27.1.2 @Deprecated ... 352

	27.1.3	@SuppressWarnings ·································	353

- 27.1.3 @SuppressWarnings ·································· 353
- 27.1.4 @SafeVarargs ······································ 354
- 27.1.5 @FunctionalInterface ······························· 355
- 27.2 元注解 ··· 355
- 27.3 自定义注解 ··· 356
  - 27.3.1 声明注解 ·· 356
  - 27.3.2 案例：使用元注解 ······························· 357
  - 27.3.3 案例：读取运行时注解信息 ····················· 359
- 27.4 本章小结 ··· 361
- 27.5 同步练习 ··· 361

第 28 章 数据库编程 ··· 362
- 28.1 数据持久化技术概述 ····································· 362
- 28.2 MySQL 数据库管理系统 ································· 362
  - 28.2.1 数据库安装和配置 ······························· 363
  - 28.2.2 登录服务器 ····································· 367
  - 28.2.3 常见的管理命令 ································· 367
- 28.3 JDBC 技术 ··· 371
  - 28.3.1 JDBC API ······································ 372
  - 28.3.2 加载驱动程序 ··································· 372
  - 28.3.3 建立数据连接 ··································· 373
  - 28.3.4 三个重要接口 ··································· 377
- 28.4 案例：数据 CRUD 操作 ································· 380
  - 28.4.1 数据库编程一般过程 ····························· 380
  - 28.4.2 数据查询操作 ··································· 380
  - 28.4.3 数据修改操作 ··································· 383
- 28.5 本章小结 ··· 385
- 28.6 同步练习 ··· 385
- 28.7 动手实践：从结构化文档迁移数据到数据库 ············· 385

第四篇 项目实战

第 29 章 项目实战 1：开发 PetStore 宠物商店项目 ············· 389
- 29.1 系统分析与设计 ··· 389
  - 29.1.1 项目概述 ······································· 389
  - 29.1.2 需求分析 ······································· 390
  - 29.1.3 原型设计 ······································· 390
  - 29.1.4 数据库设计 ····································· 390
  - 29.1.5 架构设计 ······································· 393
  - 29.1.6 系统设计 ······································· 394
- 29.2 任务 1：创建数据库 ···································· 395
  - 29.2.1 迭代 1.1：安装和配置 MySQL 数据库 ··········· 395
  - 29.2.2 迭代 1.2：编写数据库 DDL 脚本 ················ 395
  - 29.2.3 迭代 1.3：插入初始数据到数据库 ··············· 396
- 29.3 任务 2：初始化项目 ···································· 396

	29.3.1	迭代 2.1：配置项目构建路径	396
	29.3.2	迭代 2.2：添加资源图片	397
	29.3.3	迭代 2.3：添加包	397
29.4	任务 3：编写数据持久层代码		397
	29.4.1	迭代 3.1：编写实体类	397
	29.4.2	迭代 3.2：数据库帮助类 DBHelper	399
	29.4.3	迭代 3.3：编写 DAO 类	400
29.5	任务 4：编写表示层代码		410
	29.5.1	迭代 4.1：编写启动类	410
	29.5.2	迭代 4.2：编写自定义窗口类——MyFrame	410
	29.5.3	迭代 4.3：用户登录窗口	411
	29.5.4	迭代 4.4：商品列表窗口	413
	29.5.5	迭代 4.5：商品购物车窗口	420
29.6	任务 5：应用程序打包发布		426
	29.6.1	迭代 5.1：处理 TODO 任务	426
	29.6.2	迭代 5.2：打包	426

第 30 章　项目实战 2：开发 Java 版 QQ 聊天工具　429

30.1	系统分析与设计		429
	30.1.1	项目概述	429
	30.1.2	需求分析	429
	30.1.3	原型设计	431
	30.1.4	数据库设计	432
	30.1.5	网络拓扑图	433
	30.1.6	系统设计	433
30.2	任务 1：创建服务器端数据库		434
	30.2.1	迭代 1.1：安装和配置 MySQL 数据库	434
	30.2.2	迭代 1.2：编写数据库 DDL 脚本	434
	30.2.3	迭代 1.3：插入初始数据到数据库	435
30.3	任务 2：创建项目		435
	30.3.1	迭代 2.1：创建 QQ 客户端项目	435
	30.3.2	迭代 2.2：QQ 客户端项目中添加资源图片	435
	30.3.3	迭代 2.3：QQ 客户端项目中添加包	436
	30.3.4	迭代 2.4：QQ 客户端项目添加 JSON-java 库	436
	30.3.5	迭代 2.5：创建 QQ 服务器项目	436
	30.3.6	迭代 2.6：QQ 服务器项目中添加包	436
	30.3.7	迭代 2.7：QQ 服务器项目添加库	436
30.4	任务 3：编写 QQ 服务器项目外围代码		437
	30.4.1	迭代 3.1：数据库帮助类 DBHelper	437
	30.4.2	迭代 3.2：编写 UserDAO 类	438
	30.4.3	迭代 3.3：编写 ClientInfo 类	441
30.5	任务 4：QQ 客户端项目 UI 实现		442
	30.5.1	迭代 4.1：登录窗口实现	442
	30.5.2	迭代 4.2：好友列表窗口实现	446

	30.5.3 迭代4.3：聊天窗口实现	449
30.6	任务5：用户登录过程实现	452
	30.6.1 迭代5.1：客户端启动	452
	30.6.2 迭代5.2：客户端登录编程	454
	30.6.3 迭代5.3：服务器启动	456
	30.6.4 迭代5.4：服务器验证编程	457
30.7	任务6：用户登录刷新好友列表	459
	30.7.1 迭代6.1：用户登录刷新好友列表服务器端编程	460
	30.7.2 迭代6.2：用户登录刷新好友列表客户端编程	460
30.8	任务7：聊天过程实现	462
	30.8.1 迭代7.1：客户端用户1向用户3发送消息	462
	30.8.2 迭代7.2：服务器接收用户1消息与转发给用户3消息	464
	30.8.3 迭代7.3：客户端用户3接收用户1消息	466
30.9	任务8：用户下线刷新好友列表过程	467
	30.9.1 迭代8.1：客户端编程	468
	30.9.2 迭代8.2：服务器端编程	469
30.10	测试与运行	470
	30.10.1 启动服务器	470
	30.10.2 启动服务器失败分析	470
	30.10.3 启动客户端	471
	30.10.4 启动客户端失败分析	472

第一篇 Java基础

本篇包括10章内容,介绍了Java语言的一些基础知识。内容包括Java语言历史、Java语言的特点、开发环境的搭建、创建第一个Java程序、Java语法基础、Java编码规范、数据类型、运算符和控制语句、数组和字符串。通过本篇的学习,读者可以全面了解Java的发展及特点,详细了解Java的语法规范,初步掌握Java程序设计的基本方法。

第1章 开篇综述
第2章 开发环境搭建
第3章 第一个Java程序
第4章 Java语法基础
第5章 Java编码规范
第6章 数据类型
第7章 运算符
第8章 控制语句
第9章 数组
第10章 字符串

第 1 章 开篇综述

CHAPTER 1

Java 诞生到现在已经有 20 多年了,但是 Java 仍然是非常热门的编程语言之一,很多平台中都使用 Java 开发。表 1-1 所示是 TIOBE 社区发布的 2019 年 4 月和 2020 年 4 月的编程语言排行榜,可见 Java 语言的热度,或许这也是很多人选择学习 Java 的主要原因。

表 1-1 TIOBE 编程语言排行榜(数据来源 www.tiobe.com)

2020 年 4 月	2019 年 4 月	变化	编程语言	推荐指数/%	指数变化/%
1	1		Java	16.73	+1.69
2	2		C	16.72	+2.64
3	4	∧	Python	9.31	+1.15
4	3	∨	C++	6.78	+1.23
5	6	∧	C#	4.74	+1.73
6	5	∨	Visual Basic .NET	4.72	−1.07
7	7		JavaScript	2.38	−0.12
8	9	∧	PHP	2.37	+0.13
9	8	∨	SQL	2.17	−0.10
10	16	∧∧	R	1.54	+0.35
11	19	∧∧	Swift	1.52	+0.54
12	18	∧∧	Go	1.25	+0.35
13	13		Ruby	1.24	−0.02
14	10	∨∨	Assembly language	1.05	+0.19
15	22	∧∧	PL/SQL	1.05	+0.26
16	14	∨	Perl	0.97	−0.30
17	11	∨∨	Objective-C	0.94	−0.57
18	12	∨∨	MATLAB	0.93	−0.36
19	17	∨	Classic Visual Basic	0.83	−0.23
20	27	∧∧	Scratch	0.77	+0.28

1.1 Java 语言历史

在正式学习 Java 语言之前,读者有必要先来了解一下 Java 的历史。1990 年底美国 Sun 公司[①]成立了一个称为 Green 的项目组,该 Green 项目主要目标是为消费类电子产品开发一种分布式系统,使之能够操控电冰箱、电视机等家用电器。

消费类电子产品种类很多,包括掌上电脑(个人数字助理,personal digital assistant,PDA)、机顶盒、手机等,这些消费类电子产品所采用的处理芯片和操作系统基本上都是不相同的,存在跨平台等问题。开始时,Green 项目组考虑采用 C++语言来编写消费类电子产品的应用程序,但是 C++语言过于复杂、庞大,而且安全性差。于是他们设计并开发出一种新的语言——Oak(橡树)。Oak 这个名字来源于 Green 项目组办公室窗外的一棵橡树。由于 Oak 在进行注册商标时已经被注册,他们需要为这个新语言取一个新的名字。有一天,几位项目的成员正在咖啡馆喝着 Java(爪哇)咖啡,其中一人灵机一动说就叫 Java 怎么样?马上得到了其他人的同意,于是这个新的语言取名为 Java。

Sun 在 1996 年发布了 Java 1.0,但是 Java 1.0 开发的应用速度很慢,并不适合做真正的应用开发,直到 Java 1.1 速度才有了明显的提升。Java 设计之初是为消费类电子产品开发应用,但是真正使 Java 流行起来是在互联网上的 Web 应用程序,20 世纪 90 年代正处于互联网发展起步阶段,互联网上设备差别很大,需要应用程序能够跨平台运行,Java 语言就具有"一经编写到处运行"的跨平台能力。

从 Java 10 开始 Oracle 公司加快了 Java 发布速度,大约每 6 个月发布一个新版本。到本书编写时,Oracle 公司已经发布了 Java 14。本书中会采用最新的 Java 14 版介绍相关知识点。

1.2 Java 语言特点

Java 语言能够流行起来,并长久不衰,得益于 Java 语言有很多优秀的关键特点。这些特点包括简单、面向对象、分布式、结构中立、可移植、解释执行、健壮、安全、高性能、多线程和动态。下面给出详细解释。

1. 简单

Java 设计目标之一就是能够方便学习、使用简单。由于当初 C++程序员很多,介绍 C++语言的书籍也很多,所以 Java 语言的风格设计成为类似于 C++语言风格,但 Java 摒弃了 C++中容易引发程序错误的地方,如指针、内存管理、运算符重载和多继承等。一方面 C++程序员可以很快迁移到 Java;另一方面没有编程经验的初学者也能很快学会 Java。

2. 面向对象

面向对象是 Java 最重要的特性。Java 是彻底的、纯粹的面向对象语言,在 Java 中"一切都是对象"。Java 完全具有面向对象三个基本特性:封装、继承和多态,其中封装性实现了模块化和信息隐藏;继承性实现了代码的复用,用户可以建立自己的类库。而且 Java 采用的是相对简单的面向对象技术,去掉了多继承等复杂的概念,只支持单继承。

3. 分布式

Java 语言就是为分布式系统而设计的。JDK(Java development kits,Java 开发工具包)中包含了支

[①] Sun Microsystems 公司创建于 1982 年,主要产品是工作站及服务器。1986 年在美国成功上市,1992 年 Sun 推出了市场上第一台多 CPU 台式机,1993 年进入财富 500 强,1995 年开发了 Java 语言,2010 年被 Oracle(甲骨文)公司收购。现在 Java 技术是由甲骨文公司提供的。

持HTTP和FTP等基于TCP/IP协议的类库。Java程序可以凭借URL打开并访问网络上的对象,其访问方式与访问本地文件系统几乎完全相同。

4. 结构中立

Java程序需要在很多不同网络设备中运行,这些设备有很多不同类型的计算机和操作系统。为能够使Java程序在网络的任何地方运行,Java编译器编译生成了与机器结构(CPU和操作系统)无关的字节码(byte-code)文件。任何种类的计算机,只要可以运行Java虚拟机,字节码文件就可以在该计算机上运行。

5. 可移植

体系结构的中立也使得Java程序具有可移植性。针对不同的CPU和操作系统,Java虚拟机有不同的版本,这样就可以保证相同的Java字节码文件可以移植到多个不同的平台上运行。

6. 解释执行

为实现跨平台,Java设计成为解释执行的,即Java源代码文件首先被编译成为字节码文件,这些字节码本身包含了许多编译时生成的信息,在运行时Java解释器负责将字节码文件解释成为特定的机器码进行运行。

7. 健壮

Java语言是强类型语言,它在编译时进行代码检查,使得很多错误能够在编译期被发现,不至于在运行期发生而导致系统崩溃。

Java摒弃了C++中指针操作,指针是一种强大的技术,能够直接访问内存单元,但同时也很复杂,如果指针操控不好,则会引起导致内存分配错误、内存泄漏等问题。而Java中则不会出现由指针所导致的问题。

内存管理方面,C/C++等语言采用手动分配和释放,经常会导致内存泄漏,从而导致系统崩溃。而Java采用自动内存垃圾回收机制,程序员不再需要管理内存,从而减少内存错误的发生,提高了程序的健壮性。

8. 安全

在Java程序执行过程中,类装载器负责将字节码文件加载到Java虚拟机中,这个过程中由字节码校验器检查代码中是否存在着非法操作。如果字节码校验器检验通过,则由Java解释器负责把该字节码解释成为机器码进行执行,这种检查可以防止木马病毒。

另外,Java虚拟机采用的是"沙箱"运行模式,即把Java程序的代码和数据都限制在一定内存空间里执行,不允许程序访问该内存空间外的内存。

9. 高性能

Java编译器在编译时对字节码会进行一些优化,使之生成高质量的代码。Java字节码格式就是针对机器码转换而设计的,实际转换时相当简便。Java在解释运行时采用一种即时编译技术,可使Java程序的执行速度提升很大。经过多年的发展,Java虚拟机也有很多改进,这都使得Java程序的执行速度提升很大。

10. 多线程

Java是为网络编程而设计的,这要求Java能够并发处理多个任务。Java支持多线程编程,多线程机制可以实现并发处理多个任务,互不干涉,不会由于某一任务处于等待状态而影响了其他任务的执行,这样就可以容易地实现网络上的实时交互操作。

11. 动态

Java应用程序在运行过程中，可以动态地加载各种类库，即使更新类库也不必重新编译使用这一类库的应用程序。这一特点使之非常适合于在网络环境下运行，同时也非常有利于软件的开发。

微课视频

1.3 Java平台

Java不仅是编程语言，还是一个开发平台，根据Java应用领域的不同将Java分成三个平台：Java SE、Java EE和Java ME。

1.3.1 Java SE

Java SE是Java Standard Edition的简写，主要目的为台式机和工作站桌面应用（application）程序的版本。Java SE是其他平台的基础，本书主要介绍的就是Java SE版本中的技术。

Java SE中主要包含了JRE（Java SE runtime environment，Java SE运行环境）、JDK（Java development kit，Java开发工具包）和Java核心类库。如果只是运行Java程序，不考虑开发Java程序，那么只安装JRE就可以了。在JRE中包含了Java程序运行所需要的Java虚拟机（Java virtual machine，JVM）。JDK中包含了JRE和一些开发工具，这些工具包括编译器、文档生成器和文件打包等工具。

另外，Java SE中还提供了Java应用程序开发需要的基本的和核心的类库，这些类库包括字符串、集合、输入/输出、网络通信和图形用户界面等。事实上，学习Java就是在学习Java语法和Java类库使用。

1.3.2 Java EE

Java EE是Java Enterprise Edition的简写，主要目的是为简化企业级系统的开发、部署和管理。Java EE是以Java SE为基础的，并提供了一套服务、API接口和协议，能够开发企业级分布式系统、Web应用程序和业务组件等，其中包括JSP、Servlet、EJB、JNI和Java Mail等。

1.3.3 Java ME

Java ME是Java Micro Edition的简写，主要是面向消费类电子产品，为消费电子产品提供一个Java的运行平台，使得Java程序能够在手机、机顶盒、PDA等产品上运行。Java ME在早期的诺基亚塞班手机系统有很多应用，而现在的iOS和Android等智能手机中基本上没有它的用武之地。

微课视频

1.4 Java虚拟机

Java应用程序能够跨平台运行，主要是通过Java虚拟机实现的。如图1-1所示，不同软硬件平台Java虚拟机是不同的，Java虚拟机往下是不同的操作系统和CPU，使用或开发时需要下载不同的JRE或JDK版本。Java虚拟机往上是Java应用程序，Java虚拟机屏蔽了不同软硬件平台，Java应用程序不需要修改，不需要重新编译，直接可以在其他平台上运行。

Java虚拟机中包含了Java解释器，Java程序运行过程如图1-2所示，首先由编译器将Java源程序文件（.java文件）编译成为字节码文件（.class文件），然后再由Java虚拟机中的解释器将字节码解释成为机器码去执行。

图 1-1 Java 虚拟机

图 1-2 Java 程序运行过程

1.5 本章小结

本章首先介绍了 Java 的历史、Java 语言的特点,然后介绍了 Java 三大平台,最后介绍了 Java 虚拟机。

1.6 同步练习

1. Java 语言特点有哪些?
2. Java 平台有哪些?
3. 什么是 Java 虚拟机?

第 2 章 开发环境搭建

CHAPTER 2

《论语·魏灵公》曰:"工欲善其事,必先利其器",做好一件事,准备工作非常重要。在开始学习Java技术之前,先介绍如何搭建Java开发环境是非常重要的一件事情。

Oracle公司提供的JDK只是一个开发工具包,它不是一个IDE(integrated development environments,集成开发环境),IDE的开发工具将程序的编辑、编译、调试、执行等功能集成在一个开发环境中,使用户可以很方便地进行软件的开发。Java开发IDE工具有很多,其中主要有IntelliJ IDEA、Eclipse和NetBeans等。

微课视频

2.1 JDK 工具包

JDK工具包是最基础的Java开发工具,很多Java IDE工具,如IntelliJ IDEA、Eclipse和NetBeans等都依赖于JDK。也有一些人使用"JDK+文本编辑工具"编写Java程序。

2.1.1 Windows 平台安装 JDK 14 环境要求

由于Oracle公司在JDK 11之后不再提供32位Windows版JDK 11安装文件,所以JDK 14版本要求Windows平台为Windows 7以上的64位版。

注意 由于书中截图和配套视频主要是基于Windows 10 64位版操作系统,因此笔者推荐读者使用Windows 10 64位版操作系统作为本书的学习平台。

2.1.2 JDK 下载和安装

图2-1所示是JDK 14下载界面,它的下载地址是 https://www.oracle.com/java/technologies/javase-jdk14-downloads.html。其中有很多版本,支持的操作系统有Linux、macOS[①]、Solaris[②]和Windows。

根据需要选择不同的JDK安装文件下载。笔者选择的是jdk-14.0.1_windows-x64_bin.exe安装文件下载。下载过程弹出如图2-2所示对话框,读者同意Oracle公司网络许可(License Agreement)才能下载,然后单击Download按钮就可以下载JDK文件了。

下载完成后,双击安装文件即可安装,安装过程中会弹出如图2-3所示的"安装内容选择"对话框,

---

① 苹果桌面操作系统,基于UNIX操作系统,现在改名为macOS。
② 原Sun公司UNIX操作系统,现在被Oracle公司收购。

可以单击"更改"按钮改变文件的安装路径。然后单击"下一步"按钮可以开始安装了，安装完成弹出如图 2-4 所示的对话框，单击"关闭"按钮完成安装过程。

图 2-1　下载 JDK 11

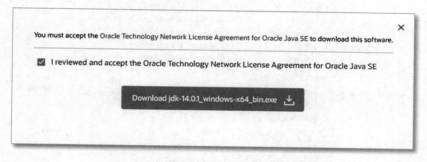

图 2-2　同意 Oracle 公司网络许可并下载

2.1.3　设置环境变量

安装完成之后，需要设置环境变量，主要包括：

（1）JAVA_HOME 环境变量，指向 JDK 目录，很多 Java 工具运行都需要 JAVA_HOME 环境变量，所以推荐添加该变量。

图 2-3 "安装内容选择"对话框

图 2-4 JDK 安装完成

（2）将 JDK\bin 目录添加到 Path 环境变量中，这样在任何路径下都可以执行 JDK 提供的工具指令。

首先需要打开 Windows 系统环境变量设置对话框，打开该对话框有很多方式，如果是 Windows 10 系统，则打开步骤是：在计算机桌面右击"此电脑"图标，选择"属性"，然后弹出如图 2-5 所示的 "Windows 系统"对话框，单击左边的"高级系统设置"超链接，打开如图 2-6 所示的"系统属性"对话框。

图 2-5 "Windows 系统"对话框

在图 2-6 所示的对话框中，单击"环境变量"按钮打开"环境变量"设置对话框，如图 2-7 所示，可以在 用户变量（上半部分，只配置当前用户）或系统变量（下半部分，配置所有用户）添加环境变量。一般情况 下，在用户变量中设置环境变量。

图 2-6 "系统属性"对话框

图 2-7 "环境变量"设置对话框

在用户变量部分单击"新建"按钮,弹出"新建用户变量"对话框,如图 2-8 所示。将"变量名"设置为 JAVA_HOME,将"变量值"设置为 JDK 安装路径。最后单击"确定"按钮完成设置。

图 2-8　设置 JAVA_HOME

然后追加 Path 环境变量,在如图 2-7 所示对话框中的用户变量中找到 Path,双击 Path 弹出如图 2-9 所示的"编辑环境变量"对话框。单击右侧的"编辑文本"按钮,弹出"编辑用户变量"对话框,如图 2-10 所示追加 %JAVA_HOME%\bin。注意,多个变量路径之间用";"(分号)分隔。最后单击"确定"按钮完成设置。

图 2-9　"编辑环境变量"对话框

提示　在 Windows 10 第 1 版以及 Windows 10 之前的 Windows 版本中,双击 Path 变量不会弹出图 2-9 所示对话框而是直接弹出图 2-10 所示对话框。

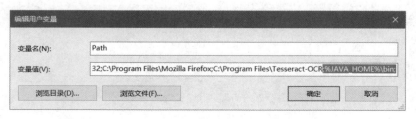

图 2-10　"编辑用户变量"对话框

下面测试环境设置是否成功，可以通过在命令提示行中输入 javac 指令，看是否能够找到该指令，如图 2-11 所示，则说明环境设置成功。

提示　打开命令行工具，可以通过右击桌面左下角的 Windows 图标，再单击"运行"菜单，弹出"运行"对话框如图 2-12 所示，在"打开"输入框中输入 cmd 命令，然后按 Enter 键。

图 2-11　通过命令提示行测试环境变量　　　　图 2-12　"运行"对话框

2.2　IntelliJ IDEA 开发工具

微课视频

IntelliJ IDEA 被很多 Java 专家认为是最优秀的 Java IDE 开发工具。IntelliJ IDEA 提供了丰富的快捷键，如果愿意用键盘操作，完全可以不用鼠标，使用 IntelliJ IDEA 提供的快捷键就可以完成所有编程工作。

提示　虽然 Eclipse 和 NetBeans IDE 工具也非常好用，但是相比 IntelliJ IDEA，考虑到未来的发展，笔者更推荐使用 IntelliJ IDEA 工具。而且所有 Jetbrains 公司开发的 IDE 工具都具有类似的设置、菜单、功能和快捷键。读者在使用其他的 Jetbrains 公司开发的 IDE 工具可以很轻松上手。

IntelliJ IDEA 是 Jetbrains 公司（www.jetbrains.com）研发的一款 Java IDE 开发工具。Jetbrains 是一家捷克公司，该公司开发的很多工具都好评如潮。如图 2-13 所示为 Jetbrains 公司开发的工具，这些工具可以编写 C/C++、C♯、DSL、Go、Groovy、Java、JavaScript、Kotlin、Objective-C、PHP、Python、Ruby、Scala、SQL 和 Swift 语言。

2.2.1　IntelliJ IDEA 下载

IntelliJ IDEA 下载地址是 https://www.jetbrains.com/idea/download/，从图 2-14 所示页面可见，IntelliJ IDEA 有两个版本：Ultimate（旗舰版）和 Community（社区版）。旗舰版是收费的，可以免费试用 30 天，如果超过 30 天，则需要购买软件许可（License key）。社区版是完全免费的，对于学习 Java 语言，社区版已经足够了。

注意　IntelliJ IDEA 2020.1.1 以及之后的版本才支持 JDK 14。

图 2-13　Jetbrains 公司开发的工具

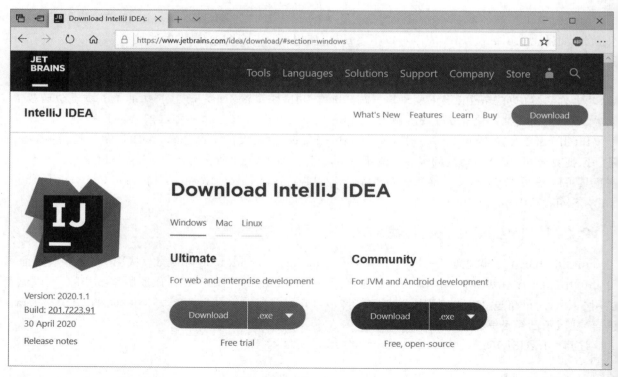

图 2-14　下载 IntelliJ IDEA

2.2.2 IntelliJ IDEA 安装

安装 IntelliJ IDEA 比较简单,笔者下载的是 IntelliJ IDEA 2020 社区版,下载文件是 ideaIC-2020.1.1.exe,双击该文件开始安装。安装过程中会出现安装选项对话框,如图 2-15 所示,笔者选择 Create Desktop Shortcut 中的 64-bit launcher 选项,这会在桌面创建快捷图标,其他选项可以不必选择。选择完成后单击 Next 按钮进行安装。

图 2-15　安装选项对话框

2.3　使用文本编辑工具

微课视频

IDE 开发工具提供了强大的开发能力,也提供了语法提示功能,但对于学习 Java 的学员而言语法提示并不是件好事,建议初学者采用文本编辑工具+JDK 学习。开发过程就使用文本编辑工具编写 Java 源程序,然后使用 JDK 提供的 javac 指令编译 Java 源程序,再使用 JDK 和 JRE 提供的 java 指令运行。

提示　javac 和 java 等指令需要在命令提示行中执行,打开命令行参考 2.1.3 节。

Windows 平台下的文本编辑工具有很多,常用的工具如下。
- 记事本:Windows 平台自带的文本编辑工具,关键字不能高亮显示。
- UltraEdit:历史悠久、强大的文本编辑工具,可支持文本列模式等很多有用的功能,官网 www.ultraedit.com。
- EditPlus:历史悠久、强大的文本编辑工具,小巧、轻便、灵活,官网 www.editplus.com。
- Sublime Text:近年来发展和壮大的文本编辑工具,所有的设置没有图形界面,在 JSON 格式[①] 文件中进行,初学者入门比较难,官网 www.sublimetext.com。

从易用性的角度和版权问题,笔者推荐使用 Sublime Text 工具,读者可以根据自己的喜好选择文本编辑工具。

---

① JSON(JavaScript Object Notation)是一种轻量级的数据交换格式,采用键值对形式,如:{"firstName":"John"}。

2.4 本章小结

通过对本章的学习，读者可以了解 Java 开发工具，其中重点是 IntelliJ IDEA 工具的下载、安装和使用。此外，还介绍了几个常用的文本编辑工具。

2.5 动手实践

1. 在 Windows 平台安装和配置 IntelliJ IDEA 工具，使其能够开发 Java 应用程序。
2. 使用 Sublime Text 工具编写 Java 程序并保存。

第3章 第一个 Java 程序
CHAPTER 3

本书第一个 Java 程序是通过控制台输出 HelloWorld，以这个示例为切入点，系统介绍 Java 程序的编写、Java 源代码结构以及一些基础知识。

在 Java 中，程序都是以类的方式组织的，Java 源文件都保存在 .java 文件中。每个可运行的程序都是一个类文件，或者称为字节码文件，保存为 .class 文件。要实现在控制台中输出 HelloWorld 示例，则需要编写一个 Java 类。

3.1 使用 IntelliJ IDEA 实现

微课视频

HelloWorld 示例可通过多种工具实现，本节首先介绍如何通过 IntelliJ IDEA 实现。

3.1.1 创建项目

在 IntelliJ IDEA 中通过项目(Project)管理 Java 类，因此需要先创建一个 Java 项目，然后在项目中创建一个 Java 类。

IntelliJ IDEA 创建项目步骤如下：

(1) 如果 IntelliJ IDEA 第一次启动，则先启动如图 3-1 所示的欢迎页面，在欢迎页面中单击 Create New Project 按钮，进入如图 3-2 所示对话框。

图 3-1 欢迎页面

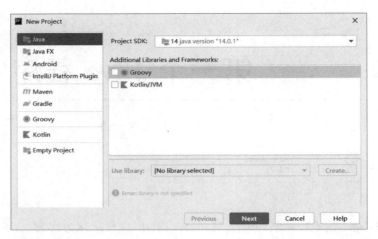

图 3-2　新建 Java 项目

（2）如果已经进入 IntelliJ IDEA 工具，则通过选择 File→New→Project 菜单，也可以进入如图 3-所示对话框。

在图 3-2 中选择 Java 项目类型。如果 JDK 配置没有问题，则在 Project SDK 下拉框中会识别 JDK版本。其他的选项保持默认值，然后单击 Next 按钮进入如图 3-3 所示对话框进行 Java 项目模板选择注意不要选择任何选项，直接单击 Next 按钮进入如图 3-4 所示对话框进行项目名称设置。根据自己的情况在 Project name 输入框中输入项目名称，在 Project location 输入框中输入项目保存路径。设置完成后单击 Finish 按钮完成项目创建，然后进入如图 3-5 所示的 IntelliJ IDEA 工具。

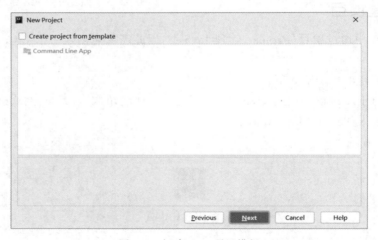

图 3-3　新建 Java 项目模板

3.1.2　创建类

项目创建完成后，右击 src 文件夹，选择 New→Java Class 菜单命令，打开如图 3-6（a）所示 NewJava Class（新建 Java 类）对话框。然后在输入框中输入类名 HelloWorld，如图 3-6（b）所示，双击 Clas类型创建 HelloWorld 类，如图 3-7 所示。

图 3-4　项目名称设置

图 3-5　项目创建完成

图 3-6　"New Java Class"对话框

3.1.3　运行程序

修改刚生成的 HelloWorld.java 源文件，添加 main 方法，并添加输出语句。修改完成后代码如下：

```
public class HelloWorld {

    public static void main(String[] args) {    ①
        System.out.print("Hello World.");        ②
```

图 3-7　创建类完成

}

}

代码第①行中的 public static void main(String[] args)方法是一个应用程序的入口,也表明了 HelloWorld 是一个 Java 应用程序(Java Application),可以独立运行。代码第②行的 System.out.print("Hello World.")语句是输出 Hello World.字符串到控制台。

程序编写完毕就可以运行了。如果是第一次运行,则需要选择运行方法,具体步骤:右击 HelloWorld 文件,选择 Run 'HelloWorld.main()'菜单运行 HelloWorld 程序。如果已经运行过一次,就不需要这么麻烦了,直接单击工具栏中的"运行" ▶ 按钮,或选择菜单 Run→Run 'HelloWorld',或使用快捷键 Shift+F10,就可以运行上次的程序。运行结果如图 3-8 所示,则 Hello World.字符串显示在下面的控制台中。

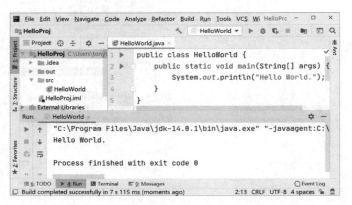

图 3-8　运行结果

3.2　文本编辑工具＋JDK 实现

微课视频

如果不想使用 IDE 工具(建议初学者通过这种方式学习 Java),那么文本编辑工具＋JDK 对于初学者而言是一个不错的选择,这种方式可以使初学者了解到 Java 程序的编译和运行过程,通过自己在编辑器中输入所有代码,可以帮助熟悉常用类和方法。

3.2.1 编写源代码文件

首先使用任何文本编辑工具创建一个文件,然后将文件保存为 HelloWorld.java。接着在 HelloWorld.java 文件中编写如下代码。

```java
public class HelloWorld {

    public static void main(String[] args) {
        System.out.print("Hello World.");
    }

}
```

3.2.2 编译程序

编译程序需要在命令行中使用 JDK 的 javac 指令编写,参考 2.1.3 节打开命令提示符工具,如图 3-9 所示,通过 cd 命令进入源文件所在的目录,然后执行 javac 指令。如果没有错误提示,则说明编译成功。编译成功时会在当前目录下生成类文件,如图 3-10 所示生成了三个类文件,这是因为 HelloWorld.java 源文件中定义了三个类。

图 3-9 编译源文件

图 3-10 编译成功

图 3-11 运行类文件

3.2.3 运行程序

编译成功之后就可以运行了。执行类文件需要在命令行中使用 JDK 的 java 指令,参考 2.1.3 节打开命令行,如图 3-11 所示,通过 cd 命令进入源文件所在的目录,然后执行 java HelloWorld 指令,执行成功后在命令行窗口输出 Hello World! 字符串。

3.3 代码解释

经过前面的介绍,读者应该能够照猫画虎,自己动手做一个 Java 应用程序了。但可能还是对其中的一些代码不甚了解,下面详细解释 HelloWorld 示例中的代码。

微课视频

```java
//类定义
public class HelloWorld {                                    ①

    //定义静态 main 方法
    public static void main(String[] args) {                 ②
        System.out.print("Hello World.");                    ③
    }

}
```

代码第①行是定义类，public 修饰符用于声明类是公有的，class 是定义类关键字，HelloWorld 是自定义的类名，后面跟着的"{…}"是类体，类体中会有成员变量和方法，也会有一些静态变量和方法。

代码第②行是定义静态 main 方法，而作为一个 Java 应用程序，类中必须包含静态 main 方法，程序执行是从 main 方法开始的。main 方法中除参数名 args 可以自定义外，其他必须严格遵守如下两种格式：

```java
public static void main(String args[])
public static void main(String[] args)
```

这两种格式本质上就是一种，String args[]和 String[] args 都是声明 String 数组。另外，args 参数是程序运行时通过控制台向应用程序传递字符串参数。

代码第③行 System.out.print("Hello World.")；语句是通过 Java 输出流（PrintStream）对象 System.out 打印 Hello World.字符串，System.out 是标准输出流对象，它默认输出到控制台。输出流（PrintStream）中常用打印方法如下：

- print(String s)：打印字符串不换行，有多个重载方法，可以打印任何类型数据。
- println(String x)：打印字符串换行，有多个重载方法，可以打印任何类型数据。
- printf(String format, Object... args)：使用指定输出格式，打印任何长度的数据，但不换行。

修改 HelloWorld.java 示例代码如下。

```java
public class HelloWorld {
    public static void main(String[] args) {

        //通过 print 打印第一个控制台参数
        System.out.print(args[0]);                           ①
        //通过 println 打印第二个控制台参数
        System.out.println(args[1]);                         ②
        //通过 printf 打印第三个控制台参数，%s 表示格式化字符串
        System.out.printf("%s", args[2]);                    ③
        System.out.println();

        int i = 123;
        //%d 表示格式化整数
        System.out.printf("%d\n", i);                        ④

        double d = 123.456;
        //%f 表示格式化浮点数
        System.out.printf("%f%n", d);                        ⑤
        System.out.printf("%5.2f", d);                       ⑥

    }
}
```

编译 HelloWorld.java 源代码后，如图 3-12 所示，其中的 java 命令行后面的 HelloWorld 是要运行

的类文件，Tony Hello World. 是参数，多个参数用空格分隔。

上述代码第①行使用 print 方法打印第一个参数 args[0]，注意该方法是打印完成后不换行，从输出结果中可见第一个参数 Tony 和第二个参数 Hello 连在一起了。代码第②行使用 println 方法打印第二个参数 args[1]，从输出结果中可见第二个参数 Hello 后面是有换行的。

图 3-12 在命令行中运行程序

代码第③、④、⑤、⑥行都是使用 printf 方法打印，注意 printf 方法后面是没有换行的，想在后面换行可以通过 System.out.println() 语句实现，或在打印的字符串后面添加换行符号（\n 或 %n），见代码第④行和第⑤行。代码第⑥行中%5.2f 也表示格式化浮点数，5 表示总输出的长度，2 表示保留的小数位。

提示 在简体中文版本的 Windows 平台中默认编码集是 GBK。所以 javac 指令编译源代码文件时，默认文件的编码集是 GBK。一般情况下使用记事本和 EditPlus 等文本编辑工具创建的源代码文件默认编码集也是 GBK，因此在编译这些源代码文件时不会发生错误。但是使用 Sublime Text 工具创建的源代码文件默认编码集也是 UTF-8，如果源代码文件中有中文，则发生如图 3-13 所示的编译错误。为了解决这种错误，可以在编译时指定源代码文件字符集，如图 3-14 所示使用 javac-encoding UTF-8 HelloWorld.java 指令即可。

图 3-13 采用 UTF-8 编码的源代码文件在 Windows 平台中的编译错误

图 3-14 编译时指定源代码文件字符集

3.4 本章小结

本章通过一个 HelloWorld 示例，介绍使用 IntelliJ IDEA 和使用文本编辑工具＋JDK 实现该示例的具体过程。掌握 IntelliJ IDEA 的使用非常重要，但是使用文本编辑工具＋JDK 对于初学者也很有帮助。本章最后详细解释了 HelloWorld 示例。

3.5 动手实践：世界，你好！

编程题

1. 使用 IntelliJ IDEA 工具编写并运行 Java 应用程序，使其在控制台输出字符串"世界，你好！"。
2. 使用文本编辑工具编写 Java 应用程序，然后使用 JDK 编译并运行该程序，使其在控制台输出字符串"世界，你好！"。

第 4 章 Java 语法基础

CHAPTER 4

本章主要介绍 Java 的一些基本语法,其中包括标识符、关键字、保留字、常量、变量等内容。

4.1 标识符、关键字和保留字

微课视频

任何一种计算机语言都离不开标识符和关键字,下面将详细介绍 Java 标识符、关键字和保留字。

4.1.1 标识符

标识符就是变量、常量、方法、枚举、类、接口等由程序员指定的名字。构成标识符的字母均有一定的规范,Java 语言中标识符的命名规则如下:

(1) 区分大小写,Myname 与 myname 是两个不同的标识符。
(2) 首字符,可以是下画线(_)或美元符或字母,但不能是数字。
(3) 除首字符外其他字符,可以是下画线(_)、美元符、字母和数字。
(4) 关键字不能作为标识符。

例如,身高、identifier、userName、User_Name、$ Name、_sys_val 等为合法的标识符,注意中文"身高"命名的变量是合法的;而 2mail、room♯和 class 为非法的标识符,注意♯是非法字符,而 class 是关键字。

注意 Java 语言中字母采用的是双字节 Unicode 编码①。Unicode 叫作统一编码制,它包含了亚洲文字编码,如中文、日文、韩文等字符。

4.1.2 关键字

关键字是类似于标识符的保留字符序列,是由语言本身定义好的,不能挪作他用。截至 Java 14 Java 语言中有 50 多个关键字,如表 4-1 所示。

表 4-1 Java 关键字

abstract	assert	boolean	break	byte
case	catch	char	class	const
continue	default	do	double	else
enum	extends	final	finally	float

---

① Unicode 是国际组织制定的可以容纳世界上所有文字和符号的字符编码方案。

续表

for	goto	if	implements	import
instanceof	int	interface	long	native
new	package	private	protected	public
return	strictfp	short	static	super
switch	synchronized	this	throw	throws
transient	try	void	volatile	while
var	record	yield		

goto 和 const 是两个特殊的关键字,它们不能在程序中使用,即不能当作标识符使用,被称为"保留字"。

提示 goto 在 C 语言中被称为"无限跳转"语句,因为"无限跳转"语句会破坏程序结构,所以在 Java 语言中不再使用 goto 语句。在 Java 语言中可以通过 break、continue 和 return 实现"有限跳转"。const 在 C 语言中是声明常量关键字,在 Java 语言中声明常量使用 public static final 方式声明。var 关键字是 Java 10 增加的,record 和 yield 关键字是 Java 14 增加的。其他的关键字很多,这里不再一一介绍,随着学习的深入,根据需要再进行详细解释。

4.2 Java 分隔符

微课视频

在 Java 源代码中,有一些字符被用作分隔,称为分隔符。分隔符主要有分号(;)、左右大括号({})和空白。

1. 分号

分号是 Java 语言中最常用的分隔符,它表示一条语句的结束。示例代码如下:

```
int totals = 1 + 2 + 3 + 4;
```

等价于

```
int totals = 1 + 2
   + 3 + 4;
```

2. 大括号

在 Java 语言中,以左右大括号({})括起来的语句集合称为语句块(block)或复合语句,语句块中可以有 0~n 条语句。在定义类或方法时,语句块也被用作分隔类体或方法体。语句块也可以嵌套,且嵌套层次没有限制。示例代码如下:

```
public class HelloWorld {

    public static void main(String args[]) {

       int m = 5;
       if (m < 10) {
          System.out.println("< 10");
       }

    }

}
```

3. 空白

在Java源代码中元素之间允许有空白,空白的数量不限。空白包括空格、制表符(Tab键输入)和换行符(Enter键输入),适当的空白可以改善对源代码的可读性。下列几段代码是等价的。

```
if (m < 10) {
    System.out.println("< 10"); }
```

等价于

```
if (m < 10)
    {
    System.out.println("< 10");
}
```

等价于

```
if (m < 10) {
    System.out.println("< 10");
}
```

微课视频

4.3 变量

变量是构成表达式的重要部分,变量所代表的内部是可以被修改的。变量包括变量名和变量值,变量名要遵守标识符命名规范。

4.3.1 变量声明

在Java 10之前变量的声明语法格式为:

数据类型　变量名　[= 初始值];

提示　在本书表示的语法格式中,中括号表示的部分可以省略。所以上述语法格式也可以表示为:

数据类型　变量名　=初始值;　或　数据类型　变量名;

在Java 10之前声明变量必须明确知道变量的数据类型,但Java 10之后声明局部变量时可以使用var声明,不用明确指定数据类型。

另外,根据变量声明的位置不同分为:成员变量和局部变量。成员变量是类中声明的变量;局部变量是在一个代码块中声明的变量。成员变量和局部变量也标识变量的作用域,变量作用域就是变量的使用范围,在此范围内变量可以使用,超过作用域,变量内容则被释放。

示例代码如下:

```
public class HelloWorld {

    // 声明 int 型成员变量
    int y;                                          ①

    void show() {
        System.out.println("y = " + y);             ②
    }
```

```java
    public static void main(String[] args) {
        // 声明 int 型局部变量 x,但没有初始化
        int x;                                    ③
        // 声明 float 型局部变量 f,并初始化
        float f = 4.5f;                           ④

        x = 10; // 给 x 变量赋值                  ⑤
        System.out.println("x = " + x);           ⑥
        System.out.println("f = " + f);

        if (f < 10) {
            // 声明 int 型局部变量 m
            int m = 5;                            ⑦
        }
        // System.out.println(m); // 编译错误      ⑧
    }
}
```

上述代码中,代码第①行是声明的成员变量 y,成员变量是在类中,而在方法之外,作用域是整个类,如果没有初始赋值,系统会为它分配一个默认值,每种数据类型都有默认值,int 类型默认值是 0。代码第②行是在成员方法 show()中访问成员变量 y。

代码第③、④、⑦行都是声明局部变量,局部变量是在方法或 if、for 和 while 等代码块中声明的变量,第③和④行声明局部变量作用域是整个方法,第⑦行声明的 m 变量作用域是当前的 if 语句控制的代码块,代码第⑧行的错误是因为 m 变量超过了作用域。注意,代码第③行声明的变量 x 的同时没有初始化,如果没有代码第⑤行初始化 x 变量,则代码第⑥行会发生编译错误。

提示 局部变量在使用前一定要初始化,而成员变量可以不用初始化,因为每个数据类型的成员变量都是默认值。

4.3.2 使用 Java 10 局部变量类型推断

Java 10 之后可以使用 var 关键字声明局部变量,var 只是说明要声明一个变量,它不能指定变量的数据类型。而变量的数据类型是通过被赋值的数据推断出来的。在 Java 10 中使用 var 关键字声明变量的语法格式为:

var 变量名 = 初始值;

注意 使用 var 关键字声明变量只能是局部变量,不能是成员变量。另外,声明的同时要初始化。
示例代码如下:

```java
public class HelloWorld {

    var y = 20;  // 编译错误                      ①

    public static void main(String[] args) {

        var z;   // 编译错误                      ②

        // 声明 float 型局部变量 f,并初始化
        var f = 4.5f;                             ③

        // 声明 double 型局部变量 x,并初始化
```

```
        var x = 10.0;                          ④
        System.out.println("x = " + x);
        System.out.println("f = " + f);
    }
}
```

上述代码中，代码第①行试图使用var关键字声明成员变量y，会发生编译错误，因为var关键字只能声明局部变量。代码第②行试图使用var关键字声明成员变量z，但是并没有初始化，所以不能推断是什么数据类型，会发生编译错误。

代码第③和④行都是使用var关键字声明局部变量。代码第③行变量f被赋值4.5f数据，它是一个float类型的浮点数据，因此f变量是float类型的浮点类型。代码第④行变量x被赋值10.0数据，它是一个double类型的浮点数据，因此x变量是double类型的浮点类型。

微课视频

4.4 常量

常量事实上是那些内容不能被修改的变量，常量与变量类似，也需要初始化，即在声明常量的同时要赋予一个初始值。常量一旦初始化就不可以被修改。它的声明格式为：

final 数据类型 常量名 = 初始值;

final关键字表示最终的，它可以修改很多元素，修饰变量就变成了常量。示例代码如下：

```java
public class HelloWorld {

    // 静态常量,替代const
    public static final double PI = 3.14;       ①

    // 声明成员常量
    final int y = 10;                            ②

    public static void main(String[] args) {
        // 声明局部常量
        final double x = 3.3;                   ③
    }

}
```

事实上常量有三种类型：静态常量、成员常量和局部常量。代码第①行声明静态常量，在final之前用public static修饰，用来替代保留字const。public static修饰的常量作用域是全局的，不需要创建对象就可以访问它，在类外部访问形式：HelloWorld.PI，这种常量在编程中使用很多。

代码第②行声明成员常量，作用域类似于成员变量，但不能修改。代码第③行声明局部常量，作用域类似于局部变量，但不能修改。

微课视频

4.5 Java源代码文件

Java源代码文件中可以定义一个或多个Java的类型，类型包括类(Class)、接口(Interface)、枚举(Enum)和注解(Annotation)，它们是Java的最小源代码组织单位。

如下代码定义了三个类 HelloWorld、A 和 B。

```java
//HelloWorld.java 源文件
public class HelloWorld {
    public static void main(String[] args) {
        System.out.println("Hello World!");
    }
}
class A {

}
class B {

}
```

注意　一个源程序文件包含多个类时，需要注意如下问题：
(1) 只能有一个类声明为公有(public)的。上述示例中 HelloWorld 是公有的。
(2) 文件命名必须与公有类名完全一致，包括字母大小写。上述示例中公有类 HelloWorld 与源代码文件 HelloWorld.java 名字一致。
(3) public static void main(String[] args)方法只能定义在公有类中。上述示例只能在类 HelloWorld 中定义 main()方法。

4.6　包

微课视频

Java 的类型(类、接口、枚举和注解)命名时，有时会出现名字会发生冲突，例如，项目中自定义了一个日期类，为它取名为 Date，但是会发现 Java SE 核心库中还有两个 Date，它们分别位于 java.util 包和 ava.sql 包中。

在 Java 中为了防止 Java 类型(类、接口、枚举和注解)命名冲突引用了包(package)概念，包本质上是命名空间(namespace)①。在包中可以定义一组相关的类型(类、接口、枚举和注解)，并为它们提供访问保护和命名空间管理。

在前面提到的 Date 类名称冲突问题很好解决，将不同 Date 类放到不同的包中，自定义 Date，可以放到自己定义的包 com.zhijieketang 中，这样就不会与 java.util 包和 java.sql 包中 Date 发生冲突问题。

4.6.1　定义包

Java 中使用 package 语句定义包，package 语句应该放在源文件的第一行，在每个源文件中只能有一个包定义语句，并且 package 语句适用于所有 Java 类型(类、接口、枚举和注解)的文件。定义包语法格式如下：

```
package pkg1[.pkg2[.pkg3...]];
```

---

① 命名空间，也称名字空间、名称空间等，它表示着一个标识符(identifier)的可见范围。一个标识符可在多个命名空间中定义，它在不同命名空间中的含义是互不相干的。这样，在一个新的命名空间中可定义任何标识符，它们不会与任何已有的标识符发生冲突，因为已有的定义都处于其他命名空间中。

——引自于维基百科

pkg1～pkg3 都是组成包名的一部分，之间用点(.)连接。首先它们的命名应该是合法的标识符；其次应该遵守 Java 包命名规范，即全部小写字母。例如：com.zhijieketang 是自定义的包名，包名一般是公司域名的倒置。

提示　在 IntelliJ IDEA 工具中可以先创建包，然后再在包中创建 Java 类等 Java 类型。创建过程：右击项目中 src 文件夹，选择菜单 New→Package，打开"New Package(创建包)"对话框，如图 4-1 所示在输入框中输入包名 com.zhijieketang，然后按 Enter 键创建包，如图 4-2 所示。

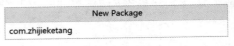

图 4-1　"New Package"对话框

然后右击刚创建的包，参考 3.1.2 节创建 Date 类，创建后如图 4-3 所示。

图 4-2　创建包

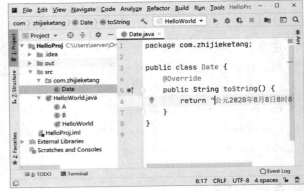

图 4-3　在包中创建类

在 Date 类中添加 toString()方法，示例代码如下：

```
package com.zhijieketang;

public class Date {
    @Override
    public String toString() {
        return "公元 2028 年 8 月 8 日 8 时 8 分 8 秒";
    }
}
```

提示　如果在源文件中没有定义包，那么类、接口、枚举和注解类型文件将会被放进一个无名的包中，也称为默认包。

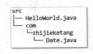

图 4-4　文件系统目录与包

包采用目录层次结构管理 Java 类型(类、接口、枚举和注解)，如图 4-3 所示是在 IntelliJ IDEA 项目视图中可见 HelloWorld.java 定义的三个类，它们位于 src 文件夹根目录下，src 文件夹是放置 Java 源代码的文件夹，src 文件夹根目录就是默认包目录。com.zhijieketang 也位于 src 文件夹中，如果在文件系统中查看这些包，会发现如图 4-4 所示的目录层次结构，src 是源文件目录，它也是默认包目录，可见其中有一个 HelloWorld.java 文件。com 是文件夹，zhijieketang 是子文件夹，在 zhijieketang 中包含一个 Date.java 文件。Java 编译器把包对应于文件系统的目录管理，不仅是源文件，编译之后的字节码文件也是采用文件系统的目录管理的。

4.6.2 引入包

为了能够使用一个包中 Java 类型(类、接口、枚举和注解),需要在 Java 程序中明确引入该包。使用 import 语句实现引入包,import 语句应位于 package 语句之后,所有类的定义之前,可以有 0~n 条 import 语句,其语法格式为:

import package1[.package2…].(Java 类型名|*);

"包名.类型名"形式只引入具体 Java 类型,"包名.*"采用通配符,表示引入这个包下所有的 Java 类型。但从编程规范的角度提倡明确引入 Java 类型名,即"包名.Java 类型名"形式可以提高程序的可读性。
如果需要在程序代码中使用 com.zhijieketang 包中 Date 类,则示例代码如下:

```
// HelloWorld.java 文件
import com.zhijieketang.Date;                ①

public class HelloWorld {

    public static void main(String[] args) {

      Date date = new Date();                ②
      System.out.println(date);
    }
}
```

上述代码第②行使用了 Date 类,需要引入 Date 所在的包,见代码第①行,import 是关键字,代码第①行的 import 语句采用"包名.Java 类型名"形式。

如果在一个源文件中引入两个相同 Java 类型名,见如下代码,则代码第②行会发生编译错误。为避免这个编译错误,可以在没有引入包的 Java 类型名前加上包名,详见如下代码第②行中的 java.util.Date。

```
// HelloWorld.java 文件
import com.zhijieketang.Date;
// import java.util.Date;                    ①

public class HelloWorld {

  public static void main(String[] args) {

    Date date = new Date();
    System.out.println(date);

    java.util.Date now = new java.util.Date();    ②
    System.out.println(now);

  }
}
```

注意 当前源文件与要使用的 Java 类型(类、接口、枚举和注解)在同一个包中,可以不用引入包。

4.6.3 常用包

Java SE 提供了一些常用包,其中包含 Java 开发中常用的基础类。这些包有 java.lang、java.io、 java.net、java.util、java.text、java.awt 和 javax.swing。

1. java.lang 包

java.lang 包中包含了 Java 语言的核心类，如 Object、Class、String、包装类和 Math 等，还有包装类 Boolean、Character、Integer、Long、Float 和 Double。使用 java.lang 包中的类型，不需要显式使用 import 语句引入，它是由解释器自动引入。

2. java.io 包

java.io 包中提供多种输入/输出流类，如 InputStream、OutputStream、Reader 和 Writer。还有文件管理相关类和接口，如 File 和 FileDescriptor 类以及 FileFilter 接口。

3. java.net 包

java.net 包中包含进行网络相关操作的类，如 URL、Socket 和 ServerSocket 等。

4. java.util 包

java.util 包中包含一些实用工具类和接口，如集合、日期和日历相关类及接口。

5. java.text 包

java.text 包中提供文本处理、日期格式化和数字格式化等相关类及接口。

6. java.awt 和 javax.swing 包

java.awt 和 javax.swing 包提供了 Java 图形用户界面开发所需要的各种类和接口。java.awt 提供了一些基础类和接口，javax.swing 提供了一些高级组件。

4.7 本章小结

本章主要介绍了 Java 语言中最基本的语法，首先介绍了标识符、关键字和保留字，读者需要掌握标识符构成，了解 Java 关键字。接着介绍了 Java 中的分隔符，最后介绍了变量和常量，读者需要掌握变量种类和作用域，以及常量的声明。了解 Java 10 中使用 var 关键字声明局部变量，以及类型推断的概念。本章最后还介绍了 Java 源代码文件和包。

4.8 同步练习

选择题

1. 下列哪些是 Java 的保留字？（　　）
   A. if 　　　　　　B. then 　　　　　　C. goto 　　　　　　D. while
   E. case

2. 下列哪些是 Java 的合法标识符？（　　）
   A. 2variable 　　B. variable2 　　C. _whatavariable 　　D. _3_
   E. $anothervar 　F. #myvar

判断题

1. 在 Java 语言中，一行代码表示一条语句。语句结束可以加分号，也可以省略分号。（　　）
2. Java 语言中的保留字只有两个，即 goto 和 const。可以使用保留字声明变量。（　　）

第 5 章 Java 编码规范

俗话说:"没有规矩不成方圆"。编程工作往往都是一个团队协同进行,因而一致的编码规范非常有必要,这样写成的代码便于团队中的其他人员阅读,也便于编写者自己以后阅读。

5.1 命名规范

微课视频

程序代码中到处都是标识符,因此取一个一致并且符合规范的名字非常重要。
命名方法很多,但是比较有名的且被广泛接受的命名方法包括如下两种:

- 匈牙利命名,一般只是命名变量,原则是: 变量名=类型前缀+描述,如 bFoo 表示布尔类型变量,pFoo 表示指针类型变量。匈牙利命名还是有一定争议的,在 Java 编码规范中基本不被采用。
- 驼峰命名(Camel-Case),又称"骆驼命名法",是指混合使用大小写字母来命名。驼峰命名又分为小驼峰法和大驼峰法。小驼峰法就是第一个单词是全部小写,后面的单词首字母大写,如 myRoomCount; 大驼峰法是第一个单词的首字母也大写,如 ClassRoom。

除了包和常量外,Java 编码规范命名方法采用驼峰法,分类说明如下:

- 包名: 包名是全小写字母,中间可以由点分隔开。作为命名空间,包名应该具有唯一性,推荐采用公司或组织域名的倒置,如 com. apple. quicktime. v2。但 Java 核心库包名不采用域名的倒置命名,如 java. awt. event。
- 类和接口名: 采用大驼峰法,如 SplitViewController。
- 文件名: 采用大驼峰法,如 BlockOperation. java。
- 变量: 采用小驼峰法,如 studentNumber。
- 常量名: 全大写,如果是由多个单词构成,可以用下画线隔开,如 YEAR 和 WEEK_ OF_MONTH。
- 方法名: 采用小驼峰法,如 balanceAccount、isButtonPressed 等。

命名规范示例代码如下:

```
package com.zhijieketang;

public class Date extends java.util.Date {

    private static final int DEFAULT_CAPACITY = 10;

    private int size;
```

```java
    public static Date valueOf(String s) {
        final int YEAR_LENGTH = 4;
        final int MONTH_LENGTH = 2;

        int firstDash;
        int secondDash;
        ...
    }
    public String toString () {
        int year = super.getYear() + 1900;
        int month = super.getMonth() + 1;
        int day = super.getDate();
        ...
    }
}
```

微课视频

5.2 注释规范

Java 中注释的语法有三种：单行注释(//)、多行注释(/ * … * /)和文档注释(/ ** … * /)。本节通过文件注释、文档注释、代码注释来介绍如何规范使用这些注释语法。

5.2.1 文件注释

文件注释就是在每个文件开头添加注释。文件注释通常包括如下信息：版权信息、文件名、所在模块、作者信息、历史版本信息、文件内容和作用等。

示例代码如下：

```
/*
 * 版权所有 2015 北京智捷东方科技有限公司
 * 许可信息查看 LICENSE.txt 文件
 * 描述：
 *     实现日期基本功能
 * 历史版本：
 *     2015 - 7 - 22：创建 关东升
 *     2015 - 8 - 20：添加 socket 库
 *     2015 - 8 - 22：添加 math 库
 */
```

上述注释只是提供了版权信息、文件内容和历史版本信息等，文件注释要根据本身的实际情况来包括相应的内容。

5.2.2 文档注释

文档注释就是指这种注释内容能够生成 API 帮助文档，JDK 中 javadoc 命令能够提取这些注释信息并生成 HTML 文件。文档注释主要对类（或接口）、实例变量、静态变量、实例方法和静态方法等进行注释。

提示 文档是要给别人看的帮助文档,一般注释的实例变量、静态变量、实例方法和静态方法都应该是非私有的,那些只给自己看的内容可以不用文档注释。

示例代码如下:

```java
package com.zhijieketang;

/**
 * 自定义的日期类,具有日期基本功能,继承 java.util.Date
 * <p>实现日期对象和字符串之间的转换</p>
 * @author 关东升
 */
public class Date extends java.util.Date {

    private static final int DEFAULT_CAPACITY = 10;

    /**
     * 容量
     */
    public int size;

    /**
     * 将字符串转换为 Date 日期对象
     * @param s 要转换的字符串
     * @return Date 日期对象
     */
    public static Date valueOf(String s) {

        final int YEAR_LENGTH = 4;
        final int MONTH_LENGTH = 2;

        int firstDash;
        int secondDash;

        ...
    }

    /**
     * 将日期转换为 yyyy-mm-dd 格式的字符串
     * @return yyyy-mm-dd 格式的字符串
     */
    public String toString () {
        int year = super.getYear() + 1900;
        int month = super.getMonth() + 1;
        int day = super.getDate();
        ...
    }
}
```

由于文档注释最终会生成 HTML 文档,所以可以在文档注释中使用 HTML 标签,上述注释中的 <p></p> 是 HTML 段落标签。

另外,上述的文档注释中还用到了 @author、@return 和 @param 等文档注释标签,这些标签能够方便生成 API 帮助文档。表 5-1 所示是常用的文档注释标签。

表 5-1 文档注释标签

标 签	描 述	标 签	描 述
@author	说明类或接口的作者	@see	参考另一个主题的链接
@deprecated	说明类、接口或成员已经废弃	@exception	说明方法所抛出的异常类
@param	说明方法参数	@throws	同@exception 标签
@return	说明返回值	@version	类或接口的版本

如果想生成 API 帮助文档，则可以使用 javadoc 指令，如图 5-1 所示，在命令行中输入 javadoc-encoding UTF-8-d apidoc Date.java 指令，其中参数-encoding UTF-8 是指定文件编码为 UTF-8 中文乱码；-d 参数指明要生成文档的目录；apidoc 是当前目录下面的 apidoc 目录，如果不存在 apidoc，则会创建一个 apidoc 目录；Date.java 是当前目录下的 Java 源文件。

图 5-1 生成 API 帮助文档

如果生成成功，则在当前 apidoc 目录下生成很多 HTML 文件，其中的 index.html 文件是文档的入口，双击此文件，打开如图 5-2 所示的页面，从页面中可见在 Date.java 中注释的内容会出现在 HTML 页面中。

图 5-2 API 帮助文档

5.2.3 代码注释

程序代码中处理文档注释还需要在一些关键的地方添加代码注释，文档注释一般是给一些看不到源代码的人看的帮助文档,而代码注释则是给阅读源代码的人参考的。代码注释一般采用单行注释(//)和多行注释(/*…*/)。

示例代码如下:

```java
public class Date extends java.util.Date {

    // 默认的容量,是一个常量                                    ①
    private static final int DEFAULT_CAPACITY = 10;

    /**
     * 容量
     */
    public int size;

    /**
     * 将字符串转换为 Date 日期对象
     * @param s 要转换的字符串
     * @return Date 日期对象
     */
    public static Date valueOf(String s) {

        final int YEAR_LENGTH = 4;
        final int MONTH_LENGTH = 2;

        int firstDash;
        int secondDash;

        Date d = null;
        ...

        /*
         * 判断 d 是否为空,                                    ②
         * 如果为空则抛出异常 IllegalArgumentException,否则返回 d
         */
        if (d == null) {
            throw new java.lang.IllegalArgumentException();
        }

        return d;
    }

    /**
     * 将日期转换为 yyyy-mm-dd 格式的字符串
     * @return yyyy-mm-dd 格式的字符串
     */
    public String toString () {
        int year = super.getYear() + 1900;     //计算年份       ③
        int month = super.getMonth() + 1;      /*计算月份*/     ④
        int day = super.getDate();
        ...
    }
}
```

上述代码第①行采用了单行注释,要求与其后的代码具有一样的缩进层级。如果注释的文字很多,则可以采用多行注释,见代码第②行。多行注释也要求与其后的代码具有一样的缩进层级。有时也会在代码的尾端进行注释，这要求注释内容极短，应该再有足够的空白来分开代码和注释，见代码第③行和第④行。

5.3 代码排版

微课视频

代码排版包括空行、空格、断行和缩进等内容。代码排版内容比较多，工作量很大，也非常重要。

5.3.1 空行

空行用以将逻辑相关的代码段分隔开，以提高可读性。空行使用规范如下：
（1）类声明和接口声明之间保留两个空行。见示例 Date.java 代码第⑧行和第⑨行。
（2）两个方法之间保留一个空行。见示例 Date.java 代码第⑦行。
（3）方法的第一条语句之前保留一个空行。见示例 Date.java 代码第⑤行。
（4）代码注释（除尾端注释外）之前保留一个空行。见示例 Date.java 代码第①、②、③、④行。
（5）一个方法内的两个逻辑段之间保留一个空行。见示例 Date.java 代码第⑥行。

示例 Date.java 代码如下：

```
/*
 * 版权所有 2015 北京智捷东方科技有限公司
 * 许可信息查看 LICENSE.txt 文件
 * 描述：
 *     实现日期基本功能
 * 历史版本：
 *     2015－7－22：创建 关东升
 *     2015－8－20：添加 socket 库
 *     2015－8－22：添加 math 库
 */
package com.zhijieketang;
                ①
/**
 * 自定义的日期类，具有日期基本功能，继承 java.util.Date
 * <p>实现日期对象和字符串之间的转换</p>
 * @author 关东升
 */
public class Date extends java.util.Date {
                ②
    // 默认的容量，是一个常量
    private static final int DEFAULT_CAPACITY = 10;
                ③
    /**
     * 容量
     */
    public int size;
                ④
    /**
     * 将字符串转换为 Date 日期对象
     * @param s 要转换的字符串
     * @return Date 日期对象
     */
    public static Date valueOf(String s) {
                ⑤
```

```
        final int YEAR_LENGTH = 4;
        final int MONTH_LENGTH = 2;

        int firstDash;
        int secondDash;
            ⑥
        Date d = null;
        ...

        /*
         * 判断 d 是否为空,
         * 如果为空则抛出异常 IllegalArgumentException,否则返回 d.
         */
        if (d == null) {
            throw new java.lang.IllegalArgumentException();
        }

        return d;
    }
            ⑦
    /**
     * 将日期转换为 yyyy-mm-dd 格式的字符串
     * @return yyyy-mm-dd 格式的字符串
     */
    public String toString () {

        int year = super.getYear() + 1900; //计算年份
        int month = super.getMonth() + 1; /*计算月份*/
        int day = super.getDate();
        ...
    }
}

        ⑧
class A {

}

        ⑨
class B {

}
```

5.3.2 空格

代码中的有些位置是需要有空格的,这个工作量也很大。下面是使用空格的规范。
(1) 赋值符号"="前后各有一个空格。示例代码如下:

```
int YEAR_LENGTH = 4;
int day = super.getDate();
```

(2) 所有的二元运算符都应该使用空格与操作数分开。示例代码如下:

```
a += c + d;
prints("size is " + foo + "\n");
```

(3) 一元操作符，即负号"－"、自增"＋＋"和自减"－－"等，它们与操作数之间没有空格。示例代码如下：

```
int a = -b;
a++;
--b;
```

(4) 小左括号"("之后，小右括号")"之前不应有空格。示例代码如下：

```
a = (a + b) / (c * d)
```

(5) 大左括号"{"之前有一个空格。示例代码如下：

```
while (a == d) {
    n += 1
}
```

(6) 方法参数列表小左括号"("之前没有空格，小右括号")"之后有一个空格，参数列表中参数逗号","之后也有一个空格。示例代码如下：

```
String format(Object obj, StringBuffer toAppendTo, FieldPosition fieldPosition) {
    ...
}
```

(7) 关键字之后紧跟着小左括号"("，关键字之后应该有一个空格。如下示例中 while 之后有一个空格。

```
while (a == d) {
    ...
}
```

5.3.3　缩进

4 个空格常被作为缩进排版的一个单位。虽然在开发时程序员使用制表符进行缩进，而默认情况下一个制表符等于 8 个空格，但是不同的 IDE 工具中一个制表符与空格对应个数会有不同。IntelliJ IDEA 中默认是一个制表符对应 4 个空格。

缩进可以依据如下一般规范。

(1) 在方法、Lambda、控制语句等包含大括号"{}"的代码块中，代码块的内容相对于首行缩进一个级别（4 个空格）。

(2) 如果是 if 语句中条件表达式的断行，那么新的一行应该相对于上一行缩进两个级别（8 个空格），再往后的断行要与第一次的断行对齐。

示例代码如下：

```
public class Date extends java.util.Date {
    ...
    
    public String getString() {
        int year = super.getYear() + 1900; // 计算年份
        int month = super.getMonth() + 1; /* 计算月份 */
```

```
        int day = super.getDate();

        if ((longName1 == longName2)
                || (longName3 == longName4) && (longName3 > longName4)         ①
                && (longName2 > longName5)) {                                   ②

        }

        return null;
    }
}
```

上述代码第①行和第②行是 if 语句条件表达式的断行,代码第①行和第②行要对齐。

5.3.4　断行

一行代码的长度应尽量不要超过 80 个字符,如果超过则需断行,可以依据下面的一般规范断开。
(1) 在一个逗号后面断开。
(2) 在一个操作符前面断开,要选择较高级别的运算符(而非较低级别的运算符)断开。
(3) 新的一行应该相对于上一行缩进两个级别(8 个空格)。
下面通过一些示例加以说明。

```
longName1 = longName2 * (longName3 + longName4- longName5)
            + 4 * longName6                                                    ①
longName1 = longName2 * (longName3 + longName4
            - longName5) + 4 * longName6                                       ②

private static DateFormat get(int timeStyle, int dateStyle,
                              int flags, Locale loc) {                         ③
    ...
}

if ((longName1 == longName2)
        || (longName3 == longName4) && (longName3 > longName4)
        && (longName2 > longName5)) {                                          ④

}

boolName1 = (longName3 == longName4)
        ? (longName3 > longName4)
        : (longName2 > longName5);                                             ⑤
```

上述代码第①行和第②行是带有小括号运算的表示式,其中代码第①行的断开位置比第②行的断开位置要好。因为代码第①行断开处位于括号表达式的外边,这是一个较高级别运算符的断开。代码第③行是方法名断开,是在参数逗号之后。代码第④行是 if 判断语句,由于可能有很多长的条件表达式,断开的位置应在逻辑运算符处。代码第⑤行是三元运算符的断开。

5.4　其他规范

微课视频

除了上述规范外,还有很多零散的规范。下面补充一些重要的规范。
(1) 在声明变量或常量时推荐一行一个声明。示例代码如下:

```
// 推荐使用：
int longName1 = 0 ;
int longName2 = 0 ;
// 不推荐使用：
int longName1 = 0, longName2 = 0 ;
```

（2）左大括号"{"位于声明语句同行的末尾。右大括号"}"另起一行，与相应的声明语句对齐，除非是一个空语句，右大括号"}"应紧跟在左大括号"{"之后。示例如下：

```
public class Date extends java.util.Date {

    int longName1 = 0;
    int longName2 = 0;

    boolean boolName1 = true;

    public String getString() {

        int year = super.getYear() + 1900;     // 计算年份
        int month = super.getMonth() + 1;      /* 计算月份 */
        int day = super.getDate();

        return null;
    }

    public void setString() {}
}
```

（3）每行至多包含一条语句。示例如下：

```
// 推荐使用：
argv++;
argc -- ;
// 不推荐使用：
argv++; argc -- ;
```

（4）虽然 Java 语言允许 if、for 等控制语句在只有一行代码情况下省略左右两个大括号，但是编码规范并不推荐这样使用。示例如下：

```
// 推荐使用：
if (1 == 3) {
    x = 2.3;
}
// 不推荐使用：
if (1 == 3)
    x = 2.3;
```

关于规范，事实上还有很多，不能穷尽，这里不再赘述。

5.5 本章小结

通过对本章内容的学习，读者可以了解 Java 的编码规范，包括命名规范、注释规范、声明规范和代码排版等内容。

5.6 同步练习

选择题

1. 下列选项中哪些 Java 类命名符合 Java 命名规范？（　　）
   - A. dummy_threading
   - B. SplitViewController
   - C. WEEK_OF_MONTH
   - D. balance_account
2. 下列选项中哪些方法名符合 Java 命名规范？（　　）
   - A. dummy_threading
   - B. SplitViewController
   - C. WEEK_OF_MONTH
   - D. balanceAccount
3. 下面哪种注释是 Java 支持的？（　　）
   - A. /＊...＊/
   - B. /＊＊...＊/
   - C. ＃
   - D. 三重双引号""""""包裹起来

第 6 章 数 据 类 型

CHAPTER 6

在声明变量或常量时会用到数据类型,在前面已经用到一些数据类型,如 int、double 和 String 等。Java 语言的数据类型分为基本数据类型和引用数据类型。

微课视频

6.1 基本数据类型

基本数据类型表示简单的数据,基本数据类型分为 4 大类,共 8 种数据类型。
- 整数类型:byte、short、int 和 long。
- 浮点类型:float 和 double。
- 字符类型:char。
- 布尔类型:boolean。

基本数据类型如图 6-1 所示,其中整数类型、浮点类型和字符类型都属于数值类型,它们之间可以互相转换。

图 6-1 基本数据类型

6.1.1 整数类型

从图 6-1 中可见,Java 中整数类型包括 byte、short、int 和 long,它们之间的区别仅是宽度和范围的不同。Java 中整数都有符号,与 C 语言不同,没有无符号的整数类型。

Java 的数据类型是跨平台的(与平台无关),无论计算机是 32 位的还是 64 位的,byte 类型整数都是 1 字节(8 位)。这些整数类型的宽度和取值范围如表 6-1 所示。

表 6-1 整数类型

整 数 类 型	宽度/字节	取 值 范 围
byte	1(8 位)	$-128 \sim 127$
short	2(16 位)	$-2^{15} \sim 2^{15}-1$
int	4(32 位)	$-2^{31} \sim 2^{31}-1$
long	8(64 位)	$-2^{63} \sim 2^{63}-1$

Java 语言的整数类型默认是 int 类型,例如 16 表示为 int 类型常量,而不是 short 或 byte,更不是 long,long 类型需要在数值后面加 l(小写英文字母)或 L(大写英文字母)。示例代码如下:

```
public class HelloWorld {
    public static void main(String[] args) {
        // 声明整数变量
        // 输出一个默认整数常量
        System.out.println("默认整数常量 = " + 16);     ①
        byte a = 16;                                  ②
        short b = 16;                                 ③
        int c = 16;                                   ④
        long d = 16L;                                 ⑤
        long e = 16l;                                 ⑥

        System.out.println("byte 整数     = " + a);
        System.out.println("short 整数    = " + b);
        System.out.println("int 整数      = " + c);
        System.out.println("long 整数     = " + d);
        System.out.println("long 整数     = " + e);
    }
}
```

上述代码多次用到了整数 16,但它们是有所区别的。其中,代码第①行的 16 是默认整数类型,即 int 类型常量;代码第②行 16 是 byte 整数类型;代码第③行的 16 是 short 类型;代码第④行的 16 是 int 类型;代码第⑤行的 16 后加了 L,这说明是 long 类型整数;代码第⑥行的 16 后加了 l(小写英文字母 l),这也是 long 类型整数。

提示 在程序代码中,尽量不用小写英文字母 l,因为它容易与数字 1 混淆,特别是在 Java 中表示 long 类型整数时很少使用小写英文字母 l,而是使用大写的英文字母 L。例如,16L 要比 16l 可读性更好。

6.1.2 浮点类型

浮点类型主要用来存储小数数值,也可以用来存储范围较大的整数。它分为浮点数(float)和双精度浮点数(double)两种:双精度浮点数所使用的内存空间比浮点数多,可表示的数值范围与精确度也比较大。浮点类型说明如表 6-2 所示。

表 6-2 浮点类型

浮点类型	宽度	浮点类型	宽度
float	4 字节(32 位)	double	8 字节(64 位)

Java 语言的浮点类型默认是 double 类型,例如 0.0 表示 double 类型常量,而不是 float 类型。如果想要表示 float 类型,则需要在数值后面加 f 或 F。示例代码如下:

```java
public class HelloWorld {

    public static void main(String[] args) {
        // 声明浮点数
        // 输出一个默认浮点常量
        System.out.println("默认浮点常量 = " + 360.66);        ①
        float myMoney = 360.66f;                              ②
        double yourMoney = 360.66;                            ③
        final double PI = 3.14159d;                           ④

        System.out.println("float 整数 = " + myMoney);
        System.out.println("double 整数 = " + yourMoney);
        System.out.println("PI =           " + PI);

    }
}
```

上述代码第①行的 360.66 是默认浮点类型 double。代码第②行 360.66f 是 float 浮点类型,float 浮点类型常量表示时,数值后面需要加 f 或 F。代码第③行的 360.66 表示是 double 浮点类型。事实上 double 浮点数值后面也可以加字母 d 或 D,以表示是 double 浮点数。代码第④行是声明一个 double 类型常量,数值后面加了 d 字母。

6.1.3 字符类型

字符类型表示单个字符,Java 中 char 声明字符类型,Java 中的字符常量必须是用单引号括起来的单个字符,示例代码如下:

```java
char c = 'A';
```

Java 字符采用双字节 Unicode 编码,占 2 字节(16 位),因而可用十六进制(无符号的)编码形式表示,它们的表现形式是\un,其中 n 为 16 位十六进制数,所以'A'字符也可以用 Unicode 编码'\u0041'表示。如果对字符编码感兴趣,可以到维基百科查询。

示例代码如下:

```java
public class HelloWorld {

    public static void main(String[] args) {

        char c1 = 'A';
        char c2 = '\u0041';
        char c3 = '花';

        System.out.println(c1);
        System.out.println(c2);
```

```
        System.out.println(c3);
    }
}
```

上述代码变量 c1 和 c2 都是保存的'A',所以输出结果如下:

A
A
花

提示 字符类型也属于数值类型,可以与 int 等数值类型进行数学计算或进行转换。这是因为字符类型在计算机中保存的是 Unicode 编码,双字节 Unicode 的存储范围为\u0000～\uFFFF,所以 char 类型取值范围为 $0 \sim 2^{16} - 1$。

在 Java 中,为了表示一些特殊字符,前面要加上反斜杠(\),这称为字符转义。常见的转义符的含义如表 6-3 所示。

表 6-3 转义符

字 符 表 示	Unicode 编码	说　　明
\t	\u0009	水平制表符 tab
\n	\u000a	换行
\r	\u000d	回车
\"	\u0022	双引号
\'	\u0027	单引号
\\	\u005c	反斜线

示例代码如下:

```
//在 Hello 和 World 插入制表符
String specialCharTab1 = "Hello\tWorld.";
//在 Hello 和 World 插入制表符,制表符采用 Unicode 编码\u0009 表示
String specialCharTab2 = "Hello\u0009World.";
//在 Hello 和 World 插入换行符
String specialCharNewLine = "Hello\nWorld.";
//在 Hello 和 World 插入回车符
String specialCharReturn = "Hello\rWorld.";
//在 Hello 和 World 插入双引号
String specialCharQuotationMark = "Hello\"World\".";
//在 Hello 和 World 插入单引号
String specialCharApostrophe = "Hello\'World\'.";
//在 Hello 和 World 插入反斜杠
String specialCharReverseSolidus = "Hello\\World.";

System.out.println("水平制表符 tab1:" + specialCharTab1);
System.out.println("水平制表符 tab2:" + specialCharTab2);
System.out.println("换行:" + specialCharNewLine);
System.out.println("回车:" + specialCharReturn);
System.out.println("双引号:" + specialCharQuotationMark);
System.out.println("单引号:" + specialCharApostrophe);
System.out.println("反斜杠:" + specialCharReverseSolidus);
```

输出结果如下:

水平制表符 tab1: Hello   World.

```
水平制表符tab2: Hello    World.
换行: Hello
World.
回车: Hello
World.
双引号: Hello"World".
单引号: Hello'World'.
反斜杠: Hello\World.
```

6.1.4 布尔类型

在Java语言中声明布尔类型的关键字是boolean,它只有两个值：true和false。

提示 在C语言中布尔类型是数值类型,它有两个取值,即1和0。而在Java中的布尔类型取值不能用1和0替代,也不属于数值类型,不能与int等数值类型之间进行数学计算或类型转化。

示例代码如下：

```
boolean isMan = true;
boolean isWoman = false;
```

如果试图给它们赋值true和false之外的常量,示例代码如下：

```
boolean isMan = 1;
boolean isWoman = 'A';
```

则发生类型不匹配编译错误。

微课视频

6.2 数值表示方式

整数类型和浮点类型都表示数值类型,那么在给这些类型的变量或常量赋值时,应该如何表示这些数值呢？下面介绍数字和指数等的表示方式。

6.2.1 进制数字表示

如果为一个整数变量赋值,使用二进制数、八进制数和十六进制数表示,它们的表示方式分别如下：
- 二进制数：以0b或0B为前缀,注意0是阿拉伯数字,不要误认为是英文字母o。
- 八进制数：以0为前缀,注意0是阿拉伯数字。
- 十六进制数：以0x或0X为前缀,注意0是阿拉伯数字。

例如,下面几条语句都是表示int整数28。

```
int decimalInt = 28;
int binaryInt1 = 0b11100;
int binaryInt2 = 0B11100;
int octalInt = 034;
int hexadecimalInt1 = 0x1C;
int hexadecimalInt2 = 0X1C;
```

6.2.2 指数表示

进行数学计算时往往会用到指数表示的数值。如果采用十进制表示指数,则需要使用大写或小写的e表示幂,e2表示10^2。

采用十进制指数表示的浮点数示例代码如下：

```
double myMoney = 3.36e2;
double interestRate = 1.56e-2;
```

其中 3.36e2 表示的是 $3.36×10^2$，1.56e-2 表示的是 $1.56×10^{-2}$。

6.3 数值类型相互转换

学习了前面的数据类型后，大家会思考一个问题，数据类型之间是否可以转换呢？数据类型的转换情况比较复杂。基本数据类型中数值类型之间可以互相转换，布尔类型不能与它们之间进行转换。但有些不兼容类型之间，如 String（字符串）转换为 int 整数等，可以借助一些类的方法实现。本节只讨论数值类型的互相转换。

从图 6-1 中可见，数值类型包括 byte、short、char、int、long、float 和 double，这些数值类型之间的转换有两个方向：自动类型转换和强制类型转换。

6.3.1 自动类型转换

自动类型转换就是需要类型之间转换是自动的，不需要采取其他手段，总的原则是小范围数据类型可以自动转换为大范围数据类型。类型转换顺序如图 6-2 所示，从左到右是自动的。

图 6-2 数据类型转换顺序

注意 如图 6-2 所示，char 类型比较特殊，char 自动转换为 int、long、float 和 double，但 byte 和 short 不能自动转换为 char，而且 char 也不能自动转换为 byte 或 short。

自动类型转换不仅发生在赋值过程中，在进行数学计算时也会发生自动类型转换，在运算中往往是先将数据类型转换为同一类型，然后再进行计算。计算规则如表 6-4 所示。

表 6-4 计算过程中自动类型转换规则

操作数 1 类型	操作数 2 类型	转换后的类型
byte、short、char	int	int
byte、short、char、int	long	long
byte、short、char、int、long	float	float
byte、short、char、int、long、float	double	double

示例代码如下：

```
// 声明整数变量
byte byteNum = 16;
short shortNum = 16;
int intNum = 16;
long longNum = 16L;
```

```
// byte 类型转换为 int 类型
intNum = byteNum;
// 声明 char 变量
char charNum = '花';
// char 类型转换为 int 类型
intNum = charNum;

// 声明浮点变量
// long 类型转换为 float 类型
float floatNum = longNum;
// float 类型转换为 double 类型
double doubleNum = floatNum;

//表达式计算后类型是 double
double result = floatNum * intNum + doubleNum / shortNum;    ①
```

上述代码第①行中表达式 floatNum * intNum + doubleNum / shortNum 进行数学计算，该表达式是由 4 个完全不同的数据类型组成，范围最大的是 double，所以在计算过程中它们先转换成 double，最后的结果类型是 double。

6.3.2 强制类型转换

在数值类型转换过程中，除了需要自动类型转换外，有时还需要强制类型转换，强制类型转换是在变量或常量之前加上"(目标类型)"实现。示例代码如下：

```
//int 型变量
int i = 10;
//把 int 变量 i 强制转换为 byte
byte b = (byte) i;
```

上述代码(byte) i 表达式实现强制类型转换。强制类型转换主要用于大宽度类型转换为小宽度类型情况，如把 int 转换为 byte。示例代码如下：

```
//int 型变量
int i = 10;
//把 int 变量 i 强制转换为 byte
byte b = (byte) i;
int i2 = (int)i;           ①
int i3 = (int)b;           ②
```

上述代码第①行是将 int 类型的 i 变量强制转换为 int 类型，这显然没有必要，但是语法也是允许的。代码第②行是将 byte 类型的 b 变量强制转换为 int 类型，从图 6-2 中可见这个转换是自动的，不需要强制转换。本例中这个转换没有实际意义，但有时为了提高精度需要这种转换。示例代码如下：

```
//int 型变量
int i = 10;
float c1 = i / 3;              ①
System.out.println(c1);        ②
//把 int 变量 i 强制转换为 float
float c2 = (float)i / 3;       ③
System.out.println(c2);        ④
```

输出结果如下：

```
3.0
3.3333333
```

比较上述代码输出结果发现 c1 和 c2 变量小数部分差别是比较大的,这种差别在一些金融系统中是不允许的。在代码第①行 i 除以 3 中结果是小数,但由于两个操作数都是整数 int 类型,小数部分被截掉了,结果是 3,然后再赋值给 float 类型的 c1 变量,最后 c1 保存的是 3.0。为了防止两个整数进行除法等运算导致小数位被截掉问题,可以将其中一个操作数强制类型转换为 float,见代码第③行,这样计算过程中操作数是 float 类型,结果是 float 不会截掉小数部分。

再看一个强制类型转换与精度丢失的示例。

```
long yourNumber = 6666666666L;
System.out.println(yourNumber);
int myNumber = (int)yourNumber;
System.out.println(myNumber);
```

输出结果如下:

```
6666666666
-1923267926
```

从上述代码输出结果可见,经过强制类型转换后,原本的 6666666666L 变成了负数。当大宽度数值转换为小宽度数值时,大宽度数值的高位被截掉,这样就会导致数据精度丢失。除非大宽度数值的高位没有数据,就是这个数比较小的情况,例如将 6666666666L 换为 6L 就不会丢失精度。

6.4 引用数据类型

在 Java 中除了 8 种基本数据类型外,其他数据类型全部都是引用(reference)数据类型,引用数据类型用来表示复杂数据类型,如图 6-3 所示,包括类、接口、枚举和数组声明的数据类型。

微课视频

图 6-3 引用数据类型

提示 Java 中的引用类型,相当于 C 等语言中指针(pointer)类型,引用事实上就是指针,是指向一个对象的内存地址。引用类型变量中保持的是指向对象的内存地址。很多资料上提到 Java 不支持指针,事实上是不支持指针计算,而指针类型还是保留了下来,只是在 Java 中称为引用类型。

引用数据类型示例代码如下:

```
int x = 7;              ①
int y = x;              ②

String str1 = "Hello";  ③
String str2 = str1;     ④
str2 = "World";         ⑤
```

上述代码声明了两个基本数据类型(int)和两个引用数据类型(String)。当程序执行完第②行代码后,x 值为 7,x 赋值给 y,这时 y 的值也是 7,它们的保存方式如图 6-4 所示,x 和 y 两个变量值都是 7,但是它们之间是独立的,任何一个变化都不会影响另一个。

当程序执行完第③行时,字符串"Hello"对象被创建,保存到内存地址 0x12345678 中,str1 是引用类型变量,它保存的是内存地址 0x12345678,这个地址指向"Hello"对象。

当程序执行完第④行时,str1 变量内容(0x12345678)被赋值给 str2(引用类型变量),这样 str1 和 str2 保存了相同的内存地址,都指向"Hello"对象。如图 6-4 所示,此时 str1 和 str2 本质上是引用一个对象,通过任何一个引用都可以修改对象本身。

当程序执行完第⑤行时,字符串"World"对象被创建,保存到内存地址 0x23455678 中,地址保存到 str2 变量中,此时,str1 和 str2 不再指向相同内存地址,如图 6-5 所示。

图 6-4 引用数据类型赋值过程 1

图 6-5 引用数据类型赋值过程 2

6.5 本章小结

本章主要介绍了 Java 中的数据类型,读者需要重点掌握基本数据类型,理解基本数据类型与引用数据类型的区别,熟悉数值类型如何互相转换。

6.6 同步练习

选择题

1. 下列哪些行代码在编译时不会出现警告或错误信息?(　　)
   A. float f = 1.3;　　B. char c = "a";　　C. byte b = 257;　　D. Boolean b = null;
   E. Int I = 10;
2. byte 的取值范围是(　　)。
   A. -128~127　　B. -256~256　　C. -255~256　　D. 依赖于计算机本身硬件
3. 下列选项中正确的表达式有哪些?(　　)
   A. byte = 128;　　B. Boolean = null;　　C. long l = 0xfffL;　　D. double = 0.9239d;
4. 下列选项中哪些不是 Java 的基本数据类型?(　　)
   A. short　　　　　B. Boolean　　　　　C. Int　　　　　D. float

第 7 章 运 算 符

CHAPTER 7

Java 语言中的运算符(也称操作符)在风格和功能上都与 C 和 C++ 极为相似。本章介绍 Java 语言中一些主要的运算符,包括算术运算符、关系运算符、逻辑运算符、位运算符和其他运算符。

7.1 算术运算符

微课视频

Java 中的算术运算符主要用来组织数值类型数据的算术运算,按照参加运算的操作数的不同可以分为一元运算符和二元运算符。

7.1.1 一元运算符

算术一元运算符一共有 3 个,分别是-、++和--。具体说明如表 7-1 所示。

表 7-1 一元算术运算符

运算符	名 称	说 明	例 子
-	取反符号	取反运算	b=-a
++	自加 1	先取值再加 1,或先加 1 再取值	a++或++a
--	自减 1	先取值再减 1,或先减 1 再取值	a--或--a

表 7-1 中,-a 是对 a 取反运算,a++或 a--是在表达式运算完后,再给 a 加 1 或减 1。而++a 或--a 是先给 a 加 1 或减 1,然后再进行表达式运算。

示例代码如下:

```
int a = 12;
System.out.println(-a);              ①
int b = a++;                         ②
System.out.println(b);
b = ++a;                             ③
System.out.println(b);
```

输出结果如下:

-12
12
14

上述代码第①行是-a,是把a变量取反,结果输出是-12。第②行代码是先把a赋值给b变量再加1,即先赋值后++,因此输出结果是12。第③行代码是把a加1,然后把a赋值给b变量,即先++后赋值,因此输出结果是14。

7.1.2 二元运算符

二元运算符包括＋、－、＊、/和％,这些运算符对数值类型数据都有效,具体说明如表7-2所示。

表7-2 二元算术运算符

运算符	名称	说明	例子
＋	加	求a加b的和,还可用于String类型,进行字符串连接操作	a ＋ b
－	减	求a减b的差	a － b
＊	乘	求a乘以b的积	a ＊ b
/	除	求a除以b的商	a / b
％	取余	求a除以b的余数	a ％ b

示例代码如下:

```
//声明一个字符类型变量
char charNum = 'A';
// 声明一个整数类型变量
int intResult = charNum + 1;                    ①
System.out.println(intResult);

intResult = intResult - 1;
System.out.println(intResult);

intResult = intResult * 2;
System.out.println(intResult);

intResult = intResult / 2;
System.out.println(intResult);

intResult = intResult + 8;
intResult = intResult % 7;
System.out.println(intResult);

System.out.println("-------");

// 声明一个浮点型变量
double doubleResult = 10.0;
System.out.println(doubleResult);

doubleResult = doubleResult - 1;
System.out.println(doubleResult);

doubleResult = doubleResult * 2;
System.out.println(doubleResult);

doubleResult = doubleResult / 2;
System.out.println(doubleResult);
```

```
doubleResult = doubleResult + 8;
doubleResult = doubleResult % 7;
System.out.println(doubleResult);
```

输出结果如下:

```
66
65
130
65
3
-------
10.0
9.0
18.0
9.0
3.0
```

上述例子中分别对数值类型数据进行了二元运算,其中代码第①行将字符类型变量 charNum 与整数类型进行加法运算,参与运算的该字符('A')的 Unicode 编码为 65。其他代码比较简单,这里不再赘述。

7.1.3 算术赋值运算符

算术赋值运算符只是一种简写,一般用于变量自身的变化,具体说明如表 7-3 所示。

表 7-3 算术赋值运算符

运算符	名称	例子
+=	加赋值	a+=b、a+=b+3
-=	减赋值	a-=b
*=	乘赋值	a*=b
/=	除赋值	a/=b
%=	取余赋值	a%=b

示例代码如下:

```
int a = 1;
int b = 2;
a += b;                    // 相当于 a = a + b
System.out.println(a);

a += b + 3;                // 相当于 a = a + b + 3
System.out.println(a);
a -= b;                    // 相当于 a = a - b
System.out.println(a);

a * = b;                   // 相当于 a = a * b
System.out.println(a);

a / = b;                   // 相当于 a = a/b
System.out.println(a);

a % = b;                   // 相当于 a = a%b
System.out.println(a);
```

输出结果如下:

```
3
8
6
12
6
0
```

上述例子分别对整数类型进行了+=、-=、*=、/=和%=运算,具体语句不再赘述。

7.2 关系运算符

微课视频

关系运算是比较两个表达式大小关系的运算,它的结果是布尔类型数据,即 true 或 false。关系运算符有 6 种:==、!=、>、<、>=和<=,具体说明如表 7-4 所示。

表 7-4 关系运算符

运算符	名称	说明	例子
==	等于	a 等于 b 时返回 true,否则返回 false。可以应用于基本数据类型和引用数据类型	a == b
!=	不等于	与==相反	a != b
>	大于	a 大于 b 时返回 true,否则返回 false,只应用于基本数据类型	a > b
<	小于	a 小于 b 时返回 true,否则返回 false,只应用于基本数据类型	a < b
>=	大于或等于	a 大于或等于 b 时返回 true,否则返回 false,只应用于基本数据类型	a >= b
<=	小于或等于	a 小于或等于 b 时返回 true,否则返回 false,只应用于基本数据类型	a <= b

提示 ==和!=可以应用于基本数据类型和引用数据类型。当用于引用数据类型比较时,比较的是两个引用是否指向同一个对象,但在实际开发过程中,多数情况下,只比较对象的内容是否相当,不需要比较是否为同一个对象。

示例代码如下:

```java
int value1 = 1;
int value2 = 2;

if (value1 == value2) {
    System.out.println("value1 == value2");
}

if (value1 != value2) {
    System.out.println("value1 != value2");
}

if (value1 > value2) {
    System.out.println("value1 > value2");
}

if (value1 < value2) {
    System.out.println("value1 < value2");
}

if (value1 <= value2) {
```

```
        System.out.println("value1 <= value2");
}
```

运行程序输出结果如下:

```
value1 != value2
value1 < value2
value1 <= value2
```

7.3 逻辑运算符

逻辑运算是对布尔型变量进行运算,其结果也是布尔型,具体说明如表7-5所示。

微课视频

表 7-5 逻辑运算符

运算符	名称	说明	例子
!	逻辑非	a 为 true 时,值为 false,a 为 false 时,值为 true	! a
&	逻辑与	ab 全为 true 时,计算结果为 true,否则为 false	a & b
|	逻辑或	ab 全为 false 时,计算结果为 false,否则为 true	a|b
&&	短路与	ab 全为 true 时,计算结果为 true,否则为 false。&& 与 & 区别:如果 a 为 false,则不计算 b(因为不论 b 为何值,结果都为 false)	a && b
||	短路或	ab 全为 false 时,计算结果为 false,否则为 true。|| 与 | 区别:如果 a 为 true,则不计算 b(因为不论 b 为何值,结果都为 true)	a||b

提示 短路与(&&)和短路或(||)能够采用最优化的计算方式,从而提高效率。在实际编程时,应该优先考虑使用短路与和短路或。

示例代码如下:

```
int i = 0;
int a = 10;
int b = 9;

if ((a > b) || (i == 1)) {                    ①
    System.out.println("或运算为 真");
} else {
    System.out.println("或运算为 假");
}

if ((a < b) && (i == 1)) {                    ②
    System.out.println("与运算为 真");
} else {
    System.out.println("与运算为 假");
}

if ((a > b) || (a++ == --b)) {                ③
    System.out.println("a = " + a);
    System.out.println("b = " + b);
}
```

上述代码运行输出结果如下:

```
或运算为 真
与运算为 假
a = 10, b = 9
```

其中,第①行代码进行短路计算,由于(a>b)是 true,后面的表达式(i==1)不再计算,输出的结果为真。类似地,第②行代码也进行短路计算,由于(a<b)是 false,后面的表达式(i==1)不再计算,输出的结果为假。

代码第③行在条件表达式中掺杂了++和--运算,由于(a>b)是 true,后面的表达式(a++ == --b)不再计算,所以最后是 a=10,b=9。如果把短路或(||)改为逻辑或(|),那么输出的结果就是 a=11,b=8。

7.4 位运算符

微课视频

位运算是以二进位(bit)为单位进行运算的,操作数和结果都是整型数据。位运算符包括 &、|、^、~、>>、<<和>>>几个运算符,以及相应的赋值运算符,具体说明如表 7-6 所示。

表 7-6 位运算符

运算符	名 称	例 子	说 明
~	位反	~x	将 x 的值按位取反
&	位与	x&y	x 与 y 位进行位与运算
|	位或	x|y	x 与 y 位进行位或运算
^	位异或	x^y	x 与 y 位进行位异或运算
>>	有符号右移	x>>a	x 右移 a 位,高位采用符号位补位
<<	左移	x<<a	x 左移 a 位,低位用 0 补位
>>>	无符号右移	x >>> a	x 右移 a 位,高位用 0 补位
&=	位与等于	a &= b	等价于 a = a&b
|=	位或等于	a |= b	等价于 a = a|b
^=	位异或等于	a ^= b	等价于 a = a^b
<<=	左移等于	a <<= b	等价于 a = a<<b
>>=	右移等于	a >>= b	等价于 a = a>>b
>>>=	右移等于	a >>>= b	等价于 a = a>>>b

注意 无符号右移>>>运算符仅被允许用在 int 和 long 整数类型,如果用于 short 或 byte 数据,则数据在位移之前,转换为 int 类型后再进行位移计算。

位运算示例代码如下:

```
byte a = 0B00110010;                                    //十进制 50         ①
byte b = 0B01011110;                                    //十进制 94         ②

System.out.println("a | b = " + (a | b));               // 0B01111110       ③
System.out.println("a & b = " + (a & b));               // 0B00010010       ④
System.out.println("a ^ b = " + (a ^ b));               // 0B01101100       ⑤
System.out.println("~b = " + (~b));                     // 0B10100001       ⑥

System.out.println("a >> 2 = " + (a >> 2));             // 0B00001100       ⑦
System.out.println("a >> 1 = " + (a >> 1));             // 0B00011001       ⑧
```

```
System.out.println("a >>> 2 = " + (a >>> 2));         // 0B00001100        ⑨
System.out.println("a << 2 = " + (a << 2));           // 0B11001000        ⑩
System.out.println("a << 1 = " + (a << 1));           // 0B01100100        ⑪

int c = -12;                                                               ⑫
System.out.println("c >>> 2 = " + (c >>> 2));                              ⑬
System.out.println("c >> 2 = " + (c >> 2));                                ⑭
```

输出结果如下:

```
a | b = 126
a & b = 18
a ^ b = 108
~b = -95
a >> 2 = 12
a >> 1 = 25
a >>> 2 = 12
a << 2 = 200
a << 1 = 100
c >>> 2 = 1073741821
c >> 2 = -3
```

上述代码第①行和第②行分别定义了 byte 变量 a 和 b,为了便于查看代码采用二进制整数表示。

代码第③行中表达式(a | b)进行位或运算,结果是二进制的 0B01111110。a 和 b 按位进行或计算,只要有一个为 1,这一位就为 1,否则为 0。

代码第④行(a & b)是进行位与运算,结果是二进制的 0B00010010。a 和 b 按位进行与计算,只有两位全部为 1,这一位才为 1,否则为 0。

代码第⑤行(a ^ b)是进行位异或运算,结果是二进制的 0B01101100。a 和 b 按位进行异或计算,只有两位相反时这一位才为 1,否则为 0。

提示 代码第⑥行(~b)是按位取反运算,在这个过程中涉及原码、补码、反码运算,比较麻烦。笔者归纳总结了一个公式:~b=-1*(b+1),如果 b 为十进制数 94,则~b 为十进制数-95。

代码第⑦行(a >> 2)是进行有符号右移 2 位运算,结果是二进制的 0B00001100。a 的低位被移除掉,由于正数符号位是 0,高位空位用 0 补。类似代码第⑧行(a >> 1)是进行右移 1 位运算,结果是二进制的 0B00011001。

代码第⑨行(a >>> 2)是进行无符号右移 2 位运算,与代码第⑦行不同的是,无论是否有符号位,高位空位用 0 补,所以在正数情况下>>和>>>运算结果是一样的。

代码第⑩行(a << 2)是进行左移 2 位运算,结果是二进制的 0B11001000。a 的高位被移除掉,低位空位用 0 补位。类似代码第⑪行(a << 1)是进行左移 1 位运算,结果是二进制的 0B01100100。

代码第⑫行声明 int 类型负数。右移(>>>和>>)在负数情况下差别比较大。代码第⑬行的(c>>>2)表达式输出结果是 1073741821,这是一个如此大的正数,从一个负数变成一个正数,这说明无符号右移对于负数计算会导致精度的丢失。而有符号右移对于负数的计算是正确的,见代码第⑭行。

提示 有符号右移 n 位,相当于操作数除以 2^n,例如代码第⑦行(a>>2)表达式相当于$(a/2^2)$,a=50,所以结果等于 12,类似的还有代码第⑧行和第⑨行。另外,左移 n 位,相当于操作数乘以 2^n,例如代码第⑩行(a<<2)表达式相当于$(a*2^2)$,a=50,所以结果等于 200,类似的还有代码第⑪行。

7.5 其他运算符

除了前面介绍的主要运算符，Java 还有如下一些其他运算符。
- 三元运算符（？：）：例如 x？y：z；，其中 x、y 和 z 都为表达式。
- 小括号：起到改变表达式运算顺序的作用，它的优先级最高。
- 中括号：数组下标。
- 引用号（.）：对象调用实例变量或实例方法的操作符，也是类调用静态变量或静态方法的操作符。
- 赋值号（=）：赋值是用等号运算符（=）进行的。
- instanceof：判断某个对象是否属于某个类。
- new：对象内存分配运算符。
- 箭头（->）。Java 8 新增加的，用来声明 Lambda 表达式。
- 双冒号（::）。Java 8 新增加的，用于 Lambda 表达式中方法的引用。

示例代码如下：

```java
import java.util.Date;                                          ①

public class HelloWorld {

    public static void main(String[] args) {

        int score = 80;
        String result = score > 60 ? "及格" : "不及格";           // 三元运算符(？：)
        System.out.println(result);

        Date date = new Date();                                 // new 运算符可以创建 Date 对象  ②
        // java.util.Date date = new java.util.Date(); ③
        System.out.println(date.toString());                    //通过.运算符调用方法

    }
}
```

上述代码第①行 import 语句是引入 java.util.Date 类。java.util.Date 类与 HelloWorld 类不在同一个包中，所以需要引入。由于在代码第②行引入了 java.util.Date 类，因此在代码第②行使用 Date 类不需要指定包名。否则就需要在代码第③行的类名前加上包名。

提示 java.util.Date 是一个类全名（包名＋类名），其中 java.util 是包，Date 是类名。

此外，还有一些鲜为人知的运算符，随着学习的深入，用到时再介绍，这里就不再赘述。

7.6 运算符优先级

在一个表达式计算过程中，运算符的优先级非常重要。表 7-7 中从上到下，运算符的优先级从高到低，同一行具有相同的优先级。二元运算符计算顺序从左向右，但是优先级 15 的赋值运算符的计算顺序是从右向左。

表 7-7 Java 运算符优先级

优先级	运算符
1	.（引用号） 小括号 中括号
2	++ -- －（数值取反） ~（位反） !（逻辑非） 类型转换小括号
3	* / %
4	+ -
5	<< >> >>>
6	< > <= >= instanceof
7	== !=
8	&（逻辑与、位与）
9	^（位异或）
10	|（逻辑或、位或）
11	&&
12			
13	?:
14	->
15	= *= /= %= += -= <<= >>= >>>= &= ^= |=

总结 运算符优先级大体顺序，从高到低是算术运算符→位运算符→关系运算符→逻辑运算符→赋值运算符。

7.7 本章小结

通过对本章内容的学习，读者可以了解到 Java 语言的基本运算符，这些运算符包括算术运算符、关系运算符、逻辑运算符、位运算符和其他运算符。

7.8 同步练习

选择题

1. 下列选项中合法的赋值语句有哪些？（ ）
   A. a==1;   B. ++i;   C. a=a+1=5;   D. y=int(i);
2. 如果所有变量都已正确定义，以下选项中非法的表达式有哪些？（ ）
   A. a!=4||b==1   B. 'a'%3   C. 'a'=1/2   D. 'A'+32
3. 如果定义 int a=2;则执行完语句 a+=a-=a*a;后 a 的值是（ ）。
   A. 0   B. 4   C. 8   D. -4
4. 下列关于使用"<<"和">>"操作符的哪些结果是对的？（ ）
   A. 1010 0000 0000 0000 0000 0000 0000 0000>>4 的结果是 0000 1010 0000 0000 0000 0000 0000 0000
   B. 1010 0000 0000 0000 0000 0000 0000 0000>>4 的结果是 1111 1010 0000 0000 0000 0000 0000 0000
   C. 1010 0000 0000 0000 0000 0000 0000 0000>>>4 的结果是 0000 1010 0000 0000 0000 0000 0000 0000
   D. 1010 0000 0000 0000 0000 0000 0000 0000>>>4 的结果是 1111 1010 0000 0000 0000 0000 0000 0000

第 8 章 控制语句

CHAPTER 8

程序设计中的控制语句有三种,即顺序、分支和循环语句。Java 程序通过控制语句来管理程序流,完成一定的任务。程序流是由若干个语句组成的,语句可以是一条单一的语句,也可以是一个用大括号({})括起来的复合语句。Java 中的控制语句如下:

- 分支语句:if 和 switch。
- 循环语句:while、do-while 和 for。
- 跳转语句:break、continue、return 和 throw。

微课视频

8.1 分支语句

分支语句提供了一种控制机制,使得程序具有"判断能力",能够像人类的大脑一样分析问题。分支语句又称条件语句,条件语句使部分程序可根据某些表达式的值被有选择地执行。Java 编程语言提供了 if 和 switch 两种分支语句。

8.1.1 if 语句

由 if 语句引导的选择结构有 if 结构、if-else 结构和 else-if 结构三种。

1. if 结构

如果条件表达式为 true 就执行语句组,否则就执行 if 结构后面的语句。如果语句组只有一条语句,可以省略大括号,但从编程规范角度来看不要省略大括号,省略大括号会使程序的可读性变差。语法结构如下:

```
if (条件表达式) {
    语句组
}
```

if 结构示例代码如下:

```
int score = 95;
if (score >= 85) {
    System.out.println("您真优秀!");
}
if (score < 60) {
    System.out.println("您需要加倍努力!");
}
```

```
if ((score >= 60) && (score < 85)) {
        System.out.println("您的成绩还可以,仍需继续努力!");
}
```

程序运行结果如下:

您真优秀!

2. if-else 结构

所有的语言都有这个结构,而且结构的格式基本相同,语句如下:

```
if (条件表达式) {
    语句组 1
} else {
    语句组 2
}
```

当程序执行到 if 语句时,先判断条件表达式,如果值为 true,则执行语句组 1,然后跳过 else 语句及语句组 2,继续执行后面的语句;如果条件表达式的值为 false,则忽略语句组 1 而直接执行语句组 2,然后继续执行后面的语句。

if-else 结构示例代码如下:

```
int score = 95;
if (score < 60) {
        System.out.println("不及格");
} else {
        System.out.println("及格");
}
```

程序运行结果如下:

及格

3. else-if 结构

else-if 结构如下:

```
if (条件表达式 1) {
    语句组 1
} else if (条件表达式 2) {
    语句组 2
} else if (条件表达式 3) {
    语句组 3
...
} else if (条件表达式 n) {
    语句组 n
} else {
    语句组 n+1
}
```

可以看出,else-if 结构实际上是 if-else 结构的多层嵌套,它明显的特点就是在多个分支中只执行一个语句组,而其他分支都不执行,所以这种结构可以用于有多种判断结果的分支中。

else-if 结构示例代码如下:

```
int testScore = 76;
```

```java
char grade;
if (testScore >= 90) {
      grade = 'A';
} else if (testScore >= 80) {
      grade = 'B';
} else if (testScore >= 70) {
      grade = 'C';
} else if (testScore >= 60) {
      grade = 'D';
} else {
      grade = 'F';
}
System.out.println("Grade = " + grade);
```

输出结果如下：

```
Grade = C
```

其中，char grade 是声明字符变量，然后经过判断最后结果是 C。

8.1.2　switch 语句

switch 提供多分支程序结构语句，switch 语句基本形式的语法结构如下：

```
switch (表达式) {
    case 值 1:
        语句组 1
    case 值 2:
        语句组 2
    case 值 3:
        语句组 3
        …
    case 判断值 n:
        语句组 n
    default:
        语句组 n+1
}
```

default 语句可以省略。switch 语句中"表达式"计算结果只能是如下几种类型：
- byte、short、char 和 int 类型。
- Byte、Short、Character 和 Integer 包装类类型。
- String 类型。
- 枚举类型。

Java 中有 8 个包装类对应 Java 中 8 种基本数据类型。有关包装类和枚举类型将在后面章节中介绍。

当程序执行到 switch 语句时，先计算条件表达式的值，假设值为 A，然后拿 A 与第 1 个 case 语句中的值 1 进行匹配，如果匹配则执行语句组 1，语句组执行完成后不跳出 switch，只有遇到 break 才跳出 switch。如果 A 没有与第 1 个 case 语句匹配，则与第 2 个 case 语句进行匹配，如果匹配则执行语句组 2，以此类推，直到执行语句组 n。如果所有的 case 语句都没有执行，就执行 default 的语句组 n+1，这时才跳出 switch。

表达式计算结果是 int 类型示例代码如下：

```java
int testScore = 75;

char grade;
switch (testScore / 10) {                    ①
case 9:
    grade = '优';
    break;
case 8:
    grade = '良';
    break;
case 7:              // 7 是贯通的      ②
case 6:
    grade = '中';
    break;
default:
    grade = '差';
}
System.out.println("Grade = " + grade);
```

输出结果如下：

Grade = 中

上述代码将 100 分制转换为："优""良""中""差"评分制，其中 7 分和 6 分都是"中"成绩，把 case 7 和 case 6 当成一种情况考虑。代码第①行计算表达式获得 0～9 分数值。代码第②行的 case 7 是贯通的，只有它的后面不加 break，程序流执行完当前 case 后，则会进入下一个 case，因此本例中 case 7 和 case 6 都执行相同的代码。

表达式计算结果是 String 类型示例代码如下：

```java
String level = "优";                          ①
String desc = "";
switch (level) {                              ②
    case "优":
        desc = "90 分以上";
        break;
    case "良":
        desc = "80 分～90 分";
        break;
    case "中":
        desc = "70 分～80 分";
        break;
    case "差":
        desc = "低于 60 分";
        break;
    default:
        desc = "无法判断";
}

System.out.println("说明：" + desc);
```

上述代码第①行 level 是一个 String 类型变量，代码第②行 switch 的表达式中使用 level 变量。这种语法在 Java 7 之前是不允许的。

8.1.3　Java 14 中 switch 新特性

Java 14 的 switch 有很多变化，其中 case 后面可以使用箭头运算符"->"替代"：break"语句。使用箭头符号"->"，首先可以省略 break 语句，每个 case 执行完成结束 switch；其次，case 后面可以有多个常量，常量之间用逗号(,)分隔。

示例代码如下：

```
int testScore = 75;

char grade;
switch (testScore / 10) {
    case 9 -> grade = '优';               ①
    case 8 -> grade = '良';
    case 7, 6 -> grade = '中';            ②
    default -> grade = '差';              ③
}
System.out.println("Grade = " + grade);
```

输出结果如下：

```
Grade = 中
```

上述代码中第①行～第③行是声明 case 语句和 default 语句。其中代码第②行 case 常量有两个，它们使用逗号(,)分隔，表示 7 或 6 都会进入这个 case 分支。

另外，Java 14 还增强了 switch 表达式功能，所谓"表达式"就是可以出现在赋值符号(=)的右边，它会返回一个计算结果。

示例代码如下：

```
char grade2 = switch (testScore / 10) {   ①
    case 9 -> '优';
    case 8 -> '良';
    case 7, 6 -> '中';
    default -> '差';
};                                        ②
System.out.println("Grade2 = " + grade2);
```

上述代码第①行～第②行是一条语句，其中每个 case 语句中使用了箭头符号"->"，此时返回箭头符号"->"数据值赋值给 grade2 变量。

微课视频

8.2　循环语句

循环语句能够使程序代码重复执行。Java 支持三种循环构造类型：while、do-while 和 for。for 和 while 循环是在执行循环体之前测试循环条件，而 do-while 循环是在执行循环体之后测试循环条件。这就意味着 for 和 while 循环可能连一次循环体都未执行，而 do-while 将至少执行一次循环体。另外，Java 5 之后推出增强 for 循环语句，增强 for 循环是 for 循环的变形，它是专门为集合遍历而设计的，注意增强 for 并不是一个关键字。

8.2.1 while 语句

while 语句是一种先判断的循环结构,格式如下:

```
while (循环条件) {
    语句组
}
```

while 循环没有初始化语句,循环次数是不可知的,只要循环条件满足,循环就会一直进行下去。示例代码如下:

```
int i = 0;
while (i * i < 100000) {
    i++;
}

System.out.println("i = " + i);
System.out.println("i * i = " + (i * i));
```

输出结果如下:

```
i = 317
i * i = 100489
```

上述程序代码的目的是找到平方数小于 100 000 的最大整数。使用 while 循环需要注意,while 循环条件语句中只能写一个表达式,而且是一个布尔型表达式,那么如果循环体中需要循环变量,就必须在 while 语句之前对循环变量进行初始化。本例中先给 i 赋值 0,然后在循环体内部必须通过语句更改循环变量的值,否则将会发生死循环。

8.2.2 do-while 语句

do-while 语句的使用与 while 语句相似,不过 do-while 语句是事后判断循环条件结构。语句格式如下:

```
do {
    语句组
} while (循环条件)
```

do-while 循环没有初始化语句,循环次数是不可知的,无论循环条件是否满足,都会先执行一次循环体,然后再判断循环条件。如果条件满足,则执行循环体,不满足则停止循环。
示例代码如下:

```
int i = 0;
do {
    i++;
} while (i * i < 100000);

System.out.println("i = " + i);
System.out.println("i * i = " + (i * i));
```

输出结果如下:

```
i = 317
i * i = 100489
```

该示例与 8.2.1 节的示例是一样的,都是找到平方数小于 100 000 的最大整数。输出结果也是一样的。

8.2.3 for 语句

for 语句是应用最广泛、功能最强的一种循环语句,格式如下:

```
for(初始化; 循环条件; 迭代){
    语句组
}
```

for 语句执行流程如图 8-1 所示。首先会执行初始化语句,它的作用是初始化循环变量和其他变量,然后程序会判断循环条件是否满足,如果满足,则继续执行循环体并计算迭代语句,之后再判断循环条件,如此反复,直到判断循环条件不满足时跳出循环。

图 8-1 for 循环执行流程

以下示例代码是计算 1~9 的平方表程序。

```
System.out.println(" --------- ");

for (int i = 1; i < 10; i++) {
    System.out.printf("% d x % d = % d", i, i, i * i);
    //打印一个换行符,实现换行
    System.out.println();
}
```

输出结果如下:

```
---------
1 x 1 = 1
2 x 2 = 4
3 x 3 = 9
4 x 4 = 16
5 x 5 = 25
```

```
6 x 6 = 36
7 x 7 = 49
8 x 8 = 64
9 x 9 = 81
```

在这个程序的循环部分初始时,给循环变量 i 赋值为 1,每次循环都要判断 i 的值是否小于 10,如果为 true,则执行循环体,然后给 i 加 1。因此,最后的结果是打印出 1~9 的平方,不包括 10。

提示 初始化、循环条件以及迭代部分都可以为空语句(但分号不能省略),三者均为空的时候,相当于一个无限循环。代码如下:

```
for (; ;) {
    ...
}
```

另外,在初始化和迭代部分,可以使用逗号语句来进行多个操作。逗号语句是用逗号分隔的语句序列,代码如下:

```
int x;
int y;

for (x = 0, y = 10; x < y; x++, y--) {
    System.out.printf("(x,y) = ( %d, %d)", x, y);
    // 打印一个换行符,实现换行
    System.out.println();
}
```

输出结果如下:

```
(x,y) = (0,10)
(x,y) = (1,9)
(x,y) = (2,8)
(x,y) = (3,7)
(x,y) = (4,6)
```

8.2.4 增强 for 语句

Java 5 之后提供了一种专门用于遍历集合的 for 循环——增强 for 循环。使用增强 for 循环不必按照 for 的标准套路编写代码,只需要提供一个集合就可以遍历。

假设有一个数组,采用 for 语句遍历数组的方式如下:

```
// 声明并初始化 int 数组
int[] numbers = { 43, 32, 53, 54, 75, 7, 10 };

System.out.println("----for-------");
// for 语句
for (int i = 0; i < numbers.length; i++) {
    System.out.println("Count is:" + numbers[i]);
}
```

上述语句 int[] numbers = { 43, 32, 53, 54, 75, 7, 10 }声明并初始化了 7 个元素数组集合,目前只需要知道当初始化数组时,要把相同类型的元素放到{…}中并且用逗号(,)分隔即可。关于数组集合会在第 9 章详细介绍。numbers.length 是获得数组的长度,length 是数组的属性,numbers[i]是通过数组下标访问数组元素。

采用增强 for 循环语句遍历数组的方式如下：

```
// 声明并初始化 int 数组
int[] numbers = { 43, 32, 53, 54, 75, 7, 10 };

System.out.println("----for each----");
// 增强 for 语句
for (int item : numbers) {
    System.out.println("Count is:" + item);
}
```

从示例中可以发现，item 不是循环变量，它保存了集合中的元素，增强 for 语句将集合中的元素一一取出来，并保存到 item 中，这个过程中不需要使用循环变量，通过数组下标访问数组中的元素。可见增强 for 语句在遍历集合时要简单方便得多。

8.3 跳转语句

微课视频

跳转语句能够改变程序的执行顺序，可以实现程序的跳转。Java 有 4 种跳转语句：break、continue、throw 和 return。本节重点介绍 break 和 continue 语句的使用。throw 和 return 语句将在后面章节介绍。

8.3.1 break 语句

break 语句可用于 8.2 节介绍的 while、do-while 和 for 循环结构，它的作用是强行退出循环体，不再执行循环体中剩余的语句。

在循环体中使用 break 语句有两种方式：带有标签和不带标签。语句格式如下：

```
break;                    //不带标签
break label;              //带标签,label 是标签名
```

不带标签的 break 语句使程序跳出所在层的循环体，而带标签的 break 语句使程序跳出标签指示的循环体。

示例代码如下：

```
int[] numbers = { 1, 2, 3, 4, 5, 6, 7, 8, 9, 10 };
for (int i = 0; i < numbers.length; i++) {
    if (i == 3) {
        //跳出循环
        break;
    }
    System.out.println("Count is: " + i);
}
```

在上述程序代码中，当条件 i==3 时执行 break 语句，break 语句会中止循环。程序运行的结果如下：

```
Count is: 0
Count is: 1
```

Count is: 2

break 还可以配合标签使用，示例代码如下：

```
label1: for (int x = 0; x < 5; x++) {            ①
    for (int y = 5; y > 0; y-- ) {               ②
        if (y == x) {
            //跳转到 label1 指向的循环
            break label1;                        ③
        }
        System.out.printf("(x,y) = ( %d, %d)", x, y);
        // 打印一个换行符,实现换行
        System.out.println();
    }
}
System.out.println("Game Over!");
```

默认情况下，break 只会跳出最近的内循环（代码第②行 for 循环）。如果要跳出代码第①行的外循环，可以为外循环添加一个标签 label1，注意，在定义标签时后面跟一个冒号。代码第③行的 break 语句后面指定了 label1 标签，这样，当条件满足执行 break 语句时，程序就会跳转出 label1 标签所指定的循环。

程序运行结果如下：

```
(x,y) = (0,5)
(x,y) = (0,4)
(x,y) = (0,3)
(x,y) = (0,2)
(x,y) = (0,1)
(x,y) = (1,5)
(x,y) = (1,4)
(x,y) = (1,3)
(x,y) = (1,2)
Game Over!
```

如果 break 后面没有指定外循环标签，则运行结果如下：

```
(x,y) = (0,5)
(x,y) = (0,4)
(x,y) = (0,3)
(x,y) = (0,2)
(x,y) = (0,1)
(x,y) = (1,5)
(x,y) = (1,4)
(x,y) = (1,3)
(x,y) = (1,2)
(x,y) = (2,5)
(x,y) = (2,4)
(x,y) = (2,3)
(x,y) = (3,5)
(x,y) = (3,4)
(x,y) = (4,5)
Game Over!
```

比较两种运行结果，就会发现给 break 添加标签的意义，添加标签对于多层嵌套循环是很有必要的，适当使用可以提高程序的执行效率。

8.3.2 continue 语句

continue 语句用来结束本次循环,跳过循环体中尚未执行的语句,接着进行中止条件的判断,以决定是否继续循环。对于 for 语句,在进行中止条件的判断前,还要先执行迭代语句。

在循环体中使用 continue 语句有两种方式:可以带有标签,也可以不带标签。语句格式如下:

```
continue                            //不带标签
continue label                      //带标签,label 是标签名
```

示例代码如下:

```java
int[] numbers = { 1, 2, 3, 4, 5, 6, 7, 8, 9, 10 };

for (int i = 0; i < numbers.length; i++) {
    if (i == 3) {
        continue;
    }
    System.out.println("Count is: " + i);
}
```

在上述程序代码中,当条件 i==3 时执行 continue 语句,continue 语句会跳出本次循环,循环体中 continue 之后的语句将不再执行,接着进行下次循环,所以输出结果中没有 3。

程序运行结果如下:

```
Count is: 0
Count is: 1
Count is: 2
Count is: 4
Count is: 5
Count is: 6
Count is: 7
Count is: 8
Count is: 9
```

带标签的 continue 语句示例代码如下:

```java
label1: for (int x = 0; x < 5; x++) {           ①
    for (int y = 5; y > 0; y--) {               ②
        if (y == x) {
            continue label1;                    ③
        }
        System.out.printf("(x,y) = ( %d, %d)", x, y);
        System.out.println();
    }
}
System.out.println("Game Over!");
```

默认情况下,continue 只会跳出最近的内循环(代码第②行 for 循环),如果要跳出代码第①行的外循环,可以为外循环添加一个标签 label1,然后在第③行的 continue 语句后面指定这个标签 label1,这样,当条件满足执行 continue 语句时,程序就会跳转出外循环。

程序运行结果如下:

```
(x,y) = (0,5)
```

```
(x,y) = (0,4)
(x,y) = (0,3)
(x,y) = (0,2)
(x,y) = (0,1)
(x,y) = (1,5)
(x,y) = (1,4)
(x,y) = (1,3)
(x,y) = (1,2)
(x,y) = (2,5)
(x,y) = (2,4)
(x,y) = (2,3)
(x,y) = (3,5)
(x,y) = (3,4)
(x,y) = (4,5)
Game Over!
```

由于跳过了 x == y，因此下面的内容没有输出。

```
(x,y) = (1,1)
(x,y) = (2,2)
(x,y) = (3,3)
(x,y) = (4,4)
```

8.4 本章小结

通过对本章内容的学习，可以了解到 Java 语言的控制语句，其中包括分支语句（if 和 switch）、循环语句（while、do-while、for 和增强 for）和跳转语句（break 和 continue）等。

8.5 同步练习

选择题

1. 能从循环语句的循环体中跳出的语句是（　　）。
   A. for 语句　　　　　B. break 语句　　　　C. while 语句　　　　D. continue 语句
2. 下列语句执行后，x 的值是（　　）。

```
int a = 3, b = 4, x = 5;

if (a < b) {
a++;
    ++x;
}
```

   A. 5　　　　　　　　B. 3　　　　　　　　　C. 4　　　　　　　　　D. 6
3. 以下 Java 代码编译运行后，哪些选项会出现在输出结果中？（　　）

```
public class HelloWorld {
    public static void main(String args[]) {
        for (int i = 0; i < 3; i++) {
            for (int j = 3; j >= 0; j--) {
                if (i == j)
```

```
                continue;
            System.out.println("i = " + i + " j = " + j);
        }
      }
    }
}
```

A. i=0 j=3   B. i=0 j=0   C. i=2 j=2   D. i=0 j=2
E. i=0 j=1

4. 以下 Java 代码运行后,(   )包含在输出结果中？

```
public class HelloWorld {
    public static void main(String args[]) {
        int i = 0;
        do {
            System.out.println("i = " + i);
        } while ( -- i > 0 );
        System.out.println("完成");
    }
}
```

A. i = 3   B. i = 1   C. i = 0   D. 完成

8.6 动手实践：计算水仙花数

编程题

水仙花数是一个三位数,三位数各位的立方之和等于三位数本身。

1. 使用 while 循环计算水仙花数。
2. 使用 for 循环计算水仙花数。

第 9 章 数 组

在计算机语言中数组是非常重要的集合类型,大部分计算机语言中数组具有如下三个基本特性。
(1) 一致性:数组只能保存相同数据类型元素,元素的数据类型可以是任何相同的数据类型。
(2) 有序性:数组中的元素是有序的,通过下标访问。
(3) 不可变性:数组一旦初始化,则长度(数组中元素的个数)不可变。

在 Java 中数组的下标是从零开始的,事实上很多计算机语言的数组下标都是从零开始的。Java 数组下标访问运算符是中括号,如 intArray[0],表示访问 intArray 数组的第一个元素,0 是第一个元素的下标。

另外,Java 中的数组本身是引用数据类型,它的长度属性是 length。数组可以分为一维数组和多维数组,下面先介绍一维数组。

9.1 一维数组

当数组中每个元素都只带有一个下标时,这种数组就是"一维数组"。数组是引用数据类型,引用数据类型在使用之前一定要做两件事情:声明和初始化。

微课视频

9.1.1 数组声明

数组的声明就是宣告这个数组中元素类型,即数组的变量名。

注意 数组声明完成后,数组的长度还不能确定,JVM(Java 虚拟机)还没有给元素分配内存空间。
数组声明语法如下:

元素数据类型[] 数组变量名;
元素数据类型 数组变量名[];

可见数组的声明有两种形式:一种是中括号([])跟在元素数据类型之后;另一种是中括号([])跟在变量名之后。

提示 从面向对象角度看,Java 更推荐采用第一种声明方式,因为它把"元素数据类型[]"看成是一个整体类型,即数组类型。而第二种是 C 语言数组声明方式。

数组声明示例如下:

```
int intArray[];
float[] floatArray;
String strArray[];
Date[] dateArray;
```

9.1.2 数组初始化

声明完成就要对数组进行初始化,数组初始化的过程就是为数组每个元素分配内存空间,并为每个元素提供初始值。初始化之后数组的长度就确定下来,不能再变化了。

提示 有些计算机语言提供了可变类型数组,即它的长度是可变的,这种数组本质上是创建了一个新的数组对象,并非是原始数组的长度发生了变化。

数组初始化可分为静态初始化和动态初始化。

1. 静态初始化

静态初始化就是将数组的元素放到大括号中,元素之间用逗号(,)分隔。示例代码如下:

```
// 静态初始化
int[] intArray1 = {21, 32, 43, 45};
String[] strArray1 = {"张三", "李四", "王五", "董六"};
```

静态初始化是在已知数组的每个元素内容情况下使用的。很多情况下数据是从数据库或网络中获得的,在编程时不知道元素有多少,更不知道元素的内容,此时可采用动态初始化。

2. 动态初始化

动态初始化使用 new 运算符分配指定长度的内存空间,语法如下:

```
new 元素数据类型[数组长度];
```

示例代码如下:

```
int intArray2[];
// 动态初始化 int 数组
intArray2 = new int[4];                         ①
intArray2[0] = 21;
intArray2[1] = 32;
intArray2[2] = 43;
intArray2[3] = 45;                              ②

// 动态初始化 String 数组
String[] strArray2 = new String[4];             ③
// 初始化数组中元素
strArray2[0] = "张三";
strArray2[1] = "李四";
strArray2[2] = "王五";
strArray2[3] = "董六";                           ④
```

上述代码第①行和第③行通过 new 运算符分配了 4 个元素的内存空间。

当代码第①行执行完成后,intArray2 数组内容如图 9-1(a)所示,intArray2 数组中的所有元素都是 0,根据需要会动态添加元素内容。代码第②行执行完成,intArray2 数组内容如图 9-1(b)所示。

当代码第③行执行完成后,strArray2 数组内容如图 9-2(a)所示,strArray2 数组中所有元素都是 null,随着每个元素被初始化和赋值,代码第④行执行完之后每个元素都有不同内容,这里需要注意引用类型数组,每个元素保存都是指向实际对象的内存地址,如图 9-2(b)所示,每个对象还需要有创建和初始化过程。有关对象创建和初始化内容,将在后面章节详细介绍。

提示 new 分配数组内存空间后,数组中的元素内容是什么呢?答案是数组类型的默认值,不同类型默认值是不同的,如表 9-1 所示。

图 9-1 intArray2 数组   图 9-2 strArray2 数组

表 9-1 数据类型默认值

基本类型	默认值	基本类型	默认值
byte	0	double	0.0d
short	0	char	'\u0000'
int	0	boolean	false
long	0L	引用	null
float	0.0f		

9.1.3 案例：数组合并

数组长度是不可变的，要想合并两个不同的数组，不能通过在一个数组的基础上追加另一个数组实现，需要创建一个新的数组，新数组长度是两个数组长度之和。然后再将两个数组的内容导入新数组中。
示例代码如下：

```
public class HelloWorld {

    public static void main(String[] args) {

        // 两个待合并数组
        int array1[] = { 20, 10, 50, 40, 30 };
        int array2[] = { 1, 2, 3 };

        // 动态初始化数组,设置数组的长度是 array1 和 array2 长度之和
        int array[] = new int[array1.length + array2.length];

        // 循环添加数组内容
        for (int i = 0; i < array.length; i++) {

            if (i < array1.length) {                    ①
                array[i] = array1[i];                   ②
            } else {
                array[i] = array2[i - array1.length];   ③
            }
        }

        System.out.println("合并后:");
        for (int element : array) {
```

```
            System.out.printf("%d", element);
        }
    }
}
```

上述代码第①行是判断当前循环变量 i 是否小于 array1.length,在此条件下将 array1 数组内容导入新数组,见代码第②行。当 array1 数组内容导入完成后,再通过代码第③行将另一个数组 array2 导入新数组,其中 array2 下标应该是 i- array1.length。

微课视频

9.2 多维数组

当数组中每个元素又可以带有多个下标时,这种数组就是"多维数组"。本节重点介绍二维数组。

9.2.1 二维数组声明

Java 中声明二维数组需要有两个中括号,具体有如下三种语法。

```
元素数据类型[][] 数组变量名;
元素数据类型 数组变量名[][];
元素数据类型[] 数组变量名[];
```

三种形式中前两种比较好理解,最后一种形式看起来有些古怪。数组声明示例如下:

```
int[][] array1;
int array1[][];
int[] array1[];
```

9.2.2 二维数组的初始化

二维数组的初始化也可分为静态初始化和动态初始化。

1. 静态初始化

静态初始化示例如下:

```
int intArray[][] = { { 1, 2, 3 }, { 11, 12, 13 }, { 21, 22, 23 }, { 31, 32, 33 } };
```

上述代码创建并初始化了一个 4×3 二维数组,理解 Java 中的多维数组应该从数组的角度出发。首先将 intArray 看成一个一维数组,它有 4 个元素,如图 9-3 所示,其中第 1 个元素是{1,2,3},第 2 个元素是{11,12,13},第 3 个元素是{21,22,23},第 4 个元素是{31,32,33}。然后再分别考虑每个元素,{1,2,3}表示形式说明它是一个 int 类型的一维数组,其他 3 个元素也是一维 int 类型数组。

图 9-3 intArray 二维数组

提示　严格意义上说,Java 中并不存在真正意义上的多维数组,只是一维数组,不过数组中的元素也是数组,以此类推,三维数组就是数组的数组的数组,例如{{{1,2},{3}},{{21},{22,23}}}表示一个三维数组。

2. 动态初始化

动态初始化二维数组语法如下:

```
new 元素数据类型[高维数组长度][低维数组长度];
```

高维数组就是最外面的数组,低维数组是每个元素的数组。动态创建并初始化一个 4×3 二维数组示例代码如下:

```
int[][] intArray = new int[4][3];
```

二维数组的下标有[4][3]两个,前面的[4]是高维数组下标索引,后面的[3]是低维数组下标索引。4×3 二维数组的每个元素的下标索引如图 9-4(a)所示。由于低维数组是 int 类型,所以初始化完成后所有元素全部是 0,如图 9-4(b)所示。

二维数组示例如下:

[0][0]	[0][1]	[0][2]	0	0	0
[1][0]	[1][1]	[1][2]	0	0	0
[2][0]	[2][1]	[2][2]	0	0	0
[3][0]	[3][1]	[3][2]	0	0	0
(a)			(b)		

图 9-4 二维数组动态初始化

```java
public class HelloWorld {
    public static void main(String[] args) {
        // 静态初始化二维数组
        int[][] intArray = {
            { 1, 2, 3 },
            { 11, 12, 13 },
            { 21, 22, 23 },
            { 31, 32, 33 } };

        // 动态初始化二维数组
        double[][] doubleArray = new double[4][3];

        // 计算数组 intArray 元素的平方根,结果保存到 doubleArray
        for (int i = 0; i < intArray.length; i++) {
            for (int j = 0; j < intArray[i].length; j++) {
                // 计算平方根
                doubleArray[i][j] = Math.sqrt(intArray[i][j]);      ①
            }
        }

        // 打印数组 doubleArray
        for (int i = 0; i < doubleArray.length; i++) {
            for (int j = 0; j < doubleArray[i].length; j++) {
                System.out.printf("[ %d][ %d] = %f", i, j, doubleArray[i][j]);
                System.out.print('\t');
            }
            System.out.println();
        }
    }
}
```

代码第①行中 Math.sqrt(intArray[i][j])表达式是计算平方根,Math 是 java.lang 包中提供的用于数学计算类,它提供很多常用的数学计算方法,sqrt 是计算平方根,如取绝对值的 abs、幂运算的 pow 等。

9.2.3 不规则数组

由于 Java 多维数组是数组的数组,因此会衍生出一种不规则数组,规则的 4×3 二维数组有 12 个元素,而不规则数组就不一定了。如下代码静态初始化了一个不规则数组。

```java
int intArray[][] = { { 1, 2 }, { 11 }, { 21, 22, 23 }, { 31, 32, 33 } };
```

0	{1, 2}
1	{11}
2	{21, 22, 23}
3	{31, 32, 33}

图 9-5　不规则数组

高维数组是 4 个元素，但是低维数组元素个数不同，如图 9-5 所示，其中第 1 个数组有两个元素，第 2 个数组有 1 个元素，第 3 个数组有 3 个元素，第 4 个数组有 3 个元素，这就是不规则数组。

动态初始化不规则数组比较麻烦，不能使用 new int[4][3] 语句，而是先初始化高维数组，然后再分别逐个初始化低维数组，代码如下：

```java
int intArray[][] = new int[4][];       //先初始化高维数组为 4
//逐一初始化低维数组
intArray[0] = new int[2];
intArray[1] = new int[1];
intArray[2] = new int[3];
intArray[3] = new int[3];
```

上述代码初始化数组完成之后，不是有 12 个元素而是 9 个元素，它们的下标索引如图 9-6 所示，可见其中下标[0][2]、[1][1]和[1][2]是不存在的，如果试图访问它们则会抛出下标越界异常。

[0][0]	[0][1]	
[1][0]		
[2][0]	[2][1]	[2][2]
[3][0]	[3][1]	[3][2]

图 9-6　不规则数组访问

提示　下标越界异常（ArrayIndexOutOfBoundsException）是试图访问不存在的下标时引发的。例如，一个一维 array 数组如果有 10 个元素，那么表达式 array[10]就会发生下标越界异常，这是因为数组下标是从 0 开始的，最后一个元素下标是数组长度减 1，所以 array[10]访问的元素是不存在的。

不规则数组的示例代码如下：

```java
public class HelloWorld {

    public static void main(String[] args) {

        int intArray[][] = new int[4][];       //先初始化高维数组为 4
        //逐一初始化低维数组
        intArray[0] = new int[2];
        intArray[1] = new int[1];
        intArray[2] = new int[3];
        intArray[3] = new int[3];

        //for 循环遍历
        for (int i = 0; i < intArray.length; i++) {
            for (int j = 0; j < intArray[i].length; j++) {
                intArray[i][j] = i + j;
            }
        }
        //增强 for 循环遍历
        for (int[] row : intArray) {                         ①
            for (int column : row) {                         ②
                System.out.print(column);
                //在元素之间添加制表符
                System.out.print('\t');
            }
            //一行元素打印完成后换行
            System.out.println();
        }
```

```
//System.out.println(intArray[0][2]); //发生运行期错误    ③
}
```

不规则数组访问和遍历可以使用 for 和增强 for 循环,但要注意下标越界异常发生。上述代码第①行和第②行采用增强 for 循环遍历不规则数组,其中代码第①行增强 for 循环取出的数据是 int 数组,所以 row 类型是 int[]。代码第②行增强 for 循环取出的数据是 int 数据,所以 column 的类型是 int。

另外,注意代码第③行试图访问 intArray[0][2]元素,由于[0][2]不存在,所以会发生下标越界异常。

9.3 本章小结

本章介绍了 Java 的数组,包括一维数组和多维数组,读者要重点掌握一维数组的声明、初始化和使用,了解二维数组的声明、初始化和使用。另外,还需要了解不规则数组。

9.4 同步练习

选择题

1. 执行代码 String[] s=new String[10];后,下列选项中哪个结论是正确的?(　　)
   A. s[10]为"";　　　　B. s[9]为 null;　　C. s[0]为未定义　　D. s.length 为 10
2. 下列定义一维数组的语句中正确的是(　　)。
   A. int a[5]　　　　　　　　　　　　　B. int a[]=new [5];
   C. int a[]; int a=new int[5];　　　　　D. int a[]={1,2,3,4,5};
3. 假设有定义语句 int a[]={66,88,99};则下列对此语句的叙述错误的是(　　)。
   A. 定义了一个名为 a 的一维数组　　　　B. a 数组有 3 个元素
   C. a 数组的下标为 1~3　　　　　　　　 D. 数组中的每个元素是整型
4. 为了定义三个整型数组 a1、a2、a3,下列声明正确的语句是(　　)。
   A. int Array [] a1,a2; int a3[]={1,2,3,4,5};
   B. int[] a1,a2; int a3[]={1,2,3,4,5};
   C. int a1,a2[]; int a3={1,2,3,4,5};
   D. int [] a1,a2; int a3=(1,2,3,4,5);
5. 在一个应用程序中有如下定义 int a[]={1,2,3,4,5,6,7,8,9,10};,为了打印输出数组 a 的最后一个元素,下面正确的代码是(　　)。
   A. System.out.println(a[10]);　　　　B. System.out.println(a[9]);
   C. System.out.println(a[a.length-1]);　D. System.out.println(a(8));

9.5 动手实践:排序给定整数

编程题

创建 10 个随机整数,然后对其进行排序。

第 10 章 字 符 串
CHAPTER 10

由字符组成的一串字符序列,称为"字符串",在前面的章节中也多次用到了字符串,本章将重点介绍。

10.1 Java 中的字符串

Java 中的字符串是由双引号括起来的多个字符,下面示例都是表示字符串常量。

```
"Hello World"                                                              ①
"\u0048\u0065\u006c\u006c\u006f\u0020\u0057\u006f\u0072\u006c\u0064"       ②
"世界你好"                                                                  ③
"A"                                                                        ④
""                                                                         ⑤
```

Java 中的字符采用 Unicode 编码,所以 Java 字符串可以包含中文等亚洲字符,见代码第③行的"世界你好"字符串。代码第②行的字符串是用 Unicode 编码表示的字符串,事实上它表示的也是"Hello World"字符串,可通过 System.out.print 方法将 Unicode 编码表示的字符串输出到控制台,则会看到 Hello World 字符串,见代码第①行。

另外,单个字符如果用双引号括起来,则其表示的是字符串,而不是字符了,见代码第④行的"A"是表示字符串 A,而不是字符 A。

注意 字符串还有一个极端情况,就是代码第⑤行的""表示空字符串,双引号中没有任何内容,空字符串不是 null,空字符串是分配内存空间,而 null 是没有分配内存空间。

Java SE 提供了三个字符串类:String、StringBuffer 和 StringBuilder。String 是不可变字符串,StringBuffer 和 StringBuilder 是可变字符串。

10.2 使用 API 文档

Java 中有很多类,每个类又有很多方法和变量,通过查看 Java API 文档能够知道这些类、方法和变量如何使用。在 5.2.2 节介绍过使用 javadoc 指令生成 API 文档,Java 官方为 Java SE 提供了已经生成 HTML 的 API 文档。作为 Java 程序员应该熟悉如何使用 API 文档。

本节介绍如何使用 Java SE 的 API 文档。Java 官方提供了 Java 14 在线 API 文档,网址是 https://docs.oracle.com/en/java/javase/14/docs/api/index.html,页面如图 10-1 所示。

为了在 API 文档中找到感兴趣的主题,可以通过右上角的搜索功能搜索主题。如图 10-2 所示是

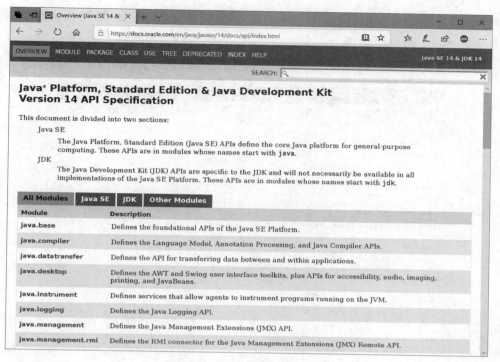

图 10-1　Java 14 在线 API 文档

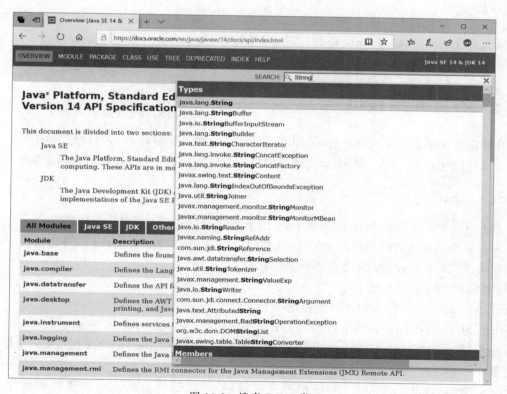

图 10-2　搜索 String 类

String 类,然后可以在下拉框中选择对应的搜索内容,打开详细页面。笔者选择 java.lang.String,打开如图 10-3 所示的 String 类 API 页面。

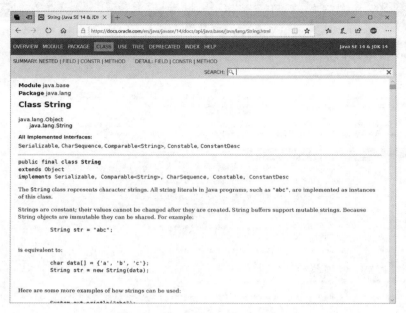

图 10-3 打开 String 类 API 页面

查询 API 的一般流程:找模块→找包→找类或接口→查看类或接口→找方法或变量,当然也可以通过搜索框直接搜索主题,主题可以是类、方法和变量等任何你感兴趣的内容。读者可以尝试查找 compareTo 方法的详细信息。

微课视频

10.3 不可变字符串

很多计算机语言都提供了两种字符串,即不可变字符串和可变字符串,它们的区别在于:当字符串进行拼接等修改操作时,不可变字符串会创建新的字符串对象;而可变字符串不会创建新对象。

10.3.1 String

Java 中不可变字符串类是 String,属于 java.lang 包,它也是 Java 非常重要的类。

创建 String 对象可以通过构造方法实现,在类的 API 文档的 Constructors 部分就是关于该类的构造方法列表,如图 10-4 所示是 String 类的构造方法列表。

String 类常用的构造方法如下:
- String():使用空字符串创建并初始化一个新的 String 对象。
- String(String original):使用另外一个字符串创建并初始化一个新的 String 对象。
- String(StringBuffer buffer):使用可变字符串对象(StringBuffer)创建并初始化一个新的 String 对象。
- String(StringBuilder builder):使用可变字符串对象(StringBuilder)创建并初始化一个新的 String 对象。

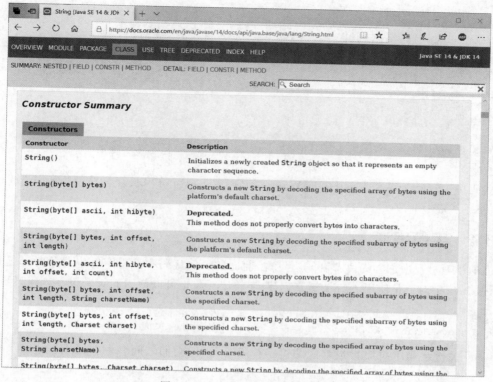

图 10-4 String 类构造方法描述

- String(byte[] bytes)：使用平台的默认字符集解码指定的 byte 数组，通过 byte 数组创建并初始化一个新的 String 对象。
- String(char[] value)：通过字符数组创建并初始化一个新的 String 对象。
- String(char[] value，int offset，int count)：通过字符数组的子数组创建并初始化一个新的 String 对象；offset 参数是子数组第一个字符的索引，count 参数指定子数组的长度。

创建字符串对象示例代码如下：

```
// 创建字符串对象
String s1 = new String();
String s2 = new String("Hello World");
String s3 = new String("\u0048\u0065\u006c\u006c\u006f\u0020\u0057\u006f\u0072\u006c\u0064");
System.out.println("s2 = " + s2);
System.out.println("s3 = " + s3);

char chars[] = { 'a', 'b', 'c', 'd', 'e' };
// 通过字符数组创建字符串对象
String s4 = new String(chars);
// 通过子字符数组创建字符串对象
String s5 = new String(chars, 1, 4);
System.out.println("s4 = " + s4);
System.out.println("s5 = " + s5);

byte bytes[] = { 97, 98, 99 };
// 通过 byte 数组创建字符串对象
```

```
String s6 = new String(bytes);
System.out.println("s6 = " + s6);
System.out.println("s6字符串长度 = " + s6.length());
```

输出结果如下：

```
s2 = Hello World
s3 = Hello World
s4 = abcde
s5 = bcde
s6 = abc
s6 字符串长度 = 3
```

上述代码中 s2 和 s3 都是表示 Hello World 字符串，获得字符串长度方法是 length()，其他代码比较简单，这里不再赘述。

10.3.2 字符串池

在前面的学习过程中细心的读者可能会发现，前面的示例代码中获得字符串对象时都是直接使用字符串常量，但 Java 中对象是使用 new 关键字创建，字符串对象也可以使用 new 关键字创建，代码如下：

```
String s9 = "Hello";                    //字符串常量
String s7 = new String("Hello");        //使用 new 关键字创建
```

使用 new 关键字与字符串常量都能获得字符串对象，但它们之间有一些区别。先看下面代码运行结果：

```
String s7 = new String("Hello");        ①
String s8 = new String("Hello");        ②

String s9 = "Hello";                    ③
String s10 = "Hello";

System.out.printf("s7 == s8 : %b%n", s7 == s8);
System.out.printf("s9 == s10: %b%n", s9 == s10);
System.out.printf("s7 == s9 : %b%n", s7 == s9);
System.out.printf("s8 == s9 : %b%n", s8 == s9);
```

输出结果如下：

```
s7 == s8 : false
s9 == s10: true
s7 == s9 : false
s8 == s9 : false
```

==运算符比较的是两个引用是否指向相同的对象，从上面的运行结果可见，s7 和 s8 指的是不同对象，s9 和 s10 指的是相同对象。

这是为什么？Java 中的不可变字符串 String 常量采用字符串池(String Pool)管理技术，字符串池是一种字符串驻留技术。采用字符串常量赋值时(见代码第③行)，如图 10-5 所示，会在字符串池中查找"Hello"字符串常量，如果已经存

图 10-5 字符串池

在,则把引用赋值给 s9,否则创建"Hello"字符串对象,并放到池中。根据此原理,可以推定 s10 与 s9 是相同的引用,指向同一个对象。但此原理并不适用于 new 所创建的字符串对象,代码运行到第①行后,会创建"Hello"字符串对象,而它并没有放到字符串池中。代码第②行又创建了一个新的"Hello"字符串对象,s7 和 s8 是不同的引用,指向不同的对象。

另外,System.out.printf 方法中%b 表示格式化布尔类型数据,%n 是在打印的字符串后面添加一个换行符。

10.3.3 字符串拼接

String 字符串虽然是不可变字符串,但也可以进行拼接,只是会产生一个新的对象。String 字符串拼接可以使用+运算符或 String 的 concat(String str)方法。+运算符的优势是可以连接任何类型数据拼接成为字符串,而 concat 方法只能拼接 String 类型字符串。

字符串拼接示例代码如下:

```
String s1 = "Hello";
// 使用 + 运算符连接
String s2 = s1 + " ";                          ①
String s3 = s2 + "World";                      ②
System.out.println(s3);

String s4 = "Hello";
// 使用 + 运算符连接,支持 += 赋值运算符
s4 += " ";                                     ③
s4 += "World";                                 ④
System.out.println(s4);

String s5 = "Hello";
// 使用 concat 方法连接
s5 = s5.concat(" ").concat("World");           ⑤
System.out.println(s5);

int age = 18;
String s6 = "她的年龄是" + age + "岁.";          ⑥
System.out.println(s6);

char score = 'A';
String s7 = "她的英语成绩是" + score;            ⑦
System.out.println(s7);

java.util.Date now = new java.util.Date();     ⑧
//对象拼接自动调用 toString()方法
String s8 = "今天是:" + now;                   ⑨
System.out.println(s8);
```

输出结果如下:

```
Hello World
Hello World
Hello World
她的年龄是 18 岁.
她的英语成绩是 A
今天是:Fri May 22 16:29:07 CST 2020
```

上述代码第①~②行使用+运算符进行字符串的拼接，其中产生了三个对象。代码第③~④行使用+=赋值运算符，本质上也是+运算符进行拼接。

代码第⑤行采用concat方法进行拼接，该方法的完整定义如下：

```
public String concat(String str)
```

它的参数和返回值都是String，因此代码第⑤行可以连续调用该方法进行多个字符串的拼接。

代码第⑥行和第⑦行是使用+运算符，将字符串与其他类型数据进行的拼接。代码第⑨行是与对象进行拼接，Java中所有对象都有一个toString()方法，该方法可以将对象转换为字符串，拼接过程会调用该对象的toString()方法，将该对象转换为字符串后再进行拼接。代码第⑧行的java.util.Date类是Java SE提供的日期类。

10.3.4 字符串查找

在给定的字符串中查找字符或字符串是比较常见的操作。在String类中提供了indexOf和lastIndexOf方法用于查找字符或字符串，返回值是查找的字符或字符串所在的位置，-1表示没有找到。这两个方法有多个重载版本。

- int indexOf(int ch)：从前往后搜索字符ch，返回第一次找到字符ch所在处的索引。
- int indexOf(int ch, int fromIndex)：从指定的索引开始从前往后搜索字符ch，返回第一次找到字符ch所在处的索引。
- int indexOf(String str)：从前往后搜索字符串str，返回第一次找到字符串str所在处的索引。
- int indexOf(String str, int fromIndex)：从指定的索引开始从前往后搜索字符串str，返回第一次找到字符串str所在处的索引。
- int lastIndexOf(int ch)：从后往前搜索字符ch，返回第一次找到字符ch所在处的索引。
- int lastIndexOf(int ch, int fromIndex)：从指定的索引开始从后往前搜索字符ch，返回第一次找到字符ch所在处的索引。
- int lastIndexOf(String str)：从后往前搜索字符串str，返回第一次找到字符串str所在处的索引。
- int lastIndexOf(String str, int fromIndex)：从指定的索引开始从后往前搜索字符串str，返回第一次找到字符串str所在处的索引。

提示 字符串本质上是字符数组，因此它也有索引，索引从零开始。String的charAt(int index)方法可以返回索引index所在位置的字符。

字符串查找示例代码如下：

```java
String sourceStr = "There is a string accessing example.";

//获得字符串长度
int len = sourceStr.length();
//获得索引位置16的字符
char ch = sourceStr.charAt(16);

//查找字符和子字符串
int firstChar1 = sourceStr.indexOf('r');
int lastChar1 = sourceStr.lastIndexOf('r');
int firstStr1 = sourceStr.indexOf("ing");
int lastStr1 = sourceStr.lastIndexOf("ing");
```

```
int firstChar2 = sourceStr.indexOf('e', 15);
int lastChar2 = sourceStr.lastIndexOf('e', 15);
int firstStr2 = sourceStr.indexOf("ing", 5);
int lastStr2 = sourceStr.lastIndexOf("ing", 5);

System.out.println("原始字符串:" + sourceStr);
System.out.println("字符串长度:" + len);
System.out.println("索引 16 的字符:" + ch);
System.out.println("从前往后搜索 r 字符,第一次找到它所在索引:" + firstChar1);
System.out.println("从后往前搜索 r 字符,第一次找到它所在索引:" + lastChar1);
System.out.println("从前往后搜索 ing 字符串,第一次找到它所在索引:" + firstStr1);
System.out.println("从后往前搜索 ing 字符串,第一次找到它所在索引:" + lastStr1);
System.out.println("从索引为 15 位置开始,从前往后搜索 e 字符,第一次找到它所在索引:" + firstChar2);
System.out.println("从索引为 15 位置开始,从后往前搜索 e 字符,第一次找到它所在索引:" + lastChar2);
System.out.println("从索引为 5 位置开始,从前往后搜索 ing 字符串,第一次找到它所在索引:" + firstStr2);
System.out.println("从索引为 5 位置开始,从后往前搜索 ing 字符串,第一次找到它所在索引:" + lastStr2);
```

输出结果如下：

```
原始字符串:There is a string accessing example.
字符串长度:36
索引 16 的字符:g
从前往后搜索 r 字符,第一次找到它所在索引:3
从后往前搜索 r 字符,第一次找到它所在索引:13
从前往后搜索 ing 字符串,第一次找到它所在索引:14
从后往前搜索 ing 字符串,第一次找到它所在索引:24
从索引为 15 位置开始,从前往后搜索 e 字符,第一次找到它所在索引:21
从索引为 15 位置开始,从后往前搜索 e 字符,第一次找到它所在索引:4
从索引为 5 位置开始,从前往后搜索 ing 字符串,第一次找到它所在索引:14
从索引为 5 位置开始,从后往前搜索 ing 字符串,第一次找到它所在索引:-1
```

sourceStr 字符串索引如图 10-6 所示。与上述字符串查找方法比较类似,这里重点解释 sourceStr.indexOf("ing", 5)和 sourceStr.lastIndexOf("ing", 5)表达式。从图 10-6 中可见,ing 字符串出现过两次,索引分别是 14 和 24。sourceStr.indexOf("ing", 5)表达式从索引为 5 的字符(" ")开始从前往后搜索,结果是找到第一个 ing(索引为 14),返回值为 14。sourceStr.lastIndexOf("ing", 5)表达式从索引为 5 的字符(" ")开始从后往前搜索,没有找到,返回值为-1。

图 10-6 sourceStr 字符串索引

10.3.5 字符串比较

字符串比较是常见的操作,包括比较相等、比较大小、比较前缀和后缀等。

1. 比较相等

String 提供的比较字符串相等的方法如下：

- boolean equals(Object anObject)：比较两个字符串中内容是否相等。
- boolean equalsIgnoreCase(String anotherString)：类似 equals 方法,只是忽略大小写。

2. 比较大小

有时不仅需要知道是否相等,还要知道大小。String 提供的比较大小的方法如下：

- int compareTo(String anotherString)：按字典顺序比较两个字符串。如果参数字符串等于此字符串，则返回值 0；如果此字符串小于参数字符串，则返回一个小于 0 的值；如果此字符串大于参数字符串，则返回一个大于 0 的值。
- int compareToIgnoreCase(String str)：类似 compareTo，只是忽略大小写。

3. 比较前缀和后缀

String 提供的比较前缀和后缀的方法如下：

- boolean endsWith(String suffix)：测试此字符串是否以指定的后缀结束。
- boolean startsWith(String prefix)：测试此字符串是否以指定的前缀开始。

字符串比较示例代码如下：

```java
String s1 = new String("Hello");
String s2 = new String("Hello");
// 比较字符串是否是相同的引用
System.out.println("s1 == s2 : " + (s1 == s2));
// 比较字符串内容是否相等
System.out.println("s1.equals(s2) : " + (s1.equals(s2)));

String s3 = "HELlo";
// 忽略大小写比较字符串内容是否相等
System.out.println("s1.equalsIgnoreCase(s3) : " + (s1.equalsIgnoreCase(s3)));

// 比较大小
String s4 = "java";
String s5 = "Swift";
// 比较字符串大小 s4 > s5
System.out.println("s4.compareTo(s5) : " + (s4.compareTo(s5)));           ①
// 忽略大小写比较字符串大小 s4 < s5
System.out.println("s4.compareToIgnoreCase(s5) : " + (s4.compareToIgnoreCase(s5)));   ②

// 判断文件夹中文件名
String[] docFolder = { "java.docx", " JavaBean.docx", "Objective-C.xlsx", "Swift.docx " };
int wordDocCount = 0;
// 查找文件夹中 Word 文档个数
for (String doc : docFolder) {
    // 去除前后空格
    doc = doc.trim();
    // 比较后缀是否有 .docx 字符串                                              ③
    if (doc.endsWith(".docx")) {
        wordDocCount++;
    }
}
System.out.println("文件夹中 Word 文档个数是：" + wordDocCount);

int javaDocCount = 0;
// 查找文件夹中 Java 相关文档个数
for (String doc : docFolder) {
    // 去除前后空格
    doc = doc.trim();
    // 全部字符转化成小写
    doc = doc.toLowerCase();                                                ④
    // 比较前缀是否有 java 字符串
    if (doc.startsWith("java")) {
        javaDocCount++;
```

```
        }
System.out.println("文件夹中 Java 相关文档个数是:" + javaDocCount);
```

输出结果如下:

```
s1 == s2 : false
s1.equals(s2) : true
s1.equalsIgnoreCase(s3) : true
s4.compareTo(s5) : 23
s4.compareToIgnoreCase(s5) : -9
文件夹中 Word 文档个数是: 3
文件夹中 Java 相关文档个数是: 2
```

上述代码第①行的 compareTo 方法按字典顺序比较两个字符串,s4.compareTo(s5)表达式返回结果大于 0,说明 s4 大于 s5,字符在字典中的顺序事实上就是它的 Unicode 编码,先比较两个字符串的第一个字符 j 和 S,j 的 Unicode 编码是 106,S 的 Unicode 编码是 83,所以可以得出结论 s4>s5。代码第②行是忽略大小写时,要么全部当成小写字母进行比较,要么全部当成大写字母进行比较,无论哪种比较,结果都是一样的,即 s4<s5。

代码第③行 trim()方法可以去除字符串前后空格。代码第④行 toLowerCase()方法可以将此字符串全部转化为小写字符串,类似的方法还有 toUpperCase()方法,可将字符串全部转化为大写字符串。

10.3.6 字符串截取

Java 中字符串 String 截取的主要方法如下:
- String substring(int beginIndex):从指定索引 beginIndex 开始截取直到字符串结束的子字符串。
- String substring(int beginIndex, int endIndex):从指定索引 beginIndex 开始截取直到索引 endIndex-1 处的字符,注意包括索引为 beginIndex 处的字符,但不包括索引为 endIndex 处的字符。

字符串截取方法示例代码如下:

```
String sourceStr = "There is a string accessing example.";
// 截取 example.子字符串
String subStr1 = sourceStr.substring(28);                    ①
// 截取 string 子字符串
String subStr2 = sourceStr.substring(11, 17);                ②
System.out.printf("subStr1 = %s%n", subStr1);
System.out.printf("subStr2 = %s%n", subStr2);

// 使用 split 方法分割字符串
System.out.println(" ----- 使用 split 方法 ----- ");
String[] array = sourceStr.split(" ");                       ③
for (String str : array) {
    System.out.println(str);
}
```

输出结果如下:

```
subStr1 = example.
subStr2 = string
----- 使用 split 方法 -----
There
```

```
is
a
string
accessing
example.
```

上述 sourceStr 字符串索引如图 10-6 所示。代码第①行是截取 example. 子字符串,从图 10-6 中可见,e 字符索引是 28,从索引 28 字符截取直到 sourceStr 结尾。代码第②行是截取 string 子字符串,从图 10-6 中可见,s 字符索引是 11,g 字符索引是 16,endIndex 参数应该为 17。

另外,String 还提供了字符串分隔方法,见代码第③行 split(" ")方法,参数是分隔字符串,返回值 String[]。

微课视频

10.4 可变字符串

可变字符串在追加、删除、修改、插入和拼接等操作过程中不会产生新的对象。

10.4.1 StringBuffer 和 StringBuilder

Java 提供了两个可变字符串类:StringBuffer 和 StringBuilder,中文翻译为"字符串缓冲区"。

StringBuffer 是线程安全的,它的方法是支持线程同步的[①],线程同步会操作串行顺序执行,在单线程环境下会影响效率。StringBuilder 是 StringBuffer 单线程版本,Java 5 之后发布的,它不是线程安全的,但它的执行效率很高。

StringBuffer 和 StringBuilder 具有完全相同的 API,即构造方法和普通方法等内容一样。StringBuilder 中构造方法如下:

- StringBuilder():创建字符串内容是空的 StringBuilder 对象,初始容量默认为 16 个字符。
- StringBuilder(CharSequence seq):指定 CharSequence 字符串创建 StringBuilder 对象。CharSequence 接口类型,它的实现类有 String、StringBuffer 和 StringBuilder 等,所以参数 seq 可以是 String、StringBuffer 和 StringBuilder 等类型。
- StringBuilder(int capacity):创建字符串内容是空的 StringBuilder 对象,初始容量由参数 capacity 指定。
- StringBuilder(String str):指定 String 字符串创建 StringBuilder 对象。

上述构造方法同样适合于 StringBuffer 类,这里不再赘述。

提示 字符串长度和字符串缓冲区容量区别:字符串长度是指在字符串缓冲区中目前所包含的字符串长度,通过 length()获得;字符串缓冲区容量是缓冲区中所能容纳的最大字符数,通过 capacity()获得。当所容纳的字符数超过这个长度时,字符串缓冲区自动扩充容量,但这是以牺牲性能为代价的扩容。

字符串长度和字符串缓冲区容量示例代码如下:

```
// 字符串长度 length 和字符串缓冲区容量 capacity
StringBuilder sbuilder1 = new StringBuilder();
System.out.println("sbuilder1 包含的字符串长度:" + sbuilder1.length());
System.out.println("sbuilder1 字符串缓冲区容量:" + sbuilder1.capacity());
```

[①] 线程同步是一个多线程概念,就是当多个线程访问一个方法时,只能由一个优先级别高的线程先访问,在访问期间会锁定该方法,其他线程只能等到它访问完成释放锁,才能访问。有关多线程问题将在后面章节详细介绍。

```java
StringBuilder sbuilder2 = new StringBuilder("Hello");
System.out.println("sbuilder2 包含的字符串长度: " + sbuilder2.length());
System.out.println("sbuilder2 字符串缓冲区容量: " + sbuilder2.capacity());

// 字符串缓冲区初始容量是16,超过之后会扩容
StringBuilder sbuilder3 = new StringBuilder();
for (int i = 0; i < 17; i++) {
    sbuilder3.append(8);
}
System.out.println("sbuilder3 第一次扩容后的字符串长度: " + sbuilder3.length());
System.out.println("sbuilder3 第一次扩容后容量: " + sbuilder3.capacity());

// sbuilder3 第 2 次扩容
for (int i = 0; i < 18; i++) {
    sbuilder3.append(8);
}
System.out.println("sbuilder3 第二次扩容后的字符串长度: " + sbuilder3.length());
System.out.println("sbuilder3 第二次扩容后容量: " + sbuilder3.capacity());
```

输出结果如下:

```
sbuilder1 包含的字符串长度:0
sbuilder1 字符串缓冲区容量:16
sbuilder2 包含的字符串长度:5
sbuilder2 字符串缓冲区容量:21
sbuilder3 包含的字符串长度:17
sbuilder3 字符串缓冲区容量:34
sbuilder3 第 2 次扩容后的字符串长度:35
sbuilder3 第 2 次扩容后容量:70
```

注意 上述示例代码中 sbuilder3 扩容了两次。扩容规则:新容量＝2 * 原容量＋2。由于第一次扩容时原容量是16(默认初始化容量),所以第一次扩容后结果是34;第二次扩容时原容量是34,所以第二次扩容后结果是70。

10.4.2 字符串追加

StringBuilder 提供了很多修改字符串缓冲区的方法,如追加、插入、删除和替换等,本节先介绍字符串追加方法:append,append 有很多重载方法,可以追加任何类型数据,它的返回值还是 StringBuilder。StringBuilder 的追加方法与 StringBuffer 完全一样,这里不再赘述。

字符串追加示例代码如下:

```java
//添加字符串、字符
StringBuilder sbuilder1 = new StringBuilder("Hello");              ①
sbuilder1.append(" ").append("World");                             ②
sbuilder1.append('.');                                             ③
System.out.println(sbuilder1);

StringBuilder sbuilder2 = new StringBuilder();
Object obj = null;
//添加布尔值、转义符和空对象
sbuilder2.append(false).append('\t').append(obj);                  ④
System.out.println(sbuilder2);

//添加数值
```

```
StringBuilder sbuilder3 = new StringBuilder();
for (int i = 0; i < 10; i++) {
    sbuilder3.append(i);
}
System.out.println(sbuilder3);
```

运行结果如下：

```
Hello World.
false null
0123456789
```

上述代码第①行是创建一个包含 Hello 字符串的 StringBuilder 对象。代码第②行是两次连续调用 append 方法，由于所有的 append 方法都返回 StringBuilder 对象，所以可以连续调用该方法，这种写法比较简洁。如果不喜欢连续调用 append 方法，则可以将 append 方法占一行，见代码第③行。

代码第④行连续追加了布尔值、转义符和空对象，需要注意，布尔值 false 转换为 false 字符串，空对象 null 也转换为"null"字符串。

10.4.3 字符串插入、删除和替换

StringBuilder 中实现插入、删除和替换等操作的常用方法说明如下：

- StringBuilder insert(int offset, String str)：在字符串缓冲区中索引为 offset 的字符位置之前插入 str，insert 有很多重载方法，可以插入任何类型数据。
- StringBuffer delete(int start, int end)：在字符串缓冲区中删除子字符串，要删除的子字符串从指定索引 start 开始直到索引 end-1 处的字符。start 和 end 两个参数与 substring(int beginIndex, int endIndex)方法中的两个参数含义一样。
- StringBuffer replace(int start, int end, String str)：在字符串缓冲区中用 str 替换子字符串，子字符串从指定索引 start 开始直到索引 end-1 处的字符。start 和 end 同 delete(int start, int end)方法一样。

以上介绍的虽然是 StringBuilder 方法，但 StringBuffer 也完全一样，这里不再赘述。

示例代码如下：

```
// 原始不可变字符串
String str1 = "Java C";
// 从不可变的字符创建可变字符串对象
StringBuilder mstr = new StringBuilder(str1);

// 插入字符串
mstr.insert(4, " C++");                                   ①
System.out.println(mstr);

// 具有追加效果的插入字符串
mstr.insert(mstr.length(), " Objective-C");               ②
System.out.println(mstr);

// 追加字符串
mstr.append(" and Swift");
System.out.println(mstr);

// 删除字符串
```

```
mstr.delete(11, 23);                           ③
System.out.println(mstr);
```

输出结果如下：

```
Java C++C
Java C++C Objective-C
Java C++C Objective-C and Swift
Java C++C and Swift
```

上述代码第①行 mstr.insert(4, " C++")是在索引 4 插入字符串,原始字符串索引如图 10-7 所示,索引 4 位置是一个空格,在它之前插入字符串。代码第②行 mstr.insert(mstr.length(), " Objective-C")是按照字符串的长度插入,也就是在尾部追加字符串。在执行代码第③行删除字符串之前的字符串如图 10-8 所示,mstr.delete(11, 23)语句是要删除"Objective-C"子字符串,第一个参数是子字符串开始索引 11;第二个参数是 23,结束字符的索引是 22(end－1),所以参数 end 是 23。

图 10-7　原始字符串索引　　　　　图 10-8　删除之前字符串索引

10.5　本章小结

本章介绍了 Java 中的字符串,Java 字符串分为不可变字符串类(String)和可变字符串类(StringBuilder 和 StringBuffer),并分别介绍了这些字符串类的用法。

10.6　同步练习

填空题

1. 下列语句运行之后 foo 的值是(　　　)。

```
String foo = "base";
foo.substring(0, 3);
foo.concat("ket");
foo += "ball";
```

2. 给定如下语句:

```
public class HelloWorld {

    public static void main(String[] args) {

        StringBuffer a = new StringBuffer("A");
        StringBuffer b = new StringBuffer("B");
        operate(a, b);
        System.out.println(a + "," + b);
    }

    static void operate(StringBuffer x, StringBuffer y) {
        y.append(x);
```

```
            y = x;
    }
}
```

代码输出结果是(　　)。

　　A. A，B　　　　　B. A，BA　　　　　C. AB，B　　　　　D. AB，AB

3. 下列代码运行后输出的结果是(　　)。

```
String s1 = "Henry Lee";
String s2 = "Java Applet";
String s3 = "Java";
String st;

if (s1.compareTo(s2) < 0)
    st = s2;
else
    st = s1;

if (st.compareTo(s3) < 0)
    st = s3;
System.out.println(st);
```

4. 下列代码运行后输出的结果是(　　)。

```
Integer n1 = new Integer(47);
Integer n2 = new Integer(47);
System.out.print(n1 == n2);
System.out.print(",");
System.out.println(n1 != n2);
```

10.7　动手实践：公民身份号码识别

编程题

中华人民共和国公民身份号码组成规则是前6位代表省和地区(例如：220302代表吉林省)，最后一位代表性别(1或3代表男性)。编写一个Java程序，判断某人是否是吉林人以及其性别。

第二篇 面向对象

　　本篇包括8章内容，介绍了Java语言面向对象相关知识。内容包括面向对象、继承与多态、抽象类与接口、枚举类、Java常用类、内部类和Java函数式编程。通过本篇的学习，读者可以全面了解Java语言的对象知识。

第11章　面向对象基础
第12章　对象
第13章　继承与多态
第14章　抽象类与接口
第15章　枚举类
第16章　Java常用类
第17章　内部类
第18章　Java函数式编程

第 11 章 面向对象基础

CHAPTER 11

面向对象是 Java 最重要的特性。Java 是彻底的、纯粹的面向对象语言,在 Java 中"一切都是对象"。本章将介绍面向对象基础知识。

11.1 面向对象编程

微课视频

面向对象的编程思想:按照真实世界客观事物的自然规律进行分析,客观世界中存在什么样的实体,构建的软件系统就存在什么样的实体。

例如,在真实世界的学校里,会有学生和老师等实体,学生有学号、姓名、所在班级等属性(数据),学生还有学习、提问、吃饭和走路等操作。学生只是抽象的描述,这个抽象的描述称为"类"。在学校里活动的是学生个体,即张同学、李同学等,这些具体的个体称为"对象","对象"也称为"实例"。

在现实世界有类和对象,面向对象软件世界也会有,只不过它们会以某种计算机语言编写的程序代码形式存在,这就是面向对象编程(object oriented programming,OOP)。作为面向对象的计算机语言——Java,具有定义类和创建对象等面向对象能力。

11.2 面向对象三个基本特性

微课视频

面向对象思想有三个基本特性:封装性、继承性和多态性。

1. 封装性

在现实世界中封装的例子到处都是。例如,一台计算机内部极其复杂,有主板、CPU、硬盘和内存,而一般用户不需要了解它的内部细节,不需要知道主板的型号、CPU 主频、硬盘和内存的大小,于是计算机制造商将用机箱把计算机封装起来,对外提供了一些接口,如鼠标、键盘和显示器等,这样,当用户使用计算机时就变得非常方便。

面向对象的封装与真实世界的目的是一样的。封装能够使外部访问者不能随意存取对象的内部数据,隐藏了对象的内部细节,只保留有限的对外接口。外部访问者不用关心对象的内部细节,使得操作对象变得简单。

2. 继承性

在现实世界中继承也是无处不在的。例如,轮船与客轮之间的关系,客轮是一种特殊轮船,拥有轮船的全部特征和行为,即数据和操作。在面向对象中轮船是一般类,客轮是特殊类,特殊类拥有一般类的全部数据和操作,称为特殊类继承一般类。在Java语言中一般类称为"父类",特殊类称为"子类"。

提示 有些语言如C++支持多继承,多继承就是一个子类可有多个父类,例如,客轮是轮船也是交通工具,客轮的父类是轮船和交通工具。多继承会引起很多冲突问题,因此现在很多面向对象的语言都不支持多继承。Java语言是单继承的,即只能有一个父类,但Java可以实现多个接口,可以防止多继承所引起的冲突问题。

3. 多态性

多态性是指父类中成员变量和成员方法被子类继承之后,可以具有不同的状态或表现行为。有关多态性详细解释,可参考13.4节,这里不再赘述。

微课视频

11.3 类

类是Java中的一种重要的引用数据类型,是组成Java程序的基本要素。它封装了一类对象的数据和操作。Java语言中一个类的实现包括类声明和类体。

11.3.1 类声明

类声明语法格式如下:

```
[public][abstract|final] class className [extends superclassName] [implements interfaceNameList] {
    //类体
}
```

其中,class是声明类的关键字,className是自定义的类名;class前面的修饰符public、abstract、final用来声明类,它们可以省略,它们的具体用法后面章节会详细介绍;superclassName为父类名,可以省略,如果省略,则该类继承Object类,Object类为所有类的根类,所有类都直接或间接继承Object;interfaceNameList是该类实现的接口列表,可以省略,接口列表中的多个接口之间用逗号分隔。

提示 语法表示符号约定,在语法说明中,括号([ ])表示可以省略;竖线(|)表示"或关系",如abstract|final,说明可以使用abstract或final关键字,两个关键字不能同时出现。

声明动物(Animal)类代码如下:

```
/ Animal.java
public class Animal extends Object {
    //类体
}
```

上述代码声明了动物(Animal)类,它继承了Object类。继承Object类extends Object代码可以省略。

11.3.2 类体

类体是类的主体,包括数据和操作,即成员变量和成员方法,下面展开介绍。

1. 成员变量

声明类体中成员变量语法格式如下:

```
class className {
    [public | protected | private ][static][final] type variableName;        //成员变量
}
```

其中，type是成员变量数据类型，variableName是成员变量名。type前的关键字都是成员变量修饰符，说明如下：

(1) public、protected和private修饰符用于封装成员变量。
(2) static修饰符用于声明静态变量，所以静态变量也称为"类变量"。
(3) final修饰符用于声明变量，该变量不能被修改。

声明成员变量示例代码如下：

```java
// Animal.java
public class Animal extends Object {

    //动物年龄
    int age = 1;
    //动物性别
    public boolean sex = false;
    //动物体重
    private double weight = 0.0;

}
```

上述代码中没有展示静态变量声明，有关静态变量稍后会详细介绍。

2. 成员方法

声明类体中成员方法语法格式如下：

```java
class className {

    [public | protected | private ] [static] [final | abstract] [native] [synchronized]
            type methodName([paramList]) [throws exceptionList] {
        //方法体
    }
}
```

其中，type是方法返回值数据类型，methodName是方法名。type前的关键字都是方法修饰符，说明如下：

(1) public、protected和private修饰符用于封装方法。
(2) static修饰符用于声明静态方法，所以静态方法也称为"类方法"。
(3) final | abstract不能同时修饰方法，final修饰的方法不能在子类中被覆盖；abstract用来修饰抽象方法，抽象方法必须在子类中被实现。
(4) native修饰的方法称为"本地方法"，本地方法调用平台本地代码(如C或C++编写的代码)，不能实现跨平台。
(5) synchronized修饰的方法是同步的，当多线程方式同步方法时，只能串行地执行，保证线程是安全的。

方法声明中还有([paramList])部分，它是方法的参数列表。throws exceptionList是声明抛出异常列表。

声明成员方法示例代码如下：

```java
public class Animal {// extends Object {

    //动物年龄
```

```
    int age = 1;
    //动物性别
    public boolean sex = false;
    //动物体重
    private double weight = 0.0;

    public void eat() {                                    ①
      // 方法体
      return;                                              ②
    }

    int run() {                                            ③
      // 方法体
      return 10;                                           ④
    }

    protected int getMaxNumber(int number1, int number2) { ⑤
      // 方法体
      if (number1 > number2) {
        return number1;⑥
      }
      return number2;
    }
}
```

上述代码第①、③、⑤行声明了三个方法。方法在执行完毕后把结果返还给它的调用者,方法体包含"return 返回结果值;"语句,见代码第④行的"return 10;","返回结果值"数据类型与方法的返回值类型要匹配。如果方法返回值类型为 void 时,方法体包含"return;"语句,见代码第②行,如果"return;"语句是最后一行,则可以省略。

提示 return 语句通常用在一个方法体的最后,否则会产生编译错误,除非用在 if-else 语句中,见代码第⑥行。

微课视频

11.4 方法重载

在第 10 章介绍字符串时就已经用到过方法重载(overload),本节详细介绍重载。出于使用方便等原因,在设计一个类时将具有相似功能的方法起相同的名字。例如,String 字符串查找方法 indexOf 有很多不同版本,如图 11-1 所示。

int	indexOf(int ch) 返回指定字符在此字符串中第一次出现处的索引。
int	indexOf(int ch,int fromIndex) 返回在此字符串中第一次出现指定字符处的索引,从指定的索引开始搜索。
int	indexOf(String str) 返回指定子字符串在此字符串中第一次出现处的索引。
int	indexOf(String str,int fromIndex) 返回指定子字符串在此字符串中第一次出现处的索引,从指定的索引开始搜索。

图 11-1 indexOf 方法重载

这些相同名字的方法之所以能够在一个类中同时存在，是因为它们的方法参数列表，调用时根据参数列表调用相应重载方法。

提示 方法重载中参数列表不同的含义是参数的个数不同或者参数类型不同。另外，返回类型不能用来区分方法重载。

方法重载示例 MethodOverloading.java 代码如下：

```java
// MethodOverloading.java 文件
package com.zhijieketang;

class MethodOverloading {

    void receive(int i) {                              ①
        System.out.println("接收一个 int 参数");
        System.out.println("i = " + i);
    }

    void receive(int x, int y) {                       ②
        System.out.println("接收两个 int 参数");
        System.out.printf("x = %d, y = %d \r", x, y);
    }

    int receive(double x, double y) {                  ③
        System.out.println("接收两个 double 参数");
        System.out.printf("x = %f, y = %f \r", x, y);
        return 0;
    }
}

// HelloWorld.java 文件调用 MethodOverloading
package com.zhijieketang;

public class HelloWorld {
    public static void main(String[] args) {

        MethodOverloading mo = new MethodOverloading();

        //调用 void receive(int i)
        mo.receive(1);                                 ④

        //调用 void receive(int x, int y)
        mo.receive(2, 3);                              ⑤

        //调用 void receive(double x, double y)
        mo.receive(2.0, 3.3);                          ⑥
    }
}
```

MethodOverloading 类中有三个相同名字的 receive 方法，在 HelloWorld 的 main 方法中调用 MethodOverloading 的 receive 方法。运行结果如下：

```
接收一个 int 参数
i = 1
接收两个 int 参数
x = 2, y = 3
```

接收两个 double 参数
x = 2.000000, y = 3.300000

不管调用哪一个 receive 方法都是根据参数列表决定的。如果参数类型不一致，编译器会进行自动类型转换寻找适合版本的方法，如果没有适合方法，则会发生编译错误。假设删除代码第②行的 void receive(int x, int y) 方法，代码第⑤行的 mo.receive(2, 3) 语句调用的是 void receive(double x, double y) 方法，其中 int 类型参数（如 2 和 3）会自动转换为 double 类型（如 2.0 和 3.3）再调用。

11.5 封装性与访问控制

微课视频

Java 面向对象的封装性是通过对成员变量和方法进行访问控制实现的，访问控制分为 4 个等级：私有、默认、保护和公有，具体规则如表 11-1 所示。

表 11-1 Java 类成员的访问控制

控制等级	可否直接访问			
	同一个类	同一个包	不同包的子类	不同包的非子类
私有	Yes			
默认	Yes	Yes		
保护	Yes	Yes	Yes	
公有	Yes	Yes	Yes	Yes

下面详细解释这 4 种访问级别。

11.5.1 私有级别

私有级别的关键字是 private，私有级别的成员变量和方法只能在其所在类的内部自由使用，在其他的类中则不允许直接访问。私有级别限制性最高。私有级别示例代码如下：

```java
// PrivateClass.java 文件
package com.zhijieketang;

public class PrivateClass {                ①

    private int x;                         ②

    public PrivateClass() {                ③
        x = 100;
    }

    private void printX() {                ④
        System.out.println("Value Of x is" + x);
    }

}

// HelloWorld.java 文件调用 PrivateClass
package com.zhijieketang;

public class HelloWorld {
```

```java
    public static void main(String[] args) {
        PrivateClass p;
        p = new PrivateClass();

        //编译错误,PrivateClass 中的方法 printX()不可见
        p.printX();                           ⑤
    }
}
```

上述代码第①行声明 PrivateClass 类,其中的代码第②行是声明私有实例变量 x,代码第③行是声明公有的构造方法,构造方法将在第 12 章详细介绍。代码第④行声明私有实例方法。

HelloWorld 类中代码第⑤行会有编译错误,因为 PrivateClass 中 printX()的方法是私有方法。

11.5.2 默认级别

默认级别没有关键字,也就是没有访问修饰符,默认级别的成员变量和方法,可以在其所在类内部和同一个包的其他类中被直接访问,但在不同包的类中则不允许直接访问。

默认级别示例代码如下:

```java
// DefaultClass.java 文件
package com.zhijieketang;

public class DefaultClass {

    int x;                                   ①

    public DefaultClass() {
        x = 100;
    }

    void printX() {                          ②
        System.out.println("Value Of x is" + x);
    }

}
```

上述代码第①行的 x 变量前没有访问限制修饰符,代码第②行的方法也没有访问限制修饰符。它们的访问级别都有默认访问级别。

在相同包(com.zhijieketang)中调用 DefaultClass 类代码如下:

```java
// com.zhijieketang 包中 HelloWorld.java 文件
package com.zhijieketang;

public class HelloWorld {

    public static void main(String[] args) {
        DefaultClass p;
        p = new DefaultClass();
        p.printX();
    }
}
```

默认访问级别可以在同一包中访问,上述代码可以编译通过。

在不同的包中调用 DefaultClass 类代码如下:

```java
// 默认包中 HelloWorld.java 文件
import com.zhijieketang.DefaultClass;

public class HelloWorld {

    public static void main(String[] args) {

        DefaultClass p;
        p = new DefaultClass();
        // 编译错误,DefaultClass 中的方法 printX()不可见
        p.printX();
    }
}
```

该 HelloWorld.java 文件与 DefaultClass 类不在同一个包中,printX()是默认访问级别,所以 p.printX()方法无法编译通过。

11.5.3 保护级别

保护级别的关键字是 protected,保护级别在同一包中完全与默认访问级别一样,但是不同包中子类能够继承父类中的 protected 变量和方法,这就是所谓的保护级别,"保护"就是保护某个类的子类都能继承该类的变量和方法。

保护级别示例代码如下:

```java
// ProtectedClass.java 文件
package com.zhijieketang;

public class ProtectedClass {

    protected int x;                              ①

    public ProtectedClass() {
        x = 100;
    }

    protected void printX() {                     ②
        System.out.println("Value Of x is " + x);
    }

}
```

上述代码第①行的 x 变量是保护级别,代码第②行的方法也是保护级别。

在相同包(com.zhijieketang)中调用 ProtectedClass 类代码如下:

```java
// HelloWorld.java 文件
package com.zhijieketang;

public class HelloWorld {
    public static void main(String[] args) {
        ProtectedClass p;
```

```
        p = new ProtectedClass();
        // 同一包中可以直接访问 ProtectedClass 中的方法 printX()
        p.printX();
    }
}
```

同一包中保护访问级别与默认访问级别一样,可以直接访问 ProtectedClass 的 printX()方法,上述代码可以编译通过。

在不同的包中调用 ProtectedClass 类代码如下:

```
// 默认包中 HelloWorld.java 文件
import com.zhijieketang.ProtectedClass;

public class HelloWorld {
    public static void main(String[] args) {

        ProtectedClass p;
        p = new ProtectedClass();
        // 同一包中可以直接访问 ProtectedClass 中的方法 printX()
        p.printX();

    }
}
```

该 HelloWorld.java 文件与 ProtectedClass 类不在同一个包中,不同包中不能直接访问保护方法 printX(),所以 p.printX()方法无法编译通过。

在不同的包中继承 ProtectedClass 类代码如下:

```
// 默认包中 SubClass.java 文件
import com.zhijieketang.ProtectedClass;

public class SubClass extends ProtectedClass {

    void display() {
        //printX()方法是从父类继承过来
        printX();                              ①
        //x 实例变量是从父类继承过来
        System.out.println(x);                 ②
    }
}
```

不同包中 SubClass 从 ProtectedClass 类继承了 printX()方法和 x 实例变量。代码第①行是调用从父类继承过来的方法,代码第②行是调用从父类继承过来的实例变量。

提示 访问成员有两种方式:一种是调用,即通过类或对象调用它的成员,如 p.printX()语句;另一种是继承,即子类继承父类的成员变量和方法。

- 公有访问级别在任何情况下两种方式都可以。
- 默认访问级别在同一包中两种访问方式都可以,不能在包之外访问。
- 保护访问级别在同一包中与默认访问级别一样,两种访问方式都可以。但是在不同包外只能继承访问。
- 私有访问级别只能在本类中通过调用方法访问,不能继承访问。

提示 访问类成员时,在能满足使用的前提下,应尽量限制类中成员的访问级别,访问级别顺序是私有级别→默认级别→保护级别→公有级别。

11.5.4 公有级别

公有级别的关键字是 public，公有级别的成员变量和方法可以在任何场合被直接访问，是最宽松的一种访问控制等级。

公有级别示例代码如下：

```java
// PublicClass.java 文件
package com.zhijieketang;

public class PublicClass {

    public int x;                               ①

    public PublicClass() {
      x = 100;
    }

    public void printX() {                      ②
      System.out.println("x变量值是：" + x);
    }

}
```

上述代码第①行的 x 变量是公有级别，代码第②行的方法也是公有级别。调用 PublicClass 类代码如下：

```java
// 默认包中 HelloWorld.java 文件
import com.zhijieketang.PublicClass;

public class HelloWorld {

    public static void main(String[] args) {

      PublicClass p;
      p = new PublicClass();
      p.printX();
    }
}
```

该 HelloWorld.java 文件与 PublicClass 类不在同一个包中，可以直接访问公有的 printX() 方法。

微课视频

11.6 静态变量和静态方法

有一个 Account(银行账户)类，假设它有三个成员变量：amount(账户金额)、interestRate(利率)和 owner(账户名)。在这三个成员变量中，amount 和 owner 会因人而异，对于不同的账户这些内容是不同的，而所有账户的 interestRate 都是相同的。

amount 和 owner 成员变量与账户个体有关，称为"实例变量"，interestRate 成员变量与个体无关，或者说是所有账户个体共享的，这种变量称为"静态变量"或"类变量"。

静态变量和静态方法示例代码如下：

```java
// Account.java 文件
package com.zhijieketang;

public class Account {

    // 实例变量账户金额
    double amount = 0.0;                              ①
    // 实例变量账户名
    String owner;                                     ②

    // 静态变量利率
    static double interestRate = 0.0668;              ③

    // 静态方法
    public static double interestBy(double amt) {     ④
        //静态方法可以访问静态变量和其他静态方法
        return interestRate * amt;                    ⑤
    }

    // 实例方法
    public String messageWith(double amt) {           ⑥
        //实例方法可以访问实例变量、实例方法、静态变量和静态方法
        double interest = Account.interestBy(amt);    ⑦
        StringBuilder sb = new StringBuilder();
        // 拼接字符串
        sb.append(owner).append("的利息是").append(interest);
        // 返回字符串
        return sb.toString();
    }
}
```

static 修饰的成员变量是静态变量,见代码第③行。static 修饰的方法是静态方法,见代码第④行。相反,没有 static 修饰的成员变量是实例变量,见代码第①行和第②行;没有 static 修饰的方法是实例方法,见代码第⑥行。

注意 静态方法可以访问静态变量和其他静态方法,例如访问代码第⑤行中的 interestRate 静态变量。实例方法可以访问实例变量、其他实例方法、静态变量和静态方法,例如访问代码第⑦行 interestBy 静态方法。

调用 Account 代码如下:

```java
// HelloWorld.java 文件
package com.zhijieketang;

public class HelloWorld {

    public static void main(String[] args) {
        // 访问静态变量
        System.out.println(Account.interestRate);            ①
        // 访问静态方法
        System.out.println(Account.interestBy(1000));        ②

        Account myAccount = new Account();
        // 访问实例变量
        myAccount.amount = 1000000;
        myAccount.owner = "Tony";
```

```
        // 访问实例方法
        System.out.println(myAccount.messageWith(1000));

        // 通过实例访问静态变量
        System.out.println(myAccount.interestRate);                ③
    }
}
```

调用静态变量或静态方法时，可以通过类名或实例名调用，代码第①行 Account.interestRate 通过类名调用静态变量，代码第②行 Account.interestBy(1000)是通过类名调用静态方法，代码第③行是通过实例调用静态变量。

11.7 静态代码块

微课视频

前面介绍的静态变量 interestRate 可以在声明同时初始化，示例代码如下：

```
public class Account {

    // 静态变量利率
    static double interestRate = 0.0668;
    ...
}
```

如果初始化静态变量不是简单常量，则需要进行计算才能初始化，可以使用静态（static）代码块，静态代码块在类第一次加载时执行，并只执行一次。示例代码如下：

```
// Account.java 文件
package com.zhijieketang;

public class Account {

    // 实例变量账户金额
    double amount = 0.0;
    // 实例变量账户名
    String owner;

    // 静态变量利率
    static double interestRate;

    // 静态方法
    public static double interestBy(double amt) {
        // 静态方法可以访问静态变量和其他静态方法
        return interestRate * amt;
    }

    // 静态代码块
    static {                                                      ①
        System.out.println("静态代码块被调用...");
        // 初始化静态变量
        interestRate = 0.0668;                                    ②
    }
}
```

上述代码第①行是静态代码块，在静态代码块中可以初始化静态变量，见代码第②行，也可以调用静态方法。

调用 Account 代码如下：

```java
// HelloWorld.java 文件
package com.zhijieketang;

public class HelloWorld {

    public static void main(String[] args) {

        Account myAccount = new Account();                    ①
        // 访问静态变量
        System.out.println(Account.interestRate);
        // 访问静态方法
        System.out.println(Account.interestBy(1000));

    }
}
```

Account 静态代码块是在第一次加载 Account 类时调用。上述代码第①行是第一次使用 Account 类，此时会调用静态代码块。

11.8 本章小结

本章主要介绍了面向对象基础知识。首先介绍了面向对象的一些基本概念、面向对象的三个基本特性。然后介绍了类、方法重载和访问控制。最后介绍了静态变量、静态方法和静态代码块。

11.9 同步练习

选择题

1. 下列哪一项不属于面向对象程序设计的基本要素？（　　）
   A. 类　　　　　　　　B. 对象　　　　　　　C. 方法　　　　　　　D. 安全
2. 定义一个类名为"MyClass.java"的类，并且该类可被一个项目中的所有类访问，那么该类的正确声明应为（　　）。
   A. private class MyClass extends Object　　B. class MyClass extends Object
   C. public class MyClass　　　　　　　　　D. public class MyClass extends Object
3. 下列哪项编译不会有错？（　　）
   A.
   ```
   package testpackage;
   public class Test{//do something...}
   class MyClass{}
   ```
   B.
   ```
   import java.io.*;
   package testpackage;
   public class Test{//do something...}
   ```

C.

```
import java.io.*;
class Person{//do something...}
public class Test{//do something...}
```

D.

```
import java.io.*;
import java.awt.*;
public class Test{//do something...}
```

4. 下列哪些说法是正确的？（　　）

    A. 实例变量是类的成员变量　　　　　　B. 实例变量是用 static 关键字声明的

    C. 方法变量在方法执行时创建　　　　　D. 方法变量在使用之前必须初始化

5. 指出下列哪个方法与方法 public void add(int a){} 为合理的重载方法？（　　）

    A. public int add(int a)　　　　　　　　B. public void add(long a)

    C. public void add(int a,int b)　　　　　D. public void add(float a)

判断题

用 static 修饰的方法称为静态方法，它不属于类的一个具体对象，而是整个类的类方法。（　　）

第 12 章 对象

类实例化可生成对象，实例方法就是对象方法，实例变量就是对象属性。一个对象的生命周期包括三个阶段：创建、使用和销毁。前面章节已经多次用到了对象，本章详细介绍对象的创建和销毁等相关知识。

12.1 创建对象

微课视频

创建对象包括两个步骤：声明和实例化。

1. 声明

声明对象与声明普通变量没有区别，语法格式如下：

```
type objectName;
```

其中，type 是引用类型，即类、接口、枚举和数组。示例代码如下：

```
String name;
```

该语句声明了字符串类型对象 name。可以声明不为对象分配内存空间，而只是分配一个引用。

2. 实例化

实例化过程分为两个阶段：为对象分配内存空间和初始化对象。首先使用 new 运算符为对象分配内存空间，然后再调用构造方法初始化对象。示例代码如下：

```
String name;
name = new String("Hello World");
```

代码中 String("Hello World") 表达式就是调用 String 的构造方法。初始化完成之后如图 12-1 所示。

图 12-1 对象实例化

12.2 空对象

一个引用变量没有通过 new 分配内存空间，这个对象就是空对象。Java 使用关键字 null 表示空对象。示例代码如下：

```
SString name = null;
name = "Hello World";
```

引用变量默认值是 null。当试图调用一个空对象的实例变量或实例方法时，会抛出空指针异常 NullPointerException，示例代码如下：

```
String name = null;
//输出 null 字符串
System.out.println(name);
//调用 length()方法
int len = name.length();           ①
```

但是代码运行到第①行时，系统会抛出异常。这是因为调用 length()方法时，name 是空对象。程序员应该避免调用空对象的成员变量和方法，示例代码如下：

```
//判断对象是否为 null
if (name != null) {
    int len = name.length();
}
```

提示 产生空对象有两种可能性：①程序员自己忘记了实例化；②空对象是别人传递过来的。程序员必须防止第①种情况发生，应该仔细检查自己的代码，为自己创建的所有对象进行实例化并初始化。第②种情况需要通过判断对象非 null 进行避免。

12.3 构造方法

在 12.1 节使用了表达式 new String("Hello World")，其中 String("Hello World")是调用构造方法。

12.3.1 构造方法概念

构造方法是类中特殊方法，用来初始化类的实例变量，这个就是构造方法，它在创建对象（new 运算符）之后自动调用。

Java 构造方法的特点如下：
（1）构造方法名必须与类名相同。
（2）构造方法没有任何返回值，包括 void。
（3）构造方法只能与 new 运算符结合使用。

构造方法示例代码如下：

```
//Rectangle.java 文件
package com.zhijieketang;

// 矩形类
```

```
public class Rectangle {

    // 矩形宽度
    int width;
    // 矩形高度
    int height;
    // 矩形面积
    int area;

    // 构造方法
    public Rectangle(int w, int h) {          ①
      width = w;
      height = h;
      area = getArea(w, h);
    }
    …
}
```

代码第①行声明了一个构造方法,其中有两个参数 w 和 h,用来初始化 Rectangle 对象的两个成员变量 width 和 height,注意前面没有任何返回值。

12.3.2 默认构造方法

有时在类中根本看不到任何构造方法。例如本节中 User 类代码如下:

```
//User.java 文件
package com.zhijieketang;

public class User {

    // 用户名
    private String username;

    // 用户密码
    private String password;

}
```

从上述 User 类代码(只有两个成员变量)中看不到任何构造方法,但是还可以调用无参数的构造方法创建 User 对象,示例代码如下:

```
//HelloWorld.java 文件
…
User user = new User();
```

Java 虚拟机为没有构造方法的类提供一个无参数的默认构造方法,默认构造方法其方法体内无任何语句,默认构造方法相当于如下代码:

```
//默认构造方法
public User() {
}
```

默认构造方法的方法体内无任何语句,也就不能够初始化成员变量了,那么这些成员变量就会使用默认值,成员变量默认值与数据类型有关,具体内容可参考 9.1.2 节中的表 9-1,这里不再赘述。

12.3.3 构造方法重载

在一个类中可以有多个构造方法,它们具有相同的名字(与类名相同),参数列表不同,所以它们之间一定是重载关系。

构造方法重载示例代码如下:

```java
//Person.java 文件
package com.zhijieketang;

import java.util.Date;

public class Person {

    // 名字
    private String name;
    // 年龄
    private int age;
    // 出生日期
    private Date birthDate;

    public Person(String n, int a, Date d) {            ①
        name = n;
        age = a;
        birthDate = d;
    }

    public Person(String n, int a) {                    ②
        name = n;
        age = a;
    }

    public Person(String n, Date d) {                   ③
        name = n;
        age = 30;
        birthDate = d;
    }

    public Person(String n) {                           ④
        name = n;
        age = 30;
    }

    public String getInfo() {
        StringBuilder sb = new StringBuilder();
        sb.append("名字: ").append(name).append('\n');
        sb.append("年龄: ").append(age).append('\n');
        sb.append("出生日期: ").append(birthDate).append('\n');
        return sb.toString();
    }
}
```

上述代码 Person 类代码提供了 4 个重载的构造方法,如果有准确的名字、年龄和出生日期信息,则可以选用代码第①行的构造方法创建 Person 对象;如果只有名字和年龄信息,则可选用代码第②行的构造方法创建 Person 对象;如果只有名字和出生日期信息,则可选用代码第③行的构造方法创建

Person 对象;如果只有名字信息,则可选用代码第④行的构造方法创建 Person 对象。

12.3.4 构造方法封装

构造方法也可以进行封装,访问级别与普通方法一样,构造方法的访问级别参考表 11-1。示例代码如下:

```java
//Person.java 文件
package com.zhijieketang;

import java.util.Date;

public class Person {

    // 名字
    private String name;
    // 年龄
    private int age;
    // 出生日期
    private Date birthDate;

    // 公有级别限制
    public Person(String n, int a, Date d) {         ①
        name = n;
        age = a;
        birthDate = d;
    }

    // 默认级别限制
    Person(String n, int a) {                        ②
        name = n;
        age = a;
    }

    // 保护级别限制
    protected Person(String n, Date d) {             ③
        name = n;
        age = 30;
        birthDate = d;
    }

    // 私有级别限制
    private Person(String n) {                       ④
        name = n;
        age = 30;
    }

    ...
}
```

上述代码第①行是声明公有级别的构造方法。代码第②行是声明默认级别,默认级别只能在同一个包中访问。代码第③行是保护级别的构造方法,该构造方法在同一个包中与默认级别相同,在不同包中可以被子类继承。代码第④行是私有级别构造方法,该构造方法只能在当前类中使用,不允许在外边访问,私有构造方法可以应用于单例模式[①]等设计。

[①] 单例模式是一种常用的软件设计模式,单例模式可以保证系统中一个类只有一个实例。

12.4 this 关键字

前面章节中使用过 this 关键字，this 指向对象本身，一个类可以通过 this 来获得一个代表它自身的对象变量。this 使用在如下三种情况中。
- 调用实例变量。
- 调用实例方法。
- 调用其他构造方法。

使用 this 变量的示例代码如下：

```java
//Person.java 文件
package com.zhijieketang;

import java.util.Date;

public class Person {

    // 名字
    private String name;
    // 年龄
    private int age;
    // 出生日期
    private Date birthDate;

    // 三个参数构造方法
    public Person(String name, int age, Date d) {      ①
        this.name = name;                               ②
        this.age  = age;                                ③
        birthDate = d;
        System.out.println(this.toString());            ④
    }

    public Person(String name, int age) {
        // 调用三个参数构造方法
        this(name, age, null);                          ⑤
    }

    public Person(String name, Date d) {
        // 调用三个参数构造方法
        this(name, 30, d);                              ⑥
    }

    public Person(String name) {
        // System.out.println(this.toString());
        // 调用 Person(String name, Date d)构造方法
        this(name, null);                               ⑦
    }

    @Override
    public String toString() {
        return "Person [name = " + name                 ⑧
                + ", age = " + age                      ⑨
                + ", birthDate = " + birthDate + "]";
```

         }
    }

上述代码中多次用到了 this 关键字,下面详细分析。代码第①行声明三个参数构造方法,其中参数 name 和 age 与实例变量 name 和 age 命名冲突,参数是作用域为整个方法的局部变量,为了防止局部变量与成员变量命名发生冲突,可以使用 this 调用成员变量,见代码第②行和第③行。注意代码第⑧行和第⑨行的 name 和 age 变量没有冲突,所以可以不使用 this 调用。

this 也可以调用本对象的方法,见代码第④行的 this.toString()语句,在本例中 this 可以省略。

在多个构造方法重载时,一个构造方法可以调用其他的构造方法,这样可以减少代码量,上述代码第⑤行 this(name, age, null)使用 this 调用其他构造方法。类似调用还有代码第⑥行的 this(name, 30, d)和第⑦行的 this(name, null)。

注意 使用 this 调用其他构造方法时,this 语句一定是该构造方法的第一条语句。例如,在代码第⑦行之前调用 toString()方法则会发生错误。

12.5 对象销毁

微课视频

对象不再使用时应该销毁。C++语言对象是通过 delete 语句手动释放,Java 语言对象是由垃圾回收器(garbage collection)收集然后释放,程序员不用关心释放的细节。自动内存管理是现代计算机语言发展趋势,如 C♯语言的垃圾回收、Objective-C 和 Swift 语言的 ARC(内存自动引用计数管理)。

垃圾回收器的工作原理:当一个对象的引用不存在时,认为该对象不再需要,垃圾回收器自动扫描对象的动态内存区,把没有引用的对象作为垃圾收集起来并释放。

12.6 本章小结

通过对本章的学习,可以了解如何创建 Java 对象,理解构造方法的作用。此外,还介绍了 this 关键字的使用,以及如何销毁对象。

12.7 同步练习

选择题
下列有关子类继承父类构造方法的描述,正确的是(   )。
A. 创建子类的对象时,先调用子类自己的构造方法,然后调用父类的构造方法。
B. 子类无条件地继承父类不含参数的构造方法。
C. 子类必须通过 super 关键字调用父类的构造方法。
D. 子类无法继承父类的构造方法。

判断题
1. 关键字 this 代表当前对象。(   )
2. 构造方法能继承,也能被重载。(   )

第 13 章 继承与多态
CHAPTER 13

类的继承性是面向对象语言的基本特性,多态性的前提是继承性。Java 支持继承性和多态性。本章讨论 Java 继承性和多态性。

13.1 Java 中的继承

微课视频

为了了解继承性,先看这样一个场景:一位面向对象的程序员小赵,在编程过程中需要描述和处理个人信息,于是定义了类 Person,示例代码如下:

```
//Person.java 文件
package com.zhijieketang;

import java.util.Date;

public class Person {

    // 名字
    private String name;
    // 年龄
    private int age;
    // 出生日期
    private Date birthDate;

    public String getInfo() {
      return "Person [name = " + name
          + ", age = " + age
          + ", birthDate = " + birthDate + "]";
    }

}
```

一周以后,小赵又遇到了新的需求,需要描述和处理学生信息,于是他又定义了一个新的类 Student,示例代码如下:

```
//Student.java 文件
package com.zhijieketang;

import java.util.Date;
```

```java
public class Student {
    // 所在学校
    public String school;
    // 名字
    private String name;
    // 年龄
    private int age;
    // 出生日期
    private Date birthDate;

    public String getInfo() {
      return "Person [name = " + name
          + ", age = " + age
          + ", birthDate = " + birthDate + "]";
    }
}
```

很多人会认为小赵的做法能够理解并相信这是可行的,但问题在于 Student 和 Person 两个类的结构太接近了,后者只比前者多了一个属性 school,却要重复定义其他所有的内容,实在让人"不甘心"。Java 提供了解决类似问题的机制,那就是类的继承,示例代码如下:

```java
//Student.java 文件
package com.zhijieketang;

import java.util.Date;

public class Student extends Person {
    // 所在学校
    private String school;
}
```

Student 类继承了 Person 类中的所有成员变量和方法,从上述代码可见继承使用的关键字是 extends,extends 后面的 Person 是父类。

如果在类的声明中没有使用 extends 关键字指明其父类,则默认父类为 Object 类,java.lang.Object 类是 Java 的根类,所有 Java 类包括数组都直接或间接继承了 Object 类,在 Object 类中定义了一些有关面向对象机制的基本方法,如 equals()、toString()和 finalize()等。

提示 一般情况下,一个子类只能继承一个父类,称为"单继承",但有的情况下一个子类可以有多个不同的父类,称为"多重继承"。在 Java 中,类的继承只能是单继承,而多重继承可以通过多个接口实现。也就是说,在 Java 中,一个类只能继承一个父类,但是可以实现多个接口。

提示 面向对象分析与设计(OOAD)时,会用到 UML 图,其中类图非常重要,用来描述系统静态结构。Student 继承 Person 的类图如图 13-1 所示。类图中的各个元素说明如图 13-2 所示,类用矩形表示,一般分为上、中、下三个部分,上部分是类名,中部分是成员变量,下部分是成员方法。实线+三角箭头表示继承关系,箭头指向父类,箭头末端是子类。UML 类图中还有很多关系,如图 13-3 所示,如图虚线+三角箭头表示实现关系,箭头指向接口,箭头末端是实现类。

图 13-1 Student 继承 Person 的类图

图 13-2 类图中的元素　　　　　图 13-3 元素之间的关系

13.2 调用父类构造方法

当子类实例化时,不仅需要初始化子类成员变量,也需要初始化父类成员变量,初始化父类成员变量需要调用父类构造方法,子类使用 super 关键字调用父类构造方法。

下面看一个示例,现有父类 Person 和子类 Student,它们的类图如图 13-4 所示。

父类 Person 代码如下:

图 13-4 Person 和 Student 类图

```
//Person.java 文件
package com.zhijieketang;

import java.util.Date;

public class Person {

    // 名字
    private String name;
    // 年龄
    private int age;
    // 出生日期
    private Date birthDate;

    // 三个参数构造方法
    public Person(String name, int age, Date d) {
        this.name = name;
        this.age = age;
        birthDate = d;
    }

    public Person(String name, int age) {
        // 调用三个参数构造方法
        this(name, age, new Date());
    }

}
```

子类 Student 代码如下:

//Student.java 文件

```java
package com.zhijieketang;

public class Student extends Person {

    // 所在学校
    private String school;

    public Student(String name, int age, Date d, String school) {
        super(name, age, d);                                        ①
        this.school = school;
    }

    public Student(String name, int age, String school) {
        // this.school = school;                    //编译错误
        super(name, age);                                           ②
        this.school = school;
    }

    public Student(String name, String school) {   // 编译错误      ③
        // super(name, 30);
        this.school = school;
    }
}
```

在 Student 子类代码第①行和第②行是调用父类构造方法，代码第①行 super(name, age, d)语句是调用父类的 Person(String name, int age, Date d)构造方法，代码第②行 super(name, age)语句是调用父类的 Person(String name, int age)构造方法。

提示 super 语句必须位于子类构造方法的第一行。

代码第③行构造方法由于没有 super 语句，编译器会试图调用父类的默认构造方法（无参数构造方法），但是父类 Person 并没有默认构造方法，因此会发生编译错误。解决这个编译错误有如下办法。

（1）在父类 Person 中添加默认构造方法，子类 Student 会隐式调用父类的默认构造方法。

（2）在子类 Student 构造方法中添加 super 语句，显式调用父类构造方法，super 语句必须是第一条语句。

（3）在子类 Student 构造方法中添加 this 语句，显式调用当前对象的其他构造方法，this 语句必须是第一条语句。

13.3 成员变量隐藏和方法覆盖

微课视频

子类继承父类后，在子类中有可能声明了与父类一样的成员变量或方法，那么会出现什么情况呢？

13.3.1 成员变量隐藏

子类成员变量与父类一样，会屏蔽父类中的成员变量，称为"成员变量隐藏"。示例代码如下：

```java
//ParentClass.java 文件
package com.zhijieketang;

class ParentClass {
    // x 成员变量
```

```
        int x = 10;                              ①
    }
class SubClass extends ParentClass {
        // 屏蔽父类 x 成员变量
        int x = 20;                              ②

        public void print() {
            // 访问子类对象 x 成员变量
            System.out.println("x = " + x);      ③
            // 访问父类 x 成员变量
            System.out.println("super.x = " + super.x);   ④
        }
    }
```

调用代码如下：

```
//HelloWorld.java 文件
package com.zhijieketang;

public class HelloWorld {

    public static void main(String[] args) {
        //实例化子类 SubClass
        SubClass pObj = new SubClass();
        //调用子类 print 方法
        pObj.print();
    }
}
```

运行结果如下：

```
x = 20
super.x = 10
```

上述代码第①行是在 ParentClass 类声明 x 成员变量，那么在它的子类 SubClass 代码第②行也声明了 x 成员变量，它会屏蔽父类中的 x 成员变量。那么代码第③行的 x 是子类中的 x 成员变量。如果要调用父类中的 x 成员变量，则需要 super 关键字，见代码第④行的 super.x。

13.3.2　方法的覆盖

如果子类方法完全与父类方法相同，即相同的方法名、相同的参数列表和相同的返回值，只是方法体不同，称为子类覆盖（override）父类方法。

示例代码如下：

```
//ParentClass.java 文件
package com.zhijieketang;

class ParentClass {
    // x 成员变量
    int x;

    protected void setValue() {              ①
        x = 10;
    }
```

```java
}
class SubClass extends ParentClass {
    // 屏蔽父类 x 成员变量
    int x;

    @Override
    public void setValue() {      // 覆盖父类方法          ②
        // 访问子类对象 x 成员变量
        x = 20;
        // 调用父类 setValue()方法
        super.setValue();
    }

    public void print() {
        // 访问子类对象 x 成员变量
        System.out.println("x = " + x);
        // 访问父类 x 成员变量
        System.out.println("super.x = " + super.x);
    }
}
```

调用代码如下：

```java
//HelloWorld.java 文件
package com.zhijieketang;

public class HelloWorld {

    public static void main(String[] args) {
        //实例化子类 SubClass
        SubClass pObj = new SubClass();
        //调用 setValue 方法
        pObj.setValue();
        //调用子类 print 方法
        pObj.print();
    }
}
```

运行结果如下：

```
x = 20
super.x = 10
```

上述代码第①行是在 ParentClass 类中声明 setValue 方法，那么在它的子类 SubClass 代码第②行覆盖父类中的 setValue 方法。在声明方法时添加@Override 注解，@Override 注解不是方法覆盖必需的，它只是锦上添花，但添加@Override 注解有如下好处。

(1) 提高程序的可读性。
(2) 编译器检查@Override 注解的方法在父类中是否存在，如果不存在，则报错。

注意 方法覆盖时应遵循如下原则：
(1) 覆盖后的方法不能比原方法有更严格的访问控制(可以相同)。例如，将代码第②行访问控制 public 修改为 private，那么会发生编译错误，因为父类原方法是 protected。
(2) 覆盖后的方法不能比原方法产生更多的异常。

13.4 多态

在面向对象程序设计中,多态是一个非常重要的特性,理解多态有利于进行面向对象的分析与设计。

13.4.1 多态概念

发生多态要有如下三个前提条件。
(1)继承:多态发生在子类和父类之间。
(2)覆盖:子类覆盖了父类的方法。
(3)声明的变量类型是父类类型,但实例则指向子类实例。

下面通过一个示例理解什么是多态。如图 13-5 所示,父类 Figure(几何图形)有一个 onDraw(绘图)方法,Figure 还有两个子类:Ellipse(椭圆形)和 Triangle(三角形),Ellipse 和 Triangle 覆盖 onDraw 方法。Ellipse 和 Triangle 都有 onDraw 方法,但具体实现的方式不同。

图 13-5 几何图形类图

具体代码如下:

```java
//Figure.java 文件
package com.zhijieketang;

public class Figure {

    //绘制几何图形方法
    public void onDraw() {
        System.out.println("绘制 Figure...");
    }
}

//Ellipse.java 文件
package com.zhijieketang;

//几何图形椭圆形
public class Ellipse extends Figure {

    //绘制几何图形方法
    @Override
    public void onDraw() {
        System.out.println("绘制椭圆形...");
    }

}

//Triangle.java 文件
package com.zhijieketang;

//几何图形三角形
public class Triangle extends Figure {

    // 绘制几何图形方法
```

```java
    @Override
    public void onDraw() {
        System.out.println("绘制三角形...");
    }
}
```

调用代码如下：

```java
//HelloWorld.java 文件
package com.zhijieketang;
public class HelloWorld {
    public static void main(String[] args) {

        // f1 变量是父类类型,指向父类实例
        Figure f1 = new Figure();                   ①
        f1.onDraw();

        //f2 变量是父类类型,指向子类实例,发生多态
        Figure f2 = new Triangle();                 ②
        f2.onDraw();

        //f3 变量是父类类型,指向子类实例,发生多态
        Figure f3 = new Ellipse();                  ③
        f3.onDraw();

        //f4 变量是子类类型,指向子类实例
        Triangle f4 = new Triangle();               ④
        f4.onDraw();

    }
}
```

上述代码第②行和第③行符合多态的三个前提，因此会发生多态。而代码第①行和第④行都不符合，没有发生多态。

运行结果如下：

绘制 Figure...
绘制三角形...
绘制椭圆形...
绘制三角形...

从运行结果可知，多态发生时，Java 虚拟机运行时根据引用变量指向的实例调用它的方法，而不是根据引用变量的类型调用。

13.4.2 引用类型检查

有时需要在运行时判断一个对象是否属于某个引用类型，这时可以使用 instanceof 运算符。instanceof 运算符语法格式如下：

obj instanceof type

其中，obj 是一个对象，type 是引用类型，如果 obj 对象是 type 引用类型实例，则返回 true，否则返回 false。

为了介绍引用类型检查，先看一个示例。如图 13-6 所示的类

图 13-6 继承关系类图

图,展示了继承层次树,Person 类是根类,Student 是 Person 的直接子类,Worker 是 Person 的直接子类。

继承层次树中具体实现代码如下:

```java
//Person.java 文件
package com.zhijieketang;
public class Person {

    String name;
    int age;

    public Person(String name, int age) {
        this.name = name;
        this.age = age;
    }

    @Override
    public String toString() {
        return "Person [name = " + name
            + ", age = " + age + "]";
    }
}

//Worker.java 文件
package com.zhijieketang;
public class Worker extends Person {

    String factory;

    public Worker(String name, int age, String factory) {
        super(name, age);
        this.factory = factory;
    }

    @Override
    public String toString() {
        return "Worker [factory = " + factory
            + ", name = " + name
            + ", age = " + age + "]";
    }
}

//Student.java 文件
package com.zhijieketang;
public class Student extends Person {

    String school;

    public Student(String name, int age, String school) {
        super(name, age);
        this.school = school;
    }

    @Override
    public String toString() {
```

```
        return "Student [school = " + school
                + ", name = " + name
                + ", age = " + age + "]";
    }

}
```

调用代码如下：

```
//HelloWorld.java 文件
package com.zhijieketang;

public class HelloWorld {

    public static void main(String[] args) {

        Student student1 = new Student("Tom", 18, "清华大学");         ①
        Student student2 = new Student("Ben", 28, "北京大学");         
        Student student3 = new Student("Tony", 38, "香港大学");        ②

        Worker worker1 = new Worker("Tom", 18, "钢厂");               ③
        Worker worker2 = new Worker("Ben", 20, "电厂");               ④

        Person[] people = { student1, student2, student3, worker1, worker2 };  ⑤

        int studentCount = 0;
        int workerCount = 0;

        for (Person item : people) {                                  ⑥
            if (item instanceof Worker) {                             ⑦
                workerCount++;
            } else if (item instanceof Student) {                     ⑧
                studentCount++;
            }
        }
        System.out.printf("工人人数：%d,学生人数：%d", workerCount, studentCount);
    }
}
```

上述代码第①行和第②行创建了 3 个 Student 实例，代码第③行和第④行创建了 2 个 Worker 实例，然后程序把这 5 个实例放入 people 数组中见代码第⑤行。

代码第⑥行使用增强 for 循环遍历 people 数组集合，当从 people 数组中取出元素时，元素类型是 People 类型，但是实例不知道是哪个子类（Student 和 Worker）实例。代码第⑦行 item instanceof Worker 表达式判断数组中的元素是否是 Worker 实例；类似地，第⑧行 item instanceof Student 表达式判断数组中的元素是否是 Student 实例。

输出结果如下：

工人人数:2,学生人数:3

13.4.3　引用类型转换

在 6.3 节介绍过数值类型相互转换，引用类型也可以进行转换，但并不是所有的引用类型都能互相转换，只有属于同一棵继承层次树中的引用类型才可以转换。

在 13.4.2 节示例中修改 HelloWorld.java 代码如下：

```java
//HelloWorld.java 文件
package com.zhijieketang;

public class HelloWorld {

    public static void main(String[] args) {

        Person p1 = new Student("Tom", 18, "清华大学");
        Person p2 = new Worker("Tom", 18, "钢厂");

        Person p3 = new Person("Tom", 28);
        Student p4 = new Student("Ben", 40, "清华大学");
        Worker p5 = new Worker("Tony", 28, "钢厂");
        …
    }
}
```

上述代码创建了 5 个实例：p1、p2、p3、p4 和 p5，它们的类型都是 Person 继承层次树中的引用类型，p1 和 p4 是 Student 实例，p2 和 p5 是 Worker 实例，p3 是 Person 实例。首先，对象类型转换一定发生在继承的前提下，p1 和 p2 都声明为 Person 类型，而实例是由 Person 子类型实例化的。

表 13-1 归纳了 p1、p2、p3、p4 和 p5 这 5 个实例与 Worker、Student 和 Person 这 3 种类型之间的转换关系。

表 13-1 类型转换

对象	Person 类型	Worker 类型	Student 类型	说明
p1	支持	不支持	支持(向下转型)	类型：Person 实例：Student
p2	支持	支持(向下转型)	不支持	类型：Person 实例：Worker
p3	支持	不支持	不支持	类型：Person 实例：Person
p4	支持(向上转型)	不支持	支持	类型：Student 实例：Student
p5	支持(向上转型)	支持	不支持	类型：Worker 实例：Worker

作为这段程序的编写者知道 p1 本质上是 Student 实例，但是表面上看是 Person 类型，编译器也无法推断 p1 的实例是 Person、Student 还是 Worker。此时可以使用 instanceof 运算符来判断它是哪一类的实例。

引用类型转换也是通过小括号运算符实现，类型转换有两个方向：将父类引用类型变量转换为子类类型，这种转换称为向下转型(downcast)；将子类引用类型变量转换为父类类型，这种转换称为向上转型(upcast)。向下转型需要强制转换，而向上转型是自动的。

下面通过示例详细说明向下转型和向上转型，在 HelloWorld.java 的 main 方法中添加如下代码：

```java
// 向上转型
Person p = (Person) p4;
```

①

```
// 向下转型
Student p11 = (Student) p1;                           ②
Worker p12 = (Worker) p2;                             ③

// Student p111 = (Student) p2;    //运行时异常      ④
if (p2 instanceof Student) {
    Student p111 = (Student) p2;
}
// Worker p121 = (Worker) p1;      //运行时异常      ⑤
if (p1 instanceof Worker) {
    Worker p121 = (Worker) p1;
}
// Student p131 = (Student) p3;    //运行时异常      ⑥
if (p3 instanceof Student) {
    Student p131 = (Student) p3;
}
```

上述代码第①行将 p4 对象转换为 Person 类型，p4 本质上是 Student 实例，这是向上转型，这种转换是自动的，其实不需要小括号（Person）进行强制类型转换。

代码第②行和第③行是向下类型转换，它们的转型都能成功。而代码第④、⑤、⑥行都会发生运行时异常 ClassCastException，如果不能确定实例是哪一种类型，可以在转型之前使用 instanceof 运算符判断一下。

13.5 再谈 final 关键字

微课视频

在前面的学习过程中，为了声明常量使用过 final 关键字，在 Java 中 final 关键字的作用还有很多，final 关键字能修饰变量、方法和类。下面详细加以说明。

13.5.1 final 修饰变量

final 修饰的变量即成为常量，只能赋值一次，但是 final 所修饰的局部变量和成员变量有所不同。

（1）final 修饰的局部变量必须使用之前被赋值一次才能使用。

（2）final 修饰的成员变量在声明时没有赋值的称为"空白 final 变量"。空白 final 变量必须在构造方法或静态代码块中初始化。

final 修饰变量示例代码如下：

```
//FinalDemo.java 文件
package com.zhijieketang;

class FinalDemo {
    void doSomething() {
        // 没有在声明的同时赋值
        final int e;                                  ①
        // 只能赋值一次
        e = 100;                                      ②
        System.out.print(e);
        // 声明的同时赋值
        final int f = 200;                            ③
```

```
        }

        //实例常量
        final int a = 5;           // 直接赋值                    ④
        final int b;               // 空白final变量               ⑤

        //静态常量
        final static int c = 12;   // 直接赋值                    ⑥
        final static int d;        // 空白final变量               ⑦

        // 静态代码块
        static {
            // 初始化静态变量
            d = 32;                                              ⑧
        }

        // 构造方法
        FinalDemo() {
            // 初始化实例变量
            b = 3;                                               ⑨
            // 第二次赋值,会发生编译错误
            // b = 4;                                            ⑩
        }
    }
```

上述代码第①行和第③行是声明局部常量,其中第①行只是声明没有赋值,但必须在使用之前赋值(见代码第②行),其实局部常量最好在声明的同时初始化。

代码第④、⑤、⑥和⑦行都是声明成员常量。代码第④行和第⑤行是实例常量,如果是空白final变量(见代码第⑤行),则需要在构造方法中初始化(见代码第⑨行);代码第⑥行和第⑦行是静态常量,如果是空白final变量(见代码第⑦行),则需要在静态代码块中初始化(见代码第⑧行)。

另外,无论哪种常量只能赋值一次。代码第⑩行为b常量赋值,因为之前b已经赋值过一次,因此这里会发生编译错误。

13.5.2 final 修饰类

final 修饰的类不能被继承。有时出于设计安全的目的,不想让自己编写的类被别人继承,这时可以使用 final 关键字修饰父类。

示例代码如下:

```
//SuperClass.java 文件
package com.zhijieketang;

final class SuperClass {
}

class SubClass extends SuperClass { //编译错误
}
```

在声明 SubClass 类时会发生编译错误。

13.5.3 final 修饰方法

final 修饰的方法不能被子类覆盖。有时也是出于设计安全的目的,父类中的方法不想被别人覆盖，这时可以使用 final 关键字修饰父类中的方法。

示例代码如下：

```java
//SuperClass.java 文件
package com.zhijieketang;

class SuperClass {
    final void doSomething() {
        System.out.println("in SuperClass.doSomething()");
    }
}

class SubClass extends SuperClass {
    @Override
    void doSomething() {              //编译错误
        System.out.println("in SubClass.doSomething()");
    }
}
```

子类中的 void doSomething() 方法试图覆盖父类中的 void doSomething() 方法，父类中的 void doSomething() 方法是 final 的，因此会发生编译错误。

13.6 本章小结

本章首先介绍了 Java 中的继承概念，在继承时会发生方法的覆盖、变量的隐藏。然后介绍了 Java 中的多态概念，读者需要熟悉多态发生的条件，掌握引用类型检查和类型转换。最后还介绍了 final 关键字。

13.7 同步练习

选择题

1. 下列哪些说法是正确的？（   ）
   A. Java 语言只允许单一继承
   B. Java 语言只允许实现一个接口
   C. Java 语言不允许同时继承一个类并实现一个接口
   D. Java 语言的单一继承使得代码更加可靠

2. 现有 Person 和 Chinese 两个类，Chinese 试图继承 Person 类，下列哪个写法是正确的？（   ）
   A. class Chinese extents Person{}   B. class Chinese extants Person{}
   C. class Chinese extends Person{}   D. class Chinese extands Person{}

3. 类 Teacher 和 Student 是类 Person 的子类，有如下代码：

```java
Person p;
Teacher t;
Student s;
//假设 p、t、s 都是非空的
if(t instance of Person) { s = (Student)t; }
```

最后一句语句的结果是( )。

  A. 将构造一个 Student 对象   B. 表达式是合法的

  C. 表达式是错误的   D. 编译时正确,但运行时错误

4. 有如下代码:

```
1) class Parent {
2)     private String name;
3)     public Parent(){ }
4) }
5) public class Child extends Parent {
6)     private String department;
7)     public Child() { }
8)     public String getValue(){ return name; }
9)     public static void main(String arg[]) {
10)        Parent p = new Parent();
11)    }
12) }
```

哪些行将引起错误?( )

  A. 第 3 行   B. 第 6 行   C. 第 7 行   D. 第 8 行

5. 有如下代码:

```
public class parent {
    int change() { }
}
class Child extends Parent { }
```

哪些方法可加入类 Child 中?( )

  A. public int change(){}   B. int chang(int i){}

  C. private int change(){}   D. abstract int chang(){}

判断题

声明为 final 的方法不能在子类中重载。( )

第 14 章　抽象类与接口

CHAPTER 14

设计良好的软件系统应该具备"可复用性"和"可扩展性",能够满足用户需求的不断变更。使用抽象类和接口是实现"可复用性"和"可扩展性"重要的设计手段。

14.1　抽象类

微课视频

Java 语言提供了两种类:一种是具体类;另一种是抽象类。前面章节接触的类都是具体类,本节介绍抽象类。

14.1.1　抽象类概念

在 13.4.1 节介绍多态时,使用过几何图形类示例,其中 Figure(几何图形)类中有一个 onDraw(绘图)方法,Figure 还有两个子类:Ellipse(椭圆形)和 Triangle(三角形),Ellipse 和 Triangle 覆盖 onDraw 方法。

作为父类 Figure,并不知道在实际使用时有多少个子类,目前有椭圆形和三角形,那么不同的用户需求可能会有矩形或圆形等其他几何图形,而 onDraw 方法只有确定是哪一个子类后才能具体实现。Figure 中的 onDraw 方法不能具体实现,所以只能是一个抽象方法。在 Java 中具有抽象方法的类称为"抽象类",Figure 是抽象类,其中的 onDraw 方法是抽象方法。如图 14-1 所示类图中,Figure 是抽象类,Ellipse 和 Triangle 是 Figure 的子类,实现 Figure 的抽象方法是 onDraw。

图 14-1　抽象类几何图形类图

14.1.2　抽象类声明和实现

在 Java 中抽象类和抽象方法的修饰符是 abstract。声明抽象类 Figure 示例代码如下:

```
//Figure.java 文件
package com.zhijieketang;

public abstract class Figure {                      ①
    // 绘制几何图形方法
    public abstract void onDraw();                  ②
}
```

代码第①行是声明抽象类,在类前面加上 abstract 修饰符。代码第②行声明抽象方法,方法前面的修饰符也是 abstract,注意抽象方法中只有方法的声明,没有方法的实现,即没有大括号({})部分。

注意 如果一个方法被声明为抽象的,那么这个类也必须声明为抽象的。而一个抽象类中,可以有 0~n 个抽象方法,以及 0~n 个具体方法。

设计抽象方法的目的就是让子类来实现,否则抽象方法就没有任何意义。实现抽象类示例代码如下:

```java
//Ellipse.java 文件
package com.zhijieketang;

//几何图形椭圆形
public class Ellipse extends Figure {

    //绘制几何图形方法
    @Override
    public void onDraw() {
       System.out.println("绘制椭圆形...");
    }
}

//Triangle.java 文件
package com.zhijieketang;

//几何图形三角形
public class Triangle extends Figure {

    // 绘制几何图形方法
    @Override
    public void onDraw() {
       System.out.println("绘制三角形...");
    }
}
```

上述代码声明了两个具体类 Ellipse 和 Triangle,它们实现(覆盖)了抽象类 Figure 的抽象方法 onDraw。

调用代码如下:

```java
//HelloWorld.java 文件
package com.zhijieketang;

public class HelloWorld {

    public static void main(String[] args) {

        // f1 变量是父类类型,指向子类实例,发生多态
        Figure f1 = new Triangle();
        f1.onDraw();

        // f2 变量是父类类型,指向子类实例,发生多态
        Figure f2 = new Ellipse();
        f2.onDraw();
    }
}
```

上述代码中实例化两个具体类 Triangle 和 Ellipse,对象 f1 和 f2 是 Figure 引用类型。

注意 抽象类不能被实例化,只有具体类才能被实例化。

14.2 接口

比抽象类更加抽象的是接口。

14.2.1 抽象类与接口区别

抽象类与接口中都可以声明很多抽象方法,那么抽象类和接口有什么区别?本节就回答这个问题。
抽象类与接口区别如下:
(1) 接口支持多继承,而抽象类(包括具体类)只能继承一个父类。
(2) 接口中不能有实例成员变量,接口所声明的成员变量全部是静态常量,即便变量不加 public static final 修饰符也是静态常量。抽象类与普通类一样,各种形式的成员变量都可以声明。
(3) 接口中没有包含构造方法。由于没有实例成员变量,也就不需要构造方法。抽象类中可以有实例成员变量,也需要构造方法。
(4) 抽象类中可以声明抽象方法和具体方法。Java 8 之前接口中只有抽象方法,而 Java 8 之后接口中也可以声明具体方法,具体方法通过声明默认方法实现。

> 提示 学习了接口默认方法后,有些读者还会有这样的疑惑,Java 8 之后接口可以声明抽象方法和具体方法,这就相当于与抽象类一样了吗?在多数情况下接口不能替代抽象类,例如,当需要维护一个对象的信息和状态时只能使用抽象类,而接口不行,因为维护一个对象的信息和状态需要存储在实例成员变量中,而接口中不能声明实例成员变量。

14.2.2 接口声明和实现

其实 14.1.1 节中介绍的抽象类 Figure 可以更加抽象,即 Figure 接口,接口中所有方法都是抽象的,而且接口可以有成员变量。将 14.1.1 节几何图形类改成接口后,类图如图 14-2 所示。

> 提示 在 UML 类图中,接口的图标是"I",见 Figure 接口;类的图标是"C",见 Triangle 类,如图 14-2 所示。

在 Java 中接口的声明使用的关键字是 interface。声明接口 Figure 示例代码如下:

图 14-2 接口几何图形类图

```
//Figure.java 文件
package com.zhijieketang;

public interface Figure {                                              ①
    //接口中静态成员变量
    String name = "几何图形";        //省略 public static final         ②

    // 绘制几何图形方法
    void onDraw();                   //省略 public                      ③
}
```

代码第①行声明 Figure 接口,声明接口使用 interface 关键字,interface 前面的修饰符是 public 或省略。public 是公有访问级别,可以在任何地方访问。省略时是默认访问级别,只能在当前包中访问。

代码第②行声明接口中的成员变量,在接口中成员变量都是静态成员变量,即省略了 public static

final 修饰符。代码第③行声明抽象方法，即省略了 public 关键字。

某个类实现接口时，要在声明时使用 implements 关键字，当实现多个接口时，其之间用逗号(,)分隔。实现接口时要实现接口中声明的所有方法。

实现接口 Figure 示例代码如下：

```java
//Ellipse.java 文件
package com.zhijieketang.imp;

import com.zhijieketang.Figure;

//几何图形椭圆形
public class Ellipse implements Figure {

    //绘制几何图形方法
    @Override
    public void onDraw() {
        System.out.println("绘制椭圆形...");
    }
}

//Triangle.java 文件
package com.zhijieketang.imp;

import com.zhijieketang.Figure;

//几何图形三角形
public class Triangle implements Figure {

    // 绘制几何图形方法
    @Override
    public void onDraw() {
        System.out.println("绘制三角形...");
    }
}
```

上述代码声明了两个具体类 Ellipse 和 Triangle，它们实现了接口 Figure 中的抽象方法 onDraw。

调用代码如下：

```java
//HelloWorld.java 文件
import com.zhijieketang.imp.Ellipse;
import com.zhijieketang.imp.Triangle;

public class HelloWorld {

    public static void main(String[] args) {

        // f1 变量是父类类型,指向子类实例,发生多态
        Figure f1 = new Triangle();
        f1.onDraw();
        System.out.println(f1.name);            ①
        System.out.println(Figure.name);        ②

        // f2 变量是父类类型,指向子类实例,发生多态
        Figure f2 = new Ellipse();
        f2.onDraw();
```

```
    }
}
```

上述代码中实例化两个具体类 Triangle 和 Ellipse，对象 f1 和 f2 是 Figure 接口引用类型。接口 Figure 中声明了成员变量，它是静态成员变量，代码第①行和第②行是访问 name 静态变量。

注意 接口与抽象类一样都不能被实例化。

14.2.3 接口与多继承

在 C++语言中一个类可以继承多个父类，但这会有潜在的风险，如果两个父类有相同的方法，那么子类将继承哪一个父类方法呢？这就是 C++多继承所导致的冲突问题。

在 Java 中只允许继承一个类，但可实现多个接口。通过实现多个接口方式满足多继承的设计需求。如果多个接口中即便有相同方法，它们也都是抽象的，子类实现它们也不会有冲突。

图 14-3 所示是多继承类图，其中有两个接口 InterfaceA 和 InterfaceB。从类图中可见，两个接口中都有一个相同的方法 void methodB()。AB 实现了这两个接口，继承了 Object 父类。

图 14-3　多继承类图

接口 InterfaceA 和 InterfaceB 代码如下：

```
//InterfaceA.java 文件
package com.zhijieketang;

public interface InterfaceA {

    void methodA();

    void methodB();
}

//InterfaceB.java 文件
package com.zhijieketang;

public interface InterfaceB {

    void methodB();

    void methodC();
}
```

从代码中可见两个接口都有两个方法，其中方法 methodB()完全相同。

实现接口 InterfaceA 和 InterfaceB 的 AB 类代码如下：

```
//AB.java 文件
package com.zhijieketang.imp;

import com.zhijieketang.InterfaceA;
import com.zhijieketang.InterfaceB;

public class AB extends Object implements InterfaceA, InterfaceB {    ①

    @Override
    public void methodC() {
```

```
        }

        @Override
        public void methodA() {
        }

        @Override
        public void methodB() {                                    ②
        }
}
```

在 AB 类中的代码第②行实现 methodB()方法。注意在 AB 类声明时实现两个接口,接口之间使用逗号(,)分隔,见代码第①行。

14.2.4 接口继承

Java 语言中允许接口和接口之间继承。由于接口中的方法都是抽象方法,所以继承之后也不需要做什么,因此接口之间的继承要比类之间的继承简单得多。如图 14-4 所示,其中 InterfaceB 继承了 InterfaceA,在 InterfaceB 中还覆盖了 InterfaceA 中的 methodB()方法。ABC 是 InterfaceB 接口的实现类,从图 14-4 中可见,ABC 需要实现 InterfaceA 和 InterfaceB 接口中的所有方法。

图 14-4　接口继承类图

接口 InterfaceA 和 InterfaceB 代码如下:

```
//InterfaceA.java 文件
package com.zhijieketang;

public interface InterfaceA {

    void methodA();

    void methodB();
}

//InterfaceB.java 文件
package com.zhijieketang;

public interface InterfaceB extends InterfaceA {

    @Override
    void methodB();

    void methodC();
}
```

InterfaceB 继承了 InterfaceA,声明时也使用 extends 关键字。InterfaceB 中的 methodB()覆盖了 InterfaceA,事实上在接口中覆盖方法并没有实际意义,因为它们都是抽象的,都是留给子类实现的。

实现接口 InterfaceB 的 ABC 类代码如下:

```
//ABC.java 文件
package com.zhijieketang.imp;

import com.zhijieketang.InterfaceB;

public class ABC implements InterfaceB {
```

```
    @Override
    public void methodA() {
    }

    @Override
    public void methodB() {
    }

    @Override
    public void methodC() {
    }
}
```

ABC 类实现了接口 InterfaceB，事实上是实现 InterfaceA 和 InterfaceB 中所有方法，相当于同时实现 InterfaceA 和 InterfaceB 接口。

14.2.5 接口中的默认方法和静态方法

在 Java 8 之前，尽管 Java 语言中接口已经非常优秀了，但相比其他面向对象的语言而言，Java 接口存在如下不足之处：

（1）不能可选实现方法，接口的方法全部是抽象的，实现接口时必须全部实现接口中方法，哪怕是这些方法并不需要，也必须实现。

（2）没有静态方法。针对这些问题，Java 8 在接口中提供了声明默认方法和静态方法的能力。接口示例代码如下：

```
//InterfaceA.java 文件
package com.zhijieketang;

public interface InterfaceA {

    void methodA();

    String methodB();

    // 默认方法
    default int methodC() {
      return 0;
    }

    // 默认方法
    default String methodD() {
      return "这是默认方法…";
    }

    // 静态方法
    static double methodE() {
      return 0.0;
    }
}
```

在接口 InterfaceA 中声明了两个抽象方法 methodA 和 methodB，两个默认方法 methodC 和 methodD，还声明了静态方法 methodE。接口中的默认方法类似于类中具体方法，给出了具体实现，只是方法修饰符是 default。接口中静态方法类似于类中静态方法。

实现接口示例代码如下：

```java
//ABC.java 文件
package com.zhijieketang.imp;

import com.zhijieketang.InterfaceA;

public class ABC implements InterfaceA {

    @Override
    public void methodA() {
    }

    @Override
    public String methodB() {
        return "实现 methodB 方法...";
    }

    @Override
    public int methodC() {
        return 500;
    }
}
```

实现接口时接口中原有的抽象方法在实现类中必须实现。默认方法可以根据需要有选择地实现（覆盖）。静态方法不需要实现，实现类中不能拥有接口中的静态方法。

上述代码中 ABC 类实现了 InterfaceA 接口，InterfaceA 接口中的两个默认方法 ABC 只是实现（覆盖）了 methodC。

调用代码如下：

```java
//HelloWorld.java 文件
package com.zhijieketang.imp;

import com.zhijieketang.InterfaceA;

public class HelloWorld {

    public static void main(String[] args) {

        //声明接口类型,对象是实现类,发生多态
        InterfaceA abc = new ABC();

        // 访问实现类 methodB 方法
        System.out.println(abc.methodB());

        // 访问默认方法 methodC
        System.out.println(abc.methodC());                    ①

        // 访问默认方法 methodD
        System.out.println(abc.methodD());                    ②

        // 访问 InterfaceA 静态方法 methodE
        System.out.println(InterfaceA.methodE());             ③
```

        }
    }

运行结果如下：

实现 methodB 方法…
500
这是默认方法…
0.0

从运行结果可见，代码第①行调用默认方法 methodC，是调用类 ABC 中的实现；代码第②行调用默认方法 methodD，是调用接口 InterfaceA 中的实现；代码第③行调用接口静态方法，只能通过接口名（InterfaceA）调用，不能通过实现类 ABC 调用，可以这样理解接口中声明的静态方法与其他实现类没有任何关系。

14.3 本章小结

通过对本章的学习，读者可以了解抽象类和接口的概念，掌握如何声明抽象类和接口，以及如何实现抽象类和接口；了解 Java 8 之后接口的新变化；熟悉抽象类和接口的区别。

14.4 同步练习

选择题

1. 关于接口的定义和实现，以下描述正确的是（　　）。
    A. 接口定义中的方法都只有定义没有实现
    B. 接口定义中的变量都必须写明 final 和 static
    C. 如果一个接口由多个类实现，则这些类在实现该接口中的方法时应采用统一的代码
    D. 如果一个类实现一个接口，则必须实现该接口中的所有方法
2. 下列哪些选项中用于定义接口的关键字？（　　）
    A. import   B. implements   C. interface   D. protected

判断题

1. abstract 是抽象修饰符，可以用来修饰类和方法（　　）。
2. Java 语言中的接口可以继承，一个接口通过关键字 extends 可以继承另一个接口。（　　）

第 15 章　枚举类

CHAPTER 15

Java 5 之前没有提供枚举类型，尽管可以通过声明静态常量（final static 变量）替代枚举，但是仍然很多 Java 程序员期待能有类似其他语言中的枚举类型。Java 5 之后提供了枚举类型，Java 枚举类型本质上继承 java.lang.Enum 类，是引用数据类型，因此也称为"枚举类"。本章介绍 Java 枚举类。

15.1　枚举概述

微课视频

在 C 和 Objective-C 等其他语言中，枚举用来管理一组相关常量的集合，使用枚举可以提高程序的可读性，使代码更清晰且更易于维护。

在 Java 5 之前没有提供枚举类型，可以通过声明静态常量（final static 变量）替代枚举常量，例如想声明一组常量表示一周中的 5 个工作日，那么 Java 5 之前实现代码如下：

```java
//WeekDays.java 文件
package com.zhijieketang;

public interface WeekDays {
    // 枚举常量列表
    int MONDAY      = 0;            //星期一
    int TUESDAY     = 1;            //星期二
    int WEDNESDAY   = 2;            //星期三
    int THURSDAY    = 3;            //星期四
    int FRIDAY      = 4;            //星期五
}
```

通常在接口中声明一组静态常量，当然也可以在一般类中声明一组静态常量。这些常量往往都是 int 类型，这是为了以后方便使用 switch 语句进行判断。

调用代码如下：

```java
//HelloWorld.java 文件
package com.zhijieketang;

public class HelloWorld {

    public static void main(String[] args) {

        //day 工作日变量
        int day = WeekDays.FRIDAY;          ①
```

```
    switch (day) {
      case WeekDays.MONDAY:
        System.out.println("星期一");
        break;
      case WeekDays.TUESDAY:
        System.out.println("星期二");
        break;
      case WeekDays.WEDNESDAY:
        System.out.println("星期三");
        break;
      case WeekDays.THURSDAY:
        System.out.println("星期四");
        break;
      case WeekDays.FRIDAY:
        System.out.println("星期五");
        break;
    }
  }
}
```

从上述代码中可以直接使用这些常量,但这种方式还存在如下问题:

(1) 类型不安全。代码第①行是声明工作日变量 day,day 是整数类型,程序执行过程中很有可能给 day 变量传入一个任意的整数值,可能导致程序出现错误。

(2) 程序不方便调试。在程序调试时,如果通过日志输出 day 值,那么只能看到 0~4 的数值,程序员需要比较这些数值代表的含义,才能知道输出的结果是什么。

枚举类型可以避免直接使用常量所导致的问题。Java 5 之后可以使用枚举类型,Java 中枚举类型的作用已经不仅是定义一组常量提高程序的可读性,还具有如下特性:

(1) Java 枚举类型是一种类,是引用类型,具有了面向对象特性,可以添加方法和成员变量等。
(2) Java 枚举类型父类是 java.lang.Enum,不需要显式声明。
(3) Java 枚举类型可以实现接口,与类实现接口类似。
(4) Java 枚举类型不能被继承,不存在子类。

15.2 枚举类声明

先来看 Java 中的枚举类声明。Java 中使用 enum 关键词声明枚举类,具体定义放在一对大括号内。枚举的语法格式如下:

微课视频

```
[public] enum 枚举名 {
    枚举常量列表
}
```

enum 前面的修饰符[public]表示 public 或省略。public 是公有访问级别,可以在任何地方访问。省略是默认访问级别,只能在当前包中访问。

"枚举名"是该枚举类的名称。它首先应该是有效的标识符,其次应该遵守 Java 命名规范。它应该是一个名称,如果采用英文单词命名,首字母应该大写,且应尽量用一个英文单词。"枚举常量列表"是枚举的核心,它由一组相关常量组成。

15.2.1 最简单形式的枚举类

如果采用枚举类来表示工作日,则最简单枚举类 WeekDays 具体代码如下:

```java
//WeekDays.java 文件
package com.zhijieketang;

public enum WeekDays {
    // 枚举常量列表
    MONDAY, TUESDAY, WEDNESDAY, THURSDAY, FRIDAY
}
```

在枚举类 WeekDays 中定义了 5 个常量,使用枚举类 WeekDays 代码如下:

```java
//HelloWorld.java 文件
package com.zhijieketang;

public class HelloWorld {

    public static void main(String[] args) {
        // day 工作日变量
        WeekDays day = WeekDays.FRIDAY;         ①
        System.out.println(day);                ②

        switch (day) {                          ③
        case MONDAY:                            ④
            System.out.println("星期一");
            break;
        case TUESDAY:
            System.out.println("星期二");
            break;
        case WEDNESDAY:
            System.out.println("星期三");
            break;
        case THURSDAY:
            System.out.println("星期四");
            break;
        default: //case FRIDAY:                 ⑤
            System.out.println("星期五");
        }
    }
}
```

输出结果如下:

```
FRIDAY
星期五
```

上述代码第①行声明工作日变量 day,day 是 WeekDays 枚举类型,取值是 WeekDays.FRIDAY,是枚举类中定义的枚举常量。day = WeekDays.FRIDAY 赋值过程中实例化 WeekDays 枚举类对象,并初始化为 WeekDays.FRIDAY。注意赋值表达式是"枚举类型名.枚举常量"的形式。

代码第②行 day 对象日志输出结果不是整数,而是 FRIDAY。

枚举类与 switch 语句能够很好地配合使用,代码第③行 switch 表达式直接使用 day 枚举对象

case 常量直接使用枚举常量,见代码第④行,而且不需要枚举类名作为前缀,使用起来比较简洁。

提示 在 8.1.2 节介绍 switch 语句时,提到过 switch 表达式类型和 case 常量类型只能是 int、byte、short、char、String 和枚举类型。另外,在 switch 中使用枚举类型时,switch 语句中的 case 分支语句个数应该对应枚举常量个数,不要多也不要少,当使用 default 时,default 应该只表示等于最后一个枚举常量情况。上述示例代码第⑤行是 switch 语句中使用 default,default 表示的是 FRIDAY 情况。

15.2.2 枚举类中成员变量和成员方法

枚举类可以像类一样包含成员变量和成员方法,成员变量可以是实例变量也可以是静态变量,成员方法可以是实例方法也可以是静态方法,但不能是抽象方法。

示例代码如下:

```
//WeekDays.java 文件
package com.zhijieketang;

public enum WeekDays {
    // 枚举常量列表
    MONDAY, TUESDAY, WEDNESDAY, THURSDAY, FRIDAY;         ①

    // 实例变量
    private String name;
    private int index;

    // 静态变量
    private static int staticVar = 100;

    // 覆盖父类中的 toString()方法
    @Override
    public String toString() {                            ②
        StringBuilder sb = new StringBuilder();
        sb.append(name);
        sb.append('-');
        sb.append(index);
        return sb.toString();
    }

    // 实例方法
    public String getInfo() {
        // 调用父类中 toString()方法
        return super.toString();
    }

    // 静态方法
    public static int getStaticVar() {
        return staticVar;
    }
}
```

上述代码第①行在枚举类 WeekDays 中添加了一些成员变量和成员方法,这些方法还可以覆盖枚举父类(java.lang.Enum)中的方法,见代码第②行的 toString()方法。

添加其他成员的枚举类需要注意,"枚举常量列表"语句必须是枚举类中的第一行代码。而且"枚举常量列表"语句后面要加分号(;)表示语句的结束,见代码第①行。

使用枚举类 WeekDays 代码如下：

```java
//HelloWorld.java 文件
package com.zhijieketang;

public class HelloWorld {

    public static void main(String[] args) {
        // day 工作日变量
        WeekDays day = WeekDays.FRIDAY;

        //打印 day 默认调用枚举 toString()方法
        System.out.println(day);
        //调用枚举实例方法
        System.out.println(day.getInfo());
        //调用枚举静态方法
        System.out.println(WeekDays.getStaticVar());

    }
}
```

上述代码比较简单，这里不再赘述。

15.2.3 枚举类构造方法

在 15.2.2 节示例中实例变量 name 和 index 都没有初始化，在类中成员变量的初始化是通过构造方法实现的，而在枚举类中也是通过构造方法初始化成员变量的。

为 15.2.2 节示例添加构造方法，代码如下：

```java
//WeekDays.java 文件
package com.zhijieketang;

public enum WeekDays {
    // 枚举常量列表
    MONDAY("星期一", 0), TUESDAY("星期二", 1), WEDNESDAY("星期三", 2),
        THURSDAY("星期四", 3), FRIDAY("星期五", 4);            ①

    // 实例变量
    private String name;
    private int index;

    // 静态变量
    private static int staticVar = 100;

    private WeekDays(String name, int index) {              ②
        this.name = name;
        this.index = index;
    }

    // 覆盖父类中的 toString()方法
    @Override
    public String toString() {
        StringBuilder sb = new StringBuilder();
        sb.append(name);
        sb.append(' - ');
```

```
        sb.append(index);
        return sb.toString();
    }

    // 实例方法
    public String getInfo() {
        // 调用父类中 toString()方法
        return super.toString();
    }

    // 静态方法
    public static int getStaticVar() {
        return staticVar;
    }
}
```

上述代码第②行是添加的构造方法,注意枚举类中的构造方法只能是私有访问级别,构造方法可以省略 private 关键字,但它仍然是私有的构造方法。这也说明枚举类不允许在外部创建对象。

提示 私有构造方法经常用于单例设计模式和工厂设计模式,使得不允许在类的外边直接调用构造方法创建对象。枚举类实现类似于工厂设计模式。

一旦添加了有参数的构造方法,那么"枚举常量列表"也需要修改,见代码第①行,每个枚举常量都是一个实例,都会调用构造方法进行初始化成员变量,("星期一", 0)是调用构造方法。

15.3 枚举常用方法

微课视频

所有枚举类都继承 java.lang.Enum 类,Enum 中定义了如下枚举常用的方法:
- int ordinal():返回枚举常量的顺序。这个顺序根据枚举常量声明的顺序而定,顺序从零开始。
- 枚举类型[] values():静态方法,返回一个包含全部枚举常量的数组。
- 枚举类型 valueOf(String str):静态方法,str 是枚举常量对应的字符串,返回一个包含枚举类型的实例。

WeekDays 枚举类代码如下:

```
//WeekDays.java 文件
package com.zhijieketang;

public enum WeekDays {
    // 枚举常量列表
    MONDAY, TUESDAY, WEDNESDAY, THURSDAY, FRIDAY
}
```

使用枚举常用方法示例代码如下:

```
//HelloWorld.java 文件
package com.zhijieketang;

public class HelloWorld {

    public static void main(String[] args) {

        // 返回一个包含全部枚举常量的数组
```

```
        WeekDays[] allValues = WeekDays.values();                    ①
        // 遍历枚举常量数值
        for (WeekDays value : allValues) {
            System.out.printf("%d - %s\n", value.ordinal(), value);  ②
        }

        // 创建 WeekDays 对象
        WeekDays day1 = WeekDays.FRIDAY;
        WeekDays day2 = WeekDays.valueOf("FRIDAY");                  ③

        System.out.println(day1 == WeekDays.FRIDAY);                 ④
        System.out.println(day1.equals(WeekDays.FRIDAY));            ⑤
        System.out.println(day1 == day2);                            ⑥

    }
}
```

上述代码第①行通过 values 方法获得所有枚举常量的数组，代码第②行获得枚举常量 value，其中 value.ordinal() 获得当前枚举常量的顺序。

代码第③行通过 valueOf 方法获得枚举对象 WeekDays.FRIDAY，参数是枚举常量对应的字符串。

代码第④~第⑥行比较枚举对象，它们比较的结果都是 true。

提示 在 Java 类引用类型进行比较时，有两种比较方法，即 == 和 equals。== 比较的是两个引用是否指向同一个对象；equals 是比较对象内容是否相同。但是，枚举引用类型中 == 和 equals 都是一样的，都是比较两个引用是否指向同一个实例，枚举类中每个枚举常量无论何时都只有一个实例。

15.4 本章小结

通过对本章的学习，可以了解到 Java 中枚举的作用、特点和常用方法。重点是声明和使用枚举类。

15.5 同步练习

选择题

1. 声明一个枚举类使用的关键字是（　　）。
    A. class   B. implements   C. interface   D. enum
2. 关于枚举类，以下描述正确的是（　　）。
    A. 在 Java 5 之前没有提供枚举类型，可以通过声明静态常量（final static 变量）替代枚举常量
    B. Java 枚举类型本质上继承 java.lang.Enum 类，是引用数据类型
    C. Java 枚举类型实例化时需要使用 new 关键字
    D. Java 枚举类型父类是 java.lang.Enum，需要显式声明

判断题

1. Java 枚举类型可以实现接口，与类实现接口类似。（　　）
2. Java 枚举类型不能被继承，不存在子类。（　　）

第 16 章　Java 常用类

在 Java SE 中提供了众多的类和接口,其中很多类前面已经使用过,如 String、StringBuiler 和 StringBuffer 等。由于数量众多,本书不再一一介绍。本章归纳了 Java 在一些日常开发过程中常用的类,至于其他不常用的类,可以查询 Java SE API 文档。

16.1　Java 根类——Object

微课视频

第一个应该介绍的常用类就是 java.lang.Object 类,它是 Java 所有类的根类,Java 所有类都直接或间接继承自 Object 类,它是所有类的"祖先"。Object 类属于 java.lang 包中的类型,不需要显式使用 import 语句引入,它是由解释器自动引入。

Object 类有很多方法,常用的方法如下:
- String toString():返回该对象的字符串表示。
- boolean equals(Object obj):指示其他某个对象是否与此对象"相等"。

这些方法都是需要在子类中用来覆盖的,下面详细解释它们的用法。

16.1.1　toString()方法

为了日志输出等处理方便,所有的对象都可以以文本方式表示,需要在该对象所在类中覆盖 toString()方法。如果没有覆盖 toString()方法,默认的字符串是"类名@对象的十六进制哈希码"。
在前面章节中介绍过 Person 类,示例代码如下:

```
//Person.java 文件
package com.zhijieketang;

public class Person {

    String name;
    int age;

    public Person(String name, int age) {
        this.name = name;
        this.age = age;
    }

    @Override
```

```
        public String toString() {                    ①
          return "Person [name = " + name + ", age = " + age + "]";
        }

}
```

上述代码第①行覆盖 toString()方法，返回什么样的字符串完全是自定义的，只要是能够表示当前类和当前对象即可，本例是将 Person 成员变量拼接成为一个字符串。

调用代码如下：

```
//HelloWorld.java 文件
package com.zhijieketang;

public class HelloWorld {

    public static void main(String[] args) {

        Person person = new Person("Tony", 18);
        //打印过程自动调用 person 的 toString()方法
        System.out.println(person);
    }
}
```

输出结果如下：

Person [name = Tony, age = 18]

使用 System.out.println 等输出语句可以自动调用对象的 toString()方法将对象转换为字符串输出。读者可以测试一下，如果 Person 中没有覆盖 toString()方法会是什么样子？它会输出类似如下的字符串。

com.zhijieketang.Person@b4c966a

16.1.2 对象比较方法

在前面学习字符串比较时，曾经介绍过有两种比较方法：==运算符和 equals()方法。==运算符是比较两个引用变量是否指向同一个实例；equals()方法是比较两个对象的内容是否相等，通常字符串的比较，只是关心其内容是否相等。

事实上 equals()方法是继承自 Object 的，所有对象都可以通过 equals()方法比较，问题是比较的规则是什么，例如两个人（Person 对象）相等是指什么？是名字，还是年龄？问题的关键是需要指定相等的规则，就是要指定比较的是哪些属性相等，所以为了比较两个 Person 对象相等，需要覆盖 equals()方法，在该方法中指定比较规则。

修改 Person 代码如下：

```
//Person.java 文件
package com.zhijieketang;
public class Person {

    String name;
    int age;

    public Person(String name, int age) {
```

```java
        this.name = name;
        this.age = age;
    }

    @Override
    public String toString() {
        return "Person [name = " + name + ", age = " + age + "]";
    }

    @Override
    public boolean equals(Object otherObject) {              ①

        //判断比较的参数也是 Person 类型
        if (otherObject instanceof Person) {                 ②
            Person otherPerson = (Person) otherObject;       ③
            // 年龄作为比较规则
            if (this.age == otherPerson.age) {               ④
                return true;
            }
        }
        return false;
    }
}
```

上述代码第①行覆盖了 equals()，为了防止传入的参数对象不是 Person 类型，需要使用 instanceof 运算符判断一下，见代码第②行。如果是 Person 类型，则通过代码第③行强制类型转换为 Person。代码第④行进行比较，把年龄作为比较是否相等的规则，不管其他属性，只要是年龄相等，则认为两个 Person 对象相等。

调用代码如下：

```java
//HelloWorld.java 文件
package com.zhijieketang;

public class HelloWorld {

    public static void main(String[] args) {

        Person person1 = new Person("Tony", 20);
        Person person2 = new Person("Tom", 20);

        System.out.println(person1 == person2);              // false
        System.out.println(person1.equals(person2));         // true
    }
}
```

上述代码中创建了两个 Person 对象，它们具有相关的年龄，这两个 Person 对象使用==比较结果是 false，因为它们是两个不同的对象；使用 equals()方法比较结果是 true。

16.2 包装类

在 Java 中有 8 种基本数据类型不属于类，不具备"对象"的特征，没有成员变量和方法，不方便进行面向对象的操作。为此，Java 提供包装类（Wrapper Class）将基本数据类型包装成类，每个 Java 基本数据类型在 java.lang 包中都有一个相应的包装类，每个包装类对象封装一个基本数据类型数值。对应关系如表 16-1 所示，除 int 和 char 类型外，其他的类型对应规则就是第一个字母大写。

表 16-1 基本数据类型与包装类对应关系

基本数据类型	包装类	基本数据类型	包装类
boolean	Boolean	int	Integer
byte	Byte	long	Long
char	Character	float	Float
short	Short	double	Double

包装类都是 final 的，不能被继承。包装类都是不可变类，类似于 String 类，一旦创建了对象，其内容就不可修改。包装类还可分成三种不同类别：数值包装类（Byte、Short、Integer、Long、Float 和 Double）、Character 类和 Boolean 类，下面分别详细介绍。

16.2.1 数值包装类

这些数值包装类（Byte、Short、Integer、Long、Float 和 Double）都有一些相同特点。

1. 共同的父类

这 6 个数值包装类有一个共同的父类——Number，Number 是一个抽象类，除了这 6 个子类，还有 AtomicInteger、AtomicLong、BigDecimal 和 BigInteger，其中 BigDecimal 和 BigInteger 后面还会详细介绍。Number 是抽象类，要求它的子类必须实现如下 6 种方法：

- byte byteValue()：将当前包装的对象转换为 byte 类型的数值。
- double doubleValue()：将当前包装的对象转换为 double 类型的数值。
- float floatValue()：将当前包装的对象转换为 float 类型的数值。
- int intValue()：将当前包装的对象转换为 int 类型的数值。
- long longValue()：将当前包装的对象转换为 long 类型的数值。
- short shortValue()：将当前包装的对象转换为 short 类型的数值。

通过这 6 种方法，数值包装类可以互相转换这 6 种数值，但是需要注意的是大范围数值转换为小范围的数值，如果数值本身很大，则可能会导致精度的丢失。

2. 返回数值包装类对象

每个数值包装类都提供一些静态 valueOf() 方法返回数值包装类对象。以 Integer 为例，方法定义如下：

- static Integer valueOf(int i)：将 int 参数 i 转换为 Integer 对象。
- static Integer valueOf(String s)：将 String 参数 s 转换为 Integer 对象。

3. 字符串转换为基本数据类型

每个数值包装类都提供一些静态 parseXXX() 方法实现将字符串转换为对应的基本数据类型。以 Integer 为例，方法定义如下：

- static int parseInt(String s)：将字符串 s 转换为有符号的十进制整数。
- static int parseInt(String s, int radix)：将字符串 s 转换为有符号的整数，radix 是指定基数，基数用来指定进制。注意，这种指定基数的方法在浮点数包装类（Double 和 Float）中是没有的。

4. 基本数据类型转换为字符串

每个数值包装类都提供一些静态 toString() 方法实现将基本数据类型数值转换为字符串。以 Integer 为例，方法定义如下：

- static String toString(int i)：将该整数 i 转换为有符号的十进制表示的字符串。
- static String toString(int i, int radix)：将该整数 i 转换为有符号的特定进制表示的字符串，radix 是基数，可以指定进制。注意，这种指定基数的方法在浮点数包装类（Double 和 Float）中是没有的。

5. compareTo() 方法

每个数值包装类都有 int compareTo(数值包装类对象) 方法，可以进行包装对象的比较。方法返回值是 int。如果返回值是 0，则相等；如果返回值小于 0，则此对象小于参数对象；如果返回值大于 0，则此对象大于参数对象。

示例代码如下：

```java
//HelloWorld.java 文件
package com.zhijieketang;

public class HelloWorld {
    public static void main(String[] args) {
        // 1.构造方法
        //创建数值为 80 的 Integer 对象
        Integer objInt = Integer.valueOf(80);
        //创建数值为 80.0 的 Double 对象
        Double objDouble = Double.valueOf(80.0);
        //通过"80.0"字符串创建数值为 80.0 的 Float 对象
        Float objFloat = Float.valueOf("80.0");
        //通过"80"字符串创建数值为 80 的 Long 对象
        Long objLong = Long.valueOf("80");

        // 2.Number 类方法
        //Integer 对象转换为 long 数值
        long longVar = objInt.longValue();
        //Double 对象转换为 int 数值
        int intVar = objDouble.intValue();
        System.out.println("intVar = " + intVar);
        System.out.println("longVar = " + longVar);

        // 3.compareTo()方法
        Float objFloat2 = Float.valueOf(100);
        int result = objFloat.compareTo(objFloat2);
        // result = -1,表示 objFloat 小于 objFloat2
        System.out.println(result);

        // 4.字符串转换为基本数据类型
        // 十进制"100"字符串转换为十进制数为 100
        int intVar2 = Integer.parseInt("100");
        // 十六进制"ABC"字符串转换为十进制数为 2748
        int intVar3 = Integer.parseInt("ABC", 16);
        System.out.println("intVar2 = " + intVar2);
        System.out.println("intVar3 = " + intVar3);

        // 5.基本数据类型转换为字符串
```

```java
        // 100 转换为十进制字符串
        String str1 = Integer.toString(100);
        // 100 转换为十六进制字符串结果是 64
        String str2 = Integer.toString(100, 16);
        System.out.println("str1 = " + str1);
        System.out.println("str2 = " + str2);

    }
}
```

代码中注释比较清楚，这里不再解释了。

16.2.2 Character 类

Character 类是 char 类型的包装类。Character 类常用方法如下：
- static Character valueOf(char c)：将 char 参数 c 转换为 Character 对象。
- char charValue()：返回此 Character 对象的值。
- int compareTo(Character anotherCharacter)：方法返回值是 int。如果返回值是 0，则相等；如果返回值小于 0，则此对象小于参数对象；如果返回值大于 0，则此对象大于参数对象。

示例代码如下：

```java
//HelloWorld.java 文件
package com.zhijieketang;

public class HelloWorld {

    public static void main(String[] args) {

        // 创建数值为'A'的 Character 对象
        Character objChar1 = Character.valueOf('A');
        // 从 Character 对象返回 char 值
        char ch = objChar1.charValue();

        // 字符比较
        Character objChar2 = Character.valueOf('C');
        int result = objChar1.compareTo(objChar2);
        // result = -2,表示 objChar1 小于 objChar2
        if (result < 0) {
            System.out.println("objChar1 小于 objChar2");
        }
    }
}
```

16.2.3 Boolean 类

Boolean 类是 boolean 类型的包装类。Boolean 类常用方法如下：

1. 返回 Boolean 对象

Boolean 类提供一些静态 valueOf()方法返回 Boolean 对象。方法定义如下：
- static Boolean valueOf(boolean b)：将 boolean 参数 b 转换为 Boolean 对象。
- static Boolean valueOf(String s)：将 String 参数 s 转换为 Boolean 对象。

2. 构造方法

Boolean 类有两个构造方法，其定义如下：

- Boolean(boolean value)：通过一个 boolean 值创建 Boolean 对象。
- Boolean(String s)：通过字符串创建 Boolean 对象。s 不能为 null, s 如果是忽略大小写"true"，则转换为 true 对象，其他字符串都转换为 false 对象。

3. compareTo()方法

Boolean 类有 int compareTo(Boolean 包装类对象)方法，可以进行包装对象的比较。方法返回值是 int。如果返回值是 0，则相等；如果返回值小于 0，则此对象小于参数对象；如果返回值大于 0，则此对象大于参数对象。

4. 字符串转换为 boolean 类型

Boolean 包装类都提供静态 parseBoolean()方法实现将字符串转换为对应的 boolean 类型，方法定义如下：

static boolean parseBoolean(String s)

将字符串转换为对应的 boolean 类。s 不能为 null, s 如果是忽略大小写"true"，则转换为 true，其他字符串都转换为 false。

示例代码如下：

```java
//HelloWorld.java 文件
package com.zhijieketang;

public class HelloWorld {
    public static void main(String[] args) {

        // 创建数值为 true 的 Boolean 对象
        Boolean obj1 = Boolean.valueOf(true);
        // 通过字符串"true"创建数值为 true 的 Boolean 对象
        Boolean obj2 = Boolean.valueOf("true");
        // 通过字符串"True"创建数值为 true 的 Boolean 对象
        Boolean obj3 = Boolean.valueOf("True");
        // 通过字符串"TRUE"创建数值为 true 的 Boolean 对象
        Boolean obj4 = Boolean.valueOf("TRUE");
        // 通过字符串"false"创建数值为 false 的 Boolean 对象
        Boolean obj5 = Boolean.valueOf("false");
        // 通过字符串"Yes"创建数值为 false 的 Boolean 对象
        Boolean obj6 = Boolean.valueOf("Yes");
        // 通过字符串"abc"创建数值为 false 的 Boolean 对象
        Boolean obj7 = Boolean.valueOf("abc");
        // 当字符串为 null 时创建数值为 false 的 Boolean 对象
        Boolean obj8 = Boolean.valueOf(null);

        System.out.println("obj1 = " + obj1);
        System.out.println("obj2 = " + obj2);
        System.out.println("obj3 = " + obj3);
        System.out.println("obj4 = " + obj4);
        System.out.println("obj5 = " + obj5);
        System.out.println("obj6 = " + obj6);
        System.out.println("obj7 = " + obj7);
        System.out.println("obj8 = " + obj8);
```

```
        }
}
```

16.2.4 自动装箱/拆箱

包装类丰富了Java语言面向对象,提供了原来基本数据类型没有的方法。但是也带来了使用的不便。例如,如下代码试图对包装类对象进行算数运算,在Java 5之前代码第①行会发生编译错误,想来可以理解,这些对象不能简单使用算数运算符连接起来。

```
//创建数值为 80 的 Integer 对象
Integer objInt = new Integer(80);
//创建数值为 80.0 的 Double 对象
Double objDouble = new Double(80.0);
//算数运算
double sum = objInt + objDouble;          //Java 5 之前有编译错误    ①
```

但是代码第①行在Java 5之后可以编译通过了,并能计算出正确的结果。这是因为Java 5之后提供了拆箱(unboxing)功能,拆箱能够将包装类对象自动转换为基本数据类型的数值,而不需要使用intValue()或doubleValue()等方法。类似Java 5还提供了相反功能——自动装箱(autoboxing),装箱能够自动地将基本数据类型的数值自动转换为包装类对象,而不需要使用构造方法。

示例代码如下:

```
//HelloWorld.java 文件
package com.zhijieketang;

public class HelloWorld {

    public static void main(String[] args) {

        Integer objInt = Integer.valueOf(80);
        Double objDouble = Double.valueOf(80.0);
        //自动拆箱
        double sum = objInt + objDouble;

        //自动装箱
        //自动装箱'C'转换为 Character 对象
        Character objChar = 'C';
        //自动装箱 true 转换为 Boolean 对象
        Boolean objBoolean = true;
        //自动装箱 80.0f 转换为 Float 对象
        Float objFloat = 80.0f;

        //自动装箱 100 转换为 Integer 对象
        display(100);

        //避免出现下面的情况
        Integer obj = null;                                              ①
        int intVar = obj;         //运行期异常 NullPointerException       ②

    }

    /**
    * @param objInt Integer 对象
```

```
     * @return int 数值
     */
    public static int display(Integer objInt) {

        System.out.println(objInt);

        //return objInt.intValue();
        //自动拆箱 Integer 对象转换为 int
        return objInt;
    }
}
```

在自动装箱和拆箱时，要避免空对象，代码第①行 obj 是 null，则代码第②行会发生运行期 NullPointerException 异常，这是因为拆箱的过程本质上是调用 intValue()方法实现的，试图访问空对象的方法和成员变量，就会抛出运行期 NullPointerException 异常。

16.3 Math 类

微课视频

Java 语言是彻底地面向对象语言，哪怕是进行数学运算也封装到一个类中，这个类是 java.lang. Math，Math 类是 final 的，不能被继承。Math 类中包含用于进行基本数学运算的方法，如指数、对数、平方根和三角函数等。

1. 舍入方法

- static double ceil(double a)：返回大于或等于 a 的最小整数。
- static double floor(double a)：返回小于或等于 a 的最大整数。
- static int round(float a)：四舍五入方法。

2. 最大值和最小值

- static int min(int a, int b)：取两个 int 整数中较小的一个整数。
- static int min(long a, long b)：取两个 long 整数中较小的一个整数。
- static int min(float a, float b)：取两个 float 浮点数中较小的一个浮点数。
- static int min(double a, double b)：取两个 double 浮点数中较小的一个浮点数。

max 方法取两个数中较大的一个数，max 方法与 min 方法参数类似也有 4 个版本，这里不再赘述。

3. 绝对值

- static int abs(int a)：取 int 整数 a 的绝对值。
- static long abs(long a)：取 long 整数 a 的绝对值。
- static float abs(float a)：取 float 浮点数 a 的绝对值。
- static double abs(double a)：取 double 浮点数 a 的绝对值。

4. 三角函数

- static double sin(double a)：返回角的三角正弦。
- static double cos(double a)：返回角的三角余弦。
- static double tan(double a)：返回角的三角正切。
- static double asin(double a)：返回一个值的反正弦。
- static double acos(double a)：返回一个值的反余弦。
- static double atan(double a)：返回一个值的反正切。

- static double toDegrees(double angrad)：将弧度转换为角度。
- static double toRadians(double angdeg)：将角度转换为弧度。

5. 对数运算
static double log(double a)：返回 a 的自然对数。

6. 平方根
static double sqrt(double a)：返回 a 的正平方根。

7. 幂运算
static double pow(double a，double b)：返回第一个参数的第二个参数次幂的值。

8. 计算随机值
static double random()：返回大于或等于 0.0 且小于 1.0 的随机数。

9. 常量
- 圆周率 PI。
- 自然对数的底数 E。

示例代码如下：

```java
//HelloWorld.java 文件
package com.zhijieketang;

public class HelloWorld {

    public static void main(String[] args) {

        double[] nums = { 1.4, 1.5, 1.6 };

        // 测试最大值和最小值
        System.out.printf("min( %.1f, %.1f) = %.1f\n", nums[1], nums[2],
                        Math.min(nums[1], nums[2]));
        System.out.printf("max( %.1f, %.1f) = %.1f\n", nums[1], nums[2],
                        Math.max(nums[1], nums[2]));
        System.out.println();

        // 测试三角函数
        // 1π 弧度 = 180°
        System.out.printf("toDegrees(0.5π) = %f\n", Math.toDegrees(0.5 * Math.PI));
        System.out.printf("toRadians(180/π) = %f\n", Math.toRadians(180 / Math.PI));
        System.out.println();

        // 测试平方根
        System.out.printf("sqrt( %.1f) = %f\n", nums[2], Math.sqrt(nums[2]));
        System.out.println();

        // 测试幂运算
        System.out.printf("pow(8, 3) = %f\n", Math.pow(8, 3));
        System.out.println();

        // 测试计算随机值
        System.out.printf("0.0~1.0 的随机数 = %f\n", Math.random());
        System.out.println();

        // 测试舍入
```

```
        for (double num : nums) {
            display(num);
        }
    }

    // 测试舍入方法
    public static void display(double n) {
        System.out.printf("ceil( %.1f)    = %.1f\n", n, Math.ceil(n));
        System.out.printf("floor( %.1f)   = %.1f\n", n, Math.floor(n));
        System.out.printf("round( %.1f)   = %d\n", n, Math.round(n));
        System.out.println();
    }
}
```

运行结果如下：

```
min(1.5, 1.6) = 1.5
max(1.5, 1.6) = 1.6

toDegrees(0.5π) = 90.000000
toRadians(180/π) = 1.000000

sqrt(1.6) = 1.264911

pow(8, 3) = 512.000000

0.0～1.0 的随机数 = 0.881115

ceil(1.4)    = 2.0
floor(1.4)   = 1.0
round(1.4)   = 1

ceil(1.5)    = 2.0
floor(1.5)   = 1.0
round(1.5)   = 2

ceil(1.6)    = 2.0
floor(1.6)   = 1.0
round(1.6)   = 2
```

上述代码比较简单，这里不再赘述。

16.4　大数值

对货币等大值数据进行计算时，int、long、float 和 double 等基本数据类型已经在精度方面不能满足需求了。为此 Java 提供了两个大数值类：BigInteger 和 BigDecimal，这两个类都继承自 Number 抽象类。

16.4.1　BigInteger 类

java.math.BigInteger 是不可变的任意精度的大整数。BigInteger 构造方法有很多，其中字符串参数的构造方法有如下两个：

- BigInteger(String val)：将十进制字符串 val 转换为 BigInteger 对象。

- BigInteger(String val, int radix)：按照指定基数 radix 将字符串 val 转换为 BigInteger 对象。

BigInteger 提供多种方法，下面列举几个常用的方法：

- int compareTo(BigInteger val)：将当前对象与参数 val 进行比较，方法返回值是 int。如果返回值是 0，则相等；如果返回值小于 0，则此对象小于参数对象；如果返回值大于 0，则此对象大于参数对象。
- BigInteger add(BigInteger val)：加运算，当前对象数值加参数 val。
- BigInteger subtract(BigInteger val)：减运算，当前对象数值减参数 val。
- BigInteger multiply(BigInteger val)：乘运算，当前对象数值乘以参数 val。
- BigInteger divide(BigInteger val)：除运算，当前对象数值除以参数 val。

另外，BigInteger 继承了抽象类 Number，所以它还实现抽象类 Number 的 6 种方法，具体方法参考 16.2.1 节。

示例代码如下：

```java
//HelloWorld.java 文件
package com.zhijieketang;

import java.math.BigInteger;

public class HelloWorld {

    public static void main(String[] args) {

        //创建 BigInteger,字符串表示十进制数值
        BigInteger number1 = new BigInteger("999999999999");
        //创建 BigInteger,字符串表示十六进制数值
        BigInteger number2 = new BigInteger("567800000", 16);

        // 加法操作
        System.out.println("加法操作:" + number1.add(number2));
        // 减法操作
        System.out.println("减法操作:" + number1.subtract(number2));
        // 乘法操作
        System.out.println("乘法操作:" + number1.multiply(number2));
        // 除法操作
        System.out.println("除法操作:" + number1.divide(number2));
    }
}
```

运行结果如下：

加法操作：1023211278335
减法操作：976788721663
乘法操作：23211278335976788721664
除法操作：43

上述代码比较简单，这里不再赘述。

16.4.2　BigDecimal 类

java.math.BigDecimal 是不可变的任意精度的有符号十进制数。BigDecimal 构造方法有很多，例如：

- BigDecimal(BigInteger val)：将 BigInteger 对象 val 转换为 BigDecimal 对象。

- BigDecimal(double val)：将 double 转换为 BigDecimal 对象，参数 val 是 double 类型的二进制浮点值准确的十进制表示形式。
- BigDecimal(int val)：将 int 转换为 BigDecimal 对象。
- BigDecimal(long val)：将 long 转换为 BigDecimal 对象。
- BigDecimal(String val)：将字符串表示数值形式转换为 BigDecimal 对象。

BigDecimal 提供多种方法，下面列举几个常用的方法：

- int compareTo(BigDecimal val)：将当前对象与参数 val 进行比较，方法返回值是 int。如果返回值是 0，则相等；如果返回值小于 0，则此对象小于参数对象；如果返回值大于 0，则此对象大于参数对象。
- BigDecimal add(BigDecimal val)：加运算，当前对象数值加参数 val。
- BigDecimal subtract(BigDecimal val)：减运算，当前对象数值减参数 val。
- BigDecimal multiply(BigDecimal val)：乘运算，当前对象数值乘以参数 val。
- BigDecimal divide(BigDecimal val)：除运算，当前对象数值除以参数 val。
- BigDecimal divide(BigDecimal val, int roundingMode)：除运算，当前对象数值除以参数 val。roundingMode 为要应用的舍入模式。

另外，BigDecimal 继承了抽象类 Number，所以它还实现抽象类 Number 的 6 个方法，具体方法参考 16.2.1 节。

示例代码如下：

```java
//HelloWorld.java 文件
package com.zhijieketang;

import java.math.BigDecimal;

public class HelloWorld {

    public static void main(String[] args) {

        // 创建 BigDecimal,通过字符参数串创建
        BigDecimal number1 = new BigDecimal("999999999.99988888");
        // 创建 BigDecimal,通过 double 参数创建
        BigDecimal number2 = new BigDecimal(567800000.888888);

        // 加法操作
        System.out.println("加法操作：" + number1.add(number2));
        // 减法操作
        System.out.println("减法操作：" + number1.subtract(number2));
        // 乘法操作
        System.out.println("乘法操作：" + number1.multiply(number2));
        // 除法操作
        System.out.println("除法操作："
                + number1.divide(number2, BigDecimal.ROUND_HALF_UP));    ①
    }
}
```

运行结果如下：

加法操作：1567800000.88877688144195556640625
减法操作：432199999.11100087855804443359375

乘法操作：5678000000888824907.50585679317152976989874609375000
除法操作：1.76118351

上述代码第①行是进行除法运算，该方法需要指定舍入模式，如果不指定舍入模式，则会发生运行期异常 ArithmeticException，舍入模式 BigDecimal.ROUND_HALF_UP 是四舍五入。

16.5 日期和时间相关类

Java 中最常用的日期和时间类是 java.util.Date，与日期和时间相关类还有 DateFormat、Calendar 和 TimeZone，DateFormat 用于日期格式化，Calendar 日历类，TimeZone 是时区类。

提示 在 Java SE 核心类中有两个 Date，分别是 java.util.Date 和 java.sql.Date。java.util.Date 就是本节要介绍的日期时间类，而 java.sql.Date 是 JDBC 中的日期字段类型。

16.5.1 Date 类

Date 类中有很多构造方法和普通方法。首先介绍 Date 类构造方法如下：
- Date()：用当前时间创建 Date 对象，精确到毫秒。
- Date(long date)：指定标准基准时间以来的毫秒数创建 Date 对象。标准基准时间是格林尼治时间 1970 年 1 月 1 日 00:00:00。

Date 类的普通方法如下：
- boolean after(Date when)：测试此日期是否在 when 日期之后。
- boolean before(Date when)：测试此日期是否在 when 日期之前。
- int compareTo(Date anotherDate)：比较两个日期的顺序。如果参数日期等于此日期，则返回值 0；如果此日期在参数日期之前，则返回小于 0 的值；如果此日期在参数日期之后，则返回大于 0 的值。
- long getTime()：返回自 1970 年 1 月 1 日 00:00:00 以来此 Date 对象表示的毫秒数。
- void setTime(long time)：用毫秒数 time 设置日期对象，time 是自 1970 年 1 月 1 日 00:00:00 以来此 Date 对象表示的毫秒数。

示例代码如下：

```java
//HelloWorld.java 文件
package com.zhijieketang;

import java.util.Date;

public class HelloWorld {

    public static void main(String[] args) {

        Date now = new Date();                              ①
        System.out.println("now = " + now);                 ②
        System.out.println("now.getTime() = " + now.getTime());
        System.out.println();

        Date date = new Date(1234567890123L);               ③
        System.out.println("date = " + date);
```

```java
        // 测试 now 和 date 日期
        display(now, date);                          ④

        // 重新设置日期 time
        date.setTime(9999999999999L);                ⑤

        System.out.println("修改之后的 date = " + date);

        // 重新测试 now 和 date 日期
        display(now, date);                          ⑥
    }

    // 测试 after、before 和 compareTo 方法
    public static void display(Date now, Date date) {
        System.out.println();
        System.out.println("now.after(date)     = " + now.after(date));
        System.out.println("now.before(date)    = " + now.before(date));
        System.out.println("now.compareTo(date) = " + now.compareTo(date));
        System.out.println();
    }
}
```

运行结果如下：

```
now = Tue Jun 02 15:34:34 CST 2020
now.getTime() = 1496541789730

date = Sat Feb 14 07:31:30 CST 2009

now.after(date)     = true
now.before(date)    = false
now.compareTo(date) = 1

修改之后的 date = Sun Nov 21 01:46:39 CST 2286

now.after(date)     = false
now.before(date)    = true
now.compareTo(date) = -1
```

上述代码第①行是创建当前日期对象，代码第②行是打印输出当前日期对象，从输出结果可见是 Tue Jun 02 15:34:34 CST 2020，其中 CST 是美国中部标准时间。

代码第③行通过 long 整数 1234567890123L 创建日期对象，打印输出 date 日期是 Sat Feb 14 07:31:30 CST 2009。代码第⑤行又重新设置了 time，之后打印输出 date 日期是 Sun Nov 21 01:46:39 CST 2286。

代码第④行和第⑥行两次调用 display 方法测试 after、before 和 compareTo 方法。

16.5.2 日期格式化和解析

16.5.1 节示例日期输出结果，如 Tue Jun 02 15:34:34 CST 2020，这个时间不符合中国人的习惯，此时需要对日期进行格式化输出。日期格式化类是 java.text.DateFormat，DateFormat 是抽象类，它的常用具体类是 java.text.SimpleDateFormat。

DateFormat 中提供日期格式化和日期解析方法，具体方法说明如下：

- String format(Date date)：将一个 Date 格式化为日期/时间字符串。
- Date parse(String source)：从给定字符串的开始解析文本，以生成一个日期对象。如果解析失败，则抛出 ParseException。

另外，具体类 SimpleDateFormat 构造方法如下：
- SimpleDateFormat()：用默认的模式和默认语言环境的日期格式符号构造 SimpleDateFormat。
- SimpleDateFormat(String pattern)：用给定的模式和默认语言环境的日期格式符号构造 SimpleDateFormat。pattern 参数是日期和时间格式模式。表 16-2 所示是常用的日期和时间格式模式。

表 16-2 常用的日期和时间格式模式

字母	日期或时间元素	字母	日期或时间元素
y	年	a	AM/PM 标记
M	年中的月份	m	小时中的分钟数
D	年中的天数	s	分钟中的秒数
d	月份中的天数	S	毫秒数
H	一天中的小时数(0～23)	Z	时区
h	AM/PM 中的小时数(1～12)		

示例代码如下：

```
//HelloWorld.java 文件
package com.zhijieketang;

import java.text.DateFormat;
import java.text.ParseException;
import java.text.SimpleDateFormat;
import java.util.Date;

public class HelloWorld {

    public static void main(String[] args) throws ParseException {     ①

        Date date = new Date(1234567890123L);                          ②
        System.out.println("格式化前 date = " + date);

        DateFormat df = new SimpleDateFormat();                        ③
        System.out.println("格式化后 date = " + df.format(date));      ④
        df = new SimpleDateFormat("yyyy-MM-dd HH:mm:ss");              ⑤
        System.out.println("格式化后 date = " + df.format(date));      ⑥

        String dateString = "2018-08-18 08:18:58";
        Date date1 = df.parse(dateString);                             ⑦
        System.out.println("从字符串获得日期对象 = " + date1);
    }
}
```

运行结果如下：

格式化前 date = Sat Feb 14 07:31:30 CST 2009
格式化后 date = 2009/2/14 上午 7:31

格式化后 date = 2009-02-14 07:31:30
从字符串获得日期对象 = Sat Aug 18 08:18:58 CST 2018

上述代码第②行创建日期对象；代码第③行采用默认构造方法创建日期格式化 SimpleDateFormat 对象；代码第④行进行格式化输出，结果是"2009/2/14 上午 7:31"，这个格式化采用的是当前操作系统默认格式，在实际开发时用得不多。代码第⑤行重新创建 SimpleDateFormat 对象，这里指定它的日期时间格式模式为"yyyy-MM-dd HH:mm:ss"；代码第⑥行是格式化输出，结果是"2009-02-14 07:31:30"，开发人员还可以根据自己的需要设置其他格式。

日期格式化，一方面可以将日期对象转换为特定格式的字符串；另一方面可以将特定格式的字符串转换为日期对象。代码第⑦行是将字符串"2018-08-18 08:18:58"转换为日期对象。

注意 并不是所有的字符串都能够转换为日期，如果转换失败，parse 方法会抛出异常 ParseException。由于 ParseException 异常是受检查类型异常，这种异常必须处理，本例是抛出处理，见代码第①行 main 方法后的 throws ParseException 语句。目前只需了解异常这样处理就可以了，异常将在第 19 章详细说明。

16.5.3 Calendar 类

有时为了取得更多的日期时间信息，或对日期时间进行操作，可以使用 java.util.Calendar 类。Calendar 是一个抽象类，不能实例化，但是通过静态工厂方法 getInstance() 获得 Calendar 实例。

Calendar 类的主要方法如下：

- static Calendar getInstance()：使用默认时区和语言环境获得一个日历。
- void set(int field, int value)：将给定的日历字段设置为给定值。
- void set(int year, int month, int date)：设置日历字段 YEAR、MONTH 和 DAY_OF_MONTH 的值。
- Date getTime()：返回一个表示此 Calendar 时间值（从 1970 年 1 月 1 日 00:00:00 至现在的毫秒数）的 Date 对象。
- boolean after(Object when)：判断此 Calendar 表示的时间是否在指定时间之后，返回判断结果。
- boolean before(Object when)：判断此 Calendar 表示的时间是否在指定时间之前，返回判断结果。
- int compareTo(Calendar anotherCalendar)：比较两个 Calendar 对象表示的时间值。

日历示例代码如下：

```java
//HelloWorld.java 文件
package com.zhijieketang;

import java.text.DateFormat;
import java.text.ParseException;
import java.text.SimpleDateFormat;
import java.util.Calendar;
import java.util.Date;

public class HelloWorld {

    public static void main(String[] args) throws ParseException {

        // 获得默认的日历对象
        Calendar calendar = Calendar.getInstance();
        // 设置日期 2018 年 8 月 18 日
```

```
        calendar.set(2018, 7, 18);                                      ①

        // 通过日历获得 Date 对象
        Date date = calendar.getTime();                                 ②
        System.out.println("格式化前 date = " + date);
        DateFormat df = new SimpleDateFormat("yyyy-MM-dd");
        System.out.println("格式化后 date = " + df.format(date));
        System.out.println();

        calendar.clear();                                               ③
        // 设置日期 2018 年 8 月 28 日
        calendar.set(Calendar.YEAR, 2018);                              ④
        calendar.set(Calendar.MONTH, 7);                                ⑤
        calendar.set(Calendar.DATE, 28);                                ⑥

        // 通过日历获得 Date 对象
        date = calendar.getTime();
        System.out.println("格式化前 date = " + date);
        System.out.println("格式化后 date = " + df.format(date));
    }
}
```

运行结果如下：

```
格式化前 date = Sat Aug 18 14:47:22 CST 2018
格式化后 date = 2018-08-18

格式化前 date = Tue Aug 28 00:00:00 CST 2018
格式化后 date = 2018-08-28
```

上述代码第①行是设置日历的年、月和日字段，注意在设置"月"时，应该是"月份-1"，因为日历中的月份中第一个月是0，第二个月是1，以此类推，那么本例中设置8月份，则实际参数应该为7。代码第②行是通过日历获得日期对象。

代码第③行 calendar.clear() 语句是重新初始化日历对象。代码第④~⑥行分别设置日历的年、月和日字段。

16.6 本章小结

通过对本章的学习，读者可以学习到 Object 类、包装类、Math 类、BigInteger 类和 BigDecimal 类，在本章最后还介绍了日期时间相关类。

16.7 同步练习

选择题

1. 有如下代码：

```
public class Sample {
    long length;

    public Sample(long l) {
```

```
        length = 1;
    }

    @Override
    public boolean equals(Object obj) {
        if (this.length == ((Sample) obj).length) {
            return true;
        }
        return false;
    }

    public static void main(String arg[]) {
        Sample s1, s2, s3;
        s1 = new Sample(21L);
        s2 = new Sample(21L);
        s3 = s2;
    }
}
```

在main()方法中下列哪些表达式返回值为true？（　　）

  A．s1==s2；   B．s2==s3；   C．s2.equals(s3)； D．s1.equals(s2)；

2．下列哪些选项属于数值包装类？（　　）

  A．Byte   B．Short   C．Integer   D．Character

判断题

1．对货币等大值数据进行计算时，int、long、float 和 double 等基本数据类型已经在精度方面不能满足需求了。为此 Java 提供了两个大数值类：BigInteger 和 BigDecimal，这两个类都继承自 Number 抽象类。（　　）

2．java.sql.Date 是一个普通的日期类。（　　）

第 17 章　内　部　类

CHAPTER 17

Java 中还有一种内部类技术，简单地说就是在一个类的内部定义一个类。内部类看起来很简单，但是当你深入其中，会发现它是极其复杂的。事实上，Java 应用程序开发过程中内部类使用的地方不是很多，一般在图形用户界面开发中用于事件处理。

提示　内部类技术虽然使程序结构变得紧凑，但是却在一定程度上破坏了 Java 面向对象思想。

17.1　内部类概述

微课视频

Java 语言中允许在一个类（或方法、代码块）的内部定义另一个类，后者称为"内部类"（inner classes），也称为"嵌套类"（nested classes），封装它的类称为"外部类"。内部类与外部类之间存在逻辑上的隶属关系，内部类一般只用在封装它的外部类或在代码块中使用。

17.1.1　内部类的作用

内部类的作用如下：

（1）封装。将不想公开的实现细节封装到一个内部类中，内部类可以声明为私有的，只能在所在外部类中访问。

（2）提供命名空间。静态内部类和外部类能够提供有别于包的命名空间。

（3）便于访问外部类成员。内部类能够很方便地访问所在外部类的成员，包括私有成员也能访问。

17.1.2　内部类的分类

内部类的分类如图 17-1 所示。按照内部类在定义的时候是否给它一个类名，可以分为有名内部类和匿名内部类。有名内部类又按照作用域不同可以分为局部内部类和成员内部类，成员内部类又分为实例成员内部类和静态成员内部类。

图 17-1 内部类的分类

17.2 成员内部类

成员内部类类似于外部类的成员变量,是在外部类的内部,且方法体和代码块之外定义的内部类。

17.2.1 实例成员内部类

实例成员内部类与实例变量类似,可以声明为公有级别、私有级别、默认级别或保护级别,即 4 种访问级别都可以,而外部类只能声明为公有或默认级别。

实例成员内部类示例代码如下:

```
//Outer.java 文件
package com.zhijieketang;

//外部类
public class Outer {

    // 外部类成员变量
    private int x = 10;

    // 外部类方法
    private void print() {
        System.out.println("调用外部方法...");
    }

    // 测试调用内部类
    public void test() {
        Inner inner = new Inner();
        inner.display();
    }

    // 内部类
```

```java
    class Inner {                                                      ①

      // 内部类成员变量
      private int x = 5;                                               ②

      // 内部类方法
      void display() {                                                 ③

        // 访问外部类的成员变量 x
        System.out.println("外部类成员变量 x = " + Outer.this.x);        ④
        // 访问内部类的成员变量 x
        System.out.println("内部类成员变量 x = " + this.x);              ⑤
        System.out.println("内部类成员变量 x = " + x);                   ⑥

        // 调用外部类的成员方法
        Outer.this.print();                                            ⑦
        print();                                                       ⑧
      }
    }
  }
```

上述代码第①行声明了内部类 Inner，它的访问级别是默认，这里还可以是 public(公有)、private(私有)和 protected(保护)。内部类 Inner 有一个成员变量 x(见代码第②行)和一个成员方法 display()(见代码第③行)。在 display()方法中代码第④行是访问外部类的 x 成员变量，代码第⑤行和第⑥行一样都是访问内部类的 x 成员变量，代码第⑦行和第⑧行都是访问外部类的 print()成员方法。

提示 在内部类中 this 是引用当前内部类对象，见代码第⑤行。而要引用外部类对象则需要使用"外部类名.this"，见代码第④行。另外，内部类和外部类的成员命名在没有冲突的情况下，在引用外部类成员时可以不用加"外部类名.this"，如代码第⑧行的 print()方法只在外部类中有定义，所以可以省略 Outer.this。

测试内部 HelloWorld 代码如下：

```java
//HelloWorld.java 文件
package com.zhijieketang;

public class HelloWorld {

    public static void main(String[] args) {

      // 通过外部类访问内部类
      Outer outer = new Outer();
      outer.test();                                                    ①

      System.out.println("------ 直接访问内部类 ------");
      // 直接访问内部类
      Outer.Inner inner = outer.new Inner();                           ②
      inner.display();
    }
}
```

运行结果如下：

```
外部类成员变量 x = 10
内部类成员变量 x = 5
```

```
内部类成员变量 x = 5
调用外部方法...
调用外部方法...
------ 直接访问内部类 ------
外部类成员变量 x = 10
内部类成员变量 x = 5
内部类成员变量 x = 5
调用外部方法...
调用外部方法...
```

通常情况下,使用实例成员内部类不是给外部类之外调用使用的,而是给外部类自己使用的。但是一定要在外部类之外访问内部类,Java 语言也是支持的,见代码第②行内部类的类型表示"外部类.内部类",实例化过程是先实例化外部类,再实例化内部类,outer 对象是外部类实例,outer.new Inner() 表达式实例化内部类对象。

另外,HelloWorld 与内部类 Inner 在同一个包中,内部类 Inner 和它的方法 display() 访问级别都是默认的,它们对于在同一包中的 HelloWorld 是可见的。

提示 内部类编译成功后生成的字节码文件是"外部类 $ 内部类.class"。

17.2.2 静态成员内部类

静态成员内部类与静态变量类似,在声明时使用关键字 static 修饰。静态成员内部类只能访问外部类静态成员,所以静态成员内部类使用的场景不多。但可以提供有别于包的命名空间。

示例代码如下:

```java
//View.java 文件
package com.zhijieketang;

//外部类
public class View {

    // 外部类实例变量
    private int x = 20;
    // 外部类静态变量
    private static int staticX = 10;

    // 静态内部类
    static class Button {                                    ①

        // 内部类方法
        void onClick() {
            //访问外部类的静态成员
            System.out.println(staticX);                     ②
            //不能访问外部类的非静态成员
            //System.out.println(x); //编译错误              ③
        }
    }
}
```

上述代码第①行定义了静态成员内部类 Button,在静态成员内部类中可以访问外部类的静态成员,见代码第②行。但是不能访问非静态成员,见代码第③行,其试图访问外部类的 x 实例变量,此时会发生编译错误。

测试内部 HelloWorld 代码如下：

```java
//HelloWorld.java 文件
package com.zhijieketang;

public class HelloWorld {

    public static void main(String[] args) {

        // 直接访问内部类
        View.Button button = new View.Button();
        button.onClick();
    }
}
```

从代码 View.Button button = new View.Button()可见，在声明静态成员内部类时采用"内部类.静态成员内部类"形式，实例化也是如此形式。

提示 如果不看代码或文档，View.Button 形式看起来像是 View 包中的 Button 类，事实上它是 View 类中静态成员内部类 Button。View.Button 形式客观上能够提供有别于包的命名空间，View 相关的类集中管理起来，View.Button 可以防止命名冲突。

17.3 局部内部类

微课视频

局部内部类就是在方法体或代码块中定义的内部类，局部内部类的作用域仅限于方法体或代码块中。局部内部类访问级别只能是默认，不能是公有、私有和保护访问级别，即不能使用 public、private 和 protected 修饰。局部内部类也不能是静态的，即不能使用 static 修饰。局部内部类可以访问外部类所有成员。

示例代码如下：

```java
//Outer.java 文件
package com.zhijieketang;

//外部类
public class Outer {

    // 外部类成员变量
    private int value = 10;

    // 外部类方法
    public void add(final int x, int y) {              ①
        //局部变量
        int z = 100;

        // 定义内部类
        class Inner {                                   ②
            // 内部类方法
            void display() {                            ③
                int sum = x + z + value;
                System.out.println("sum = " + sum);
            }
        }
```

```
        // Inner inner = new Inner();
        // inner.display();
        //声明匿名对象
        new Inner().display();                                    ④
    }
}
```

上述代码在 add 方法中定义了局部内部类,见代码第②行,在内部类中代码第③行访问了外部类成员变量 value、方法参数 x 和方法局部变量 z,其中方法参数应该声明为 final 的,见代码第①行 x 参数是 final 的。

提示 代码第④行 new Inner().display() 是实例化 Inner 对象后立即调用它的方法,没有为 Inner 对象分配一个引用变量名,这种写法称为"匿名对象"。匿名对象适合只运行一次的情况下。匿名对象写法使代码变得简洁,但是给初学者阅读代码带来了难度。

测试内部 HelloWorld 代码如下:

```
//HelloWorld.java 文件
package com.zhijieketang;

public class HelloWorld {

    public static void main(String[] args) {

        Outer outer = new Outer();
        outer.add(100, 300);
    }
}
```

17.4 匿名内部类

微课视频

匿名内部类是没有名字的内部类,本质上是没有名字的局部内部类,具有局部内部类的所有特征。例如,可以访问外部类所有成员。如果匿名内部类在方法中定义,则它所访问的参数需要声明为 final 的。

下面通过示例介绍匿名内部类,有一个 View 类。

```
//View.java 文件
package com.zhijieketang;

//外部类
public class View {

    public void handler(OnClickListener listener) {            ①
        listener.onClick();
    }
}
```

代码第①行中 handler 方法需要一个实现 OnClickListener 接口的参数。OnClickListener 接口代码如下:

```
//OnClickListener.java 文件
```

```java
package com.zhijieketang;

public interface OnClickListener {
    void onClick();
}
```

接口中只有一个 onClick()方法。使用匿名内部类的示例代码如下：

```java
//HelloWorld.java 文件
package com.zhijieketang;

public class HelloWorld {

    public static void main(String[] args) {

        View v = new View();                                         ①
        // 方法参数是匿名内部类
        v.handler(new OnClickListener() {                            ②

            @Override
            public void onClick() {
                System.out.println("实现接口的匿名内部类...");
            }

        });

        //继承类的匿名内部类
        Figure f = new Figure() {                                    ③
            @Override
            public void onDraw() {
                System.out.println("继承类的匿名内部类...");
            }
        };

        //具体类作为内部类
        Person person = new Person("Tony", 18) {                     ④
            @Override
            public String toString() {
                return "匿名内部类.实现 "
                    + " Person[name = " + name
                    + ", age = " + age + "]";
            }
        };

        //打印过程自动调用person的toString()方法
        System.out.println(person);

    }
}
```

在 HelloWorld 的 main 方法中，代码第①行是实例化 View 对象，代码第②行是调用它的 handler 方法，该方法需要一个实现 OnClickListener 接口的参数，new OnClickListener() {…}表达式是实际参数，它就是匿名内部类。表达式中 OnClickListener 是要实现的接口或要继承的类，new 是为匿名内部类创建对象，()是调用构造方法，{…}是类体部分。

代码第③行是在赋值时使用匿名内部类，其中 Figure 是 14.1.2 节使用过的抽象类。匿名内部类实现了它的抽象方法 onDraw()。

代码第④行也是在赋值时使用匿名内部类，其中 Person 是 13.4.2 节使用过的具体类，匿名内部类覆盖了 toString()方法。它有两个参数的构造方法，匿名内部类使用了这个构造方法。匿名内部类通常用来实现接口或抽象类，很少覆盖具体类。

17.5 本章小结

通过对本章的学习，了解了内部类的概念，熟悉了内部类的划分，以及如何编写内部类。

17.6 同步练习

选择题

1. 实例成员内部类可以声明为（　　）。
   A. 公有级别　　　　　B. 私有级别　　　　　C. 默认级别　　　　　D. 保护级别
2. 有如下代码：

```
class Outer {
    static class Inner {
    }
}
```

下列选项中哪些是正确的？（　　）
   A. new Outer.Inner();
   B. new Outer().new Inner();
   C. new Inner();
   D. new Outer();

判断题

1. 一个内部类可以声明为 static 的。（　　）
2. 一个内部类可以继承其他类。（　　）

第18章 Java 函数式编程

CHAPTER 18

Java 8 之后推出的 Lambda 表达式开启了 Java 语言支持函数式编程[①](functional programming)的新时代。Lambda 表达式,也称为闭包(closure),现在很多语言都支持 Lambda 表达式,如 C++、C#、Swift、Objective-C 和 JavaScript 等。为什么 Lambda 表达式这么受欢迎?这是因为 Lambda 表达式是实现支持函数式编程技术的基础。

> 提示 函数式编程与面向对象编程有很大的差别,函数式编程将程序代码看作数学中的函数,函数本身作为另一个函数的参数或返回值,即高阶函数。而面向对象编程是按照真实世界客观事物的自然规律进行分析,客观世界中存在什么样的实体,构建的软件系统就存在什么样的实体。即便 Java 8 之后提供了对函数式编程的支持,Java 仍是以面向对象为主的语言,函数式编程只是对 Java 语言的补充。

微课视频

18.1 Lambda 表达式概述

与其他语言相比,Java 语言的 Lambda 表达式有着明显的区别。本节介绍 Java 语言中的 Lambda 表达式概念和具体实现方法。

18.1.1 从一个示例开始

为了理解 Lambda 表达式的概念,下面先从一个示例开始。

假设有这样的一个需求:设计一个通用方法,能够实现两个数值的加法和减法运算。Java 中方法不能单独存在,必须定义在类或接口中,考虑是一个通用方法,可以设计一个数值计算接口,其中定义该通用方法。示例代码如下:

```
//Calculable.java 文件
package com.zhijieketang;

//可计算接口
public interface Calculable {
    // 计算两个 int 数值
    int calculateInt(int a, int b);
}
```

---

① 函数式编程是一种编程范式,它将计算机运算视为函数的计算。函数编程语言最重要的基础是 λ 演算(lambda calculus)。而且 λ 演算的函数可以接受函数当作输入(参数)和输出(返回值)。和指令式编程相比,函数式编程强调函数的计算比指令的执行重要。和过程化编程相比,函数式编程里,函数的计算可随时调用。——引自于百度百科 http://baike.baidu.com/item/函数式编程。

Calculable 接口只有一个方法 calculateInt，参数是两个 int 类型，返回值也是 int 类型。通用方法如下：

```java
//HelloWorld.java 文件
…
/**
 * 通过操作符，进行计算
 * @param opr 操作符
 * @return 实现 Calculable 接口对象
 */
public static Calculable calculate(char opr) {

    Calculable result;

    if (opr == '+') {
        // 匿名内部类实现 Calculable 接口
        result = new Calculable() {                     ①
            // 实现加法运算
            @Override
            public int calculateInt(int a, int b) {     ②
                return a + b;
            }
        };
    } else {
        // 匿名内部类实现 Calculable 接口
        result = new Calculable() {                     ③
            // 实现减法运算
            @Override
            public int calculateInt(int a, int b) {     ④
                return a - b;
            }
        };
    }

    return result;
}
```

通用方法 calculate 中的参数 opr 是运算符，返回值是实现 Calculable 接口对象。代码第①行和第③行都采用匿名内部类实现 Calculable 接口。代码第②行实现加法运算。代码第④行实现减法运算。

调用通用方法代码如下：

```java
//HelloWorld.java 文件
…
public static void main(String[] args) {

    int n1 = 10;
    int n2 = 5;

    // 实现加法计算 Calculable 对象
    Calculable f1 = calculate('+');                                              ①
    // 实现减法计算 Calculable 对象
    Calculable f2 = calculate('-');                                              ②

    // 调用 calculateInt 方法进行加法计算
    System.out.printf("%d + %d = %d \n", n1, n2, f1.calculateInt(n1, n2));       ③
    // 调用 calculateInt 方法进行减法计算
    System.out.printf("%d - %d = %d \n", n1, n2, f2.calculateInt(n1, n2));       ④
}
```

代码第①行中 f1 是实现加法计算 Calculable 对象，代码第②行中 f2 是实现减法计算 Calculable 对象。代码第③行和第④行才进行方法调用。

18.1.2　Lambda 表达式实现

18.1.1 节通过匿名内部类实现通用方法 calculate 代码很臃肿，Java 8 采用 Lambda 表达式可以替代匿名内部类。修改之后的通用方法 calculate 代码如下：

```
// HelloWorld.java 文件
…
/**
 * 通过操作符,进行计算
 * @param opr 操作符
 * @return 实现 Calculable 接口对象
 */
public static Calculable calculate(char opr) {

    Calculable result;

    if (opr == '+') {
        // Lambda 表达式实现 Calculable 接口
        result = (int a, int b) -> {                                  ①
            return a + b;
        };
    } else {
        // Lambda 表达式实现 Calculable 接口
        result = (int a, int b) -> {                                  ②
            return a - b;
        };
    }

    return result;
}
```

代码第①行和第②行用 Lambda 表达式替代匿名内部类，可见代码变得简洁。

通过以上示例的演变，可以给 Lambda 表达式一个定义：Lambda 表达式是一个匿名函数（方法）代码块，可以作为表达式、方法参数和方法返回值。

Lambda 表达式标准语法形式如下：

```
(参数列表) -> {
    //Lambda 表达式体
}
```

其中，Lambda 表达式参数列表与接口中方法参数列表形式一样，Lambda 表达式体实现接口方法。

18.1.3　函数式接口

Lambda 表达式实现的接口不是普通的接口，称为函数式接口，这种接口只能有一个方法。如果接口中声明多个抽象方法，那么 Lambda 表达式会发生编译错误：

```
The target type of this expression must be a functional interface
```

这说明该接口不是函数式接口,为了防止在函数式接口中声明多个抽象方法,Java 8 提供了一个声明函数式接口注解@FunctionalInterface,示例代码如下:

```java
//Calculable.java 文件
package com.zhijieketang;

//可计算接口
@FunctionalInterface
public interface Calculable {
    // 计算两个 int 数值
    int calculateInt(int a, int b);
}
```

在接口之前使用@FunctionalInterface 注解修饰,那么试图增加一个抽象方法时会发生编译错误。但可以添加默认方法和静态方法。

提示 Lambda 表达式是一个匿名方法代码,Java 中的方法必须声明在类或接口中,Lambda 表达式所实现的匿名方法是在函数式接口中声明的。

18.2　Lambda 表达式简化形式

使用 Lambda 表达式是为了简化程序代码,Lambda 表达式本身也提供了多种简化形式,这些简化形式虽然简化了代码,但客观上使得代码可读性变差。本节介绍 Lambda 表达式的几种简化形式。

微课视频

18.2.1　省略参数类型

Lambda 表达式可以根据上下文环境推断出参数类型。calculate 方法中 Lambda 表达式能推断出参数 a 和 b 是 int 类型,简化形式如下:

```java
public static Calculable calculate(char opr) {

    Calculable result;

    if (opr == '+') {
        // Lambda 表达式实现 Calculable 接口
        result = (a, b) -> {                         ①
            return a + b;
        };
    } else {
        // Lambda 表达式实现 Calculable 接口
        result = (a, b) -> {                         ②
            return a - b;
        };
    }

    return result;
}
```

上述代码第①行和第②行的 Lambda 表达式是 18.1 节示例的简化写法,其中 a 和 b 是参数。

18.2.2　省略参数小括号

Lambda 表达式中参数只有一个时,可以省略参数小括号。修改 Calculable 接口,代码如下:

```java
//Calculable.java 文件
package com.zhijieketang;

//可计算接口
@FunctionalInterface
public interface Calculable {
    // 计算一个 int 数值
    int calculateInt(int a);
}
```

其中 calculateInt 方法只有一个 int 类型参数，返回值也是 int 类型。调用代码如下：

```java
//HelloWorld.java 文件
package com.zhijieketang;

public class HelloWorld {

    public static void main(String[] args) {

        int n1 = 10;

        // 实现二次方计算 Calculable 对象
        Calculable f1 = calculate(2);
        // 实现三次方计算 Calculable 对象
        Calculable f2 = calculate(3);

        // 调用 calculateInt 方法进行加法计算
        System.out.printf("%d 二次方 = %d \n", n1, f1.calculateInt(n1));
        // 调用 calculateInt 方法进行减法计算
        System.out.printf("%d 三次方 = %d \n", n1, f2.calculateInt(n1));
    }

    /**
     * 通过幂计算
     * @param power 幂
     * @return 实现 Calculable 接口对象
     */
    public static Calculable calculate(int power) {

        Calculable result;

        if (power == 2) {
            // Lambda 表达式实现 Calculable 接口
            result = (int a) -> {                         //标准形式    ①
                return a * a;
            };
        } else {
            // Lambda 表达式实现 Calculable 接口
            result = a -> {                               //省略形式    ②
                return a * a * a;
            };
        }
        return result;
    }
}
```

上述代码第①行和第②行都是实现 Calculable 接口的 Lambda 表达式。代码第①行是标准形式，没有任何的简化。代码第②行省略了参数类型和小括号。

18.2.3 省略 return 和大括号

如果 Lambda 表达式体中只有一条语句，那么可以省略 return 和大括号。代码如下：

```java
public static Calculable calculate(int power) {
    Calculable result;

    if (power == 2) {
        // Lambda 表达式实现 Calculable 接口
        result = (int a) -> {             //标准形式
            return a * a;
        };
    } else {
        // Lambda 表达式实现 Calculable 接口
        result = a -> a * a * a;          //省略形式    ①
    }
    return result;
}
```

上述代码第①行省略了 return 和大括号，这是最简化形式的 Lambda 表达式，由于代码太简洁，对于初学者而言很难理解这个表达式。

18.3 作为参数使用 Lambda 表达式

微课视频

Lambda 表达式一种常见的用途是作为参数传递给方法。这需要声明参数的类型为函数式接口类型。示例代码如下：

```java
//HelloWorld.java 文件
package com.zhijieketang;

public class HelloWorld {

    public static void main(String[] args) {

        int n1 = 10;
        int n2 = 5;

        // 打印加法计算结果
        display((a, b) -> {
            return a + b;
        }, n1, n2);                                         ①

        // 打印减法计算结果
        display((a, b) -> a - b, n1, n2);                   ②

    }

    /**
     * 打印计算结果
```

```
 *
 * @param calc Lambda 表达式
 * @param n1 操作数 1
 * @param n2 操作数 2
 */
public static void display(Calculable calc, int n1, int n2) {      ③
    System.out.println(calc.calculateInt(n1, n2));
}
```

}

上述代码第③行定义 display 打印计算结果方法，其中参数 calc 类型是 Calculable，这个参数既可以接收实现 Calculable 接口的对象，也可以接收 Lambda 表达式，因为 Calculable 是函数式接口。

代码第①行和第②行两次调用 display 方法，它们的第一个参数都是 Lambda 表达式。

微课视频

18.4 访问变量

Lambda 表达式可以访问所在外层作用域内定义的变量，包括成员变量和局部变量。

18.4.1 访问成员变量

成员变量包括实例成员变量和静态成员变量。在 Lambda 表达式中可以访问这些成员变量，此时的 Lambda 表达式与普通方法一样，可以读取成员变量，也可以修改成员变量。

示例代码如下：

```java
//LambdaDemo.java 文件
package com.zhijieketang;

public class LambdaDemo {
    // 实例成员变量
    private int value = 10;
    // 静态成员变量
    private static int staticValue = 5;

    // 静态方法，进行加法运算
    public static Calculable add() {                                ①

        Calculable result = (int a, int b) -> {                     ②
            // 访问静态成员变量，不能访问实例成员变量
            staticValue++;
            int c = a + b + staticValue; // this.value;
            return c;
        };

        return result;
    }

    // 实例方法，进行减法运算
    public Calculable sub() {                                       ③

        Calculable result = (int a, int b) -> {                     ④
            // 访问静态成员变量和实例成员变量
```

```java
            staticValue++;
            this.value++;
            int c = a - b - staticValue - this.value;
            return c;
        };
        return result;
    }
}
```

LambdaDemo 类中声明一个实例成员变量 value 和一个静态成员变量 staticValue。此外,还声明了静态方法 add(见代码第①行)和实例方法 sub(见代码第③行)。add 方法是静态方法,静态方法中不能访问实例成员变量,所以代码第②行的 Lambda 表达式中不能访问实例成员变量,也不能访问实例成员方法。sub 方法是实例方法,实例方法中能够访问静态成员变量和实例成员变量,所以代码第④行的 Lambda 表达式中可以访问这些变量,当然实例方法和静态方法也可以访问,当访问实例成员变量或实例方法时可以使用 this,在不与局部变量发生冲突的情况下可以省略 this。

18.4.2 捕获局部变量

对于成员变量的访问,Lambda 表达式与普通方法没有区别,但是在访问外层局部变量时会发生"捕获变量"情况。在 Lambda 表达式中捕获变量时,会将变量当成 final 的,在 Lambda 表达式中不能修改那些捕获的变量。

示例代码如下:

```java
//LambdaDemo.java 文件
package com.zhijieketang;

public class LambdaDemo {
    // 实例成员变量
    private int value = 10;
    // 静态成员变量
    private static int staticValue = 5;

    // 静态方法,进行加法运算
    public static Calculable add() {
        //局部变量
        int localValue = 20;                                        ①

        Calculable result = (int a, int b) -> {
            // localValue++;           //编译错误                    ②
            int c = a + b + localValue;                             ③
            return c;
        };
        return result;
    }

    // 实例方法,进行减法运算
    public Calculable sub() {
        //final 局部变量
        final int localValue = 20;                                  ④

        Calculable result = (int a, int b) -> {
            int c = a - b - localValue - this.value;                ⑤
```

```
            // localValue = c;      //编译错误                    ⑥
            return c;
        };
        return result;
    }
}
```

上述代码第①行和第④行都声明一个局部变量 localValue，Lambda 表达式中捕获这个变量，见代码第③行和第⑤行。不管这个变量是否显式地使用 final 修饰，它都不能在 Lambda 表达式中修改变量，所以代码第②行和第⑥行如果去掉注释，则会发生编译错误。

18.5 方法引用

Java 8 之后增加了双冒号"::"运算符，该运算符用于"方法引用"，注意不是调用方法。"方法引用"虽然没有直接使用 Lambda 表达式，但也与 Lambda 表达式有关，与函数式接口有关。

方法引用分为静态方法的方法引用和实例方法的方法引用。它们的语法形式如下：

```
类型名::静态方法            // 静态方法的方法引用
实例名::实例方法            // 实例方法的方法引用
```

注意 被引用方法的参数列表和返回值类型必须与函数式接口方法参数列表和方法返回值类型一致。

示例代码如下：

```java
//LambdaDemo.java 文件
package com.zhijieketang;

public class LambdaDemo {

    // 静态方法，进行加法运算
    // 参数列表要与函数式接口方法 calculateInt(int a, int b)兼容
    public static int add(int a, int b) {
        return a + b;
    }

    // 实例方法，进行减法运算
    // 参数列表要与函数式接口方法 calculateInt(int a, int b)兼容
    public int sub(int a, int b) {
        return a - b;
    }
}
```

LambdaDemo 类中提供了一个静态方法 add 和一个实例方法 sub。这两个方法必须与函数式接口方法参数列表一致，方法返回值类型也要保持一致。

调用代码如下：

```java
//HelloWorld.java 文件
package com.zhijieketang;

public class HelloWorld {
```

```
    public static void main(String[] args) {

        int n1 = 10;
        int n2 = 5;

        // 打印计算结果加法计算结果
        display(LambdaDemo::add, n1, n2);           ①

        LambdaDemo d = new LambdaDemo();
        // 打印计算结果减法计算结果
        display(d::sub, n1, n2);                    ②

    }

    /**
     * 打印计算结果
     * @param calc Lambda 表达式
     * @param n1 操作数 1
     * @param n2 操作数 2
     */
    public static void display(Calculable calc, int n1, int n2) {   ③
        System.out.println(calc.calculateInt(n1, n2));
    }
}
```

代码第③行声明 display 方法，第一个参数 calc 是 Calculable 类型，它可以接收三种对象：Calculable 实现对象、Lambda 表达式和方法引用。代码第①行中第一个实际参数 LambdaDemo::add 是静态方法的方法引用。代码第②行中第一个实际参数 d::sub 是实例方法的方法引用，d 是 LambdaDemo 实例。

提示　代码第①行的 LambdaDemo::add 和第②行的 d::sub 中，Lambda 是方法引用，此时并没有调用方法，只是将引用传递给 display 方法，在 display 方法中才真正调用方法。

18.6　本章小结

本章介绍了 Lambda 表达式，读者需要了解为什么使用 Lambda 表达式，Lambda 表达式的优点是什么；掌握 Lambda 表达式标准语法，了解 Lambda 表达式的几个简写方式；熟悉 Lambda 表达式作为参数使用的场景，了解方法引用。

18.7　同步练习

选择题

1. 下列选项中，（　　）是标准的 Lambda 表达式定义的是？
   A.

   ```
   (参数列表) -> {
       //Lambda 表达式体
   }
   ```

B.
```
{（参数列表）-> 返回值类型
    //Lambda 表达式体
}
```

C.
```
（参数列表）-> 返回值类型 {
    //Lambda 表达式体
}
```

D.
```
（参数列表）{
    //Lambda 表达式体
}
```

2. 有如下定义接口语句：

```
@FunctionalInterface
interface Calculable {
    int calculateInt(int);
}
```

下列选项中，哪些是正确的 Lambda 表达式？（   ）

　　A. Calculable result1 =（a）->{ return a * a; };
　　B. Calculable result2 = a ->{ return a * a; };
　　C. Calculable result3 = a -> a * a；
　　D. Calculable result3 = a -> {a * a};

判断题

1. Lambda 表达式实现的接口不是普通的接口，称为函数式接口，这种接口只能有一个方法。（   ）
2. 双冒号"::"运算符，该运算符用于"方法调用"。（   ）

18.8　动手实践：找出素数

编程题

使用 Lambda 表达式输出 1～100 中的所有素数。

第三篇　Java进阶

　　本篇包括10章内容，介绍了Java语言的一些高级知识。内容包括异常处理、集合、泛型、文件管理与I/O流、多线程、网络编程、Swing图形用户界面编程、反射、注解和数据库编程。通过本篇的学习，读者可以全面了解Java语言的进阶知识。

　　第19章　异常处理
　　第20章　对象容器——集合
　　第21章　泛型
　　第22章　文件管理与I/O流
　　第23章　多线程编程
　　第24章　网络编程
　　第25章　Swing图形用户界面编程
　　第26章　反射
　　第27章　注解
　　第28章　数据库编程

第 19 章 异常处理

CHAPTER 19

很多事件并非总是按照人们自己的设计意愿顺利发展的,而是会出现这样或那样的异常情况。例如,你计划周末郊游,你的计划会安排满满的,计划可能是这样的:从家里出发→到达目的地→游泳→烧烤→回家。但天有不测风云,当你准备烧烤时天降大雨,只能中止郊游提前回家。"天降大雨"是一种异常情况,你的计划应该考虑到这种情况,并且应该有处理这种异常的预案。

为增强程序的健壮性,计算机程序的编写也需要考虑处理这些异常情况,Java 语言提供了异常处理功能。本章介绍 Java 异常处理机制。

19.1 从一个问题开始

微课视频

为了学习 Java 异常处理机制,首先看下面的程序。

```
//HelloWorld.java 文件
package com.zhijieketang;

public class HelloWorld {

    public static void main(String[] args) {
        int a = 0;
        System.out.println(5 / a);
    }
}
```

这个程序没有编译错误,但会发生如下的运行时错误。

```
Exception in thread "main" java.lang.ArithmeticException: / by zero
    at com.zhijieketang.HelloWorld.main(HelloWorld.java:9)
```

在数学上除数不能为 0,所以程序运行时表达式(5/a)会抛出 ArithmeticException 异常。ArithmeticException 是数学计算异常,凡是发生数学计算错误都会抛出该异常。

程序运行过程中难免会发生异常,发生异常并不可怕,程序员应该考虑到有可能发生这些异常,编程时应该捕获并处理异常,不能让程序发生中止,这就是健壮的程序。

19.2 异常类继承层次

微课视频

异常封装成为 Exception 类,此外,还有 Throwable 和 Error 类。异常类继承层次如图 19-1 所示。

图 19-1　Java 异常类继承层次

19.2.1　Throwable 类

从图 19-1 中可见，所有的异常类都直接或间接地继承于 java.lang.Throwable 类。在 Throwable 类中有如下几个非常重要的方法：

- String getMessage()：获得发生异常的详细消息。
- void printStackTrace()：打印异常堆栈跟踪信息。
- String toString()：获得异常对象的描述。

提示　堆栈跟踪是方法调用过程的轨迹，它包含了程序执行过程中方法调用的顺序和所在源代码行号。

为了介绍 Throwable 类的使用，下面修改 19.1 节的示例代码。

```java
//HelloWorld.java 文件
package com.zhijieketang;

public class HelloWorld {

    public static void main(String[] args) {

        int a = 0;
        int result = divide(5, a);
        System.out.printf("divide( %d, %d) =  %d", 5, a, result);
    }

    public static int divide(int number, int divisor) {
```

```
        try {
            return number / divisor;
        } catch (Throwable throwable) {

            System.out.println("getMessage() : " + throwable.getMessage());            ①

            System.out.println("toString() : " + throwable.toString());                ②

            System.out.println("printStackTrace()输出信息如下: ");
            throwable.printStackTrace();                                               ③
        }

        return 0;
    }
}
```

运行结果如下：

```
getMessage() : / by zero
toString() : java.lang.ArithmeticException: / by zero
```

printStackTrace()输出信息如下：

```
java.lang.ArithmeticException: / by zero
        at com.zhijieketang.HelloWorld.divide(HelloWorld.java:15)
        at com.zhijieketang.HelloWorld.main(HelloWorld.java:8)
divide(5, 0) = 0
```

将可以发生异常的语句 number/divisor 放到 try-catch 代码块中，称为捕获异常，有关捕获异常的相关知识会在 19.3 节详细介绍。在 catch 中有一个 Throwable 对象 throwable，throwable 对象是系统在程序发生异常时创建，通过 throwable 对象可以调用 Throwable 中定义的方法。

代码第①行是调用 getMessage()方法获得异常消息，输出结果是"/ by zero"。代码第②行是调用 toString()方法获得异常对象的描述，输出结果是 java.lang.ArithmeticException:/by zero。代码第③行是调用 printStackTrace()方法打印异常堆栈跟踪信息。

提示　堆栈跟踪信息从下往上，是方法调用的顺序。首先 JVM 调用的是 com.zhijieketang.HelloWorld 类的 main 方法，接着在 HelloWorld.java 源代码第 8 行调用 com.zhijieketang.HelloWorld 类的 divide 方法，在 HelloWorld.java 源代码第 15 行发生了异常，最后输出的是异常信息。

19.2.2　Error 和 Exception

从图 19-1 中可见，Throwable 类有两个直接子类：Error 和 Exception。

1. Error

Error 是程序无法恢复的严重错误，程序员根本无能为力，只能让程序终止，如 JVM 内部错误、内存溢出和资源耗尽等严重情况。

2. Exception

Exception 是程序可以恢复的异常，它是程序员所能掌控的，如除零异常、空指针访问、网络连接中断和读取不存在的文件等。本章所讨论的异常处理就是对 Exception 及其子类的异常处理。

19.2.3　受检查异常和运行时异常

从图 19-1 中可见，Exception 类可分为受检查异常和运行时异常。

1. 受检查异常

受检查异常是除 RuntimeException 以外的异常类。它们的共同特点是：编译器会检查这类异常是否进行了处理，即要么捕获（try-catch 语句），要么抛出（通过在方法后声明 throws），否则会发生编译错误。它们种类很多，如前面遇到过的日期解析异常 ParseException。

2. 运行时异常

运行时异常是继承 RuntimeException 类的直接或间接子类。运行时异常往往是程序员所犯错误导致的，健壮的程序不应该发生运行时异常。它们的共同特点是：编译器不检查这类异常是否进行了处理，也就是对于这类异常不捕获也不抛出，程序也可以编译通过。由于没有进行异常处理，一旦运行时异常发生就会导致程序的中止，这是用户不希望看到的。由于 19.2.1 节除零示例的 ArithmeticException 异常属于 RuntimeException 异常，如图 19-1 所示，可以不用加 try-catch 语句捕获异常。

提示 对于运行时异常通常不采用抛出或捕获处理方式，而是应该提前预判，防止发生这种异常，做到未雨绸缪。例如 19.2.1 节除零示例，在进行除法运算之前应该判断除数是非零的，修改示例代码如下，从代码可见提前预判这种处理方式要比通过 try-catch 语句捕获异常友好得多。

```java
//HelloWorld.java 文件
package com.zhijieketang;

public class HelloWorld {

    public static void main(String[] args) {

        int a = 0;
        int result = divide(5, a);
        System.out.printf("divide(%d, %d) = %d", 5, a, result);
    }

    public static int divide(int number, int divisor) {

        //判断除数 divisor 非零,防止运行时异常
        if (divisor != 0) {
            return number / divisor;
        }
        return 0;
    }

}
```

除了图 19-1 所示异常，还有很多异常，这里不能一一穷尽。随着学习的深入会介绍一些常用的异常，有关其他异常读者可以自己查询 API 文档。

微课视频

19.3 捕获异常

在学习本节内容之前，先考虑一下，在现实生活中你是如何对待领导交给你的任务呢？当然无非是两种：自己有能力解决的自己处理；自己无能力解决的反馈给领导，让领导自己处理。

那么对待受检查异常亦是如此。当前方法有能力解决，则捕获异常进行处理；当前方法没有能力解决，则抛给上层调用方法处理。如果上层调用方法还无力解决，则继续抛给它的上层调用方法，异常就是这样向上传递直到有方法处理它，如果所有的方法都没有处理该异常，那么 JVM 会中止程序运行。

19.3.1　try-catch 语句

捕获异常是通过 try-catch 语句实现的，最基本的 try-catch 语句语法如下：

```
try{
    //可能会发生异常的语句
} catch(Throwable e){
    //处理异常 e
}
```

1. try 代码块

try 代码块中应该包含执行过程中可能会发生异常的语句。一条语句是否有可能发生异常，这要看语句中调用的方法。例如，日期格式化类 DateFormat 的日期解析方法 parse()，其完整定义如下：

```
public Date parse(String source) throws ParseException
```

方法后面的 throws ParseException 说明：当调用 parse()方法时有可能产生 ParseException 异常。

提示　静态方法、实例方法和构造方法都可以声明抛出异常，凡是抛出异常的方法都可以通过 try-catch 语句进行捕获，当然运行时异常可以不捕获。一个方法声明抛出什么样的异常需要查询 API 文档。

2. catch 代码块

每个 try 代码块可以伴随一个或多个 catch 代码块，用于处理 try 代码块中可能发生的多种异常。catch(Throwable e)语句中的 e 是捕获异常对象，e 必须是 Throwable 的子类，异常对象 e 的作用域在该 catch 代码块中。

下面看一个 try-catch 示例。

```java
//HelloWorld.java 文件
package com.zhijieketang;

import java.text.DateFormat;
import java.text.ParseException;
import java.text.SimpleDateFormat;
import java.util.Date;

public class HelloWorld {

    public static void main(String[] args) {
        Date date = readDate();
        System.out.println("日期 = " + date);
    }

    // 解析日期
    public static Date readDate() {                ①
        try {
            String str = "2018-8-18"; //"201A-18-18"
            DateFormat df = new SimpleDateFormat("yyyy-MM-dd");
            // 从字符串中解析日期
            Date date = df.parse(str);             ②
            return date;
        }catch (ParseException e) {                ③
            System.out.println("处理 ParseException...");
```

```
            e.printStackTrace();                    ④
    }
    return null;
    }
}
```

上述代码第①行定义了一个静态方法用来将字符串解析成日期，但并非所有的字符串都是有效的日期字符串，因此调用代码第②行的解析方法 parse() 有可能发生 ParseException 异常，ParseException 是受检查异常，在本例中使用 try-catch 语句捕获。代码第③行的 e 就是 ParseException 对象。代码第④行 e.printStackTrace() 是打印异常堆栈跟踪信息，本例中的"2018-8-18"字符串是一个有效的日期字符串，因此不会发生异常。如果将字符串改为无效的日期字符串，如"201A-18-18"，则会打印信息。

```
处理 ParseException
java.text.ParseException: Unparseable date: "201A-18-18"
日期 = null
    at java.text.DateFormat.parse(Unknown Source)
    at com.zhijieketang.HelloWorld.readDate(HelloWorld.java:24)
    at com.zhijieketang.HelloWorld.main(HelloWorld.java:13)
```

提示 在捕获到异常之后，通过 e.printStackTrace() 语句打印异常堆栈跟踪信息，往往只是用于调试，给程序员提示信息。堆栈跟踪信息对最终用户是没有意义的，本例中如果出现异常很有可能是用户输入的日期无效，捕获到异常之后给用户弹出一个对话框，提示用户输入日期无效，请用户重新输入，用户重新输入后再重新调用上述方法。这才是捕获异常之后的正确处理方案。

19.3.2 多 catch 代码块

如果 try 代码块中有很多语句会发生异常，而且发生的异常种类又很多，那么可以在 try 后面跟有多个 catch 代码块。多 catch 代码块语法如下：

```
try{
    //可能会发生异常的语句
} catch(Throwable e){
    //处理异常 e
} catch(Throwable e){
    //处理异常 e
} catch(Throwable e){
    //处理异常 e
}
```

在多个 catch 代码块情况下，当一个 catch 代码块捕获到一个异常时，其他的 catch 代码块就不再进行匹配。

注意 当捕获的多个异常类之间存在父子关系时，捕获异常顺序与 catch 代码块的顺序有关。一般先捕获子类，后捕获父类，否则子类捕获不到。

示例代码如下：

```
//HelloWorld.java 文件
package com.zhijieketang;
…
public class HelloWorld {

    public static void main(String[] args) {
```

```java
        Date date = readDate();
        System.out.println("读取的日期 = " + date);
    }

    public static Date readDate() {
        FileInputStream readfile = null;
        InputStreamReader ir = null;
        BufferedReader in = null;
        try {
            readfile = new FileInputStream("readme.txt");      ①
            ir = new InputStreamReader(readfile);
            in = new BufferedReader(ir);
            // 读取文件中的一行数据
            String str = in.readLine();                         ②
            if (str == null) {
                return null;
            }

            DateFormat df = new SimpleDateFormat("yyyy-MM-dd");
            Date date = df.parse(str);
            return date;

        } catch (FileNotFoundException e) {                     ③
            System.out.println("处理 FileNotFoundException...");
            e.printStackTrace();
        } catch (IOException e) {                               ④
            System.out.println("处理 IOException...");
            e.printStackTrace();
        } catch (ParseException e) {                            ⑤
            System.out.println("处理 ParseException...");
            e.printStackTrace();
        }
        return null;
    }

}
```

上述代码通过 Java I/O（输入/输出）流技术从文件 readme.txt 中读取字符串，然后解析成为日期。由于 Java I/O 技术还没有介绍，可先不关注 I/O 技术细节，只考虑调用它们的方法会发生异常即可。

在 try 代码块中第①行代码调用 FileInputStream 构造方法可能会发生 FileNotFound Exception 异常。第②行代码调用 BufferedReader 输入流的 readLine()方法可能会发生 IOException 异常。从图 19-1 中可见，FileNotFoundException 异常是 IOException 异常的子类，应该先捕获 FileNotFoundException，见代码第③行；后捕获 IOException，见代码第④行。

如果将 FileNotFoundException 和 IOException 捕获顺序调换，代码如下：

```java
try{
    //可能会发生异常的语句
} catch (IOException e) {
    // IOException 异常处理
} catch (FileNotFoundException e) {
    // FileNotFoundException 异常处理
}
```

那么第二个 catch 代码块永远不会进入，FileNotFoundException 异常处理永远不会执行。

由于示例代码第⑥行 ParseException 异常与 IOException 和 FileNotFoundException 异常没有父子关系，捕获 ParseException 异常位置可以随意放置。

19.3.3 try-catch 语句嵌套

Java 提供的 try-catch 语句嵌套可以任意嵌套，修改 19.3.2 节示例代码如下：

```java
//HelloWorld.java 文件
package com.zhijieketang;
...
public class HelloWorld {

    public static void main(String[] args) {
        Date date = readDate();
        System.out.println("读取的日期 = " + date);
    }

    public static Date readDate() {

        FileInputStream readfile = null;
        InputStreamReader ir = null;
        BufferedReader in = null;
        try {
            readfile = new FileInputStream("readme.txt");
            ir = new InputStreamReader(readfile);
            in = new BufferedReader(ir);

            try {                                                        ①
                String str = in.readLine();                              ②
                if (str == null) {
                    return null;
                }

                DateFormat df = new SimpleDateFormat("yyyy-MM-dd");
                Date date = df.parse(str);
                return date;
            } catch (ParseException e) {
                System.out.println("处理 ParseException...");
                e.printStackTrace();
            }                                                            ③
        } catch (FileNotFoundException e) {                              ④
            System.out.println("处理 FileNotFoundException...");
            e.printStackTrace();
        } catch (IOException e) {                                        ⑤
            System.out.println("处理 IOException...");
            e.printStackTrace();
        }
        return null;
    }
}
```

上述代码第①～③行是捕获 ParseException 异常 try-catch 语句，可见这个 try-catch 语句就是嵌在捕获 IOException 和 FileNotFoundException 异常的 try-catch 语句中。

程序执行时内层如果会发生异常,首先由内层 catch 进行捕获,如果捕获不到,则由外层 catch 捕获。例如,代码第②行的 readLine()方法可能发生 IOException 异常,该异常无法被内层 catch 捕获,最后被代码第⑤行的外层 catch 捕获。

注意 try-catch 语句不仅可以嵌套在 try 代码块中,还可以嵌套在 catch 代码块或 finally 代码块中,finally 代码块后面会详细介绍。try-catch 语句嵌套会使程序流程变得复杂,如果能用多 catch 捕获的异常,尽量不要使用 try-catch 语句嵌套。特别对于初学者,不要简单地使用 IDE 的语法提示不加区分地添加 try-catch 语句嵌套,要梳理好程序的流程再考虑 try-catch 语句嵌套的必要性。

19.3.4 多重捕获

多 catch 代码块客观上提高了程序的健壮性,但是程序代码量大大增加。有些异常虽然种类不同,但捕获之后的处理是相同的,示例代码如下:

```
try{
    //可能会发生异常的语句
} catch (FileNotFoundException e) {
    //调用方法 methodA 处理
} catch (IOexception e) {
    //调用方法 methodA 处理
} catch (ParseException e) {
    //调用方法 methodA 处理
}
```

三个不同类型的异常,要求捕获之后的处理都是调用 methodA 方法。是否可以把这些异常合并处理,Java 7 推出了多重捕获(multi-catch)技术,可以帮助解决此类问题,上述代码修改如下:

```
try{
    //可能会发生异常的语句
} catch (IOexception | ParseException e) {
    //调用方法 methodA 处理
}
```

在 catch 中多重捕获异常用"|"运算符连接起来。

注意 有的读者会问为什么不写成 FileNotFoundException|IOException|ParseException 呢?这是因为 FileNotFoundException 属于 IOException 异常,IOException 异常可以捕获它的所有子类异常。

19.4 释放资源

有时在 try-catch 语句中会占用一些非 Java 资源,如打开文件、网络连接、打开数据库连接和使用数据结果集等,这些资源并非 Java 资源,不能通过 JVM 的垃圾收集器回收,需要程序员释放。为了确保这些资源能够被释放,可以使用 finally 代码块或 Java 7 之后提供的自动资源管理(automatic resource management)技术。

微课视频

19.4.1 finally 代码块

try-catch 语句后面还可以跟有一个 finally 代码块。try-catch-finally 语句语法如下:

```
try{
    //可能会生成异常语句
} catch(Throwable e1){
    //处理异常 e1
} catch(Throwable e2){
    //处理异常 e2
} catch(Throwable eN){
    //处理异常 eN
} finally{
    //释放资源
}
```

无论 try 正常结束还是 catch 异常结束都会执行 finally 代码块,如图 19-2 所示。

使用 finally 代码块示例代码如下:

图 19-2 finally 代码块流程

```java
//HelloWorld.java 文件
package com.zhijieketang;

……

public class HelloWorld {

    public static void main(String[] args) {
        Date date = readDate();
        System.out.println("读取的日期 = " + date);
    }

    public static Date readDate() {

        FileInputStream readfile = null;
        InputStreamReader ir = null;
        BufferedReader in = null;
        try {
            readfile = new FileInputStream("readme.txt");
            ir = new InputStreamReader(readfile);
            in = new BufferedReader(ir);
            // 读取文件中的一行数据
            String str = in.readLine();
            if (str == null) {
                return null;
            }

            DateFormat df = new SimpleDateFormat("yyyy-MM-dd");
            Date date = df.parse(str);
            return date;

        } catch (FileNotFoundException e) {
            System.out.println("处理 FileNotFoundException...");
            e.printStackTrace();
        }catch (IOException e) {
            System.out.println("处理 IOException...");
            e.printStackTrace();
        }catch (ParseException e) {
            System.out.println("处理 ParseException...");
            e.printStackTrace();
        }finally {                                          ①
```

```
        try {
            if (readfile != null) {
                readfile.close();                    ②
            }
        } catch (IOException e) {
            e.printStackTrace();
        }
        try {
            if (ir != null) {
                ir.close();                          ③
            }
        } catch (IOException e) {
            e.printStackTrace();
        }
        try {
            if (in != null) {
                in.close();                          ④
            }
        } catch (IOException e) {
            e.printStackTrace();
        }                                            ⑤
    }
    return null;
}
```

上述代码第①～第⑤行是 finally 语句,在这里通过关闭流释放资源。FileInputStream、InputStreamReader 和 BufferedReader 是三个输入流,它们都需要关闭,见代码第②～第④行通过流的 close()关闭流,但是流的 close()方法还有可能发生 IOException 异常,所以这里针对每个 close()语句还需要进行捕获处理。

注意 为了代码简洁等目的,可能有的人会将 finally 代码中多个嵌套的 try-catch 语句合并,例如将上述代码改成如下形式,将三个有可能发生异常的 close()方法放到一个 try-catch 语句中。读者自己考虑这样处理是否稳妥呢?每个 close()方法对应关闭一个资源,如果第一个 close()方法关闭时发生了异常,那么后面的两个也不会关闭,因此如下的程序代码是有缺陷的。

```
try {
    ……
} catch (FileNotFoundException e) {
    ……
} catch (IOException e) {
    ……
} catch (ParseException e) {
    ……
} finally {
    try {
        if (readfile != null) {
            readfile.close();
        }
        if (ir != null) {
            ir.close();
        }
        if (in != null) {
```

```
            in.close();
        }
    } catch (IOException e) {
        e.printStackTrace();
    }
}
```

19.4.2 自动资源管理

19.4.1节使用finally代码块释放资源会导致程序代码大量增加，一个finally代码块往往比正常执行的程序还要多。在Java 7之后提供的自动资源管理技术可以替代finally代码块，优化代码结构，提高程序可读性。

自动资源管理是在try语句上的扩展，语法如下：

```
try(声明或初始化资源语句){
    //可能会生成异常语句
} catch(Throwable e1){
    //处理异常 e1
} catch(Throwable e2){
    //处理异常 e1
} catch(Throwable eN){
    //处理异常 eN
}
```

在try语句后面添加一对小括号"()"，其中是声明或初始化资源语句，可以有多条语句，语句之间用分号";"分隔。

示例代码如下：

```
//HelloWorld.java文件
package com.zhijieketang;
……
public class HelloWorld {

    public static void main(String[] args) {
        Date date = readDate();
        System.out.println("读取的日期 = " + date);
    }

    public static Date readDate() {

        // 自动资源管理
        try (FileInputStream readfile = new FileInputStream("readme.txt");     ①
             InputStreamReader ir = new InputStreamReader(readfile);            ②
             BufferedReader in = new BufferedReader(ir)) {                      ③

            // 读取文件中的一行数据
            String str = in.readLine();
            if (str == null) {
                return null;
            }

            DateFormat df = new SimpleDateFormat("yyyy-MM-dd");
            Date date = df.parse(str);
```

```
            return date;
        } catch (FileNotFoundException e) {
            System.out.println("处理 FileNotFoundException...");
            e.printStackTrace();
        } catch (IOException e) {
            System.out.println("处理 IOException...");
            e.printStackTrace();
        } catch (ParseException e) {
            System.out.println("处理 ParseException...");
            e.printStackTrace();
        }
        return null;
    }
}
```

上述代码第①～③行是声明或初始化三个输入流，三条语句放在 try 语句后面的小括号中，语句之间用分号";"分隔，这就是自动资源管理技术。采用自动资源管理后不再需要 finally 代码块，不需要自己关闭这些资源，释放过程交给了 JVM。

注意 所有可以自动管理的资源需要实现 AutoCloseable 接口，上述代码中三个输入流 FileInputStream、InputStreamReader 和 BufferedReader 从 Java 7 之后实现 Auto Closeable 接口，具体哪些资源实现 AutoCloseable 接口需要查询 API 文档。

19.5　throws 与声明方法抛出异常

微课视频

在一个方法中如果能够处理异常，则需要捕获并处理。但是若方法没有能力处理该异常，捕获它没有任何意义，此时需要在方法后面声明抛出该异常，通知上层调用者该方法有可能发生异常。

方法后面声明抛出使用 throws 关键字，回顾一下前面介绍的成员方法语法格式如下：

```
class className {

    [public | protected | private ] [static] [final | abstract] [native] [synchronized]
        type methodName([paramList]) [throws exceptionList] {
        //方法体
    }
}
```

其中参数列表之后的[throws exceptionList]语句是声明抛出异常。方法中可能抛出的异常(除了 Error 和 RuntimeException 及其子类外)都必须通过 throws 语句列出，多个异常之间采用逗号(,)分隔。

注意 如果声明抛出的多个异常类之间有父子关系，可以只声明抛出父类。但在没有父子关系的情况下，最好明确声明抛出每个异常，因为上层调用者会根据这些异常信息进行相应的处理。假如一个方法中有可能抛出 IOException 和 ParseException 两个异常，那么是声明抛出 IOException 和 ParseException，还是只声明抛出 Exception 呢？因为 Exception 是 IOException 和 ParseException 的父类，只声明抛出 Exception 从语法上是允许的，但是声明抛出 IOException 和 ParseException 更好一些。

如果将 19.3 节示例进行修改，在 readDate()方法后声明抛出异常，代码如下：

```java
//HelloWorld.java 文件
package com.zhijieketang;

……
public class HelloWorld {

    public static void main(String[] args) {                                ①

        try {
            Date date = readDate();                                         ②
            System.out.println("读取的日期 = " + date);
        } catch (IOException e) {                                           ③
            System.out.println("处理 IOException...");
            e.printStackTrace();
        } catch (ParseException e) {                                        ④
            System.out.println("处理 ParseException...");
            e.printStackTrace();
        }

    }

    public static Date readDate() throws IOException, ParseException {      ⑤

        // 自动资源管理
        FileInputStream readfile = new FileInputStream("readme.txt");       ⑥
        InputStreamReader ir = new InputStreamReader(readfile);
        BufferedReader in = new BufferedReader(ir);

        // 读取文件中的一行数据
        String str = in.readLine();                                         ⑦
        if (str == null) {
            return null;
        }

        DateFormat df = new SimpleDateFormat("yyyy-MM-dd");
        Date date = df.parse(str);                                          ⑧
        return date;
    }

}
```

由于 readDate() 方法中代码第⑥~⑧行都有可能引发异常,在 readDate() 方法内又没有捕获处理,所以需要在代码第⑤行方法后声明抛出异常。事实上有三个异常,即 FileNotFoundException、IOException 和 ParseException,由于 FileNotFoundException 属于 IOException 异常,所以只声明 IOException 和 ParseException 即可。

一旦 readDate() 方法声明抛出了异常,那么它的调用者 main() 方法也会面临同样的问题:要么捕获自己处理,要么抛给上层调用者。如果一旦发生异常,main() 方法也选择抛出,那么程序运行就会中止。本例中 main() 方法是捕获异常进行处理,捕获异常过程前面已经介绍过了,这里不再赘述。

19.6 自定义异常类

微课视频

有些公司为了提高代码的可重用性,自己开发了一些 Java 类库或框架,其中少不了要编写一些异常类。实现自定义异常类需要继承 Exception 类或其子类,如果自定义运行时异常类,则需继承

RuntimeException 类或其子类。

实现自定义异常类示例代码如下：

```
package com.zhijieketang;

public class MyException extends Exception {

    public MyException() {                              ①

    }

    public MyException(String message) {                ②
        super(message);
    }

}
```

上述代码实现了自定义异常类。自定义异常类一般需要提供两个构造方法：一个是代码第①行的无参数的默认构造方法，异常描述信息是空的；另一个是代码第②行的字符串参数的构造方法，message 是异常描述信息，getMessage()方法可以获得这些信息。

自定义异常类就这样简单，主要是提供两个构造方法即可。

19.7　throw 与显式抛出异常

微课视频

Java 异常相关的关键字中有两个非常相似，即 throws 和 throw，其中 throws 关键字在 19.5 节已经介绍了，throws 用于方法后声明抛出异常，而 throw 关键字用来人工引发异常。本节之前接触到的异常都是由于系统生成的，当异常发生时，系统会生成一个异常对象，并将其抛出。但也可以通过 throw 语句显式抛出异常。语法格式如下：

throw Throwable 或其子类的实例

所有 Throwable 或其子类的实例都可以通过 throw 语句抛出。

显式抛出异常目的有很多，例如不想将某些异常传给上层调用者，可以捕获之后重新显式抛出另外一种异常给上层调用者。

修改 19.4 节示例代码如下：

```
//HelloWorld.java 文件
package com.zhijieketang;
...
public class HelloWorld {

    public static void main(String[] args) {
        try {
            Date date = readDate();
            System.out.println("读取的日期 = " + date);
        } catch (MyException e) {
            System.out.println("处理 MyException...");
            e.printStackTrace();
        }
    }
```

```java
public static Date readDate() throws MyException {
    // 自动资源管理
    try (FileInputStream readfile = new FileInputStream("readme.txt");
        InputStreamReader ir = new InputStreamReader(readfile);
        BufferedReader in = new BufferedReader(ir)) {

        // 读取文件中的一行数据
        String str = in.readLine();
        if (str == null) {
            return null;
        }

        DateFormat df = new SimpleDateFormat("yyyy-MM-dd");
        Date date = df.parse(str);
        return date;

    } catch (FileNotFoundException e) {
        throw new MyException(e.getMessage());                    ①
    } catch (IOException e) {
        throw new MyException(e.getMessage());                    ②
    } catch (ParseException e) {
        System.out.println("处理ParseException...");
        e.printStackTrace();
    }
    return null;
}
```

如果软件设计者不希望 readDate() 方法中捕获的 FileNotFoundException 和 IOException 异常出现在 main() 方法 (上层调用者) 中,那么可以在捕获到 FileNotFoundException 和 IOException 异常时,通过 throw 语句显式抛出一个异常,见代码第①行和第②行 throw new MyException(e.getMessage()) 语句, MyException 是自定义的异常。

注意 throw 显式抛出的异常与系统生成并抛出的异常在处理方式上没有区别,就是两种方法:要么捕获自己处理,要么抛给上层调用者。在本例中是声明抛出,所以在 readDate() 方法后面要声明抛出 MyException 异常。

19.8 本章小结

本章介绍了 Java 异常处理机制,其中包括 Java 异常类继承层次、捕获异常、释放资源、throws、throw 和自定义异常类。需要重点掌握捕获异常处理,熟悉 throws 和 throw 的区分和用法。

19.9 同步练习

选择题

1. 如果下列的方法能够正常运行,在控制台上将显示什么?(　　)

```java
public class HelloWorld {
    public static void main(String[] args) {
```

```
        try {
            int a = 0;
            System.out.println(5 / a);
            System.out.println("Test1");
        } catch (Exception e) {
            System.out.println("Test 2");
        } finally {
            System.out.println("Test 3");
        }
        System.out.println("Test 4");
    }
}
```

  A. Test 1   B. Test 2   C. Test 3   D. Test 4

2. 下列哪个关键字可以抛出异常？（   ）

  A. transient   B. finally   C. throw   D. static

3. 下列程序的输出是什么？（   ）

```
class MyException extends Exception {}
public class HelloWorld {
    public static void main(String[] args) {
        try {
            throw new MyException();
        } catch (Exception e) {
            System.out.println("异常...");
        } finally {
            System.out.println("完成...");
        }
    }
}
```

  A. 异常…   B. 完成…   C. 异常…   D. 无输出
                       完成…

4. 下列程序是一个异常嵌套处理的例子，选择其运行结果（   ）。

```
public class HelloWorld {
    public static void main(String args[]) {
        try {
            try {
                int i;
                int j = 0;
                i = 1 / j;
            } catch (Exception e) {
                System.out.print("1");
                throw e;
            } finally {
                System.out.print("2");
            }
        } catch (Exception e) {
            System.out.print("3");
        } finally {
```

```
            System.out.println("4");
        }
    }
}
```

    A. 12   B. 1234   C. 234   D. 1342

5. 下列代码在运行时抛出的异常是？（　　）

```java
public class HelloWorld {
    public static void main(String args[]) {
        int a[] = new int[10];
        a[10] = 0;
    }
}
```

    A. ArithmeticException   B. ArrayIndexOutOfBoundsException
    C. NegativeArraySizeException   D. IllegalArgumentException

简述题

简述 error 和 exception 有什么区别？

19.10 动手实践：编写自己的异常处理类

编程题

参考 19.6 节编写自己的异常处理类。

第 20 章 对象容器——集合

当你有很多书时，你会考虑买一个书柜，将其分门别类摆放。使用书柜不仅使房间变得整洁，也便于以后使用书时查找。在计算机中管理对象亦是如此，当获得多个对象后，也需要一个容器将它们管理起来，这个容器就是集合。

集合本质上是基于某种数据结构的数据容器。常见的数据结构有数组（Array）、集合（Set）、队列（Queue）、链表（Linkedlist）、树（Tree）、堆（Heap）、栈（Stack）和映射（Map）等。本章介绍 Java 中的集合。

20.1 集合概述

Java 中提供了丰富的集合接口和类，它们来自于 java.util 包。如图 20-1 所示是 Java 主要的集合接口和类。从图中可见，Java 集合类型分为 Collection 和 Map，Collection 子接口有 Set、Queue 和 List 等接口。每种集合接口描述了一种数据结构。

另外，从图 20-1 可见 Collection 接口还是继承了 Iterable 接口，Iterable 是可迭代接口。所有实现 Iterable 接口以及其子接口（如 Collection）的对象都具有如下特性：

- 可以使用增强 for 语句遍历其中的元素。
- 可以使用 forEach() 方法对没有一个元素执行特定操纵。

图 20-1 Java 主要集合接口和类

本章重点介绍 List、Set 和 Map 接口，因此图 20-1 中只列出了这三个接口的具体实现类。事实上 Queue 也有具体实现类，由于很少使用，这里不再赘述，感兴趣的话可以自己查询 API 文档。

提示 在 Java SE 中 List 名称的类型有两个，一个是 java.util.List，另一个是 java.awt.List。java.util.List 是一个接口，也就是本章介绍的 List 集合。而 java.awt.List 是一个类，用于图形用户界面开发，它是一个图形界面中的组件。

提示 学习 Java 中的集合，首先从接口入手，重点掌握 List、Set 和 Map 三个接口，熟悉这些接口中提供的方法。然后再熟悉这些接口的实现类，并了解不同实现类之间的区别。

20.2 List 集合

List 集合中的元素是有序的,可以重复出现。图 20-2 所示是一个班级集合数组,这个集合中有一些学生,这些学生是有序的,即他们被放到集合中的顺序,可以通过序号访问他们。这就像老师给进入班级的人分配学号:第一个报到的是"张三",老师给他分配的是 0;第二个报到的是"李四",老师给他分配的是 1;以此类推,最后一个序号应该是"学生人数-1"。

提示 List 集合关心元素是否有序,而不关心是否重复,大家记住这个原则。例如,图 20-2 所示的班级集合中就有两个"张三"。

List 接口的实现类有 ArrayList 和 LinkedList。ArrayList 是基于动态数组数据结构的实现,LinkedList 是基于链表数据结构的实现。ArrayList 访问元素速度优于 LinkedList,LinkedList 占用的内存空间比较大,但 LinkedList 在批量插入或删除数据时优于 ArrayList。

图 20-2 数组集合

不同的结构对应于不同的算法,有的考虑节省占用空间,有的考虑提高运行效率,对于程序员而言它们就像是"熊掌"和"鱼肉",不可兼得。提高运行速度往往是以牺牲空间为代价的,而节省占用空间往往是以牺牲运行速度为代价的。

20.2.1 常用方法

List 接口继承自 Collection 接口,List 接口中的很多方法都是继承自 Collection 接口的。List 接口中常用方法如下:

1. 操作元素

- get(int index):返回 List 集合中指定位置的元素。
- set(int index, Object element):用指定元素替换 List 集合中指定位置的元素。
- add(Object element):在 List 集合的尾部添加指定的元素。该方法是从 Collection 集合继承过来的。
- add(int index, Object element):在 List 集合的指定位置插入指定元素。
- remove(int index):移除 List 集合中指定位置的元素。
- remove(Object element):如果 List 集合中存在指定元素,则从 List 集合中移除第一次出现的指定元素。该方法是从 Collection 集合继承过来的。
- clear():从 List 集合中移除所有元素。该方法是从 Collection 集合继承过来的。

2. 判断元素

- isEmpty():判断 List 集合中是否有元素,如果没有则返回 true,如果有则返回 false。该方法是从 Collection 集合继承过来的。
- contains(Object element):判断 List 集合中是否包含指定元素,如果包含则返回 true,如果不包含则返回 false。该方法是从 Collection 集合继承过来的。

3. 查询元素

- indexOf(Object o):从前往后查找 List 集合元素,返回第一次出现指定元素的索引,如果此列表不包含该元素,则返回-1。

- lastIndexOf(Object o)：从后往前查找 List 集合元素，返回第一次出现指定元素的索引，如果此列表不包含该元素，则返回 −1。

4. 其他

- iterator()：返回迭代器(Iterator)对象，迭代器对象用于遍历集合。该方法是从 Collection 集合继承过来的。
- size()：返回 List 集合中的元素数，返回值是 int 类型。该方法是从 Collection 集合继承过来的。
- subList(int fromIndex, int toIndex)：返回 List 集合中指定的 fromIndex(包括)和 toIndex(不包括)之间的元素集合，返回值为 List 集合。

示例代码如下：

```java
//HelloWorld.java 文件
package com.zhijieketang;

import java.util.ArrayList;
import java.util.List;

public class HelloWorld {

    public static void main(String[] args) {

        List list = new ArrayList();                              ①

        String b = "B";

        //向集合中添加元素
        list.add("A");
        list.add(b);                                              ②
        list.add("C");
        list.add(b);                                              ③
        list.add("D");
        list.add("E");

        //打印集合元素个数
        System.out.println("集合 size = " + list.size());
        //打印集合
        System.out.println(list);

        //从前往后查找集合中的"B"元素
        System.out.println("indexOf(\"B\") = " + list.indexOf(b));
        //从后往前查找集合中的"B"元素
        System.out.println("lastIndexOf(\"B\") = " + list.lastIndexOf(b));

        //删除集合中第一个"B"元素
        list.remove(b);
        System.out.println("remove(3)前：" + list);
        //判断集合中是否包含"B"元素
        System.out.println("是否包含\"B\": " + list.contains(b));

        //删除集合第 4 个元素
        list.remove(3);
        System.out.println("remove(3)后：" + list);
        //判断集合是否为空
        System.out.println("list 集合是空的：" + list.isEmpty());
```

```
        System.out.println("替换前: " + list);
        //替换集合第 2 个元素
        list.set(1, "F");
        System.out.println("替换后: " + list);

        //清空集合
        list.clear();                                                    ④
        System.out.println(list);

        // 重新添加元素
        list.add(1);                        //发生自动装箱              ⑤
        list.add(3);

        int item = (Integer)list.get(0);    //发生自动拆箱              ⑥
    }
}
```

运行结果如下：

```
集合 size = 6
[A, B, C, B, D, E]
indexOf("B") = 1
lastIndexOf("B") = 3
remove(3)前: [A, C, B, D, E]
是否包含"B": true
remove(3)后: [A, C, B, E]
list 集合是空的: false
替换前: [A, C, B, E]
替换后: [A, F, B, E]
[]
```

代码第①行声明 List 类型集合变量 list，使用 ArrayList 类实例化 list，List 是接口，不能实例化。添加集合元素过程中可以添加重复的元素，见代码第②行和第③行。代码第④行 list.clear() 是清空集合，但需要注意变量 list 所引用的对象还是存在的，不是 null，只是集合中没有了元素。

提示 在 Java 中任何集合中存放的都是对象，即引用数据类型，基本数据类型不能放到集合中。但上述代码第⑤行却将整数 1 放到集合中，这是因为这个过程中发生了自动装箱，整数 1 被封装成 Integer 对象 1，然后再放入集合中。相反从集合中取出的也是对象，代码第⑥行从集合中取出的是 Integer 对象，之所以能够赋值给 int 类型，是因为这个过程发生了自动拆箱。

20.2.2 遍历集合

集合最常用的操作之一是遍历，遍历就是将集合中的每个元素取出来，进行操作或计算。List 集合遍历有以下三种方法：

（1）使用 for 循环遍历。List 集合可以使用 for 循环进行遍历，for 循环中有循环变量，通过循环变量可以访问 List 集合中的元素。

（2）使用增强 for 循环遍历。增强 for 循环是针对遍历各种类型集合而推出的，推荐使用这种遍历方法。

（3）使用迭代器遍历。Java 提供了多种迭代器，List 集合可以使用 Iterator 和 ListIterator 迭代器。

（4）使用 forEach() 方法遍历。由于 List 接口也是 Iterable 接口的子接口，所以可以使用 forEach() 方法遍历 List 中的元素。

示例代码如下：

```java
//HelloWorld.java 文件
package com.zhijieketang;

import java.util.ArrayList;
import java.util.Iterator;
import java.util.List;

public class HelloWorld {

    public static void main(String[] args) {

        List list = new ArrayList();

        String b = "B";
        // 向集合中添加元素
        list.add("A");
        list.add(b);
        list.add("C");
        list.add(b);
        list.add("D");
        list.add("E");

        // 1.使用 for 循环遍历
        System.out.println(" -- 1.使用 for 循环遍历 -- ");
        for (int i = 0; i < list.size(); i++) {
            System.out.printf("读取集合元素(%d): %s \n", i, list.get(i));      ①
        }

        // 2.使用增强 for 循环遍历
        System.out.println(" -- 2.使用增强 for 循环遍历 -- ");
        for (Object item : list) {                                           ②
            String s = (String) item;                                        ③
            System.out.println("读取集合元素: " + s);
        }

        // 3.使用迭代器遍历
        System.out.println(" -- 3.使用迭代器遍历 -- ");
        Iterator it = list.iterator();                                       ④
        while (it.hasNext()) {                                               ⑤
            Object item = it.next();                                         ⑥
            String s = (String) item;                                        ⑦
            System.out.println("读取集合元素: " + s);
        }
        // 4.使用 forEach() 方法遍历
        System.out.println(" -- 4.使用 forEach() 方法遍历 -- ");
        list.forEach(item -> {
                System.out.println("读取集合元素: " + item);
            }
        );                                                                   ⑧

    }
}
```

上述代码采用三种方法遍历 List 集合,采用 for 循环遍历需要通过 List 集合的 get 方法获得元素,如代码第①行的 list.get(i)。代码第②行采用增强 for 循环遍历 list 集合,从集合中取出的元素都是 Object 类型,代码第③行是强制转换为 String 类型。使用迭代器遍历,首先需要获得迭代器对象,代码第④行 list.iterator()方法可以返回迭代器对象。代码第⑤行调用迭代器 hasNext()方法可以判断集合中是否还有元素可以迭代,如果有则返回 true,如果没有则返回 false。代码第⑥行调用迭代器的 next()返回迭代的下一个元素,该方法返回的 Object 类型需要强制转换为 String 类型,见代码第⑦行。

代码第⑧行调用 list 的 forEach()方法遍历集合中的元素,该方法的参数可以使用 Lambda 表达式。注意 Lambda 表达式只有一个参数 item,也就是集合中的元素。

20.3 Set 集合

微课视频

Set 集合是由一串无序的、不能重复的相同类型元素构成的集合。图 20-3 所示是一个班级的 Set 集合。这个 Set 集合中有一些学生,这些学生是无序的,不能通过类似于 List 集合的序号访问,而且不能有重复的同学。

提示 List 集合中的元素是有序的、可重复的,而 Set 集合中的元素是无序的、不能重复的。List 集合强调的是有序,Set 集合强调的是不重复。当不考虑顺序,且没有重复元素时,Set 集合和 List 集合是可以互相替换的。

Set 接口直接实现类主要是 HashSet,HashSet 是基于散列表数据结构的实现。

20.3.1 常用方法

Set 接口也继承自 Collection 接口,Set 接口中大部分方法都是继承自 Collection 接口,这些常用方法如下:

图 20-3 Set 集合

1. 操作元素
- add(Object element):在 Set 集合的尾部添加指定的元素。该方法是从 Collection 集合继承过来的。
- remove(Object element):如果 Set 集合中存在指定元素,则从 Set 集合中移除该元素。该方法是从 Collection 集合继承过来的。
- clear():从 Set 集合中移除所有元素。该方法是从 Collection 集合继承过来的。

2. 判断元素
- isEmpty():判断 Set 集合中是否有元素,如果没有则返回 true,如果有则返回 false。该方法是从 Collection 集合继承过来的。
- contains(Object element):判断 Set 集合中是否包含指定元素,如果包含则返回 true,如果不包含则返回 false。该方法是从 Collection 集合继承过来的。

3. 其他
- iterator():返回迭代器(Iterator)对象,迭代器对象用于遍历集合。该方法是从 Collection 集合继承过来的。
- size():返回 Set 集合中的元素数,返回值是 int 类型。该方法是从 Collection 集合继承过来的。

示例代码如下:

```java
//HelloWorld.java 文件
package com.zhijieketang;

import java.util.HashSet;
import java.util.Set;

public class HelloWorld {

    public static void main(String[] args) {

        Set set = new HashSet();                                                ①

        String b = "B";

        // 向集合中添加元素
        set.add("A");
        set.add(b);                                                             ②
        set.add("C");
        set.add(b);                                                             ③
        set.add("D");
        set.add("E");

        // 打印集合元素个数
        System.out.println("集合 size = " + set.size());                        ④
        // 打印集合
        System.out.println(set);

        // 删除集合中第一个"B"元素
        set.remove(b);
        // 判断集合中是否包含"B"元素
        System.out.println("是否包含\"B\": " + set.contains(b));
        // 判断集合是否为空
        System.out.println("set 集合是空的: " + set.isEmpty());

        // 清空集合
        set.clear();
        System.out.println(set);
    }
}
```

运行结果如下：

```
集合 size = 5
[A, B, C, D, E]
是否包含"B": false
set 集合是空的: false
[]
```

代码第①行声明 Set 类型集合变量 set，使用 HashSet 类实例化 set 对象，Set 是接口，不能实例化。添加集合元素时试图添加重复的元素，见代码第②行和第③行，但是 Set 集合不能添加重复元素，所以代码第④行打印集合元素个数是 5。

20.3.2 遍历集合

Set 集合中的元素由于没有序号，所以不能使用 for 循环进行遍历，但可以使用增强 for 循环和迭代器进行遍历。事实上，这三种遍历方法也是继承自 Collection 集合，也就是说，所有的 Collection 集合类型都有这三种遍历方式。

示例代码如下：

```java
//HelloWorld.java 文件
package com.zhijieketang;

import java.util.HashSet;
import java.util.Iterator;
import java.util.Set;

public class HelloWorld {

    public static void main(String[] args) {

        Set set = new HashSet();

        String b = "B";
        // 向集合中添加元素
        set.add("A");
        set.add(b);
        set.add("C");
        set.add(b);
        set.add("D");
        set.add("E");

        // 1.使用增强 for 循环遍历
        System.out.println("--1.使用增强 for 循环遍历--");
        for (Object item : set) {
          String s = (String) item;
          System.out.println("读取集合元素:" + s);
        }

        // 2.使用迭代器遍历
        System.out.println("--2.使用迭代器遍历--");
        Iterator it = set.iterator();
        while (it.hasNext()) {
          Object item = it.next();
          String s = (String) item;
          System.out.println("读取集合元素:" + s);
        }

        // 3.使用 forEach()方法遍历
        System.out.println("--3.使用 forEach()方法遍历--");
        set.forEach(item -> {
            System.out.println("读取集合元素:" + item);
          }
        );

    }
}
```

上述代码采用三种方法遍历 Set 集合，具体实现与 List 集合完全一样，这里不再赘述。

20.4 Map 集合

Map（映射）集合表示一种非常复杂的集合，允许按照某个键来访问元素。Map 集合是由两个集合构成的，一个是键（key）集合，另一个是值（value）集合。键集合是 Set 类型，因此不能有重复的元素。而值集合是 Collection 类型，可以有重复的元素。Map 集合中的键和值是成对出现的。

图 20-4 所示是 Map 类型的"国家代号"集合。键是国家代号集合，不能重复。值是国家集合，可以重复。

提示 Map 集合更适合通过键快速访问值，就像查英文字典一样，键就是要查的英文单词，而值是英文单词的翻译和解释等。有时，一个英文单词会对应多个翻译和解释，这是与 Map 集合特性对应的。

Map 接口直接实现类主要是 HashMap，HashMap 是基于散列表数据结构的实现。

图 20-4 Map 集合

20.4.1 常用方法

Map 集合中包含两个集合（键和值），所以操作起来比较麻烦。Map 接口提供很多方法用来管理和操作集合。主要的方法如下：

1. 操作元素

- get(Object key)：返回指定键所对应的值；如果 Map 集合中不包含该键值对，则返回 null。
- put(Object key, Object value)：指定键值对添加到集合中。
- remove(Object key)：移除键值对。
- clear()：移除 Map 集合中所有键值对。

2. 判断元素

- isEmpty()：判断 Map 集合中是否有键值对，如果没有则返回 true，如果有则返回 false。
- containsKey(Object key)：判断键集合中是否包含指定元素，如果包含则返回 true，如果不包含则返回 false。
- containsValue(Object value)：判断值集合中是否包含指定元素，如果包含则返回 true，如果不包含则返回 false。

3. 查看集合

- keySet()：返回 Map 中的所有键集合，返回值是 Set 类型。
- values()：返回 Map 中的所有值集合，返回值是 Collection 类型。
- size()：返回 Map 集合中键值对数。

4. 遍历集合

forEach()：Map 接口虽然不属于可迭代接口 Iterable，但是也有类似于 Iterable 接口 forEach() 方法。

示例代码如下：

```
//HelloWorld.java 文件
package com.zhijieketang;
```

```java
import java.util.HashMap;
import java.util.Map;

public class HelloWorld {
    public static void main(String[] args) {
        Map map = new HashMap();                                                    ①

        map.put(102, "张三");
        map.put(105, "李四");                                                        ②
        map.put(109, "王五");
        map.put(110, "董六");
        //"李四"值重复
        map.put(111, "李四");                                                        ③
        //109 键已经存在,替换原来值"王五"
        map.put(109, "刘备");                                                        ④


        // 打印集合元素个数
        System.out.println("集合 size = " + map.size());
        // 打印集合
        System.out.println(map);

        // 通过键取值
        System.out.println("109 - " + map.get(109));                                ⑤
        System.out.println("108 - " + map.get(108));                                ⑥

        // 删除键值对
        map.remove(109);
        // 判断键集合中是否包含 109
        System.out.println("键集合中是否包含 109: " + ":" + map.containsKey(109));
        // 判断值集合中是否包含 "李四"
        System.out.println("值集合中是否包含: " + map.containsValue("李四"));

        // 判断集合是否为空
        System.out.println("集合是空的: " + map.isEmpty());

        // 清空集合
        map.clear();
        System.out.println(map);
    }
}
```

运行结果如下：

```
集合 size = 5
{102=张三, 105=李四, 109=王五, 110=董六, 111=刘备}
109 - 王五
108 - null
是否包含"B": false
值集合中是否包含: true
集合是空的: false
{}
```

代码第①行声明 Map 类型集合变量 map，使用 HashMap 类实例化 map，Map 是接口，不能实例化。Map 集合添加键值对时需要注意两个问题：第一，如果键已经存在，则会替换原有值，见代码第④行是 109 键，原来对应的是"王五"，该语句会替换为"刘备"；第二，如果这个值已经存在，则不会替换，见代码第②行和第③行，添加了两个相同的值"李四"。

代码第⑤行和第⑥行是通过键取对应的值，如果不存在键值对，则返回 null，代码第⑥行的 108 键对应的值不存在，所以这里打印的是 null。

20.4.2 遍历集合

Map 集合遍历与 List 和 Set 集合不同，Map 有两个集合，因此遍历时可以只遍历值的集合，也可以只遍历键的集合，还可以同时遍历。这些遍历过程都可以使用增强 for 循环和迭代器进行遍历。

示例代码如下：

```java
//HelloWorld.java 文件
package com.zhijieketang;

import java.util.Collection;
import java.util.HashMap;
import java.util.Iterator;
import java.util.Map;
import java.util.Set;

public class HelloWorld {

    public static void main(String[] args) {

        Map map = new HashMap();

        map.put(102, "张三");
        map.put(105, "李四");
        map.put(109, "王五");
        map.put(110, "董六");
        map.put(111, "李四");

        // 1.使用增强 for 循环遍历
        System.out.println("--1.使用增强 for 循环遍历--");
        // 获得键集合
        Set keys = map.keySet();                                    ①
        for (Object key : keys) {
            int ikey = (Integer) key;              // 自动拆箱       ②
            String value = (String) map.get(ikey); // 自动装箱       ③
            System.out.printf("key= %d - value= %s \n", ikey, value);
        }

        // 2.使用迭代器遍历
        System.out.println("--2.使用迭代器遍历--");
        // 获得值集合
        Collection values = map.values();                           ④
        // 遍历值集合
        Iterator it = values.iterator();
        while (it.hasNext()) {
            Object item = it.next();
            String s = (String) item;
            System.out.println("值集合元素：" + s);
```

```
            }
            // 3.使用forEach()方法遍历
            System.out.println(" -- 3.使用forEach()方法遍历 -- ");
            map.forEach((k, v) -> {
                System.out.printf("map的键为: %s - 值为: %s\n", k, v);
            });                                                                   ⑤
    }
}
```

上述代码第①行是获得键集合,返回值是 Set 类型。在遍历键时,从集合里取出的元素类型都是 Object,代码第②行是将 key 强制类型转换为 Integer,然后又赋值给 int 整数,这个过程发生了自动拆箱。代码第③行是通过键获得对应的值。

代码第④行是获得值集合,它是 Collection 类型。遍历 Collection 集合与遍历 Set 集合是一样的,这里不再赘述。

代码第⑤行调用 map 的 forEach()方法遍历集合中的元素,该方法的参数可以使用 Lambda 表达式。注意 Lambda 表达式有两个参数 k 和 v,k 是 map 中的键,v 是值。

20.5 本章小结

本章介绍了 Java 中的集合,其中包括常用接口 Collection、Set、List 和 Map,重点掌握 Set、List 和 Map 三个接口,熟悉具体实现类,熟练几种集合的遍历操作。

20.6 同步练习

选择题

如果想创建 ArrayList 类的一个实例,下列哪个语句是正确的?(   )

A. ArrayList myList=new Object();
B. List myList=new ArrayList();
C. ArrayList myList=new List();
D. List myList=new List();

判断题

1. 集合类型分为 Collection 和 Map。(   )
2. Set 里的元素是不能重复的。(   )
3. List 里的元素可以重复,可以通过下标索引。(   )
4. Map 集合是由两个集合构成的,一个是键(key)集合,另一个是值(value)集合。(   )
5. List、Set 和 Map 接口都是继承自 Collection 接口。(   )

第 21 章 泛型

CHAPTER 21

Java 5 之后提供泛型（generics）支持，使用泛型可以最大限度地重用代码、保护类型的安全以及提高性能。泛型特性对 Java 影响最大的是集合框架的使用。本章详细介绍如何使用泛型。

21.1 一个问题的思考

微课视频

为了理解什么是泛型，先看一个使用集合的示例。

```java
//HelloWorld.java 文件
package com.zhijieketang;

import java.util.ArrayList;
import java.util.List;

public class HelloWorld {

    public static void main(String[] args) {

        List list = new ArrayList();

        // 向集合中添加元素
        list.add("1");
        list.add("2");
        list.add("3");
        list.add("4");
        list.add("5");

        // 遍历集合
        for (Object item : list) {                    ①
            Integer element = (Integer) item;         ②
            System.out.println("读取集合元素：" + element);
        }
    }
}
```

上述代码实现的功能很简单，就是将一些数据保存到集合中，然后再取出。但对于 Java 5 之前程序员而言，使用集合经常会面临一个很尴尬的问题：放入一种特定类型，但是取出时全部是 Object 类型，于是在具体使用时需要将元素转换为特定类型。上述代码第①行取出的元素是 Object 类型，在代码第②行需要强制类型转换。强制类型转换是有风险的，如果不进行判断就臆断进行类型转换，则会发生

ClassCastException异常。本例代码第②行就发生了这个异常,JVM会抛出异常,打印出如下的异常堆栈跟踪信息。

```
Exception in thread "main" java.lang.ClassCastException: class java.lang.String cannot be cast to class java.lang.Integer (java.lang.String and java.lang.Integer are in module java.base of loader 'bootstrap')
    at com.zhijieketang.HelloWorld.main(HelloWorld.java:22)
```

从异常堆栈跟踪信息可知,在源代码第22行试图将java.lang.String对象转换为java.lang.Integer对象。

在Java 5之前没有好的解决办法,在类型转换之前要通过instanceof运算符判断该对象是否是目标类型。而泛型的引入可以将这些运行时异常提前到编译期暴露出来,这增强了类型安全检查。

修改程序代码如下:

```
//HelloWorldGen.java 文件
package com.zhijieketang;

import java.util.ArrayList;
import java.util.List;

public class HelloWorldGen {

    public static void main(String[] args) {

        List<String> list = new ArrayList<>();               ①

        // 向集合中添加元素
        list.add("1");
        list.add("2");
        list.add("3");
        list.add("4");
        list.add("5");
        //list.add(new Date); //发生编译错误                    ②

        // 遍历集合
        // 使用增强for循环遍历
        for (String item : list) {                            ③
            //Integer element = (Integer) item;               ④
            System.out.println("读取集合元素:" + item);
        }

    }
}
```

上述代码第①行声明数据类型时在List后面添加了<String>,而在实例化时需要使用ArrayList<String>形式,从Java 9之后可以省略ArrayList尖括号中的数据类型,即ArrayList<>形式。

List和ArrayList就是泛型表示方式,尖括号中可以是任何的引用类型,它限定了集合中是否能存放该种类型的对象,所以代码第②行试图添加非String类型元素时,会发生编译错误。

代码第③行从集合取出的元素就是String类型,所以如果在代码第④行试图转换为Integer则会发生编译错误。可见原本在运行时发生的异常,提早暴露到编译期,使程序员及早发现问题,避免程序发布上线之后发生系统崩溃的情况。

21.2 使用泛型

泛型对于 Java 影响最大的就是集合，Java 5 之后所有的集合类型都可以有泛型类型，可以限定存放到集合中的类型。打开集合 Java API 文档，会发现集合类型后面都会有<E>，如 Collection<E>、List<E>、ArrayList<E>、Set<E>和 Map<K,V>，说明这些类型是支持泛型的。尖括号中的 E、K 和 V 等是类型参数名称，它们是实际类型的占位符。

事实上，第 20 章中所有集合示例都可以添加泛型支持。下面修改几个示例体会一下泛型的好处。先看一个 Set 泛型集合示例。

```java
//HelloWorldGen.java 文件
...
// 测试 Set 泛型集合方法
private static void testSet() {

    Set<String> set = new HashSet<>();                          ①
    // 向集合中添加元素
    set.add("A");
    set.add("D");
    set.add("E");

    // 1.使用增强 for 循环遍历
    System.out.println("--1.使用增强 for 循环遍历--");
    for (String item : set) {                                   ②
        System.out.println("读取集合元素：" + item);
    }

    // 2.使用迭代器遍历
    System.out.println("--2.使用迭代器遍历--");
    Iterator<String> it = set.iterator();                       ③
    while (it.hasNext()) {
        String item = it.next();                                ④
        System.out.println("读取集合元素：" + item);
    }
}
```

上述代码第①行 Set 类型后面都指定了泛型，<String>说明实际类型是 String。因为有了泛型可以保证从集合中取出的元素一定是 String 类型，所以代码第②行声明元素类型是 String。

在采用 Iterator 迭代器遍历集合时，也需要为迭代器指定泛型，限定它的实际类型是 String，见代码第③行。指定泛型的迭代器，在取出元素时不需要强制类型转换，见代码第④行。

再看一个 Map 泛型集合示例。

```java
//HelloWorldGen.java 文件
...
// 测试 Map 泛型集合方法
private static void testMap() {

    Map<Integer, String> map = new HashMap<>();                 ①

    map.put(102, "张三");
    map.put(105, "李四");
```

```java
        map.put(109, "王五");
        map.put(110, "董六");

        // 1.使用增强 for 循环遍历
        System.out.println("--1.使用增强 for 循环遍历--");
        // 获得键集合
        Set<Integer> keys = map.keySet();                        ②
        for (Integer key : keys) {                               ③
            String value = map.get(key);                         ④
            System.out.printf("key = %d - value = %s \n", key, value);
        }

        // 2.使用迭代器遍历
        System.out.println("--2.使用迭代器遍历--");
        // 获得值集合
        Collection<String> values = map.values();                ⑤
        // 遍历值集合
        Iterator<String> it = values.iterator();
        while (it.hasNext()) {
            String item = it.next();
            System.out.println("值集合元素：" + item);
        }
    }
}
```

上述代码第①行中 Map<Integer, String>是指定 Map 泛型集合类型，其中键集合限定 Integer 类型，值集合限定 String 类型，HashMap<Integer, String>也需要同样的泛型。代码第②行是取出 Map 中键集合，需要指定它的类型是 Set<Integer>。代码第③行遍历键集合，其中取出的元素是 Integer 类型，代码第④行是从 Map 集合中取出值，它是 String 类型。这里都不需要强制类型转换，使用起来非常方便。

代码第⑤行是取出 Map 中的值集合，它是 Collection<String>类型。迭代器的遍历过程与 Set 泛型集合示例类似，这里不再赘述。

21.3 自定义泛型类

微课视频

根据自己的需要也可以自定义泛型类、泛型接口和带有泛型参数的方法。下面通过示例介绍泛型类。数据结构中有一种"队列"（queue）数据结构（如图 21-1 所示），它的特点是遵守"先入先出"（FIFO）规则。

图 21-1 队列数据结构

虽然 Java SE 已经提供了支持泛型的队列 java.util.Queue<E>类型，但是为了学习泛型，本节还是要介绍一个自己实现的支持泛型的队列集合。

具体实现代码如下：

```java
//Queue.java 文件
package com.zhijieketang;

import java.util.ArrayList;
import java.util.List;

/**
 * 自定义的泛型队列集合
 */
```

```java
public class Queue<T> {                                    ①

    // 声明保存队列元素集合 items
    private List<T> items;                                  ②

    // 构造方法初始化是集合 items
    public Queue() {
        this.items = new ArrayList<T>();                    ③
    }

    /**
     * 入队方法
     * @param item 参数需要入队的元素
     */
    public void queue(T item) {
        this.items.add(item);                               ④
    }

    /**
     * 出队方法
     * @return 返回出队元素
     */
    public T dequeue(){
        if (items.isEmpty()) {                              ⑤
            return null;
        } else {
            return this.items.remove(0);                    ⑥
        }
    }

    @Override
    public String toString() {
        return items.toString();
    }

}
```

上述代码第①行定义了 Queue<T>泛型类型的队列，T 是参数类型占位符。代码第②行是声明一个 List 泛型集合成员变量 items，用来保存队列中的元素。代码第③行是构造方法，初始化 items 成员变量。

代码第④行的 queue()方法是队列入队方法，其中参数 item 是要入队的元素，参数类型使用占位符 T 表示，注意要与 Queue<T>中的占位符保持一致。

代码第⑤行的 dequeue()是出队方法，返回出队的那个元素，返回值类型用占位符 T 表示，注意要与 Queue<T>中的占位符保持一致。在 dequeue()方法中首先判断集合是否有元素，如果没有元素，则返回 null；如果有元素，则通过第⑥行 this.items.remove(0)方法删除队列的第一个元素，并把删除的元素返回，以达到出队的目的。

提示 泛型中参数类型占位符可以是任何大写或小写的英文字母，一般情况下习惯于使用字母 T、E、K 和 U 等大写英文字母，但也可以使用其他的字母。

调用队列示例代码如下：

```java
//HelloWorld.java 文件
package com.zhijieketang;
```

```java
public class HelloWorld {

    public static void main(String[] args) {

        Queue<String> genericQueue = new Queue<String>();        ①
        genericQueue.queue("A");
        genericQueue.queue("C");
        genericQueue.queue("B");
        genericQueue.queue("D");
        //genericQueue.queue(1);            //编译错误          ②

        System.out.println(genericQueue);
        genericQueue.dequeue();                                  ③

        System.out.println(genericQueue);

    }
}
```

输出结果如下:

[A, C, B, D]
[C, B, D]

上述代码使用了刚自定义的支持泛型的队列 Queue 集合,使用它与使用 Java SE 提供的泛型集合没有什么区别。首先在代码第①行实例化 Queue 对象,通过尖括号指定限定的类型是 String,这个队列中只能存放 String 类型数据。代码第②行试图向队列中添加 1,即整数数据,则会发生编译错误。

代码第③行出队后操作,通过运行的结果可见,出队后第一个元素"A"会从队列中删除。

自定义泛型类时可能会用到多个类型参数,可以使用多个不同的字母作为占位符,类似于 Map<K,V>。需要注意程序代码中哪些地方是用 K 表示,哪些地方是用 V 表示。

21.4 自定义泛型接口

微课视频

自定义泛型接口与自定义泛型类类似,定义的方式完全一样。下面将 21.3 节的示例修改成为队列接口,代码如下:

```java
//IQueue.java 文件
package com.zhijieketang;

/**
 * 自定义的泛型队列集合
 */
public interface IQueue<T> {                                     ①

    /**
     * 入队方法
     * @param item 参数需要入队的元素
     */
    public void queue(T item);                                   ②

    /**
     * 出队方法
```

```java
     * @return 返回出队元素
     */
    public T dequeue();                                              ③
}
```

上述代码定义了支持泛型的接口。代码第①行定义了 IQueue<T>泛型接口，T 是参数类型占位符。该接口中声明两个方法，代码第②行的 queue()方法是入队方法，参数类型使用占位符 T 表示的类型。代码第③行的 dequeue()方法是出队方法，返回值类型是占位符 T 表示的类型。

实现接口 IQueue<T>的具体方式有很多，可以是 List、Set 或 Hash 等不同方式，下面给出一个基于 List 的实现方式。代码如下：

```java
//ListQueue.java 文件
package com.zhijieketang;

import java.util.ArrayList;
import java.util.List;

/**
 * 自定义的泛型队列集合
 */
public class ListQueue<T> implements IQueue<T> {

    // 声明保存队列元素集合 items
    private List<T> items;

    // 构造方法初始化是集合 items
    public ListQueue() {
        this.items = new ArrayList<T>();
    }

    /**
     * 入队方法
     *
     * @param item
     *         参数需要入队的元素
     */
    @Override
    public void queue(T item) {
        this.items.add(item);
    }

    /**
     * 出队方法
     *
     * @return 返回出队元素
     */
    @Override
    public T dequeue() {
        if (items.isEmpty()) {
            return null;
        } else {
            return this.items.remove(0);
        }
    }
}
```

```
    @Override
    public String toString() {
        return items.toString();
    }
}
```

上述实现代码与 21.3 节 Queue<T>类很相似,只是实现了 IQueue<T>接口。需要注意,实现泛型接口的具体类也应该支持泛型,所以 Queue<T>中类型参数名要与 IQueue<T>接口中的类型参数名一致,占位符所用字母相同。

21.5 泛型方法

在方法中也可以使用泛型,即方法的参数类型或返回值类型可以用类型参数表示。假设想编写一个能够比较对象大小的方法,实现代码如下:

```
//HelloWorld.java 文件
package com.zhijieketang;

public class HelloWorld {

    public static void main(String[] args) {

        System.out.println(isEquals(Integer.valueOf(1), Integer.valueOf(5)));    ①
        System.out.println(isEquals(1, 5));           // 发生了自动装箱           ②
        System.out.println(isEquals(Double.valueOf(1.0), Double.valueOf(1.0)));  ③
        System.out.println(isEquals(1.0, 1.0));       // 发生了自动装箱           ④
        System.out.println(isEquals("A", "A"));                                  ⑤
    }

    public static <T> boolean isEquals(T a, T b) {                               ⑥
        return a.equals(b);
    }
}
```

上述代码第⑥行定义了比较方法 isEquals(),该方法可以接收两个参数,它们是任何引用类型,返回值是<T>,指定占位符为 T,方法中的参数类型用 T 表示。

在 main 方法中代码第①~⑤行都能够正常执行。其中代码第②行和第④行参数都是基本数据类型,它们在调用过程中发生了自动装箱,被自动转换成为对象。

另外,泛型的类型参数也可以限定一个边界。例如,比较方法 isEquals()只想用于数值对象大小的比较,实现代码如下:

```
//HelloWorldLimit.java 文件
package com.zhijieketang;

public class HelloWorldLimit {

    public static void main(String[] args) {

        System.out.println(isEquals(Integer.valueOf(1), Integer.valueOf(5)));
```

```
        System.out.println(isEquals(1, 5));                    // 发生了自动装箱
        System.out.println(isEquals(Double.valueOf(1.0), Double.valueOf(1.0)));
        System.out.println(isEquals(1.0, 1.0));                // 发生了自动装箱
        // System.out.println(isEquals("A", "A"));             //编译错误                ①
    }

    // 限定类型参数为 Number
    public static < T extends Number > boolean isEquals(T a, T b) {                      ②
        return a.equals(b);
    }
}
```

上述代码第②行定义泛型使用< T extends Number >语句,该语句限定类型参数只能是 Number 类型。所以代码第①行试图传递 String 类型的参数,则会发生编译错误。

21.6 本章小结

本章介绍了 Java 中的泛型技术,包括泛型概念、在集合中使用泛型、自定义泛型类、自定义泛型接口和泛型方法等。通过本章的学习,应该使用泛型的优势,并且从本章之后使用集合时,尽量使用泛型集合。

21.7 同步练习

选择题
下列语句中哪些是正确的？（   ）
A. List < String > list = new ArrayList < String >();
B. List list = new ArrayList < String >();
C. List < String > list = new ArrayList();
D. List list = new ArrayList();

判断题
1. 泛型的引入可以将这些运行时异常提前到编译期暴露出来,这增强了类型安全检查。（   ）
2. 自定义泛型类 class Queue< T >{}中 T 是参数类型占位符,也可以使用小写字母 t 表示。（   ）

21.8 动手实践：编写自己的泛型类

编程题
参考 21.3 节编写自己的泛型类。

第 22 章 文件管理与 I/O 流

CHAPTER 22

程序经常需要访问文件和目录,读取文件信息或写入信息到文件。在 Java 语言中对文件的读写是通过 I/O 流技术实现的。本章先介绍文件管理,然后再介绍 I/O 流。

22.1 文件管理

Java 语言使用 File 类对文件和目录进行操作,查找文件时需要实现 FilenameFilter 或 FileFilter 接口。另外,读写文件内容可以通过 FileInputStream、FileOutputStream、FileReader 和 FileWriter 类实现,它们属于 I/O 流,22.2 节会详细介绍 I/O 流。这些类和接口全部来源于 java.io 包。

22.1.1 File 类

File 类表示一个与平台无关的文件或目录。File 类名很有欺骗性,初学者会误认为 File 对象只是一个文件,其实它也可能是一个目录。

File 类中常用的方法如下:

1. 构造方法

- File(String path):如果 path 是实际存在的路径,则该 File 对象表示的是目录;如果 path 是文件名,则该 File 对象表示的是文件。
- File(String path,String name):path 是路径名,name 是文件名。
- File(File dir,String name):dir 是路径对象,name 是文件名。

2. 获得文件名

- String getName( ):获得文件的名称,不包括路径。
- String getPath( ):获得文件的路径。
- String getAbsolutePath( ):获得文件的绝对路径。
- String getParent( ):获得文件的上一级目录名。

3. 文件属性测试

- boolean exists( ):测试当前 File 对象所表示的文件是否存在。
- boolean canWrite( ):测试当前文件是否可写。
- boolean canRead( ):测试当前文件是否可读。
- boolean isFile( ):测试当前文件是否是文件。

- boolean isDirectory( )：测试当前文件是否是目录。

4. 文件操作

- long lastModified( )：获得文件最近一次修改的时间。
- long length( )：获得文件的长度，以字节为单位。
- boolean delete( )：删除当前文件。如果成功则返回 true，否则返回 false。
- boolean renameTo(File dest)：将重新命名当前 File 对象所表示的文件。如果成功则返回 true，否则返回 false。

5. 目录操作

- boolean mkdir( )：创建当前 File 对象指定的目录。
- String[] list()：返回当前目录下的文件和目录，返回值是字符串数组。
- String[] list(FilenameFilter filter)：返回当前目录下满足指定过滤器的文件和目录，参数是实现 FilenameFilter 接口对象，返回值是字符串数组。
- File[] listFiles()：返回当前目录下的文件和目录，返回值是 File 数组。
- File[] listFiles(FilenameFilter filter)：返回当前目录下满足指定过滤器的文件和目录，参数是实现 FilenameFilter 接口对象，返回值是 File 数组。
- File[] listFiles(FileFilter filter)：返回当前目录下满足指定过滤器的文件和目录，参数是实现 FileFilter 接口对象，返回值是 File 数组。

对目录操作有两个过滤器接口：FilenameFilter 和 FileFilter。它们都只有一个抽象方法 accept。FilenameFilter 接口中的 accept 方法如下：

boolean accept(File dir, String name)：测试指定 dir 目录中是否包含文件名为 name 的文件。

FileFilter 接口中的 accept 方法如下：

boolean accept(File pathname)：测试指定路径名是否应该包含在某个路径名列表中。

注意 路径中会用到路径分隔符，路径分隔符在不同平台上是有区别的，UNIX、Linux 和 macOS 中使用正斜杠"/"，而 Windows 中使用反斜杠"\"。Java 支持两种写法，但是反斜杠"\"属于特殊字符，前面需要加转义符。例如，C:\Users\a.java 在程序代码中应该使用 C:\\Users\\a.java 表示，或表示为 C:/Users/a.java。

22.1.2 案例：文件过滤

为熟悉文件操作，本节介绍一个案例，该案例从指定的目录中列出文件信息。代码如下：

```java
//HelloWorld.java 文件
package com.zhijieketang;

import java.io.File;
import java.io.FilenameFilter;

public class HelloWorld {

    public static void main(String[] args) {

        // 用 File 对象表示一个目录，. 表示当前目录
        File dir = new File("./TestDir");          ①
        // 创建 HTML 文件过滤器
```

```java
        Filter filter = new Filter("html");                    ②

        System.out.println("HTML 文件目录：" + dir);
        // 列出目录 TestDir 下,文件后缀名为 HTML 的所有文件
        String files[] = dir.list(filter); //dir.list();
        // 遍历文件列表
        for (String fileName : files) {
          // 为目录 TestDir 下的文件或目录创建 File 对象
          File f = new File(dir, fileName);
          // 如果该 f 对象是文件,则打印文件名
          if (f.isFile()) {
            System.out.println("文件名：" + f.getName());
            System.out.println("文件绝对路径：" + f.getAbsolutePath());
            System.out.println("文件路径：" + f.getPath());
          } else {
            System.out.println("子目录：" + f);
          }
        }

    }
}

// 自定义基于文件扩展名的文件过滤器
class Filter implements FilenameFilter {                       ③

    // 文件扩展名
    String extent;

    // 构造方法
    Filter(String extent) {
      this.extent = extent;
    }

    @Override
    public boolean accept(File dir, String name) {             ④
      // 测试文件扩展名是否为 extent 所指定的
      return name.endsWith("." + extent);
    }
}
```

上述代码第①行创建 TestDir 目录对象,"./TestDir"表示当前目录下的 TestDir 目录,还可以表示为".\\TestDir"和"TestDir"。

提示 在编程时尽量使用相对路径,尽量不要使用绝对路径。"./TestDir"就是相对路径,相对路径中会用到点".",在目录中一个点"."表示当前目录,两个点表示".."表示父目录。

注意 在 IntelliJ IDEA 工具中运行 Java 程序,当前目录在哪里呢?例如"./TestDir"表示当前目录下的 TestDir 子目录,那么应该在哪里创建 TestDir 目录呢? 在 IntelliJ IDEA 中当前目录就是工程的根目录,如图 22-1 所示,当前目录是 IntelliJ IDEA 工程根目录,子目录 TestDir 位于工程根目录下。

上述代码第②行创建针对 HTML 文件的过滤器 Filter,Filter 类要求实现 FilenameFilter 接口,见代码第③行。FilenameFilter 接

图 22-1 IntelliJ IDEA 中的当前目录

要求实现抽象方法 accept,见代码第④行。在该方法中判断文件名是否为指定的扩展名结尾,若是则返回 true,否则返回 false。

22.2 I/O 流概述

微课视频

Java 将数据的输入/输出(I/O)操作当作"流"来处理,"流"是一组有序的数据序列。"流"分为两种形式:输入流和输出流,从数据源中读取数据是输入流,将数据写入目的地是输出流。

提示 以 CPU 为中心,从外部设备读取数据到内存,进而再读入 CPU,这是输入(input,I)过程;将内存中的数据写入外部设备,这是输出(output,O)过程。所以输入/输出简称为 I/O。

22.2.1 Java 流设计理念

如图 22-2 所示,数据输入的数据源有多种形式,如文件、网络和键盘等,键盘是默认的标准输入设备。而数据输出的目的地也有多种形式,如文件、网络和控制台,控制台是默认的标准输出设备。

图 22-2 I/O 流

所有的输入形式都抽象为输入流,所有的输出形式都抽象为输出流,它们与设备无关。

22.2.2 流类继承层次

以字节为单位的流称为字节流,以字符为单位的流称为字符流。Java SE 提供 4 个顶级抽象类。两个字节流抽象类——InputStream 和 OutputStream;两个字符流抽象类——Reader 和 Writer。

1. 字节输入流

字节输入流根类是 InputStream,如图 22-3 所示。它有很多子类,这些类的说明如表 22-1 所示。

图 22-3 字节输入流类继承层次

表22-1 主要的字节输入流

类	描 述
FileInputStream	文件输入流
ByteArrayInputStream	面向字节数组的输入流
PipedInputStream	管道输入流,用于两个线程之间的数据传递
FilterInputStream	过滤输入流,它是一个装饰器扩展其他输入流
BufferedInputStream	缓冲区输入流,它是 FilterInputStream 的子类
DataInputStream	面向基本数据类型的输入流

2. 字节输出流

字节输出流根类是 OutputStream,如图22-4所示。它有很多子类,这些类的说明如表22-2所示。

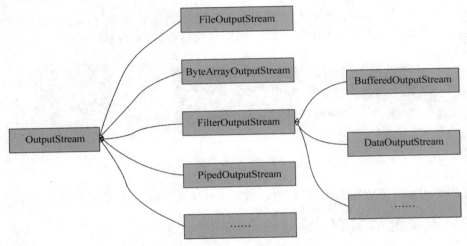

图22-4 字节输出流类继承层次

表22-2 主要的字节输出流

类	描 述
FileOutputStream	文件输出流
ByteArrayOutputStream	面向字节数组的输出流
PipedOutputStream	管道输出流,用于两个线程之间的数据传递
FilterOutputStream	过滤输出流,它是一个装饰器扩展其他输出流
BufferedOutputStream	缓冲区输出流,它是 FilterOutputStream 的子类
DataOutputStream	面向基本数据类型的输出流

3. 字符输入流

字符输入流根类是 Reader,这类流以 16 位的 Unicode 编码表示的字符为基本处理单位,如图22-5所示。它有很多子类,这些类的说明如表22-3所示。

4. 字符输出流

字符输出流根类是 Writer,这类流以 16 位的 Unicode 编码表示的字符为基本处理单位,如图22-6所示。它有很多子类,这些类的说明如表22-4所示。

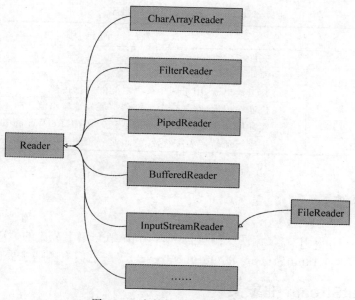

图 22-5 字符输入流类继承层次

表 22-3 主要的字符输入流

类	描 述
FileReader	文件输入流
CharArrayReader	面向字符数组的输入流
PipedReader	管道输入流,用于两个线程之间的数据传递
FilterReader	过滤输入流,它是一个装饰器扩展其他输入流
BufferedReader	缓冲区输入流,它也是装饰器,它不是 FilterReader 的子类
InputStreamReader	把字节流转换为字符流,它也是一个装饰器,是 FileReader 的父类

图 22-6 字符输出流类继承层次

表 22-4 主要的字符输出流

类	描述
FileWriter	文件输出流
CharArrayWriter	面向字符数组的输出流
PipedWriter	管道输出流,用于两个线程之间的数据传递
FilterWriter	过滤输出流,它是一个装饰器扩展其他输出流
BufferedWriter	缓冲区输出流,它也是装饰器,它不是 FilterWriter 的子类
OutputStreamWriter	把字节流转换为字符流,它也是一个装饰器,是 FileWriter 的父类

微课视频

22.3 字节流

22.2 节总体概述了 Java 中 I/O 流层次结构技术,本节详细介绍字节流的 API。掌握字节流的 API 先要熟悉它的两个抽象类:InputStream 和 OutputStream,了解它们有哪些主要的方法。

22.3.1 InputStream 抽象类

InputStream 是字节输入流的根类,它定义了很多方法,影响着字节输入流的行为。
InputStream 主要方法如下:

- int read():读取一字节,返回 0~255 的 int 字节值。如果已经到达流末尾,而且没有可用的字节,则返回值－1。
- int read(byte b[]):读取多字节,数据放到字节数组 b 中,返回值为实际读取的字节的数量。如果已经到达流末尾,而且没有可用的字节,则返回值－1。
- int read(byte b[ ], int off, int len):最多读取 len 字节,数据放到以下标 off 开始的字节数组 b 中,将读取的第一字节存储在元素 b[off]中,下一个存储在 b[off+1]中,以此类推。返回值为实际读取的字节的数量。如果已经到达流末尾,而且没有可用的字节,则返回值－1。
- void close():流操作完毕后必须关闭。

上述所有方法都可能会抛出 IOException,因此使用时要注意处理异常。

22.3.2 OutputStream 抽象类

OutputStream 是字节输出流的根类,它定义了很多方法,影响着字节输出流的行为。
OutputStream 主要方法如下:

- void write(int b):将 b 写入输出流,b 是 int 类型,占有 32 位,写入过程是写入 b 的 8 个低位,b 的 24 个高位将被忽略。
- void write(byte b[ ]):将 b.length 字节从指定字节数组 b 写入输出流。
- void write(byte b[ ], int off, int len):把字节数组 b 中从下标 off 开始,长度为 len 的字节写入输出流。
- void flush():刷空输出流,并输出所有被缓存的字节。由于某些流支持缓存功能,该方法将把缓存中所有内容强制输出到流中。
- void close( ):流操作完毕后必须关闭。

上述所有方法都声明了抛出 IOException,因此使用时要注意处理异常。

注意 流(包括输入流和输出流)所占用的资源不能通过 JVM 的垃圾收集器回收,需要程序员自己释放。一种方法是可以在 finally 代码块调用 close() 方法关闭流,释放流所占用的资源。另一种方法是通过自动资源管理技术管理这些流,流(包括输入流和输出流)都实现了 AutoCloseable 接口,可以使用自动资源管理技术,具体内容参考 19.4.2 节。

22.3.3 案例:文件复制

前面介绍了两种字节流常用的方法,下面通过一个案例熟悉它们的使用。该案例实现了文件复制,数据源是文件,所以会用到文件输入流 FileInputStream;数据目的地也是文件,所以会用到文件输出流 FileOutputStream。

FileInputStream 和 FileOutputStream 中主要方法都是继承自 InputStream 和 OutputStream,这在前面小节已经详细介绍,这里不再赘述。下面介绍它们的构造方法。

FileInputStream 构造方法主要有:

- FileInputStream(String name):创建 FileInputStream 对象,name 是文件名。如果文件不存在,则抛出 FileNotFoundException 异常。
- FileInputStream(File file):通过 File 对象创建 FileInputStream 对象。如果 file 文件不存在,则抛出 FileNotFoundException 异常。

FileOutputStream 构造方法主要有:

- FileOutputStream(String name):通过指定 name 文件名创建 FileOutputStream 对象。如果 name 文件存在,但如果是一个目录或文件无法打开,则抛出 FileNotFound Exception 异常。
- FileOutputStream(String name, boolean append):通过指定 name 文件名创建 FileOutputStream 对象,append 参数如果为 true,则将字节写入文件末尾处,而不是写入文件开始处。如果 name 文件存在,但如果是一个目录或文件无法打开,则抛出 FileNotFoundException 异常。
- FileOutputStream(File file):通过 File 对象创建 FileOutputStream 对象。如果 file 文件存在,但如果是一个目录或文件无法打开,则抛出 FileNotFoundException 异常。
- FileOutputStream(File file, boolean append):通过 File 对象创建 FileOutputStream 对象,append 参数如果为 true,则将字节写入文件末尾处,而不是写入文件开始处。如果 file 文件存在,但如果是一个目录或文件无法打开,则抛出 FileNotFoundException 异常。

下面介绍如何将 ./TestDir/build.txt 文件内容复制到 ./TestDir/subDir/build.txt。./TestDir/build.txt 文件内容是 AI-162.3764568,实现代码如下:

```
//FileCopy.java 文件
package com.zhijieketang;

import java.io.FileInputStream;
import java.io.FileNotFoundException;
import java.io.FileOutputStream;
import java.io.IOException;

public class FileCopy {

    public static void main(String[] args) {

        try (FileInputStream in = new FileInputStream("./TestDir/build.txt");
```

```
        FileOutputStream out = new FileOutputStream("./TestDir/subDir/build.txt")) {      ①
            // 准备一个缓冲区
            byte[] buffer = new byte[10];                                                  ②
            // 首先读取一次
            int len = in.read(buffer);                                                     ③

            while (len != -1) {                                                            ④
                String copyStr = new String(buffer);                                       ⑤
                // 打印复制的字符串
                System.out.println(copyStr);
                // 开始写入数据
                out.write(buffer, 0, len);                                                 ⑥
                // 再读取一次
                len = in.read(buffer);                                                     ⑦
            }

        } catch (FileNotFoundException e) {
            e.printStackTrace();
        } catch (IOException e) {
            e.printStackTrace();
        }
    }
}
```

控制台输出结果如下:

```
AI-162.376
456862.376
```

上述代码第①行创建 FileInputStream 和 FileOutputStream 对象,这是自动资源管理的写法,不需要自己关闭流。

第②行代码是准备一个缓冲区,它是字节数组,读取输入流的数据保存到缓冲区中,然后将缓冲区中的数据再写入输出流中。

提示 缓冲区大小(字节数组长度)多少合适?缓冲区大小决定了一次读写操作的最多字节数,缓冲区设置的很小,会进行多次读写操作才能完成。所以如果当前计算机内存足够大,在不影响其他应用运行的情况下,缓冲区是越大越好。本例中缓冲区大小设置为10,源文件中内容是 AI-162.3764568,共有14个字符,由于这些字符都属于 ASCII 字符,因此14个字符需要14字节描述,需要读写两次才能完成复制。

代码第③行是第一次从输入流中读取数据,数据保存到 buffer 中,len 是实际读取的字节数。代码第⑦行也从输入流中读取数据。由于本例中缓冲区大小设置为10,因此两次会把数据读完,第一次读了10字节,第二次读了4字节。

代码第④行判断读取的字节数 len 是否等于-1,代码第⑦行的 len = in.read(buffer)事实上执行了两次,第一次执行时 len 为4,第二次执行时 len 为-1。

代码第⑤行使用字节数组构造字符串,然后通过 System.out.println(copyStr)语句将字符串输出到控制台。从输出的结果看输出了两次,每次10字节,第一次输出结果 AI-162.376 容易理解,它是 AI-162.3764568 的前10字符;那么第二次输出的结果 456862.376 令人匪夷所思,事实上前4字符(4568)是第二次读取的,后面的6个字符(62.376)是上一次读取的。两次读取内容如图 22-7 所示。

图 22-7 文件读取示意图

代码第⑥行 out.write(buffer，0，len)是向输出流写入数据，与读取数据对应，数据写入也调用了两次，第一次 len 为 10，将缓冲区 buffer 所有元素全部写入输出流；第二次 len 为 4，将缓冲区 buffer 所有前 4 个元素写入输出流。注意这里不要使用 void write(byte b[ ])方法，因为它没法控制第二次写入的字节数。

上面的案例由于使用了字节输入/输出流，所以不仅可以复制文本文件，还可以复制二进制文件。

22.3.4 使用字节缓冲流

BufferedInputStream 和 BufferedOutputStream 称为字节缓冲流，使用字节缓冲流内置了一个缓冲区，第一次调用 read 方法时尽可能多地从数据源读取数据到缓冲区，后续再用 read 方法时先看缓冲区中是否有数据，如果有则读缓冲区中的数据，如果没有再将数据源中的数据读入缓冲区，这样可以减少直接读数据源的次数。通过输出流调用 write 方法写入数据时，也先将数据写入缓冲区，缓冲区满了之后再写入数据目的地，这样可以减少直接对数据目的地写入次数。使用了缓冲字节流可以减少 I/O 操作次数，提高效率。

从图 22-3 和图 22-4 中可见，BufferedInputStream 的父类是 FilterInputStream，BufferedOutputStream 的父类是 FilterOutputStream，FilterInputStream 和 FilterOutputStream 称为过滤流。过滤流的作用是扩展其他流，增强其功能。BufferedInputStream 和 BufferedOutputStream 增强了缓冲能力。

提示 过滤流实现了装饰器(decorator)设计模式，这种设计模式能够在运行时扩充一个类的功能。而继承在编译时扩充一个类的功能。

BufferedInputStream 和 BufferedOutputStream 中主要方法都是继承自 InputStream 和 OutputStream，前面小节已经详细介绍了，这里不再赘述。下面介绍它们的构造方法。

BufferedInputStream 构造方法主要有：

- BufferedInputStream(InputStream in)：通过一个底层输入流 in 对象创建缓冲流对象，缓冲区大小是默认的，默认值为 8192。
- BufferedInputStream(InputStream in, int size)：通过一个底层输入流 in 对象创建缓冲流对象，size 指定缓冲区大小，缓冲区大小应该是 2 的 n 次幂，这样可提高缓冲区的利用率。

BufferedOutputStream 构造方法主要有：

- BufferedOutputStream(OutputStream out)：通过一个底层输出流 out 对象创建缓冲流对象，缓冲区大小是默认的，默认值为 8192。
- BufferedOutputStream(OutputStream out, int size)：通过一个底层输出流 out 对象创建缓冲流对象，size 指定缓冲区大小，缓冲区大小应该是 2 的 n 次幂，这样可提高缓冲区的利用率。

下面将22.3.3节文件复制的案例改造成缓冲流实现。代码如下：

```java
//FileCopyWithBuffer.java 文件
package com.zhijieketang;

import java.io.BufferedInputStream;
import java.io.BufferedOutputStream;
import java.io.FileInputStream;
import java.io.FileNotFoundException;
import java.io.FileOutputStream;
import java.io.IOException;

public class FileCopyWithBuffer {

    public static void main(String[] args) {

        try (FileInputStream fis = new FileInputStream("./TestDir/src.zip");           ①
             BufferedInputStream bis = new BufferedInputStream(fis);                    ②
             FileOutputStream fos = new FileOutputStream("./TestDir/subDir/src.zip");   ③
             BufferedOutputStream bos = new BufferedOutputStream(fos)) {                ④

            //开始时间
            long startTime = System.nanoTime();                                         ⑤
            // 准备一个缓冲区
            byte[] buffer = new byte[1024];                                             ⑥
            // 首先读取一次
            int len = bis.read(buffer);

            while (len != -1) {
                // 开始写入数据
                bos.write(buffer, 0, len);
                // 再读取一次
                len = bis.read(buffer);
            }

            //耗费时间
            long elapsedTime = System.nanoTime() - startTime;                           ⑦
            System.out.println("耗时: " + (elapsedTime / 1000000.0) + " 毫秒");

        } catch (FileNotFoundException e) {
            e.printStackTrace();
        } catch (IOException e) {
            e.printStackTrace();
        }
    }
}
```

上述代码第①行是创建文件输入流，它是一个底层流，通过它构造缓冲输入流，见代码第②行。同理，代码第③行是创建文件输出流，它也是一个底层流，通过它构造缓冲输出流，见代码第④行。

为了记录复制过程所耗费的时间，在复制之前获取当前系统时间，见代码第⑤行，System.nanoTime()是获得当前系统时间，单位是纳秒。在复制结束之后同样获取系统时间，代码第⑦行用结束时的系统时间减去复制之前的系统时间，elapsedTime就是耗时，但是它的单位是纳秒，需要除以10^6才是毫秒。

提示 在程序代码第⑥行也指定了缓冲区buffer，这个缓冲区与缓冲流内置缓冲区不同，决定是否进行I/O操作次数的是缓冲流内置缓冲区,不是这个缓冲区。

为了比较,可以将22.3.3节案例也添加耗时输出功能。代码如下:

```java
//FileCopy.java 文件
package com.zhijieketang;
...
public class FileCopy {

    public static void main(String[] args) {

        try (FileInputStream in = new FileInputStream("./TestDir/src.zip");
             FileOutputStream out = new FileOutputStream("./TestDir/subDir/src.zip")) {

            //开始时间,当前系统纳秒时间
            long startTime = System.nanoTime();
            // 准备一个缓冲区
            byte[] buffer = new byte[1024];
            // 首先读取一次
            int len = in.read(buffer);

            while (len != -1) {
                // 开始写入数据
                out.write(buffer, 0, len);
                // 再读取一次
                len = in.read(buffer);
            }
            //耗费时间,当前系统纳秒时间
            long elapsedTime = System.nanoTime() - startTime;
            System.out.println("耗时:" + (elapsedTime / 1000000.0) + " 毫秒");

        } catch (FileNotFoundException e) {
            e.printStackTrace();
        } catch (IOException e) {
            e.printStackTrace();
        }
    }
}
```

FileCopy 与 FileCopyWithBuffer 复制相同文件 src.zip,缓冲区 buffer 都设置为 1024,那么运行的结果如下:

```
FileCopyWithBuffer 耗时: 94.927181 毫秒
FileCopy 耗时: 206.087523 毫秒
```

可能每次运行稍有不同,但是可以看出它们的差别:使用缓冲流的 FileCopyWithBuffer 明显要比不使用缓冲流的 FileCopy 速度快。

22.4 字符流

22.3节介绍了字节流,本节详细介绍字符流的 API。掌握字符流的 API 先要熟悉它的两个抽象类:Reader 和 Writer,了解它们有哪些主要的方法。

微课视频

22.4.1 Reader 抽象类

Reader 是字符输入流的根类，它定义了很多方法，影响着字符输入流的行为。

Reader 主要方法如下：

- int read()：读取一个字符，返回值在 0~65535(0x00~0xffff)。如果已经到达流末尾，则返回值-1。
- int read(char[] cbuf)：将字符读入数组 cbuf 中，返回值为实际读取的字符的数量。如果已经到达流末尾，则返回值-1。
- int read(char[] cbuf, int off, int len)：最多读取 len 个字符，数据放到以下标 off 开始的字符数组 cbuf 中，将读取的第一个字符存储在元素 cbuf[off] 中，下一个存储在 cbuf[off+1] 中，以此类推。返回值为实际读取的字符的数量。如果已经到达流末尾，则返回值-1。
- void close()：流操作完毕后必须关闭。

上述所有方法都可能会抛出 IOException，因此使用时要注意处理异常。

22.4.2 Writer 抽象类

Writer 是字符输出流的根类，它定义了很多方法，影响着字符输出流的行为。

Writer 主要方法如下：

- void write(int c)：将整数值为 c 的字符写入输出流，c 是 int 类型，占有 32 位，写入过程是写入 c 的 16 个低位，c 的 16 个高位将被忽略。
- void write(char[] cbuf)：将字符数组 cbuf 写入输出流。
- void write(char[] cbuf, int off, int len)：把字符数组 cbuf 中从下标 off 开始，长度为 len 的字符写入输出流。
- void write(String str)：将字符串 str 中的字符写入输出流。
- void write(String str, int off, int len)：将字符串 str 中从索引 off 开始处的 len 个字符写入输出流。
- void flush()：刷空输出流，并输出所有被缓存的字符。由于某些流支持缓存功能，该方法将把缓存中所有内容强制输出到流中。
- void close()：流操作完毕后必须关闭。

上述所有方法都声明了抛出 IOException，因此使用时要注意处理异常。

注意 Reader 和 Writer 都实现了 AutoCloseable 接口，可以使用自动资源管理技术自动关闭它们。

22.4.3 案例：文件复制

前面小节介绍了字符流常用的方法，下面通过一个案例熟悉它们的使用。该案例实现了文件复制，数据源是文件，所以会用到文件输入流 FileReader；数据目的地也是文件，所以会用到文件输出流 FileWriter。

FileReader 和 FileWriter 中主要方法都是继承自 Reader 和 Writer，这在前面两节已经详细介绍，这里不再赘述。下面介绍它们的构造方法。FileReader 构造方法主要有：

- FileReader(String fileName)：创建 FileReader 对象，fileName 是文件名。如果文件不存在，则抛出 FileNotFoundException 异常。
- FileReader(File file)：通过 File 对象创建 FileReader 对象。如果 file 文件不存在，则抛出

FileNotFoundException 异常。

FileWriter 构造方法主要有：

- FileWriter(String fileName)：通过指定 fileName 文件名创建 FileWriter 对象。如果 fileName 文件存在，但如果是一个目录或文件无法打开，则抛出 FileNotFound Exception 异常。
- FileWriter(String fileName，boolean append)：通过指定 fileName 文件名创建 FileWriter 对象，append 参数如果为 true，则将字符写入文件末尾处，而不是写入文件开始处。如果 fileName 文件存在，但如果是一个目录或文件无法打开，则抛出 FileNotFoundException 异常。
- FileWriter(File file)：通过 File 对象创建 FileWriter 对象。如果 file 文件存在，但如果是一个目录或文件无法打开，则抛出 FileNotFoundException 异常。
- FileWriter(File file，boolean append)：通过 File 对象创建 FileWriter 对象，append 参数如果为 true，则将字符写入文件末尾处，而不是写入文件开始处。如果 file 文件存在，但如果是一个目录或文件无法打开，则抛出 FileNotFoundException 异常。

注意 字符文件流只能复制文本文件，不能复制二进制文件。

下面采用文件字符流重新实现 22.3.3 节文件复制案例。代码如下：

```java
//FileCopy.java 文件
package com.zhijieketang;

import java.io.FileNotFoundException;
import java.io.FileReader;
import java.io.FileWriter;
import java.io.IOException;

public class FileCopy {

    public static void main(String[] args) {

        try (FileReader in = new FileReader("./TestDir/build.txt");
             FileWriter out = new FileWriter("./TestDir/subDir/build.txt")) {

            // 准备一个缓冲区
            char[] buffer = new char[10];
            // 首先读取一次
            int len = in.read(buffer);

            while (len != -1) {
                String copyStr = new String(buffer);
                // 打印复制的字符串
                System.out.println(copyStr);
                // 开始写入数据
                out.write(buffer, 0, len);
                // 再读取一次
                len = in.read(buffer);
            }

        }catch (FileNotFoundException e) {
            e.printStackTrace();
        }catch (IOException e) {
            e.printStackTrace();
        }
```

```
        }
}
```

控制台输出结果如下:

```
AI - 162.376
456862.376
```

上述代码与 22.3.3 节非常相似,只是将文件输入流改为 FileReader,文件输出流改为 FileWriter,缓冲区使用的是字符数组。

22.4.4 使用字符缓冲流

BufferedReader 和 BufferedWriter 称为字符缓冲流。BufferedReader 特有方法和构造方法有:
- String readLine(): 读取一个文本行。如果已经到达流末尾,则返回值 null。
- BufferedReader(Reader in): 构造方法,通过一个底层输入流 in 对象创建缓冲流对象,缓冲区大小是默认的,默认值为 8192。
- BufferedReader(Reader in, int size): 构造方法,通过一个底层输入流 in 对象创建缓冲流对象,size 指定缓冲区大小,缓冲区大小应该是 2 的 n 次幂,这样可提高缓冲区的利用率。

BufferedWriter 特有方法和构造方法主要有:
- void newLine(): 写入一个换行符。
- BufferedWriter(Writer out): 构造方法,通过一个底层输出流 out 对象创建缓冲流对象,缓冲区大小是默认的,默认值为 8192。
- BufferedWriter(Writer out, int size): 构造方法,通过一个底层输出流 out 对象创建缓冲流对象,size 指定缓冲区大小,缓冲区大小应该是 2 的 n 次幂,这样可提高缓冲区的利用率。

下面将 22.4.3 节的文件复制的案例改造成缓冲流实现。代码如下:

```java
//FileCopyWithBuffer.java 文件
package com.zhijieketang;

import java.io.BufferedReader;
import java.io.BufferedWriter;
import java.io.FileNotFoundException;
import java.io.FileReader;
import java.io.FileWriter;
import java.io.IOException;

public class FileCopyWithBuffer {

    public static void main(String[] args) {

        try (FileReader fis = new FileReader("./TestDir/JButton.html");
             BufferedReader bis = new BufferedReader(fis);
             FileWriter fos = new FileWriter("./TestDir/subDir/JButton.html");
             BufferedWriter bos = new BufferedWriter(fos)) {

            // 首先读取一行文本
            String line = bis.readLine();                    ①

            while (line != null) {
```

```
            // 开始写入数据
            bos.write(line);                    ②
            //写一个换行符
            bos.newLine();                      ③
            // 再读取一行文本
            line = bis.readLine();
        }
        System.out.println("复制完成");
    }catch (FileNotFoundException e) {
        e.printStackTrace();
    }catch (IOException e) {
        e.printStackTrace();
    }
}
```

上述代码第①行是通过字节缓冲流 readLine 方法读取一行文本,当读取文本为 null 时说明流已经读完了。代码第②行是写入文本到输出流,由于在输入流的 readLine 方法中会丢掉一个换行符或回车符,为了保持复制结果完全一样,因此需要在写完一个文本后,调用输出流的 newLine 方法写入一个换行符。

22.4.5 字节流转换字符流

有时需要将字节流转换为字符流,InputStreamReader 和 OutputStreamWriter 是为实现这种转换而设计的。

InputStreamReader 构造方法如下:

- InputStreamReader(InputStream in):将字节流 in 转换为字符流对象,字符流使用默认字符集。
- InputStreamReader(InputStream in, String charsetName):将字节流 in 转换为字符流对象,charsetName 指定字符流的字符集,字符集主要有 US-ASCII、ISO-8859-1、UTF-8 和 UTF-16。如果指定的字符集不支持,则会抛出 UnsupportedEncodingException 异常。

OutputStreamWriter 构造方法如下:

- OutputStreamWriter(OutputStream out):将字节流 out 转换为字符流对象,字符流使用默认字符集。
- OutputStreamWriter(OutputStream out, String charsetName):将字节流 out 转换为字符流对象,charsetName 指定字符流的字符集,如果指定的字符集不支持,则会抛出 UnsupportedEncodingException 异常。

下面将 22.4.3 节的文件复制的案例改造成缓冲流实现。代码如下:

```
//FileCopyWithBuffer.java 文件
package com.zhijieketang;

import java.io.BufferedReader;
import java.io.BufferedWriter;
import java.io.FileInputStream;
import java.io.FileNotFoundException;
import java.io.FileOutputStream;
import java.io.IOException;
import java.io.InputStreamReader;
import java.io.OutputStreamWriter;
```

```java
public class FileCopyWithBuffer {

    public static void main(String[] args) {

        try ( // 创建字节文件输入流对象
            FileInputStream fis = new FileInputStream("./TestDir/JButton.html");   ①
            // 创建转换流对象
            InputStreamReader isr = new InputStreamReader(fis);
            // 创建字符缓冲输入流对象
            BufferedReader bis = new BufferedReader(isr);

            // 创建字节文件输出流对象
            FileOutputStream fos
                = new FileOutputStream("./TestDir/subDir/JButton.html");
            // 创建转换流对象
            OutputStreamWriter osw = new OutputStreamWriter(fos);
            // 创建字符缓冲输出流对象
            BufferedWriter bos = new BufferedWriter(osw)) {                        ②

            // 首先读取一行文本
            String line = bis.readLine();

            while (line != null) {
                // 开始写入数据
                bos.write(line);
                // 写一个换行符
                bos.newLine();
                // 再读取一行文本
                line = bis.readLine();
            }
            System.out.println("复制完成");
        }catch (FileNotFoundException e) {
            e.printStackTrace();
        }catch (IOException e) {
            e.printStackTrace();
        }
    }
}
```

上述代码第①行和第②行只是一条语句,将这 6 个流放到 try(…),由 JVM 自动管理关闭。上述流从一个文件字节流构建转换流,再构建缓冲流,这个过程比较麻烦,在 I/O 流开发过程中经常遇到这种流的"链条"。

22.5 本章小结

本章主要介绍了 Java 文件管理和 I/O 流技术。需要熟悉 File 类使用,还需要掌握字节流两个根类 InputStream 和 OutputStream,以及字符流的两个根类 Reader 和 Writer。了解常用的装饰器流,如 InputStreamReader、OutputStreamWriter、BufferedReader、BufferedWriter、BufferedInputStream 和 BufferedOutputStream 等。

22.6 同步练习

选择题

1. 下列哪个选项是构造 BufferedInputStream 对象的合适参数？(   )
   - A. BufferedInputStream
   - B. BufferedOutputStream
   - C. FileInputStream
   - D. FileOuterStream
   - E. File

2. 下列哪个选项能够转换字符集的输入流？(   )
   - A. Java.io.InputStream
   - B. Java.io.EncodedReader
   - C. Java.io.InputStreamReader
   - D. Java.io.InputStreamWriter
   - E. Java.io.BufferedInputStream

3. 下列哪两个选项能够创建 file.txt 文件输入流？(   )
   - A. InputStream in＝new FileReader("file.txt");
   - B. InputStream in＝new FileInputStream("file.txt");
   - C. InputStream in＝new InputStreamFileReader("file.txt","read");
   - D. FileInputStream in＝new FileReader(new File("file.txt"));
   - E. FileInputStream in＝new FileInputStream(new File("file.txt"));

4. 下列哪两个选项以追加方式创建 file.txt 文件输出流？(   )
   - A. OutputStream out＝new FileOutputStream("file.txt");
   - B. OutputStream out＝new FileOutputStream("file.txt","append");
   - C. FileOutputStream out＝new FileOutputStream("file.txt"，true);
   - D. FileOutputStream out＝new FileOutputStream(new file("file.txt"));
   - E. OutputStream out＝new FileOutputStream(new File("file.txt")，true);

22.7 动手实践：读写日期

编程题

首先,编写程序获得当前日期,并将日期按照特定格式写入一个文本文件中。然后再编写程序,从文本文件中读取刚写入日期字符串,并将字符串解析为日期时间对象。

第 23 章 多线程编程

CHAPTER 23

无论 PC(个人计算机)还是智能手机现在都支持多任务,都能够编写并发访问程序。多线程编程可以编写并发访问程序。本章介绍多线程编程。

23.1 基础知识

微课视频

那么线程究竟是什么? 在 Windows 操作系统出现之前,PC 上的操作系统都是单任务系统,只有在大型计算机上才具有多任务和分时设计。随着 Windows、Linux 等操作系统出现,把原本只在大型计算机中才具有的优点带到了 PC 系统中。

23.1.1 进程

一般可以在同一时间内执行多个程序的操作系统都有进程的概念。一个进程就是一个执行中的程序,而每个进程都有自己独立的一块内存空间、一组系统资源。在进程的概念中,每个进程的内部数据和状态都是完全独立的。在 Windows 操作系统下可以通过 Ctrl+Alt+Del 组合键查看进程,在 UNIX 和 Linux 操作系统下是通过 ps 命令查看进程的。打开 Windows 当前运行的进程,如图 23-1 所示。

在 Windows 操作系统中一个进程就是一个 exe 或者 dll 程序,它们相互独立,互相也可以通信,在 Android 操作系统中进程间的通信应用也是很多的。

23.1.2 线程

线程与进程相似,是一段完成某个特定功能的代码,是程序中单个顺序控制的流程,但与进程不同的是,同类的多个线程是共享一块内存空间和一组系统资源。所以系统在各个线程之间切换时,开销要比进程小得多,正因如此,线程被称为轻量级进程。一个进程中可以包含多个线程。

23.1.3 主线程

Java 程序至少会有一个线程,这就是主线程,程序启动后由 JVM 创建主线程,程序结束时由 JVM 停止主线程。主线程负责管理子线程,即子线程的启动、挂起、停止等操作。图 23-2 所示是进程、主线程和子线程的关系,其中主线程负责管理子线程,即子线程的启动、挂起、停止等操作。

图 23-1　Windows 操作系统进程

图 23-2　进程、主线程和子线程关系

获取主线程示例代码如下：

```java
//HelloWorld.java 文件
package com.zhijieketang;

public class HelloWorld {

    public static void main(String[] args) {
        //获取主线程
        Thread mainThread = Thread.currentThread();        ①
```

```
        System.out.println("主线程名：" + mainThread.getName());    ②
    }
}
```

上述代码第①行Thread.currentThread()获得当前线程，由于在main()方法中当前线程就是主线程，Thread是Java线程类，位于java.lang包中。代码第②行的getName()方法获得线程的名字，主线程名是main，由JVM分配。

23.2 创建子线程

Java中创建一个子线程涉及java.lang.Thread类和java.lang.Runnable接口。Thread是线程类创建一个Thread对象就会产生一个新的线程。而线程执行的程序代码是在实现Runnable接口对象的run()方法中编写的，实现Runnable接口对象是线程执行对象。

线程执行对象实现Runnable接口的run()方法，run()方法是线程执行的入口，该线程要执行程序代码都是在此编写的，run()方法称为线程体。

提示 主线程中执行入口是main(String[] args)方法，这里可以控制程序的流程，管理其他的子线程等。子线程执行入口是线程执行对象（实现Runnable接口对象）的run()方法，在这个方法中可以编写子线程相关处理代码。

23.2.1 实现Runnable接口

创建线程Thread对象时，可以将线程执行对象传递给它，这需要使用Thread类的两个构造方法：
- Thread(Runnable target, String name)：target是线程执行对象，实现Runnable接口。name为线程名字。
- Thread(Runnable target)：target是线程执行对象，实现Runnable接口。线程名字是由JVM分配的。

下面看一个具体示例。实现Runnable接口的线程执行对象Runner代码如下：

```java
//Runner.java文件
package com.zhijieketang;

//线程执行对象
public class Runner implements Runnable {                          ①

    // 编写执行线程代码
    @Override
    public void run() {                                            ②
        for (int i = 0; i < 10; i++) {
            // 打印次数和线程的名字
            System.out.printf("第 %d 次执行 - %s\n", i,
                    Thread.currentThread().getName());             ③

            try {
                // 随机生成休眠时间
                long sleepTime = (long) (1000 * Math.random());
                // 线程休眠
                Thread.sleep(sleepTime);                           ④
```

```
        }catch (InterruptedException e) {
        }
    }
    // 线程执行结束
    System.out.println("执行完成！" + Thread.currentThread().getName());
}
```

上述代码第①行声明实现 Runnable 接口，这要覆盖代码第②行的 run()方法，run()方法是线程体，在该方法中编写自己的线程处理代码。

本例线程体中进行了 10 次循环，每次让当前线程休眠一段时间。其中代码第③行是打印次数和线程的名字，Thread.currentThread()可以获得当前线程对象，getName()是 Thread 类的实例方法，可以获得线程的名字。代码第④行 Thread.sleep(sleepTime)是休眠当前线程。sleep 是静态方法，它有如下两个版本：

- static void sleep(long millis)：在指定的毫秒数内让当前正在执行的线程休眠。
- static void sleep(long millis, int nanos)：在指定的毫秒数加指定的纳秒数内让当前正在执行的线程休眠。

测试程序 HelloWorld 代码如下：

```
//HelloWorld.java 文件
package com.zhijieketang;

public class HelloWorld {

    public static void main(String[] args) {

        // 创建线程 t1,参数是一个线程执行对象 Runner
        Thread t1 = new Thread(new Runner());              ①
        // 开始线程 t1
        t1.start();                                        ②

        // 创建线程 t2,参数是一个线程执行对象 Runner
        Thread t2 = new Thread(new Runner(), "MyThread");  ③
        // 开始线程 t2
        t2.start();                                        ④
    }
}
```

上述代码创建了两个子线程，见代码第①行和第③行，构造方法参数是线程执行对象 Runner，其中代码第①行的构造方法没有指定线程的名字，代码第③行的构造方法指定了线程名字。线程创建完成还需要调用 start()方法才能执行，见代码第②行和第④行，start()方法一旦调用，线程进入可以执行状态，可以执行状态下的线程等待 CPU 调度执行，CPU 调用后线程进入执行状态，运行 run()方法。

运行结果如下：

```
第 0 次执行 - MyThread
第 0 次执行 - Thread-0
第 1 次执行 - Thread-0
第 1 次执行 - MyThread
第 2 次执行 - MyThread
第 2 次执行 - Thread-0
第 3 次执行 - MyThread
```

第 3 次执行 - Thread-0
第 4 次执行 - Thread-0
第 5 次执行 - Thread-0
第 6 次执行 - Thread-0
第 4 次执行 - MyThread
第 7 次执行 - Thread-0
第 5 次执行 - MyThread
第 8 次执行 - Thread-0
第 6 次执行 - MyThread
第 9 次执行 - Thread-0
第 7 次执行 - MyThread
执行完成! Thread-0
第 8 次执行 - MyThread
第 9 次执行 - MyThread
执行完成! MyThread

提示 仔细分析一下运行结果,会发现两个线程是交错运行的,感觉就像是两个线程在同时运行。但是实际上一台 PC 通常就只有一颗 CPU,在某个时刻只能是一个线程在运行,而 Java 语言在设计时就充分考虑到线程的并发调度执行。对于程序员来说,在编程时要注意给每个线程执行的时间和机会。主要是通过让线程休眠的办法(调用 sleep()方法)来让当前线程暂停执行,然后由其他线程来争夺执行的机会。如果上面的程序中没有用到 sleep()方法,则第一个线程先执行完毕,然后第二个线程再执行完毕。所以用活 sleep()方法是多线程编程的关键。

23.2.2 继承 Thread 线程类

事实上,Thread 类也实现了 Runnable 接口,所以 Thread 类也可以作为线程执行对象,这需要继承 Thread 类覆盖 run()方法。

采用继承 Thread 类重新实现 23.2.1 节示例。自定义线程类 MyThread 代码如下:

```java
//MyThread.java 文件
package com.zhijieketang;

//线程执行对象
public class MyThread extends Thread {

    public MyThread() {                                         ①
        super();                                                ②
    }

    public MyThread(String name) {                              ③
        super(name);                                            ④
    }

    // 编写执行线程代码
    @Override
    public void run() {                                         ⑤
        for (int i = 0; i < 10; i++) {
            // 打印次数和线程的名字
            System.out.printf("第 %d 次执行 - %s\n", i, getName());

            try {
                // 随机生成休眠时间
                long sleepTime = (long) (1000 * Math.random());
```

```java
            // 线程休眠
            sleep(sleepTime);
        }catch (InterruptedException e) {
        }
    }
    // 线程执行结束
    System.out.println("执行完成！" + getName());
  }
}
```

上述代码第①行和第③行定义了一个构造方法，通过 super 调用父类 Thread 构造方法。这两个 Thread 类构造方法如下：

- Thread(String name)：name 为线程指定一个名字。代码第④行调用就是此构造方法。
- Thread()：线程名字是 JVM 分配的。代码第②行调用就是此构造方法。

代码第⑤行覆盖 Thread 类的 run()方法，run()方法是线程体，需要线程执行的代码编写在这里。
测试程序 HelloWorld 代码如下：

```java
//HelloWorld.java 文件
package com.zhijieketang;

public class HelloWorld {

    public static void main(String[] args) {

        // 创建线程 t1
        Thread t1 = new MyThread();                              ①
        // 开始线程 t1
        t1.start();

        // 创建线程 t2
        Thread t2 = new MyThread("MyThread");                    ②
        // 开始线程 t2
        t2.start();
    }
}
```

代码第①行调用无参数构造方法创建线程对象 t1，代码第②行调用有一个字符串参数的构造方法创建线程对象 t2。

提示 由于 Java 只支持单重继承，继承 Thread 类的方式不能再继承其他父类。当开发一些图形界面的应用时，需要一个类既是一个窗口（继承 JFrame）又是一个线程体，此时只能采用实现 Runnable 接口方式。

23.2.3 使用匿名内部类和 Lambda 表达式实现线程体

如果线程体使用的地方不是很多，可以不用单独定义一个类。可以使用匿名内部类或 Lambda 表达式直接实现 Runnable 接口。Runnable 中只有一个方法是函数式接口，可以使用 Lambda 表达式。
重新实现 23.2.1 节示例，代码如下：

```java
//HelloWorld.java 文件
package com.zhijieketang;
```

```java
public class HelloWorld {
    public static void main(String[] args) {
        // 创建线程t1,参数是实现Runnable接口的匿名内部类
        Thread t1 = new Thread(new Runnable() {                        ①
            // 编写执行线程代码
            @Override
            public void run() {
                for (int i = 0; i < 10; i++) {
                    // 打印次数和线程的名字
                    System.out.printf("第 %d 次执行 - %s\n", i,
                            Thread.currentThread().getName());
                    try {
                        // 随机生成休眠时间
                        long sleepTime = (long) (1000 * Math.random());
                        // 线程休眠
                        Thread.sleep(sleepTime);
                    } catch (InterruptedException e) {
                    }
                }
                // 线程执行结束
                System.out.println("执行完成! " + Thread.currentThread().getName());
            }
        });
        // 开始线程t1
        t1.start();

        // 创建线程t2,参数是实现Runnable接口的Lambda表达式
        Thread t2 = new Thread(() -> {                                  ②
            for (int i = 0; i < 10; i++) {
                // 打印次数和线程的名字
                System.out.printf("第 %d 次执行 - %s\n", i,
                        Thread.currentThread().getName());
                try {
                    // 随机生成休眠时间
                    long sleepTime = (long) (1000 * Math.random());
                    // 线程休眠
                    Thread.sleep(sleepTime);
                } catch (InterruptedException e) {
                }
            }
            // 线程执行结束
            System.out.println("执行完成! " + Thread.currentThread().getName());
        }, "MyThread");
        // 开始线程t2
        t2.start();
    }
}
```

上述代码第①行采用匿名内部类实现Runnable接口,覆盖run()方法。这里使用的是Thread(Runnable target)构造方法。代码第②行采用Lambda表达式实现Runnable接口,覆盖run()方法。这里使用的是Thread(Runnable target,String name)构造方法,Lambda表达式是它的第一个参数。匿名内部类和Lambda表达式代码虽然很多,但是它只是一个参数,实现了Runnable接口线程执行对

象。如图 23-3 所示深颜色部分是匿名内部类，如图 23-4 所示深颜色部分是 Lambda 表达式。

```java
// 创建线程t1，参数是实现Runnable接口的匿名内部类
Thread t1 = new Thread(new Runnable() {
    // 编写执行线程代码
    @Override
    public void run() {
        for (int i = 0; i < 10; i++) {
            // 打印次数和线程的名字
            System.out.printf("第 %d次执行 - %s\n", i, Thread.currentThread().getName());
            try {
                // 随机生成休眠时间
                long sleepTime = (long) (1000 * Math.random());
                // 线程休眠
                Thread.sleep(sleepTime);
            } catch (InterruptedException e) {
            }
        }
        // 线程执行结束
        System.out.println("执行完成！" + Thread.currentThread().getName());
    }
});
```

图 23-3　匿名内部类

```java
// 创建线程t2，参数是实现Runnable接口的Lambda表达式
Thread t2 = new Thread(() -> {
    for (int i = 0; i < 10; i++) {
        // 打印次数和线程的名字
        System.out.printf("第 %d次执行 - %s\n", i, Thread.currentThread().getName());
        try {
            // 随机生成休眠时间
            long sleepTime = (long) (1000 * Math.random());
            // 线程休眠
            Thread.sleep(sleepTime);
        } catch (InterruptedException e) {
        }
    }
    // 线程执行结束
    System.out.println("执行完成！" + Thread.currentThread().getName());
}, name: "MyThread");
```

图 23-4　Lambda 表达式

提示　匿名内部类和 Lambda 表达式不需要定义一个线程类文件，使用起来很方便。特别是 Lambda 表达式使代码变得非常简洁。但是客观上匿名内部类和 Lambda 表达式会使代码可读性变差，对于初学者不容易理解。

23.3　线程的状态

在线程的生命周期中，线程会有几种状态。如图 23-5 所示，线程有 5 种状态。下面分别介绍。

图 23-5　线程状态

1. 新建状态

新建状态(new)是通过 new 等方式创建线程对象，它仅是一个空的线程对象。

2. 就绪状态

当主线程调用新建线程的 start()方法后，它就进入就绪状态(runnable)。此时的线程尚未真正开始执行 run()方法，它必须等待 CPU 的调度。

3. 运行状态

CPU 调度就绪状态的线程，线程进入运行状态(running)，处于运行状态的线程独占 CPU，执行 run()方法。

4. 阻塞状态

因为某种原因运行状态的线程会进入不可运行状态，即阻塞状态(blocked)，处于阻塞状态的线程 JVM 系统不能执行，即使 CPU 空闲，也不能执行该线程。如下几个原因会导致线程进入阻塞状态：

- 当前线程调用 sleep()方法，进入休眠状态。
- 被其他线程调用了 join()方法，等待其他线程结束。
- 发出 I/O 请求，等待 I/O 操作完成期间。
- 当前线程调用 wait()方法。

处于阻塞状态可以重新回到就绪状态，如休眠结束、其他线程加入、I/O 操作完成、调用 notify 或 notifyAll 唤醒 wait 线程。

5. 死亡状态

线程退出 run()方法后，就会进入死亡状态(dead)。线程进入死亡状态有可能是正常执行完成 run()方法后进入，也有可能是由于发生异常而进入的。

微课视频

23.4　线程管理

线程管理是比较头痛的事情，这是学习线程的难点。

23.4.1　线程优先级

线程的调度程序根据线程决定每次线程应当何时运行，Java 提供了 10 种优先级，分别用 1～10 整数表示，最高优先级是 10，用常量 MAX_PRIORITY 表示；最低优先级是 1，用常量 MIN_PRIORITY 表示；默认优先级是 5，用常量 NORM_PRIORITY 表示。

Thread 类提供了 setPriority(int newPriority)方法用以设置线程优先级，通过 getPriority()方法可以获得线程优先级。

设置线程优先级示例代码如下：

```java
//HelloWorld.java 文件
package com.zhijieketang;

public class HelloWorld {

    public static void main(String[] args) {

        // 创建线程 t1,参数是一个线程执行对象 Runner
        Thread t1 = new Thread(new Runner());
        t1.setPriority(Thread.MAX_PRIORITY);            ①
        // 开始线程 t1
        t1.start();

        // 创建线程 t2,参数是一个线程执行对象 Runner
        Thread t2 = new Thread(new Runner(), "MyThread");
        t2.setPriority(Thread.MIN_PRIORITY);            ②
        // 开始线程 t2
        t2.start();
    }
}
```

在代码第①行设置线程 t1 优先级最高，代码第②行设置线程 t2 优先级最低。

提示 多次运行上面的示例会发现，t1 线程经常先运行，但是偶尔 t2 线程也会先运行。这些现象说明，影响线程获得 CPU 时间的因素，除了线程优先级外，还与操作系统有关。

23.4.2 等待线程结束

在介绍线程状态时提到过 join()方法，当前线程调用 t1 线程的 join()方法，则阻塞当前线程，等待 t1 线程结束，如果 t1 线程结束或等待超时，则当前线程回到就绪状态。

Thread 类提供了多个版本的 join()，其定义如下：

- void join()：等待该线程结束。
- void join(long millis)：等待该线程结束的时间最长为 millis 毫秒。如果超时为 0,意味着要一直等下去。
- void join(long millis, int nanos)：等待该线程结束的时间最长为 millis 毫秒加 nanos 纳秒。

使用 join()方法示例代码如下：

```java
//HelloWorld.java 文件
package com.zhijieketang;

public class HelloWorld {
    //共享变量
    static int value = 0;                               ①

    public static void main(String[] args) throws InterruptedException {

        System.out.println("主线程 开始...");

        // 创建线程 t1,参数是一个线程执行对象 Runner
        Thread t1 = new Thread(() -> {                  ②
            System.out.println("t1 线程 开始...");
```

```
            for (int i = 0; i < 2; i++) {
                System.out.println("t1 线程 执行...");
                value++;                                    ③
            }
            System.out.println("t1 线程 结束...");
        });
        // 开始线程 t1
        t1.start();

        System.out.println("主线程被阻塞,等待 t1 线程结束...");
        // 主线程被阻塞,等待 t1 线程结束
        t1.join();                                          ④

        System.out.println("value = " + value);             ⑤
        System.out.println("主线程 继续执行...");
    }
}
```

运行结果如下:

```
主线程 开始...
主线程被阻塞,等待 t1 线程结束...
t1 线程 开始...
t1 线程 执行...
t1 线程 执行...
t1 线程 结束...
value = 2
主线程 继续执行...
```

上述代码第①行声明了一个共享变量 value,这个变量在子线程中修改,然后主线程访问它。代码第②行采用 Lambda 表达式创建线程,指定线程名为 ThreadA。代码第③行是在子线程 ThreadA 中修改共享变量 value。

代码第④行是在当前线程(主线程)中调用 t1 的 join()方法,因此会导致主线程阻塞,等待 t1 线程结束,从运行结果可以看出主线程被阻塞了。代码第⑤行是打印共享变量 value,从运行结果可见 value=2。

如果尝试将 t1.join()语句注释掉,输出结果如下:

```
主线程 开始...
主线程被阻塞,等待 t1 线程结束...
t1 线程 开始...
t1 线程 执行...
t1 线程 执行...
t1 线程 结束...
value = 0
主线程 继续执行...
```

提示 使用 join()方法的场景是,一个线程依赖于另外一个线程的运行结果,所以调用另一个线程的 join()方法等它运行完成。

23.4.3 线程让步

线程类 Thread 还提供一个静态方法 yield(),调用 yield()方法能够使当前线程给其他线程让步。它类似于 sleep()方法,能够使运行状态的线程放弃 CPU 使用权,暂停片刻,然后重新回到就绪状态。

与 sleep()方法不同的是,sleep()方法是线程进行休眠,能够给其他线程运行的机会,无论线程优先级高低都有机会运行。而 yield()方法只给相同优先级或更高优先级线程机会。

示例代码如下:

```java
//Runner.java 文件
package com.zhijieketang;

//线程执行对象
public class Runner implements Runnable {

    // 编写执行线程代码
    @Override
    public void run() {
        for (int i = 0; i < 10; i++) {
            // 打印次数和线程的名字
            System.out.printf("第 %d 次执行 - %s\n", i,
                    Thread.currentThread().getName());
            Thread.yield();                                           ①
        }
        // 线程执行结束
        System.out.println("执行完成!" + Thread.currentThread().getName());
    }
}
```

代码第①行 Thread.yield()能够使当前线程让步。

提示 yield()方法只能给相同优先级或更高优先级的线程让步,yield()方法在实际开发中很少使用,大多使用 sleep()方法,sleep()方法可以控制时间,而 yield()方法不能。

23.4.4 线程停止

线程体中的 run()方法结束,线程进入死亡状态,线程就停止了。但是有些业务比较复杂,例如想开发一个下载程序,每隔一段执行一次下载任务,下载任务一般会由子线程执行,休眠一段时间再执行。这个下载子线程中会有一个死循环,为了能够停止子线程,设置一个结束变量。

示例代码如下:

```java
//HelloWorld.java 文件
package com.zhijieketang;

import java.io.BufferedReader;
import java.io.IOException;
import java.io.InputStreamReader;

public class HelloWorld {

    private static String command = "";                               ①

    public static void main(String[] args) {

        // 创建线程 t1,参数是一个线程执行对象 Runner
        Thread t1 = new Thread(() -> {

            // 一直循环,直到满足条件再停止线程
            while (!command.equalsIgnoreCase("exit")) {                ②
```

```
        // 线程开始工作
        // TODO
        System.out.println("下载中...");
        try {
            // 线程休眠
            Thread.sleep(10000);
        } catch (InterruptedException e) {

        }
    }
    // 线程执行结束
    System.out.println("执行完成!");
});
// 开始线程 t1
t1.start();

try (InputStreamReader ir = new InputStreamReader(System.in);        ③
    BufferedReader in = new BufferedReader(ir)) {
    // 从键盘接收了一个字符串的输入
    command = in.readLine();                                         ④
}catch (IOException e) {

}

    }
}
```

上述代码第①行是设置一个结束变量。代码第②行是在子线程的线程体中判断用户输入的是否为exit字符串,如果不是则进行循环,否则结束循环,结束循环就结束了run()方法,线程就停止了。

代码第③行中的System.in是一个很特殊的输入流,能够从控制台(键盘)读取字符。代码第④行是通过流System.in读取键盘输入的字符串。测试时需要注意:在控制台输入exit,然后按Enter键,如图23-6所示。

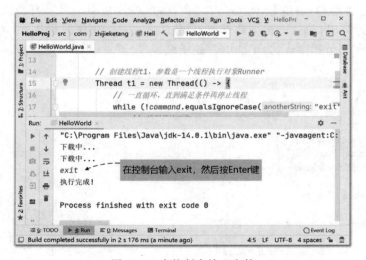

图23-6 在控制台输入字符

提示 控制线程的停止有人会想到使用Thread提供的stop()方法,这个方法已经不推荐使用,因为这个方法有时会引发严重的系统故障,类似还有suspend()和resume()挂起方法。Java现在推荐的做法就是采用本例的结束变量方式。

23.5 线程安全

微课视频

在多线程环境下,访问相同的资源,有可能会引发线程不安全问题。本节讨论引发这些问题的根源和解决方法。

23.5.1 临界资源问题

多一个线程同时运行,有时线程之间需要共享数据,一个线程需要其他线程的数据,否则就不能保证程序运行结果的正确性。

例如有一个航空公司的机票销售,每天的机票数量是有限的,很多售票点同时销售这些机票。下面是一个模拟销售机票系统,示例代码如下:

```java
//TicketDB.java 文件
package com.zhijieketang;

//机票数据库
public class TicketDB {

    // 机票的数量
    private int ticketCount = 5;                                          ①

    // 获得当前机票数量
    public int getTicketCount() {                                         ②
        return ticketCount;
    }

    // 销售机票
    public void sellTicket() {                                            ③
        try {
            // 线程休眠,阻塞当前线程,模拟等待用户付款
            long sleepTime = (long) (1000 * Math.random());
            Thread.sleep(sleepTime);                                      ④
        }catch (InterruptedException e) {
        }
        ticketCount --;                                                   ⑤
    }
}
```

上述代码模拟机票销售过程,代码第①行是声明机票数量成员变量 ticketCount,这是模拟当天可供销售的机票数,为了测试方便初始值设置为5。代码第②行定义了获取当前机票数的 getTicketCount() 方法。代码第③行是销售机票方法,售票网点查询出有没有票可以销售,那么会调用 sellTicket() 方法销售机票,这个过程中需要等待用户付款,付款成功后,会将机票数减1,见代码第⑤行。为模拟等待用户付款,在代码第④行使用了 sleep() 方法让当前线程阻塞。

调用代码如下:

```java
//HelloWorld.java 文件
package com.zhijieketang;

public class HelloWorld {
```

```java
public static void main(String[] args) {
    //创建机票数据库 TicketDB 对象 db
    TicketDB db = new TicketDB();

    // 创建线程 t1
    Thread t1 = new Thread(() -> {                              ①
        while (true) {
            if (!job(db)) {                                      ②
                break;     // 无票退出
            }
        }
    }, "售票点 1");
    // 开始线程 t1
    t1.start();

    // 创建线程 t2
    Thread t2 = new Thread(() -> {                              ③
        while (true) {
            if (!job(db)) {                                      ④
                break;     // 无票退出
            }
        }
    }, "售票点 2");
    // 开始线程 t2
    t2.start();

}

/**
 * 某售票点购买机票过程
 *
 * @param db 机票数据库 TicketDB 对象
 * @return 无票返回 false,有票返回 true
 */
private static boolean job(TicketDB db) {                       ⑤
    int currTicketCount = db.getTicketCount();                  ⑥
    // 查询是否有票
    if (currTicketCount > 0) {                                   ⑦
        db.sellTicket();                                         ⑧
    } else {
        return false;      // 无票
    }
    // 获取当前线程名
    String threadName = Thread.currentThread().getName();
    // 打印售票日志
    System.out.printf("%s - 售出第 %d 号票.\n", threadName, currTicketCount);
    return true;           // 有票
}
```

在 HelloWorld 中创建了两个线程(见代码第①行和第③行),模拟两个售票网点,每个线程所做的事情类似,循环调用 job()方法(见代码第②行和第④行)。

代码第⑤行定义 job()方法,该方法无票时返回 false,有票时返回 true。方法中首先通过代码第⑥行获得当前机票数量,然后判断机票数量是否大于 0(见代码第⑦行),如果有票则出票(见代码第⑧行)。

一次运行结果如下：

售票点 2 - 售出第 5 号票。
售票点 2 - 售出第 4 号票。
售票点 1 - 售出第 5 号票。
售票点 1 - 售出第 2 号票。
售票点 1 - 售出第 1 号票。
售票点 2 - 售出第 3 号票。

虽然可能每次运行的结果都不一样，但是从结果看还是能发现一个问题：同一张票重复销售，即第 5 号票买了两次。这些问题的根本原因是多个线程间共享的数据导致数据的不一致性。

提示 多个线程间共享的数据称为共享资源或临界资源，由于是 CPU 负责线程的调度，程序员无法精确控制多线程的交替顺序。这种情况下，多线程对临界资源的访问有时会导致数据的不一致性。

23.5.2 多线程同步

为了防止多线程对临界资源的访问有时会导致数据的不一致性，Java 提供了"互斥"机制，可以为这些资源对象加上一把"互斥锁"，在任一时刻只能由一个线程访问，即使该线程出现阻塞，该对象的被锁定状态也不会解除，其他线程仍不能访问该对象，这就是多线程同步。线程同步是保证线程安全的重要手段，但是线程同步客观上会导致性能下降。

可以通过两种方式实现线程同步，两种方式都涉及使用 synchronized 关键字，一种是 synchronized 方法，使用 synchronized 关键字修饰方法，对方法进行同步；另一种是 synchronized 语句，将 synchronized 关键字放在对象前面限制一段代码的执行。

1. synchronized 方法

synchronized 关键字修饰方法实现线程同步，方法所在的对象被锁定，修改 23.5.1 节售票系统示例。添加 HelloWorld1 文件代码如下：

```java
// HelloWorld1.java 文件
// synchronized 关键字修饰方法实现线程同步
package com.zhijieketang;

public class HelloWorld1 {

    public static void main(String[] args) {

        //创建机票数据库 TicketDB 对象 db
        TicketDB db = new TicketDB();

        // 创建线程 t1
        Thread t1 = new Thread(() -> {
            while (true) {
                if (!job(db)) {
                    break;             // 无票退出
                }
                try {
                    Thread.sleep(1000);
                } catch (InterruptedException e) {                    ①
                    e.printStackTrace();
                }
            }
        }, "售票点 1");
```

```java
        // 开始线程t1
        t1.start();

        // 创建线程t2
        Thread t2 = new Thread(() -> {
            while (true) {
                if (!job(db)) {
                    break;        // 无票退出
                }
                try {
                    Thread.sleep(1000);                          ②
                } catch (InterruptedException e) {
                    e.printStackTrace();
                }
            }
        }, "售票点2");
        // 开始线程t2
        t2.start();

    }

    /**
     * 某售票点购买机票过程
     *
     * @param db 机票数据库TicketDB对象
     * @return 无票返回false,有票返回true
     */
    private synchronized static boolean job(TicketDB db) {        ③
        int currTicketCount = db.getTicketCount();
        // 查询是否有票
        if (currTicketCount > 0) {
            db.sellTicket();
        } else {
            return false;      // 无票
        }
        // 获取当前线程名
        String threadName = Thread.currentThread().getName();
        // 打印售票日志
        System.out.printf("%s-售出第%d号票.\n", threadName, currTicketCount);
        return true;           // 有票
    }
}
```

上述代码第①行和第②行在两个线程体中增加休眠方法,这样能够保证两个线程交替执行。代码第③行方法前使用了synchronized关键字,表明这个方法是同步的,被锁定的,每个时刻只能由一个线程访问。

提示 如果多个线程访问synchronized修饰的实例方法时,那么第一个线程会锁定synchronized方法所在的对象;如果多个线程访问synchronized修饰的类方法时,那么第一个线程会锁定synchronized方法所在的类。

一次运行HelloWorld1.java,结果如下:

售票点1-售出第5号票。
售票点2-售出第4号票。
售票点1-售出第3号票。

售票点 2 – 售出第 2 号票。
售票点 1 – 售出第 1 号票。

2. synchronized 语句

synchronized 语句方式重构 23.5.1 节售票系统示例。添加 HelloWorld2.java 文件代码如下：

```java
// HelloWorld2.java 文件
// synchronized 语句实现线程同步
package com.zhijieketang;

public class HelloWorld2 {

    public static void main(String[] args) {

        //创建机票数据库 TicketDB 对象 db
        TicketDB db = new TicketDB();

        // 创建线程 t1
        Thread t1 = new Thread(() -> {
            while (true) {
                if (!job(db)) {
                    break;              // 无票退出
                }
                try {
                    Thread.sleep(1000);
                } catch (InterruptedException e) {
                    e.printStackTrace();
                }
            }
        }, "售票点 1");
        // 开始线程 t1
        t1.start();

        // 创建线程 t2
        Thread t2 = new Thread(() -> {
            while (true) {
                if (!job(db)) {
                    break;              // 无票退出
                }
                try {
                    Thread.sleep(1000);
                } catch (InterruptedException e) {
                    e.printStackTrace();
                }
            }
        }, "售票点 2");
        // 开始线程 t2
        t2.start();

    }

    /**
     * 某售票点购买机票过程
     *
     * @param db 机票数据库 TicketDB 对象
     * @return 无票返回 false,有票返回 true
```

```
 */
private static boolean job(TicketDB db) {
    synchronized (db) {                ①
        int currTicketCount = db.getTicketCount();
        // 查询是否有票
        if (currTicketCount > 0) {
            db.sellTicket();
        } else {
            return false;              // 无票
        }
        // 获取当前线程名
        String threadName = Thread.currentThread().getName();
        // 打印售票日志
        System.out.printf("%s - 售出第 %d 号票.\n", threadName, currTicketCount);
        return true;                   // 有票
    }
}
```

代码第①行是使用synchronized语句，synchronized语句小括号中的是要同步（锁定）的对象，大括号括起来是需要同步的代码。所以如下两种写法是等价的。

```
private synchronized static boolean job(TicketDB db) {
    ...
```

与

```
private static boolean job(TicketDB db) {
    synchronized (db) {
        ...
    }
}
```

微课视频

23.6 线程间通信

第23.5节的示例只是简单地为特定对象或方法加锁，但有时情况会更加复杂。如果两个线程之间有依赖关系，线程之间必须进行通信，互相协调才能完成工作。

例如有一个经典的堆栈问题，一个线程生成了一些数据，将数据压栈；另一个线程消费了这些数据，将数据出栈。这两个线程互相依赖，当堆栈为空，消费线程无法取出数据时，应该通知生成线程添加数据；当堆栈已满，生产线程无法添加数据时，应该通知消费线程取出数据。

为了实现线程间通信，需要使用Object类中声明的如下5个方法：

- □ void wait()：使当前线程释放对象锁，然后当前线程处于对象等待队列中阻塞状态，如图23-7所示，等待其他线程唤醒。
- □ void wait(long timeout)：同wait()方法，等待timeout毫秒时间。
- □ void wait(long timeout, int nanos)：同wait()方法，等待timeout毫秒加nanos纳秒时间。
- □ void notify()：当前线程唤醒此对象等待队列中的一个线程，如图23-7所示，该线程将进入就绪状态。
- □ void notifyAll()：当前线程唤醒此对象等待队列中的所有线程，如图23-7所示，这些线程将进入就绪状态。

图 23-7 线程间通信

提示 图 23-7 是图 23-5 的补充。从图 23-7 可见,线程有多种方式进入阻塞状态,除了通过 wait() 外,还有加锁的方式和其他方式,加锁方式是 23.5 节介绍的使用 synchronized 加互斥锁;其他方式事实上是 23.3 节介绍的方式,这里不再赘述。

下面看消费和生产示例中堆栈类代码。

```
//Stack.java 文件
package com.zhijieketang;

//堆栈类
class Stack {
    // 堆栈指针初始值为 0
    private int pointer = 0;
    // 堆栈有 5 个字符的空间
    private char[] data = new char[5];

    // 压栈方法,加上互斥锁
    public synchronized void push(char c) {                 ①
        // 堆栈已满,不能压栈
        while (pointer == data.length) {
            try {
                // 等待,直到有数据出栈
                this.wait();
            } catch (InterruptedException e) {
            }
        }
        // 通知其他线程把数据出栈
        this.notify();
        // 数据压栈
```

```
        data[pointer] = c;
        // 指针向上移动
        pointer++;
    }

    // 出栈方法,加上互斥锁
    public synchronized char pop() {                    ②
        // 堆栈无数据,不能出栈
        while (pointer == 0) {
            try {
                // 等待其他线程把数据压栈
                this.wait();
            } catch (InterruptedException e) {
            }
        }
        // 通知其他线程压栈
        this.notify();
        // 指针向下移动
        pointer--;
        // 数据出栈
        return data[pointer];
    }
}
```

上述代码实现了同步堆栈类,该堆栈有最多 5 个元素的空间,代码第①行声明了压栈方法 push(),该方法是一个同步方法,在该方法中首先判断是否堆栈已满,如果已满,则不能压栈,调用 this.wait()让当前线程进入对象等待状态中。如果堆栈未满,则程序会往下运行调用 this.notify()唤醒对象等待队列中的一个线程。代码第②行声明了出栈方法 pop()方法,与 push()方法类似,这里不再赘述。

调用代码如下:

```
//HelloWorld.java 文件
package com.zhijieketang;

public class HelloWorld {

    public static void main(String args[]) {

        Stack stack = new Stack();                      ①

        // 下面的消费者和生产者所操作的是同一个堆栈对象 stack
        // 生产者线程
        Thread producer = new Thread(() -> {            ②
            char c;
            for (int i = 0; i < 10; i++) {
                // 随机产生 10 个字符
                c = (char) (Math.random() * 26 + 'A');
                // 把字符压栈
                stack.push(c);
                // 打印字符
                System.out.println("生产: " + c);
                try {
                    // 每产生一个字符线程就睡眠
                    Thread.sleep((int) (Math.random() * 1000));
                } catch (InterruptedException e) {
                }
```

```java
            }
        });

        // 消费者线程
        Thread consumer = new Thread(() -> {           ③
            char c;
            for (int i = 0; i < 10; i++) {
                // 从堆栈中读取字符
                c = stack.pop();
                // 打印字符
                System.out.println("消费: " + c);
                try {
                    // 每读取一个字符线程就睡眠
                    Thread.sleep((int) (Math.random() * 1000));
                } catch (InterruptedException e) {
                }
            }
        });

        producer.start();           // 启动生产者线程
        consumer.start();           // 启动消费者线程
    }
}
```

上述代码第①行创建堆栈对象。代码第②行创建生产者线程，代码第③行创建消费者线程。

23.7 本章小结

本章介绍了 Java 线程技术。首先介绍了线程相关的一些概念，然后介绍了如何创建子线程、线程状态、线程管理、线程安全和线程间通信等内容，其中创建线程和线程管理是学习的重点，应掌握线程状态和线程安全，了解线程间通信。

23.8 同步练习

选择题

1. 下列哪些方法可以线程放弃 CPU 使用权？（　　）
   A. sleep()　　　　B. wait()　　　　C. notifyAll()　　　　D. yield()
2. 下列哪个选项可用于创建一个可运行的类？（　　）
   A. public class X implements Runnable{ public void run(){ ......} }
   B. public class X implements Thread{ public void run(){ ......} }
   C. public class X implements Thread{ public int run(){ ......} }
   D. public class X implements Runnable{ protected void run(){ ......} }
3. 运行下列程序，会产生什么结果？（　　）

```java
public class X extends Thread implements Runnable {
    public void run() {
```

```
        System.out.println("this is run()");
    }

    public static void main(String args[]) {
        Thread t = new Thread(new X());
        t.start();
    }
}
```

    A. 第1行会产生编译错误   B. 第6行会产生编译错误

    C. 第6行会产生运行错误   D. 程序会运行和启动

4. 下列哪个关键字可以对对象加互斥锁？（　　）

    A. transient   B. synchronized   C. serialize   D. static

23.9　动手实践：时钟应用

编程题

编写多线程程序，在命令提示符窗口中制作一个时钟应用程序。

第 24 章
CHAPTER 24

网 络 编 程

现在的应用程序都离不开网络,网络编程是非常重要的技术。Java SE 提供 java.net 包,其中包含了网络编程所需要的最基础的一些类和接口。这些类和接口面向两个不同的层次:基于 Socket 的低层次网络编程和基于 URL 的高层次网络编程。所谓高低层次,就是通信协议的高低层次,Socket 采用 TCP、UDP 等协议,这些协议属于低层次的通信协议;URL 采用 HTTP 和 HTTPS,这些属于高层次的通信协议。低层次网络编程,因为它面向底层,比较复杂,但是"低层次网络编程"并不等于它功能不强大。恰恰相反,正因为层次低,Socket 编程与基于 URL 的高层次网络编程相比,能够提供更强大的功能和更灵活的控制,但是也更复杂一些。

本章会介绍基于 Socket 的低层次网络编程和基于 URL 的高层次网络编程,以及数据交换格式。

24.1 网络基础

网络编程需要程序员掌握一些基础的网络知识,本节介绍一些网络基础知识。

24.1.1 网络结构

首先了解一下网络结构。网络结构是网络的构建方式,目前流行的有客户端服务器结构网络和对等结构网络。

1. 客户端服务器结构网络

客户端服务器(client server,C/S)结构网络是一种主从结构网络。如图 24-1 所示,服务器一般处于等待状态,如果有客户端请求,则服务器响应请求建立连接提供服务。服务器是被动的,有点像在餐厅吃饭时的服务员。而客户端是主动的,像在餐厅吃饭的顾客。

事实上,生活中的很多网络服务都采用这种结构,如 Web 服务、文件传输服务和邮件服务等。虽然它们存在的目的不一样,但基本结构是一样的。这种网络结构与设备类型无关,服务器不一定是计算机,也可能是手机等移动设备。

2. 对等结构网络

对等结构网络也称点对点网络(peer to peer,P2P),每个节点之间是对等的。如图 24-2 所示,每个节点既是服务器又是客户端,这种结构有点像吃自助餐。

对等结构网络分布范围比较小。通常在一间办公室或一个家庭内,因此它非常适合于移动设备间的网络通信,网络链路层由蓝牙和 WiFi 实现。

图 24-1　客户端服务器结构网络

图 24-2　对等结构网络

24.1.2　TCP/IP

网络通信会用到协议，其中 TCP/IP 是非常重要的。TCP/IP 是由 IP 和 TCP 构成的。IP（internet protocol）是一种低级的路由协议，它将数据拆分成许多小的数据包，并通过网络将它们发送到某一特定地址，但无法保证所有包都抵达目的地，也不能保证包的顺序。

由于 IP 传输数据的不安全性，网络通信时还需要 TCP。传输控制协议（transmission control protocol，TCP）是一种高层次的协议，是面向连接的可靠数据传输协议，如果有些数据包没有收到，则会重发，并检查数据包内容的准确性，而且保证数据包顺序，所以该协议保证数据包能够安全地按照发送顺序送达目的地。

24.1.3　IP 地址

为实现网络中不同计算机之间的通信，每台计算机都必须有一个与众不同的标识，这就是 IP 地址，TCP/IP 使用 IP 地址来标识源地址和目的地址。最初所有的 IP 地址都是 32 位数字，由 4 个 8 位的二进制数组成，每 8 位之间用圆点隔开，如 192.168.1.1，这种类型的地址通过 IPv4 指定。而现在有一种新的地址模式称为 IPv6。IPv6 使用 128 位数字表示一个地址，分为 8 个 16 位块。尽管 IPv6 比 IPv4 有很多优势，但是由于习惯的问题，很多设备还是采用 IPv4。不过 Java 语言同时采用 IPv4 和 IPv6。

在 IPv4 地址模式中，IP 地址分为 A、B、C、D 和 E 5 类。
- A 类地址用于大型网络，地址范围：1.0.0.1～126.155.255.254。
- B 类地址用于中型网络，地址范围：128.0.0.1～191.255.255.254。
- C 类地址用于小规模网络，地址范围：192.0.0.1～223.255.255.254。
- D 类地址用于多目的地信息的传输和作为备用。
- E 类地址保留，仅做实验和开发用。

另外，有时还会用到一个特殊的 IP 地址 127.0.0.1，127.0.0.1 称为回送地址，指本机。主要用于网络软件测试以及本地机进程间通信，使用回送地址发送数据，不进行任何网络传输，只在本机进程间通信。

24.1.4　端口

一个 IP 地址标识一台计算机，每台计算机又有很多网络通信程序在运行，提供网络服务或进行通信,这就需要不同的端口进行通信。如果把 IP 地址比作电话号码,那么端口就是分机号码,进行网络通信时不仅要指定 IP 地址,还要指定端口号。

TCP/IP 系统中的端口号是一个 16 位的数字,它的范围是 0～65535。小于 1024 的端口号保留给预定义的服务,如 HTTP 是 80,FTP 是 21,Telnet 是 23,Email 是 25 等。除非要和那些服务进行通信,否则不应该使用小于 1024 的端口。

24.2 TCP Socket 低层次网络编程

微课视频

TCP/IP 协议的传输层有两种传输协议:TCP(传输控制协议)和 UDP(用户数据报协议)。TCP 是面向连接的可靠数据传输协议。TCP 就好比电话,电话接通后双方才能通话,在挂断电话之前,电话一直占线。TCP 连接一旦建立起来,一直占用,直到关闭连接。另外,TCP 为了保证数据的正确性,会重发一切没有收到的数据,还会对数据内容进行验证,并保证数据传输的正确顺序。因此 TCP 协议对系统资源的要求较多。

基于 TCP Socket 编程很有代表性,下面介绍 TCP Socket 编程。

24.2.1 TCP Socket 通信概述

Socket 是网络上的两个程序,通过一个双向的通信连接,实现数据的交换。这个双向链路的一端称为一个 Socket。Socket 通常用来实现客户端和服务器端的连接。Socket 是 TCP/IP 协议的一个十分流行的编程接口,一个 Socket 由一个 IP 地址和一个端口号唯一确定,一旦建立连接,Socket 还会包含本机和远程主机的 IP 地址和端口号,如图 24-3 所示,Socket 是成对出现的。

图 24-3 TCP Socket 通信

24.2.2 TCP Socket 通信过程

使用 Socket 进行 C/S 结构编程,通信过程如图 24-4 所示。

服务器端监听某个端口是否有连接请求,服务器端程序处于阻塞状态,直到客户端向服务器端发出连接请求,服务器端接收客户端请求,服务器端会响应请求,处理请求,然后将结果应答给客户端,这样就会建立连接。一旦连接建立起来,通过 Socket 可以获得输入/输出流对象。借助于输入/输出流对象就可以实现服务器端与客户端的通信,最后不要忘记关闭 Socket 和释放一些资源(包括关闭输入/输出流)。

图 24-4　TCP Socket 通信过程

24.2.3　Socket 类

java.net 包为 TCP Socket 编程提供了两个核心类 Socket 和 ServerSocket，分别用来表示双向连接的客户端和服务器端。

本节先介绍 Socket 类。Socket 的常用构造方法有：

- Socket(InetAddress address, int port)：创建 Socket 对象，并指定远程主机 IP 地址和端口号。
- Socket(InetAddress address, int port, InetAddress localAddr, int localPort)：创建 Socket 对象，并指定远程主机 IP 地址和端口号，以及本机的 IP 地址（localAddr）和端口号（localPort）。
- Socket(String host, int port)：创建 Socket 对象，并指定远程主机名和端口号，IP 地址为 null，null 表示回送地址，即 127.0.0.1。
- Socket(String host, int port, InetAddress localAddr, int localPort)：创建 Socket 对象，并指定远程主机和端口号，以及本机的 IP 地址（localAddr）和端口号（localPort）。host 为主机名，IP 地址为 null，null 表示回送地址，即 127.0.0.1。

Socket 的其他方法有：

- InputStream getInputStream()：通过此 Socket 返回输入流对象。
- OutputStream getOutputStream()：通过此 Socket 返回输出流对象。
- int getPort()：返回 Socket 连接到的远程端口。
- int getLocalPort()：返回 Socket 绑定到的本地端口。
- InetAddress getInetAddress()：返回 Socket 连接的地址。
- InetAddress getLocalAddress()：返回 Socket 绑定的本地地址。
- boolean isClosed()：返回 Socket 是否处于关闭状态。

- boolean isConnected()：返回 Socket 是否处于连接状态。
- void close()：关闭 Socket。

注意 Socket 与流类似，所占用的资源不能通过 JVM 的垃圾收集器回收，需要程序员释放。一种方法是可以在 finally 代码块调用 close() 方法关闭 Socket，释放流所占用的资源。另一种方法是通过自动资源管理技术释放资源，Socket 和 ServerSocket 都实现了 AutoCloseable 接口。

24.2.4 ServerSocket 类

ServerSocket 的常用构造方法有：
- ServerSocket(int port, int maxQueue)：创建绑定到特定端口的服务器 Socket。maxQueue 设置连接的请求最大队列长度，如果队列满，则拒绝该连接。默认值是 50。
- ServerSocket(int port)：创建绑定到特定端口的服务器 Socket。最大队列长度是 50。

ServerSocket 的其他方法有：
- InputStream getInputStream()：通过此 Socket 返回输入流对象。
- OutputStream getOutputStream()：通过此 Socket 返回输出流对象。
- boolean isClosed()：返回 Socket 是否处于关闭状态。
- Socket accept()：侦听并接收到 Socket 的连接。此方法在建立连接之前一直阻塞。
- void close()：关闭 Socket。

ServerSocket 类本身不能直接获得 I/O 流对象，而是通过 accept() 方法返回 Socket 对象，通过 Socket 对象取得 I/O 流对象，进行网络通信。此外，ServerSocket 也实现了 AutoCloseable 接口，通过自动资源管理技术关闭 ServerSocket。

24.2.5 案例：文件上传工具

基于 TCP Socket 编程比较复杂，这里先从一个简单的文件上传工具案例介绍 TCP Socket 编程基本流程。上传过程是一个单向 Socket 通信过程，如图 24-5 所示，客户端通过文件输入流读取文件，然后从 Socket 获得输出流写入数据，写入数据完成上传成功，客户端任务完成。服务器端从 Socket 获得输入流，然后写入文件输出流，写入数据完成上传成功，服务器端任务完成。

图 24-5 单向 Socket 通信

服务器端 UploadServer 代码如下：

```
//UploadServer.java 文件
package com.zhijieketang;
……
public class UploadServer {
```

```java
    public static void main(String[] args) {

        System.out.println("服务器端运行...");

        try ( // 创建一个 ServerSocket 监听 8080 端口的客户端请求
            ServerSocket server = new ServerSocket(8080);                              ①
            // 使用 accept()阻塞当前线程,等待客户端请求
            Socket socket = server.accept();                                           ②
            // 由 Socket 获得输入流,并创建缓冲输入流
            BufferedInputStream in = new BufferedInputStream(socket.getInputStream()); ③
            // 由文件输出流创建缓冲输出流
            FileOutputStream out = new FileOutputStream("./TestDir/coco2dxcplus2.jpg")) { ④

            // 准备一个缓冲区
            byte[] buffer = new byte[1024];
            // 首次从 Socket 读取数据
            int len = in.read(buffer);
            while (len != -1) {
                // 写入数据到文件
                out.write(buffer, 0, len);
                // 再次从 Socket 读取数据
                len = in.read(buffer);
            }

            System.out.println("接收完成!");
        }catch (IOException e) {
            e.printStackTrace();
        }
    }

}
```

上述代码第①行创建 ServerSocket 对象监听本机的 8080 端口,这时当前线程还没有阻塞,调用代码第②行的 server.accept()才会阻塞当前线程,等待客户端请求。

提示 由于当前线程是主线程,所以 server.accept()会阻塞主线程,阻塞主线程是不明智的,如果是在一个图形界面的应用程序,阻塞主线程会导致无法进行任何的界面操作,就是常见的"卡"现象,所以最好是把 server.accept()语句放到子线程中。

代码第③行是从 socket 对象中获得输入流对象,代码第④行是文件输出流。其后的输入/输出代码可以参考第 22 章,这里不再赘述。

客户端 UploadClient 代码如下:

```java
//UploadClient.java 文件
package com.zhijieketang;
......
public class UploadClient {

    public static void main(String[] args) {

        System.out.println("客户端运行...");

        try ( // 向本机的 8080 端口发出请求
            Socket socket = new Socket("127.0.0.1", 8080);                             ①
            // 由 Socket 获得输出流,并创建缓冲输出流
            BufferedOutputStream out
```

```
                = new BufferedOutputStream(socket.getOutputStream()); ②
            // 创建文件输入流
            FileInputStream fin = new FileInputStream("./TestDir/coco2dxcplus.jpg");
            // 由文件输入流创建缓冲输入流
            BufferedInputStream in = new BufferedInputStream(fin)) {

            // 准备一个缓冲区
            byte[] buffer = new byte[1024];
            // 首次读取文件
            int len = in.read(buffer);
            while (len != -1) {
                // 数据写入 Socket
                out.write(buffer, 0, len);
                // 再次读取文件
                len = in.read(buffer);
            }

            System.out.println("上传成功!");

        }catch (ConnectException e) {                                              ③
            System.out.println("服务器未启动!");
        }catch (IOException e) {
            e.printStackTrace();
        }
    }
}
```

上述代码第①行创建 Socket，指定远程主机的 IP 地址和端口号。代码第②行是从 socket 对象获得输出流。代码第③行是捕获 ConnectException 异常，这个异常引起的原因是在代码第①行向服务器发出请求时，服务器拒绝了客户端请求，这有两种可能性：一是服务器没有启动，服务器的 8080 端口没有打开；二是服务器请求队列已满（默认是 50 个）。

提示 案例测试时，先运行服务器程序，再运行客户端程序。如图 24-6 所示，两个程序运行后会有两个控制台，单击标签可以切换控制台。另外，上传成功后在 TestDir 目录下可见 coco2dxcplus2.jpg 文件。

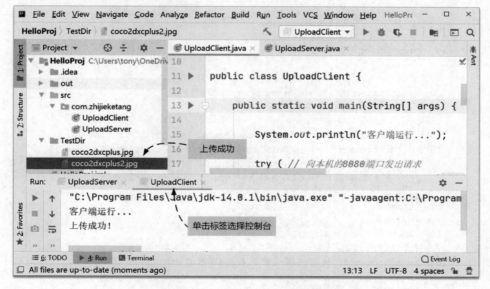

图 24-6　IntelliJ IDEA 中运行案例代码

24.2.6 案例：聊天工具

24.2.5 节介绍的案例只是单向传输的 Socket，Socket 也可以双向传输，但是这就有些复杂了，比较有代表性的案例就是聊天工具。

如图 24-7 所示是基于 TCP Socket 聊天工具案例，其中的标准输入是键盘，标准输出是显示器的控制台。首先客户端通过键盘输入字符串，通过标准输入流读取字符串，然后通过 Socket 获得输出流，将字符串写入输出流。接着服务器通过 Socket 获得输入流，从输入流中读取来自客户端发送过来的字符串，然后通过标准输出流输出到控制台。服务器向客户端传送字符串过程类似。

图 24-7 基于 TCP Socket 聊天工具案例

服务器端 ChatServer 代码如下：

```java
// ChatServer.java 文件
package com.zhijieketang;
……
public class ChatServer {

    public static void main(String[] args) {

        System.out.println("服务器运行...");

        Thread t = new Thread(() -> {                                           ①

            try ( // 创建一个 ServerSocket 监听端口 8080 客户端请求
                ServerSocket server = new ServerSocket(8080);
                // 使用 accept()阻塞等待客户端请求
                Socket socket = server.accept();
                DataInputStream in = new DataInputStream(socket.getInputStream());     ②
                DataOutputStream out = new DataOutputStream(socket.getOutputStream()); ③
                BufferedReader keyboardIn
                        = new BufferedReader(new InputStreamReader(System.in))) {      ④

                while (true) {
                    /* 接收数据 */
                    String str = in.readUTF();                                         ⑤
                    // 打印接收的数据
                    System.out.printf("从客户端接收的数据：【%s】\n", str);

                    /* 发送数据 */
```

```
            // 读取键盘输入的字符串
            String keyboardInputString = keyboardIn.readLine();
            // 结束聊天
            if (keyboardInputString.equals("bye")) {
              break;
            }
            // 发送
            out.writeUTF(keyboardInputString);                          ⑥
            out.flush();
          }
        } catch (Exception e) {
        }
        System.out.println("服务器停止...");
      });

      t.start();
    }
}
```

上述代码第①行是创建一个子线程，将网络通信放到子线程中处理是一种很好的做法，因为网络通信往往有线程阻塞过程，放到子线程中处理就不会阻塞主线程了。

代码第②行是从 socket 中获得数据输入流，代码第③行是从 socket 中获得数据输出流，数据流主要面向基本数据类型，本例中使用它们主要用来输入/输出 UTF 编码的字符串，代码第⑤行 readUTF() 是数据输入流读取字符串。代码第⑥行 writeUTF() 是数据输出流写入字符串。代码第④行中的 System.in 是标准输入流，然后使用标准输入流创建缓冲输入流。

客户端 ChatClient 代码如下：

```
//ChatClient.java 文件
package com.zhijieketang;
...
public class ChatClient {

    public static void main(String[] args) {

      System.out.println("客户端运行...");

      Thread t = new Thread(() -> {

        try ( // 向 127.0.0.1 主机 8080 端口发出连接请求
            Socket socket = new Socket("127.0.0.1", 8080);
            DataInputStream in = new DataInputStream(socket.getInputStream());
            DataOutputStream out = new DataOutputStream(socket.getOutputStream());
            BufferedReader keyboardIn
                = new BufferedReader(new InputStreamReader(System.in))) {

          while (true) {
            /* 发送数据 */
            // 读取键盘输入的字符串
            String keyboardInputString = keyboardIn.readLine();
            // 结束聊天
            if (keyboardInputString.equals("bye")) {
              break;
            }
            // 发送
```

```
                out.writeUTF(keyboardInputString);
                out.flush();

                /* 接收数据 */
                String str = in.readUTF();
                // 打印接收的数据
                System.out.printf("从服务器接收的数据:【%s】\n", str);
            }
        } catch (ConnectException e) {
            System.out.println("服务器未启动!");
        } catch (Exception e) {
        }
        System.out.println("客户端停止!");
    });

    t.start();

    }
}
```

客户端 ChatClient 代码与服务器端 ChatServer 代码类似，这里不再赘述。

提示 案例测试时，分别运行服务器和客户端程序，两个程序运行起来后，参考图 24-8 所示测试。

图 24-8　测试案例

24.3　UDP Socket 低层次网络编程

UDP（用户数据报协议）就像日常生活中的邮件投递，是不能保证可靠地寄到目的地。UDP 是无连接的，对系统资源的要求较少，UDP 可能丢包，也不保证数据顺序。但是对于网络游戏和在线视频等要求传输快、实时性高、质量可稍差一点儿的数据传输，UDP 还是非常不错的。

UDP Socket 网络编程比 TCP Socket 编程简单得多，UDP 是无连接协议，不需要像 TCP 一样监听端口，建立连接后才能进行通信。

24.3.1　DatagramSocket 类

java.net 包中提供了两个类 DatagramSocket 和 DatagramPacket，用来支持 UDP 通信。本节介绍 DatagramSocket 类。DatagramSocket 用于在程序之间建立传送数据报的通信连接。

DatagramSocket 的常用构造方法如下：
- DatagramSocket()：创建数据报 DatagramSocket 对象，并将其绑定到本地主机上任何可用的端口。
- DatagramSocket(int port)：创建数据报 DatagramSocket 对象，并将其绑定到本地主机上的指定端口。
- DatagramSocket(int port, InetAddress laddr)：创建数据报 DatagramSocket 对象，并将其绑定到指定的本地地址。

DatagramSocket 的其他方法如下：
- void send(DatagramPacket p)：发送数据报包。
- void receive(DatagramPacket p)：接收数据报包。
- int getPort()：返回 DatagramSocket 连接到的远程端口。
- int getLocalPort()：返回 DatagramSocket 绑定到的本地端口。
- InetAddress getInetAddress()：返回 DatagramSocket 连接的地址。
- InetAddress getLocalAddress()：返回 DatagramSocket 绑定的本地地址。
- boolean isClosed()：返回 DatagramSocket 是否处于关闭状态。
- boolean isConnected()：返回 DatagramSocket 是否处于连接状态。
- void close()：关闭 DatagramSocket。

DatagramSocket 也实现了 AutoCloseable 接口，通过自动资源管理技术关闭 DatagramSocket。

24.3.2 DatagramPacket 类

DatagramPacket 用来表示数据报包，是数据传输的载体。DatagramPacket 实现无连接数据包投递服务，每次投递数据包仅根据该包中信息从一台机器路由到另一台机器。从一台机器发送到另一台机器的多个包可能选择不同的路由，也可能按不同的顺序到达，不保证包都能到达目的。

DatagramPacket 的构造方法如下：
- DatagramPacket(byte[] buf, int length)：构造数据报包，buf 是包数据，length 是接收包数据的长度。
- DatagramPacket(byte[] buf, int length, InetAddress address, int port)：构造数据报包，包发送到指定主机上的指定端口号。
- DatagramPacket(byte[] buf, int offset, int length)：构造数据报包，offset 是 buf 字节数组的偏移量。
- DatagramPacket(byte[] buf, int offset, int length, InetAddress address, int port)：构造数据报包，包发送到指定主机上的指定端口号。

DatagramPacket 常用的方法如下：
- InetAddress getAddress()：返回发往或接收该数据报包相关的主机的 IP 地址。
- byte[] getData()：返回数据报包中的数据。
- int getLength()：返回发送或接收到的数据(byte[])的长度。
- int getOffset()：返回发送或接收到的数据(byte[])的偏移量。
- int getPort()：返回发往或接收该数据报包相关的主机的端口号。

24.3.3 案例：文件上传工具

使用 UDP Socket 将 24.2.5 节文件上传工具重新实现一下。

服务器端 UploadServer 代码如下：

```java
//UploadServer.java 文件
package com.zhijieketang;
……
public class UploadServer {
    public static void main(String args[]) {

        System.out.println("服务器端运行...");

        // 创建一个子线程
        Thread t = new Thread(() -> {                                         ①

            try ( // 创建 DatagramSocket 对象,指定端口 8080
                DatagramSocket socket = new DatagramSocket(8080);             ②
                FileOutputStream fout
                    = new FileOutputStream("./TestDir/coco2dxcplus2.jpg");
                BufferedOutputStream out = new BufferedOutputStream(fout)) {

                // 准备一个缓冲区
                byte[] buffer = new byte[1024];

                //循环接收数据报包
                while (true) {

                    // 创建数据报包对象,用来接收数据
                    DatagramPacket packet = new DatagramPacket(buffer, buffer.length);
                    // 接收数据报包
                    socket.receive(packet);
                    // 接收数据长度
                    int len = packet.getLength();

                    if (len == 3) {                                           ③
                        // 获得结束标志
                        String flag = new String(buffer, 0, 3);
                        // 判断结束标志,如果是 end,则结束接收
                        if (flag.equals("end")) {                             ④
                            break;
                        }
                    }
                    // 写入数据到文件输出流
                    out.write(buffer, 0, len);
                }
                System.out.println("接收完成!");
            } catch (IOException e) {
                e.printStackTrace();
            }
        });
        // 启动线程
        t.start();
    }
}
```

上述代码第①行是创建一个子线程,由于客户端上传的数据分为很多数据包,因此需要一个循环接收数据包,另外,调用后 receive() 方法会导致线程阻塞,因此需要将接收数据的处理放到一个子线程中。

代码第②行是创建 DatagramSocket 对象,并指定端口 8080,作为服务器一般应该明确指定绑定的端口。

与 TCP Socket 不同,UDP Socket 无法知道哪些数据包已经是最后一个了,因此需要发送方发出一个特殊的数据包,包中包含了一些特殊标志。代码第③行和第④行是取出并判断这个标志。

客户端 UploadClient 代码如下:

```java
//UploadClient.java 文件
package com.zhijieketang;
...
public class UploadClient {

    public static void main(String[] args) {

        System.out.println("客户端运行...");

        try (  // 创建 DatagramSocket 对象,由系统分配可以使用的端口
            DatagramSocket socket = new DatagramSocket();                               ①
            FileInputStream fin = new FileInputStream("./TestDir/coco2dxcplus.jpg");
            BufferedInputStream in = new BufferedInputStream(fin)) {

            // 创建远程主机 IP 地址对象
            InetAddress address = InetAddress.getByName("localhost");

            // 准备一个缓冲区
            byte[] buffer = new byte[1024];
            // 首次从文件流中读取数据
            int len = in.read(buffer);

            while (len != -1) {
                // 创建数据报包对象
                DatagramPacket packet = new DatagramPacket(buffer, len, address, 8080);
                // 发送数据报包
                socket.send(packet);
                // 再次从文件流中读取数据
                len = in.read(buffer);
            }

            // 创建数据报对象
            DatagramPacket packet = new DatagramPacket("end".getBytes(), 3, address, 8080);
            // 发送结束标志
            socket.send(packet);
            System.out.println("上传完成!");                                              ②

        } catch (IOException e) {
            e.printStackTrace();
        }
    }
}
```

上述是上传文件客户端,发送数据不会堵塞线程,因此没有使用子线程。代码第①行是创建

DatagramSocket 对象，由系统分配可以使用的端口，客户端 DatagramSocket 对象经常自己不指定。

代码第②行是发送结束标志，这个结束标志是字符串 end，服务器端接收到这个字符串则结束接收数据包。

24.3.4 案例：聊天工具

使用 UDP Socket 将 24.2.6 节文件聊天工具重新实现一下。

服务器端 ChatServer 代码如下：

```java
// ChatServer.java 文件
package com.zhijieketang;
...
public class ChatServer {

    public static void main(String args[]) {

        System.out.println("服务器运行...");
        // 创建一个子线程
        Thread t = new Thread(() -> {                                              ①
            try ( // 创建 DatagramSocket 对象，指定端口 8080
                  DatagramSocket socket = new DatagramSocket(8080);
                  BufferedReader keyboardIn
                      = new BufferedReader(new InputStreamReader(System.in))) {

                while (true) {
                    /* 接收数据报 */
                    // 准备一个缓冲区
                    byte[] buffer = new byte[128];
                    DatagramPacket packet = new DatagramPacket(buffer, buffer.length);
                    socket.receive(packet);
                    // 接收数据长度
                    int len = packet.getLength();

                    String str = new String(buffer, 0, len);
                    // 打印接收的数据
                    System.out.printf("从客户端接收的数据：【%s】\n", str);

                    /* 发送数据 */
                    // 从客户端传来的数据包中得到客户端地址
                    InetAddress address = packet.getAddress();                      ②
                    // 从客户端传来的数据包中得到客户端端口号
                    int port = packet.getPort();                                    ③

                    // 读取键盘输入的字符串
                    String keyboardInputString = keyboardIn.readLine();
                    // 读取键盘输入的字节数组
                    byte[] b = keyboardInputString.getBytes();
                    // 创建 DatagramPacket 对象，用于向客户端发送数据
                    packet = new DatagramPacket(b, b.length, address, port);
                    // 向客户端发送数据
                    socket.send(packet);
                }
            } catch (IOException e) {
                e.printStackTrace();
            }
```

```
        });
        // 启动线程
        t.start();
    }
}
```

上述代码第①行是创建一个子线程,因为 socket.receive(packet)方法会阻塞主线程。服务器给客户端发数据包,也需要知道它的 IP 地址和端口号,代码第②行根据接收的数据包获得客户端的地址,代码第③行根据接收的数据包获得客户端的端口号。

客户端 ChatClient 代码如下:

```
//ChatClient.java 文件
package com.zhijieketang;
...
public class ChatClient {

    public static void main(String[] args) {

        System.out.println("客户端运行...");
        // 创建一个子线程
        Thread t = new Thread(() -> {

            try ( // 创建 DatagramSocket 对象,由系统分配可以使用的端口
                  DatagramSocket socket = new DatagramSocket();
                  BufferedReader keyboardIn
                    = new BufferedReader(new InputStreamReader(System.in))) {

                while (true) {

                    /* 发送数据 */
                    // 准备一个缓冲区
                    byte[] buffer = new byte[128];
                    // 服务器 IP 地址
                    InetAddress address = InetAddress.getByName("localhost");
                    // 服务器端口号
                    int port = 8080;
                    // 读取键盘输入的字符串
                    String keyboardInputString = keyboardIn.readLine();
                    // 退出循环,结束线程
                    if (keyboardInputString.equals("bye")) {
                        break;
                    }
                    // 读取键盘输入的字节数组
                    byte[] b = keyboardInputString.getBytes();
                    // 创建 DatagramPacket 对象
                    DatagramPacket packet = new DatagramPacket(b, b.length, address, port);
                    // 发送
                    socket.send(packet);

                    /* 接收数据报 */
                    packet = new DatagramPacket(buffer, buffer.length);
                    socket.receive(packet);

                    // 接收数据长度
                    int len = packet.getLength();
```

```
            String str = new String(buffer, 0, len);
            // 打印接收的数据
            System.out.printf("从服务器接收的数据:【%s】\n", str);
          }
        } catch (IOException e) {
          e.printStackTrace();
        }
    });
    // 启动线程
    t.start();
  }
}
```

客户端 ChatClient 代码与服务器端 ChatServer 代码类似,这里不再赘述。需要注意,ChatClient 可以通过键盘输入 bye,退出循环结束线程。

微课视频

24.4 数据交换格式

数据交换格式就像两个人在聊天一样,采用彼此都能听得懂的语言,你来我往,其中的语言就相当于通信中的数据交换格式。有时,为了防止聊天被人偷听,可以采用暗语。同理,计算机程序之间也可以通过数据加密技术防止"偷听"。

数据交换格式主要分为纯文本格式、XML 格式和 JSON 格式,其中纯文本格式是一种简单的、无格式的数据交换方式。

例如,为了告诉别人一些事情,可以写下如图 24-9 所示的留言条。

留言条有一定的格式,共有 4 部分:称谓、内容、落款和时间,如图 24-10 所示。

图 24-9 留言条

图 24-10 留言条格式

如果用纯文本格式描述留言条,可以按照如下的形式:

"云龙同学","你好!\n 今天上午,我到你家来想向你借一本《小学生常用成语词典》。可是不巧,你不在。我准备晚上 6 时再来借书。请你在家里等我,谢谢!","关东升","2012 年 12 月 08 日"

留言条中的 4 部分数据按照顺序存放,各个部分之间用逗号分隔。数据量少时,可以采用这种格式。但是随着数据量的增加,问题也会暴露出来,可能会搞乱它们的顺序,如果各个数据部分能有描述信息就好了。而 XML 格式和 JSON 格式可以带有描述信息,它们称为"自描述的"结构化文档。

将上面的留言条写成 XML 格式,具体如下:

```
<?xml version = "1.0" encoding = "UTF-8"?>
<note>
```

```
    <to>云龙同学</to>
    <conent>你好!\n 今天上午,我到你家来想向你借一本《小学生常用成语词典》。
    可是不巧,你不在。我准备晚上 6 时再来借书。请你在家里等我,谢谢!</conent>
    <from>关东升</from>
    <date>2012 年 12 月 08 日</date>
</note>
```

上述代码中位于尖括号中的内容(<to>…</to>等)就是描述数据的标识,在 XML 中称为"标签"。将上面的留言条写成 JSON 格式,具体如下:

{to:"云龙同学",conent:"你好!\n 今天上午,我到你家来想向你借一本《小学生常用成语词典》。可是不巧,你不在。我准备晚上 6 时再来借书。请你在家里等我,谢谢!",from:"关东升",date:"2012 年 12 月 08 日"}

数据放置在大括号{}中,每个数据项目之前都有一个描述名字(如 to 等),描述名字和数据项目之间用冒号(:)分开。

可以发现,一般来讲,JSON 所用的字节数要比 XML 少,这也是很多人喜欢采用 JSON 格式的主要原因,因此 JSON 也被称为"轻量级"的数据交换格式。接下来,重点介绍 JSON 数据交换格式。

24.4.1 JSON 文档结构

JSON(JavaScript object notation)是一种轻量级的数据交换格式。所谓轻量级,是与 XML 文档结构相比而言的,描述项目的字符少,所以描述相同数据所需的字符个数要少,那么传输速度就会提高,而流量却会减少。

如果留言条采用 JSON 描述,可以设计成下面的样子:

```
{"to":"云龙同学",
    "conent": "你好!\n 今天上午,我到你家来想向你借一本《小学生常用成语词典》。可是不巧,你不在。我准备晚上 6 时再来借书。请你在家里等我,谢谢!",
    "from": "关东升",
    "date": "2012 年 12 月 08 日"}
```

由于 Web 和移动平台开发对流量的要求是要尽可能少,对速度的要求是要尽可能快,而轻量级的数据交换格式 JSON 就成为理想的数据交换格式。

构成 JSON 文档的两种结构为对象和数组。对象是"名称-值"对集合,它类似于 Java 中 Map 类型,而数组是一连串元素的集合。

对象是一个无序的"名称/值"对集合,一个对象以"{"(左大括号)开始,"}"(右大括号)结束。每个"名称"后跟一个":"(冒号),"名称-值"对之间使用","(逗号)分隔。JSON 对象的语法表如图 24-11 所示。

图 24-11 JSON 对象的语法表

下面是一个 JSON 对象的例子:

```
{
    "name":"a.htm",
```

```
"size":345,
"saved":true
}
```

数组是值的有序集合,以"["(左中括号)开始,"]"(右中括号)结束,值之间使用","(逗号)分隔。JSON 数组的语法表如图 24-12 所示。

图 24-12　JSON 数组的语法表

下面是一个 JSON 数组的例子:

```
["text","html","css"]
```

在数组中,值可以是双引号括起来的字符串、数值、true、false、null、对象或者数组,而且这些结构可以嵌套。数组中 JSON 值如图 24-13 所示。

图 24-13　JSON 值

24.4.2　使用第三方 JSON 库

由于目前 Java 官方没有提供 JSON 编码和解码所需要的类库,所以需要使用第三方 JSON 库,这里推荐 JSON-java 库。JSON-java 库提供源代码,最重要的是不依赖于其他第三方库,不需要再去找其他的库。可以在 https://github.com/stleary/JSON-java 下载源代码。可以访问 API 在线文档 http://stleary.github.io/ JSON-java/index.html。

下载 JSON-java 获得源代码文件,解压后文件如图 24-14 所示,其中源代码文件在 src\main\java 目录下,org\json 是包。

将 JSON-java 库源代码文件添加到 IntelliJ IDEA 工程中,步骤如下:

需要将 JSON-java 库中 src\main\java 目录下的源代码(org 文件夹)复制到 IntelliJ IDEA 工程的 src 文件夹中,如图 24-15 所示。由于操作系统的资源管理器与 IntelliJ IDEA 工具之间可以互相复制和粘贴,IntelliJ IDEA 中复制和粘贴操作的快捷键和右键菜单与操作系统下完全一样。

24.4.3　JSON 数据编码和解码

JSON 和 XML 真正在进行数据交换时,它们存在的形式就是一个很长的字符串,这个字符串在网络中传输或者存储于磁盘等介质中。在传输和存储之前需要把 JSON 对象转换成为字符串才能传输和存储，这个过程称为"编码"过程。接收方需要将接收到的字符串转换成为 JSON 对象，这个过程称为"解码"过程。编码和解码过程就像发电报时发送方把语言变成能够传输的符号，而接收时要将符号转换成为能够看懂的语言。

图 24-14　JSON-java 源代码文件

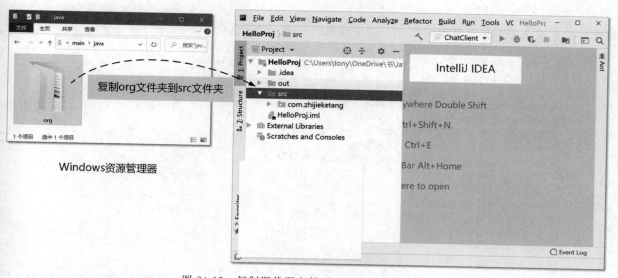

图 24-15　复制源代码文件到 IntelliJ IDEA 工程

下面具体介绍 JSON 数据编码和解码过程。

1. 编码

如果想获得如下 JSON 字符串：

```
{"name": "tony", "age": 30, "a": [1, 3]}
```

应该如何实现编码过程？参考代码如下：

```java
try {
    JSONObject jsonObject = new JSONObject();                          ①
    jsonObject.put("name", "tony");                                    ②
    jsonObject.put("age", 30);                                         ③

    JSONArray jsonArray = new JSONArray();                             ④
    jsonArray.put(1).put(3);                                           ⑤
    jsonObject.put("a", jsonArray);                                    ⑥
    //编码完成
    System.out.println(jsonObject.toString());                         ⑦
} catch (JSONException e) {
    e.printStackTrace();
}
```

上述代码第①行是创建 JSONObject(JSON 对象)，代码第②行和第③行是把 JSON 数据项添加到 JSON 对象 jsonObject 中，代码第④行创建 JSONArray(JSON 数组)，代码第⑤行是向 JSON 数组中添加 1 和 3 两个元素。代码第⑥行是将 JSON 数组 jsonArray 作为 JSON 对象 jsonObject 的数据项添加到 JSON 对象。

代码第⑦行 jsonObject.toString()是将 JSON 对象转换为字符串，真正完成 JSON 编码过程。

2. 解码

解码过程是编码的反向操作，如果有如下 JSON 字符串：

```
{"name":"tony", "age":30, "a":[1, 3]}
```

那么如何把这个 JSON 字符串解码成 JSON 对象或数组？参考代码如下：

```java
String jsonString = "{\"name\":\"tony\", \"age\":30, \"a\":[1, 3]}";①
try {
    JSONObject jsonObject = new JSONObject(jsonString);②
    String name = jsonObject.getString("name");③
    System.out.println("name : " + name);
    int age = jsonObject.getInt("age");
    System.out.println("age : " + age);
    JSONArray jsonArray = jsonObject.getJSONArray("a");④
    int n1 = jsonArray.getInt(0);⑤
    System.out.println("数组 a 第一个元素 : " + n1);
    int n2 = jsonArray.getInt(1);
    System.out.println("数组 a 第二个元素 : " + n2);
} catch (JSONException e) {
    e.printStackTrace();
}
```

上述代码第①行是声明一个 JSON 字符串，网络通信过程中 JSON 字符串是从服务器返回的。代码第②行通过 JSON 字符串创建 JSON 对象，这个过程事实上就是 JSON 字符串解析过程，如果能够成功地创建JSON对象,则说明解析成功;如果发生异常,则说明解析失败。

代码第③行从JSON对象中按照名称取出JSON中对应的数据。代码第④行是取出一个JSON数组对象,代码第⑤行取出JSON数组第一个元素。

注意 如果按照规范的JSON文档要求,每个JSON数据项目的"名称"必须使用双引号括起来,不能使用单引号或没有引号。在下面的代码文档中,"名称"省略了双引号,该文档在其他平台解析时会出现异常,而在Java平台则可以通过,这得益于Java解析类库的强大,但这并不是规范的做法。如果与其他平台进行数据交换时,采用这种不规范的JSON文档进行数据交换,那么很有可能会导致严重的问题发生。

```
{ResultCode:0,Record:[
    {ID:'1',CDate:'2012-12-23',Content:'发布iOSBook0',UserID:'tony'},
    {ID:'2',CDate:'2012-12-24',Content:'发布iOSBook1',UserID:'tony'}]}
```

24.4.4 案例:聊天工具

为了进一步熟悉JSON数据交换格式,将24.2.6节的聊天工具修改为使用JSON进行数据交换。客户端与服务器端之间采用JSON数据交换格式,JSON格式内部结构是自定义的。代码如下:

```
{"messag":"hello","userid":"javaee","username":"关东升"}
```

服务器端ChatServer代码如下:

```java
//ChatServer.java 文件
package com.zhijieketang;
…
import org.json.JSONObject;

public class ChatServer {

    public static void main(String[] args) {

        System.out.println("服务器运行...");

        Thread t = new Thread(() -> {

            try ( // 创建一个ServerSocket监听端口8080客户请求
                ServerSocket server = new ServerSocket(8080);
                // 使用accept()阻塞等待客户端请求
                Socket socket = server.accept();
                DataInputStream in = new DataInputStream(socket.getInputStream());
                DataOutputStream out = new DataOutputStream(socket.getOutputStream());
                BufferedReader keyboardIn
                    = new BufferedReader(new InputStreamReader(System.in))) {

                while (true) {
                    /* 接收数据 */
                    String str = in.readUTF();
                    // JSON解码
                    JSONObject jsonObject = new JSONObject(str);                     ①
                    // 打印接收的数据
                    System.out.printf("从客户端接收的数据: %s\n", jsonObject);         ②
```

```
            /* 发送数据 */
            // 读取键盘输入的字符串
            String keyboardInputString = keyboardIn.readLine();
            // 结束聊天
            if (keyboardInputString.equals("bye")) {
              break;
            }
            // 编码
            jsonObject = new JSONObject();                              ③
            jsonObject.put("message", keyboardInputString);             ④
            jsonObject.put("userid", "acid");                           ⑤
            jsonObject.put("username", "赵 1");                         ⑥
            // 发送
            out.writeUTF(jsonObject.toString());                        ⑦
            out.flush();
          }
        } catch (Exception e) {
        }
        System.out.println("服务器停止...");
    });

    t.start();
  }
}
```

上述代码第①行是对从服务器返回的字符串进行解码,并返回 JSON 对象,注意要解码的字符串应该是有效的 JSON 字符串。代码第②行是打印 JSON 对象。

代码第③行是创建 JSON 对象,代码第④～第⑥行是添加 JSON 对象。代码第⑦行 jsonObject.toString()语句是将 JSON 对象转换为 JSON 字符串。

客户端 ChatClient 代码如下:

```
//ChatClient.java 文件
package com.zhijieketang;
...
import org.json.JSONObject;

public class ChatClient {

    public static void main(String[] args) {

      System.out.println("客户端运行...");

      Thread t = new Thread(() -> {
        try ( // 向 127.0.0.1 主机 8080 端口发出连接请求
            Socket socket = new Socket("127.0.0.1", 8080);
            DataInputStream in = new DataInputStream(socket.getInputStream());
            DataOutputStream out = new DataOutputStream(socket.getOutputStream());
            BufferedReader keyboardIn
                = new BufferedReader(new InputStreamReader(System.in))) {

          while (true) {
            /* 发送数据 */
            // 读取键盘输入的字符串
            String keyboardInputString = keyboardIn.readLine();
```

```
          // 结束聊天
          if (keyboardInputString.equals("bye")) {
            break;
          }
          JSONObject jsonObject = new JSONObject();
          jsonObject.put("message", keyboardInputString);
          jsonObject.put("userid", "javaee");
          jsonObject.put("username", "关东升");

          // 发送
          out.writeUTF(jsonObject.toString());
          out.flush();

          /* 接收数据 */
          String str = in.readUTF();
          jsonObject = new JSONObject(str);
          // 打印接收的数据
          System.out.printf("从服务器接收的数据：% s \n", str);
        }
      }catch (ConnectException e) {
        System.out.println("服务器未启动!");
      } catch (Exception e) {
      }
      System.out.println("客户端停止!");
    });

    t.start();

  }
}
```

客户端 ChatClient 代码与服务器端 ChatServer 代码类似，这里不再赘述。

24.5 访问互联网资源

微课视频

Java 的 java.net 包中还提供了高层次网络编程类——URL，通过 URL 类访问互联网资源。使用 URL 进行网络编程，不需要对协议本身有太多的了解，相对而言是比较简单的。

24.5.1 URL 概念

互联网资源是通过 URL 指定的，URL 是 uniform resource locator 的简称，即"一致资源定位器"，但一般都习惯 URL 简称。

URL 组成格式如下：

协议名://资源名

"协议名"指明获取资源所使用的传输协议，如 http、ftp、gopher 和 file 等，"资源名"则应该是资源的完整地址，包括主机名、端口号、文件名或文件内部的一个引用。例如：

http://www.sina.com/
http://home.sohu.com/home/welcome.html
http://www.51work6.com:8800/Gamelan/network.html#BOTTOM

24.5.2 HTTP/HTTPS 协议

访问互联网大多都基于 HTTP/HTTPS 协议,下面介绍 HTTP/HTTPS 协议。

1. HTTP 协议

HTTP 是 hypertext transfer protocol 的缩写,即超文本传输协议。HTTP 是一个属于应用层的面向对象的协议,其简捷、快速的方式适用于分布式超文本信息的传输。它于 1990 年提出,经过多年的使用与发展,得到不断完善和扩展。HTTP 协议支持 C/S 网络结构,是无连接协议,即每次请求时建立连接,服务器处理完客户端的请求后,应答给客户端,然后断开连接,不会一直占用网络资源。

HTTP/1.1 协议共定义了 8 种请求方法:OPTIONS、HEAD、GET、POST、PUT、DELETE、TRACE 和 CONNECT。在 HTTP 访问中,一般使用 GET 和 POST 方法,其他方法都是可选的。

- GET 方法:是向指定的资源发出请求,发送的信息"显式"地跟在 URL 后面。GET 方法应该只用在读取数据,如静态图片等。GET 方法有点像使用明信片给别人写信,"信内容"写在外面,接触到的人都可以看到,因此是不安全的。
- POST 方法:是向指定资源提交数据,请求服务器进行处理,例如提交表单或者上传文件等。数据被包含在请求体中。POST 方法像是把"信内容"装入信封中,接触到的人都看不到,因此是安全的。

2. HTTPS 协议

HTTPS 是 hypertext transfer protocol secure 的缩写,即超文本传输安全协议,是超文本传输协议和 SSL 的组合,用以提供加密通信及对网络服务器身份的鉴定。

简单地说,HTTPS 是 HTTP 的升级版,HTTPS 与 HTTP 的区别是:HTTPS 使用 https://代替 http://,HTTPS 使用端口 443,而 HTTP 使用端口 80 来与 TCP/IP 进行通信。SSL 使用 40 位关键字作为 RC4 流加密算法,这对于商业信息的加密是合适的。HTTPS 和 SSL 支持使用 X.509 数字认证,如果需要,用户可以确认发送者是谁。

24.5.3 搭建自己的 Web 服务器

由于很多现成的互联网资源不稳定,为了学习本节内容,本节介绍搭建自己的 Web 服务器。

搭建 Web 服务器的步骤如下:

(1) 安装 JDK(Java 开发工具包):本节要安装的 Web 服务器是 Apache Tomcat,它是支持 Java Web 技术的 Web 服务器。Apache Tomcat 的运行需要 Java 运行环境,而 JDK 提供了 Java 运行环境,因此首先需要安装 JDK。具体安装参考 2.1.1 节。

(2) 配置 Java 运行环境:Apache Tomcat 在运行时需要用到 JAVA_HOME 环境变量,因此需要先设置 JAVA_HOME 环境变量。具体设置参考 2.1.3 节。

(3) 安装 Apache Tomcat 服务器。

读者可以从本章配套代码中找到 Apache Tomcat 安装包 apache-tomcat-9.0.13.zip。只需将 apache-tomcat-9.0.13.zip 文件解压即可安装。

(4) 启动 Apache Tomcat 服务器。

在 Apache Tomcat 解压目录的 bin 目录中找到 startup.bat 文件,如图 24-16 所示,双击 startup.bat 即可以启动 Apache Tomcat。

启动 Apache Tomcat 成功后会看到如图 24-17 所示信息,其中默认端口是 8080。

第24章 网络编程

图 24-16　Apache Tomcat 目录

图 24-17　启动 Apache Tomcat 服务器

（5）测试 Apache Tomcat 服务器。

打开浏览器，在地址栏中输入 http://localhost：8080/NoteWebService/网址，如图 24-18 所示。在打开的页面中介绍了当前的 Web 服务器已经安装的 Web 应用（NoteWebService）的具体使用方法。

图 24-18　测试 Apache Tomcat 服务器

打开浏览器，在地址栏中输入 http://localhost：8080/NoteWebService/note.do 网址，如图 24-19 所示，在打开的页面可以查询所有数据。

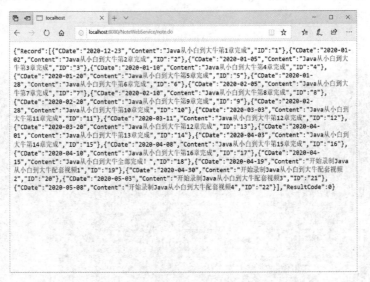

图 24-19　查询所有数据

24.5.4　使用 URL 类

Java 的 java.net.URL 类用于请求互联网上的资源，采用 HTTP/HTTPS 协议，请求方法是 GET 方法，一般是请求静态的、少量的服务器端数据。

URL 类常用构造方法如下：
- URL(String spec)：根据字符串表示形式创建 URL 对象。
- URL(String protocol, String host, String file)：根据指定的协议名、主机名和文件名称创建 URL 对象。
- URL(String protocol, String host, int port, String file)：根据指定的协议名、主机名、端口号和文件名称创建 URL 对象。

URL 类常用方法如下：
- InputStream openStream()：打开到此 URL 的连接，并返回一个输入流。
- URLConnection openConnection()：打开到此 URL 的新连接，返回一个 URLConnection 对象。

下面通过一个示例介绍如何使用 java.net.URL 类。示例代码如下：

```java
//HelloWorld.java 文件
package com.zhijieketang;
...
public class HelloWorld {

    public static void main(String[] args) {
        // Web 网址
        String url = "https://www.sohu.com/";

        URL reqURL;
        try {
            reqURL = new URL(url);                                  ①
        } catch (MalformedURLException e1) {
            return;
        }

        try ( // 打开网络通信输入流
            InputStream is = reqURL.openStream();
            InputStreamReader isr = new InputStreamReader(is, "utf-8");    ②
            BufferedReader br = new BufferedReader(isr)) {

            StringBuilder sb = new StringBuilder();
            String line = br.readLine();
            while (line != null) {
                sb.append(line);
                sb.append('\n');
                line = br.readLine();
            }
            // 日志输出
            System.out.println(sb);

        } catch (IOException e) {
            e.printStackTrace();
        }
    }
}
```

上述代码第①行创建 URL 对象，参数是一个 HTTP 网址。代码第②行通过 URL 对象的 openStream() 方法打开输入流。

24.5.5　使用 HttpURLConnection 发送 GET 请求

由于 URL 类只能发送 HTTP/HTTPS 的 GET 方法请求，如果要想发送其他的情况或者对网络请求有更深入的控制，则可以使用 HttpURLConnection 类型。

示例代码如下：

```java
//HelloWorld.java 文件
package com.zhijieketang;

import java.io.BufferedReader;
import java.io.IOException;
import java.io.InputStream;
import java.io.InputStreamReader;
import java.net.HttpURLConnection;
import java.net.URL;

public class HelloWorld {

    // Web 服务网址
    static String urlString
            = "http://localhost:8080/NoteWebService/note.do?action=query&ID=10";   ①

    public static void main(String[] args) {

        BufferedReader br = null;
        HttpURLConnection conn = null;

        try {
            URL reqURL = new URL(urlString);
            conn = (HttpURLConnection) reqURL.openConnection();                    ②
            conn.setRequestMethod("GET");                                          ③

            // 打开网络通信输入流
            InputStream is = conn.getInputStream();                                ④
            // 通过 is 创建 InputStreamReader 对象
            InputStreamReader isr = new InputStreamReader(is, "utf-8");
            // 通过 isr 创建 BufferedReader 对象
            br = new BufferedReader(isr);

            StringBuilder sb = new StringBuilder();
            String line = br.readLine();
            while (line != null) {
                sb.append(line);
                line = br.readLine();
            }
            // 日志输出
            System.out.println(sb);

        } catch (Exception e) {
            e.printStackTrace();
        } finally {
            if (conn != null) {
                conn.disconnect();                                                 ⑤
            }
            if (br != null) {
                try {
```

```
            br.close();
        } catch (IOException e) {
            e.printStackTrace();
        }
    }
}
```

上述代码第①行是一个 Web 服务网址字符串。

提示 发送 GET 请求时发送给服务器的参数是放在 URL 的"?"之后，参数采用键值对形式，例如，第①行的 URL 中 type=JSON 是一个参数，type 是参数名，JSON 是参数名，服务器端会根据参数名获得参数值。多个参数之间用"&"分隔，例如 action=query&ID=10 就是两个参数。

代码第②行是用 reqURL.openConnection()方法打开一个连接，返回 URLConnection 对象。由于本次连接是 HTTP 连接，所以返回的是 HttpURLConnection 对象。URLConnection 是抽象类，HttpURLConnection 是 URLConnection 的子类。

代码第③行 conn.setRequestMethod("GET")设置请求方法为 GET 方法。代码第④行通过 conn.getInputStream()打开输入流，24.5.4 节实例使用 URL 的 openStream()方法获得输入流。代码第⑤行 conn.disconnect()是断开连接，这可以释放资源。

从服务器端返回的数据是 JSON 字符串，格式化后内容如下：

```
{
    "CDate": "2020-02-28",
    "Content": "Java 从小白到大牛第 10 章完成",
    "ID": "10",
    "ResultCode": 0
}
```

24.5.6 使用 HttpURLConnection 发送 POST 请求

HttpURLConnection 也可以发送 HTTP/HTTPS 的 POST 请求，下面介绍如何使用 HttpURLConnection 发送 POST 请求。

示例代码如下：

```
//HelloWorld.java 文件
package com.zhijieketang;

import java.io.BufferedReader;
import java.io.DataOutputStream;
import java.io.IOException;
import java.io.InputStream;
import java.io.InputStreamReader;
import java.net.HttpURLConnection;
import java.net.URL;

public class HelloWorld {

    // Web 服务网址
    static String urlString = "http://localhost:8080/NoteWebService/note.do";        ①

    public static void main(String[] args) {
```

```java
        BufferedReader br = null;
        HttpURLConnection conn = null;
        try {
            URL reqURL = new URL(urlString);
            conn = (HttpURLConnection) reqURL.openConnection();                 ②
            conn.setRequestMethod("POST");                                      ③
            conn.setDoOutput(true);                                             ④

            String param = String.format("ID=%s&action=%s", "10", "query");     ⑤
            // 设置参数
            DataOutputStream dStream = new DataOutputStream(conn.getOutputStream());  ⑥
            dStream.writeBytes(param);                                          ⑦
            dStream.close();                                                    ⑧

            // 打开网络通信输入流
            InputStream is = conn.getInputStream();
            // 通过 is 创建 InputStreamReader 对象
            InputStreamReader isr = new InputStreamReader(is, "utf-8");
            // 通过 isr 创建 BufferedReader 对象
            br = new BufferedReader(isr);

            StringBuilder sb = new StringBuilder();
            String line = br.readLine();
            while (line != null) {
                sb.append(line);
                line = br.readLine();
            }
            // 日志输出
            System.out.println(sb);

        } catch (Exception e) {
            e.printStackTrace();
        } finally {
            if (conn != null) {
                conn.disconnect();
            }
            if (br != null) {
                try {
                    br.close();
                } catch (IOException e) {
                    e.printStackTrace();
                }
            }
        }
    }
}
```

上述代码第①行 URL 后面不带参数,这是因为要发送的是 POST 请求,POST 请求参数是放在请求体中。代码第②行通过 reqURL.openConnection()建立 HTTP 连接,代码第③行设置 HTTP 请求方法为 POST,代码第④行 conn.setDoOutput(true)设置请求过程中可以传递参数给服务器。

代码第⑤行设置请求参数格式化字符串"ID=％s&action=％s",其中％s 是占位符。

代码第⑥~第⑧行是将请求参数发送给服务器,代码第⑥行中 conn.getOutputStream()是打开输出流,new DataOutputStream(conn.getOutputStream())是创建基于数据输出流。代码第⑦行 dStream.writeBytes(param)是向输出流中写入数据,第⑧行 dStream.close()是关闭流,并将数据写入

24.5.7 案例：Downloader

为了进一步熟悉 URL 类，本节介绍一个下载程序 Downloader。Downloader.java 代码如下：

```java
//Downloader.java 文件
package com.zhijieketang;

import java.io.BufferedInputStream;
import java.io.BufferedOutputStream;
import java.io.FileOutputStream;
import java.io.IOException;
import java.io.InputStream;
import java.io.OutputStream;
import java.net.HttpURLConnection;
import java.net.URL;

public class Downloader {

    // Web 服务网址
    private static String urlString = "https://ss0.bdstatic.com/5aV1bjqh_Q23odCf/"
            + "static/superman/img/logo/bd_logo1_31bdc765.png";

    public static void main(String[] args) {
        download();
    }

    // 下载方法
    private static void download() {

        HttpURLConnection conn = null;

        try {
            // 创建 URL 对象
            URL reqURL = new URL(urlString);
            // 打开连接
            conn = (HttpURLConnection) reqURL.openConnection();                     ①

            try (// 从连接对象获得输入流
                    InputStream is = conn.getInputStream();                         ②
                    BufferedInputStream bin = new BufferedInputStream(is);          ③
                    // 创建文件输出流
                    OutputStream os = new FileOutputStream("./download.png");       ④
                    BufferedOutputStream bout = new BufferedOutputStream(os);) {    ⑤

                byte[] buffer = new byte[1024];
                int bytesRead = bin.read(buffer);
                while (bytesRead != -1) {
                    bout.write(buffer, 0, bytesRead);
                    bytesRead = bin.read(buffer);
                }
            } catch (IOException e) {
            }
            System.out.println("下载完成.");
        } catch (IOException e) {
        } finally {
```

```
            if (conn != null) {
                conn.disconnect();
            }
        }
    }
}
```

上述代码第①行打开连接获得 HttpURLConnection 对象。代码第②行是从连接对象获得输入流。代码第③行创建缓冲流输入流，使用缓冲流可以提高读写效率。

代码第④行是创建文件输出流，代码第⑤行是创建缓冲流输出流。

运行 Downloader 程序，如果成功，则会在当前目录获得一张图片。

24.6 本章小结

本章主要介绍了 Java 网络编程。首先介绍了一些网络方面的基本知识。然后重点介绍了 TCP Socket 编程和 UDP Socket 编程，其中 TCP Socket 编程很有代表性，希望重点掌握这部分知识。接着介绍了数据交换格式，重点介绍了 JSON 数据交换格式。由于 Java 官方没有提供 JSON 解码和编码库，需要使用第三方库。最后介绍了使用 URL 类访问互联网资源。

24.7 同步练习

选择题

1. 下列选项中哪些类可以用来实现 TCP/IP 客户服务器程序？（　　）
   A. ServerSocket　　　B. Server　　　C. Socket　　　D. DatagramPacket
   E. DatagramSocket

2. 下列选项中正确的创建 Socket 的语句有（　　）。
   A. Socket a = new Socket(80);
   B. Socket b = new Socket("130.3.4.5",80);
   C. ServerSocket c = new Socket(80);
   D. ServerSocket d = new Socket("130.3.4.5",80);

3. 下列选项中正确的论述有（　　）。
   A. ServerSocket.accept 是阻塞的
   B. BufferedReader.readLine 是阻塞的
   C. DatagramSocket.receive 是阻塞的
   D. DatagramSocket.send 是阻塞的

4. 下列语句创建一个 DatagramSocket 对象，哪些是正确的？（　　）
   A. DatagramSocket a = new DatagramSocket();
   B. DatagramSocket b = new DatagramSocket(80);
   C. DatagramSocket c = new DatagramSocket("127.0.0.1",70);
   D. DatagramSocket d = new DatagramSocket("127.0.0.1");

24.8 动手实践：解析来自于 Web 的结构化数据

编程题

找一个能返回 JSON 数据的 Web 服务接口，并解码 JSON 数据。

第 25 章 Swing 图形用户界面编程

图形用户界面(graphical user interface,GUI)编程对于某种语言来说非常重要。Java 的应用主要方向是基于 Web 浏览器的应用,用户界面主要是 HTML、CSS 和 JavaScript 等基于 Web 的技术,这些技术要到 Java EE 阶段才能学习到。

而本章介绍的 Java 图形用户界面技术是基于 Java SE 的 Swing,事实上它们在实际应用中使用不多,因此本章的内容可只做了解。

25.1 Java 图形用户界面技术

Java 图形用户界面技术主要有 AWT、Swing 和 JavaFX。

1. AWT

AWT(abstract window toolkit)是抽象窗口工具包,AWT 是 Java 程序提供的建立图形用户界面最基础的工具集。AWT 支持图形用户界面编程的功能包括用户界面组件(控件)、事件处理模型、图形图像处理(形状和颜色)、字体、布局管理器和本地平台的剪贴板来进行剪切和粘贴等。AWT 是 Applet 和 Swing 技术的基础。

AWT 在实际的运行过程中是调用所在平台的图形系统,因此同样一段 AWT 程序在不同的操作系统平台下运行所看到的样式是不同的。例如在 Windows 下运行,则显示的窗口是 Windows 风格的窗口,如图 25-1 所示,而在 UNIX 下运行时,则显示的是 UNIX 风格的窗口,如图 25-2 所示的 macOS 是 AWT 窗口。

2. Swing

Swing 是 Java 主要的图形用户界面技术,Swing 提供跨平台的界面风格,用户可以自定义 Swing 的界面风格。Swing 提供了比 AWT 更完整的组件,引入了许多新的特性。Swing API 是围绕着实现 AWT 各个部分的 API 构筑的。Swing 是由 100%纯 Java 实现的,Swing 组件没有本地代码,不依赖操作系统的支持,这是它与 AWT 组件的最大区别。本章重点介绍 Swing 技术。

3. JavaFX

JavaFX 是开发丰富互联网应用程序(rich internet application,RIA)的图形用户界面技术,JavaFX 期望能够在桌面应用的开发领域与 Adobe 公司的 AIR、微软公司的 Silverlight 相竞争。传统的互联网应用程序基于 Web 的,客户端是浏览器。而丰富互联网应用程序试图打造自己的客户端,替代浏览器。

图 25-1　Windows 风格的 AWT 窗口

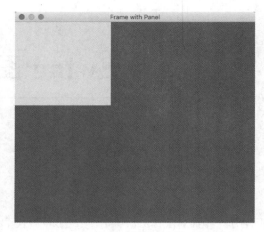
图 25-2　macOS 风格的 AWT 窗口

25.2　Swing 技术基础

AWT 是 Swing 的基础，Swing 事件处理和布局管理都是依赖于 AWT，AWT 内容来自 java.awt 包，Swing 内容来自 javax.swing 包。AWT 和 Swing 作为图形用户界面技术包括 4 个主要的概念：组件（Component）、容器（Container）、事件处理和布局管理器（LayoutManager）。下面将围绕这些概念展开。

25.2.1　Swing 类层次结构

容器和组件构成了 Swing 的主要内容，下面分别介绍 Swing 中容器和组件类层次结构。

图 25-3 所示是 Swing 容器类层次结构。Swing 容器类主要有 JWindow、JFrame 和 JDialog，其他的不带"J"开头都是 AWT 提供的类，在 Swing 中大部分类都是以"J"开头。

图 25-4 所示是 Swing 组件类层次结构。Swing 所有组件继承自 JComponent，JComponent 又间接继承自 AWT 的 java.awt.Component 类。Swing 组件很多，这里不一一解释，在后面的学习过程中会重点介绍组件。

图 25-3　Swing 容器类层次结构

25.2.2　Swing 程序结构

图形用户界面主要是由窗口以及窗口中的组件构成的，编写 Swing 程序主要就是创建窗口和添加组件过程。Swing 中的窗口主要是使用 JFrame，很少使用 JWindow。JFrame 有标题、边框、菜单、大小和窗口管理按钮等窗口要素，而 JWindow 没有标题栏和窗口管理按钮。

构建 Swing 程序主要有两种方式：创建 JFrame 或继承 JFrame。下面通过一个示例介绍这两种方式如何实现。该示例运行效果如图 25-5 所示，窗口标题是 MyFrame，窗口中有显示字符串"Hello Swing!"。

第25章 Swing图形用户界面编程

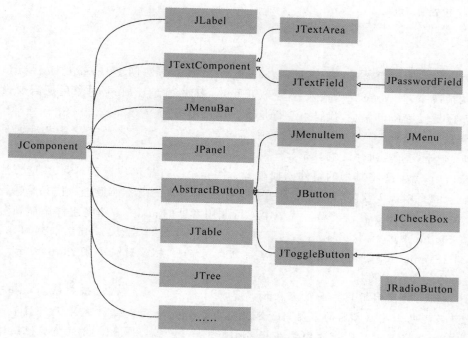

图 25-4 Swing 组件类层次结构

1. 创建 JFrame 方式

创建 JFrame 方式就是直接实例化 JFrame 对象,然后设置 JFrame 属性,添加窗口所需要的组件。

示例代码如下:

图 25-5 Swing 示例运行效果

```java
// SwingDemo1.java 文件
package com.zhijieketang;

import java.awt.Container;

import javax.swing.JFrame;
import javax.swing.JLabel;

public class SwingDemo1{

    public static void main(String[] args) {
        //创建窗口对象
        JFrame frame = new JFrame("MyFrame");              ①

        // 创建标签
        JLabel label = new JLabel("Hello Swing!");          ②
        // 获得窗口的内容面板
        Container contentPane = frame.getContentPane();     ③
        // 添加标签到内容面板
        contentPane.add(label);                             ④

        // 设置窗口大小
        frame.setSize(300, 300);                            ⑤
```

```
        // 设置窗口可见
        frame.setVisible(true);                              ⑥
    }
}
```

上述代码第①行使用 JFrame 的 JFrame(String title)构造方法创建 JFrame 对象,title 是设置创建的标题。默认情况下,JFrame 是没有大小且不可见的,因此创建 JFrame 对象后还需要设置大小和可见。代码第⑤行是设置窗口大小,代码第⑥行是设置窗口的可见。

注意 设置 JFrame 窗口大小和可见这两条语句,应该在添加完成所有组件之后调用。否则在多个组件情况下,会导致有些组件没有显示。

创建好窗口后,就需要将其中的组件添加进来。代码第②行是创建标签对象,构造方法中字符串参数是标签要显示的文本。创建好组件之后需要把它添加到窗口的内容面板上。代码第③行是获得窗口的内容面板,它是 Container 容器类型。代码第④行调用容器的 add()方法将组件添加到窗口上。

注意 在 Swing 中添加到 JFrame 上的所有可见组件,除菜单栏外,全部添加到内容面板上,而不要直接添加到 JFrame 上,这是 Swing 绘制系统所要求的。内容面板如图 25-6 所示。内容面板是 JFrame 中包含的一个子容器。

提示 几乎所有的图形用户界面技术在构建界面时都采用层级结构(树形结构),如图 25-7 所示。根是顶级容器(只能包含其他容器的容器),子容器有内容面板和菜单栏(本例中没有菜单),然后其他的组件添加到内容面板容器中。所有的组件都有 add()方法,通过调用 add()方法将其他组件添加到容器中,作为当前容器的子组件。

图 25-6　JFrame 的内容面板

图 25-7　界面构建层次

2. 继承 JFrame 方式

继承 JFrame 方式就是编写一个继承 JFrame 的子类,在构造方法中初始化窗口,添加窗口所需要的组件。

自定义窗口代码如下:

```
//MyFrame.java 文件
package com.zhijieketang;

import java.awt.Container;
```

```java
import javax.swing.JFrame;
import javax.swing.JLabel;

public class MyFrame extends JFrame {                    ①

    public MyFrame(String title) {                       ②
        super(title);

        // 创建标签
        JLabel label = new JLabel("Hello Swing!");
        // 获得窗口的内容面板
        Container contentPane = getContentPane();
        // 添加标签到内容面板
        contentPane.add(label);

        // 设置窗口大小
        setSize(300, 300);
        // 设置窗口可见
        setVisible(true);
    }
}
```

上述代码第①行是声明 MyFrame 继承 JFrame，代码第②行定义构造方法，参数是窗口标题。调用代码如下：

```java
//SwingDemo2.java 文件
package com.zhijieketang;

public class SwingDemo2{

    public static void main(String[] args) {
        //创建窗口对象
        new MyFrame("MyFrame");
    }
}
```

运行上述代码可见，继承 JFrame 方式和创建 JFrame 方式效果完全一样。

提示 创建 JFrame 方式适合于小项目、代码量少、窗口不多、组件少的情况。继承 JFrame 方式，适合于大项目，可以针对不同界面自定义一个 Frame 类，属性可以在构造方法中进行设置；缺点是有很多类文件需要有效地管理。

25.3 事件处理模型

图形界面的组件要响应用户操作，就必须添加事件处理机制。Swing 采用 AWT 的事件处理模型进行事件处理。在事件处理的过程中涉及如下三个要素：

（1）事件：是用户对界面的操作，在 Java 中事件被封装称为事件类 java.awt.AWTEvent 及其子类，例如按钮单击事件类是 java.awt.event.ActionEvent。

（2）事件源：是事件发生的场所，就是各个组件，例如按钮单击事件的事件源是按钮（Button）。

（3）事件处理者：是事件处理程序，在 Java 中事件处理者是实现特定接口的事件对象。

在事件处理模型中最重要的是事件处理者，它根据事件（假设 XXXEvent 事件）的不同会实现不同的接口，这些接口命名为 XXXListener，所以事件处理者也称为事件监听器。最后事件源通过 addXXXListener()方法添加事件监听，监听 XXXEvent 事件。各种事件和对应的监听器接口如表 25-1 所示。

表 25-1 事件类型和事件监听器接口

事件类型	相应监听器接口	监听器接口中的方法
Action	ActionListener	actionPerformed(ActionEvent)
Item	ItemListener	itemStateChanged(ItemEvent)
Mouse	MouseListener	mousePressed(MouseEvent)
		mouseReleased(MouseEvent)
		mouseEntered(MouseEvent)
		mouseExited(MouseEvent)
		mouseClicked(MouseEvent)
Mouse Motion	MouseMotionListener	mouseDragged(MouseEvent)
		mouseMoved(MouseEvent)
Key	KeyListener	keyPressed(KeyEvent)
		keyReleased(KeyEvent)
		keyTyped(KeyEvent)
Focus	FocusListener	focusGained(FocusEvent)
		focusLost(FocusEvent)
Adjustment	AdjustmentListener	adjustmentValueChanged(AdjustmentEvent)
Component	ComponentListener	componentMoved(ComponentEvent)
		componentHidden(ComponentEvent)
		componentResized(ComponentEvent)
		componentShown(ComponentEvent)
Window	WindowListener	windowClosing(WindowEvent)
		windowOpened(WindowEvent)
		windowIconified(WindowEvent)
		windowDeiconified(WindowEvent)
		windowClosed(WindowEvent)
		windowActivated(WindowEvent)
		windowDeactivated(WindowEvent)
Container	ContainerListener	componentAdded(ContainerEvent)
		componentRemoved(ContainerEvent)
Text	TextListener	textValueChanged(TextEvent)

事件处理者可以实现 XXXListener 接口任何形式，即外部类、内部类、匿名内部类和 Lambda 表达式；如果 XXXListener 接口只有一个抽象方法，则事件处理者还可以是 Lambda 表达式。为了访问窗口中的组件方便，往往使用内部类、匿名内部类和 Lambda 表达式的情况很多。

25.3.1 采用内部类处理事件

内部类和匿名内部类能够方便访问窗口中的组件，所以这里重点介绍内部类和匿名内部类实现的事件监听器。

下面通过一个示例介绍采用内部类和匿名内部类实现的事件处理模型。如图25-8所示的示例，界面中有两个按钮和一个标签，当单击Button1或Button2时会改变标签显示的内容。

示例代码如下：

图25-8 事件处理模型示例

```java
//MyFrame.java 文件
package com.zhijieketang;

import java.awt.BorderLayout;
import java.awt.event.ActionEvent;
import java.awt.event.ActionListener;

import javax.swing.JButton;
import javax.swing.JFrame;
import javax.swing.JLabel;

public class MyFrame extends JFrame {

    // 声明标签
    JLabel label;                                                    ①

    public MyFrame(String title) {
        super(title);

        // 创建标签
        label = new JLabel("Label");
        // 添加标签到内容面板
        getContentPane().add(label, BorderLayout.NORTH);             ②

        // 创建 Button1
        JButton button1 = new JButton("Button1");
        // 添加 Button1 到内容面板
        getContentPane().add(button1, BorderLayout.CENTER);          ③

        // 创建 Button2
        JButton button2 = new JButton("Button2");
        // 添加 Button2 到内容面板
        getContentPane().add(button2, BorderLayout.SOUTH);           ④

        // 设置窗口大小
        setSize(350, 108);
        // 设置窗口可见
        setVisible(true);

        // 注册事件监听器,监听 Button2 单击事件
        button2.addActionListener(new ActionEventHandler());         ⑤

        // 注册事件监听器,监听 Button1 单击事件
        button1.addActionListener(new ActionListener() {             ⑥
            @Override
            public void actionPerformed(ActionEvent event) {
                label.setText("Hello Swing!");
            }
        }
```

```
            });
        }

        // Button2 事件处理者
        class ActionEventHandler implements ActionListener {        ⑦
            @Override
            public void actionPerformed(ActionEvent e) {
                label.setText("Hello World!");
            }
        }
    }
```

上述代码第②行通过 add(label, BorderLayout.NORTH)方法将标签添加到内容面板，这个 add()方法与前面介绍的有所不同，它的第二个参数是指定组件的位置。有关布局管理的内容，将在 25.4 节详细介绍。类似的添加还有代码第③行和第④行。

代码第⑤行和第⑥行都是注册事件监听器监听 Button 的单击事件。但是第⑤行的事件监听器是一个内部类 ActionEventHandler，它的定义是在代码第⑦行。代码第⑥行的事件监听器是一个匿名内部类。

提示 在事件处理模型中，内部类实现的模型，内部类会定义为成员内部类，因此不能访问其他方法中的局部变量组件，只能访问成员变量组件，所以代码第①行将标签组件声明为成员变量，否则 ActionEventHandler 内部类无法访问该组件。而匿名内部类既可以访问所在方法的局部变量组件，也可以访问成员变量组件。

25.3.2 采用 Lambda 表达式处理事件

如果一个事件监听器接口只有一个抽象方法，则可以使用 Lambda 表达式实现事件处理，这些接口主要有 ActionListener、AdjustmentListener、ItemListener、MouseWheelListener、TextListener 和 WindowStateListener 等。

下面将 25.3.1 节的示例修改一下。

```java
//MyFrame.java 文件
package com.zhijieketang;

import java.awt.BorderLayout;
import java.awt.event.ActionEvent;
import java.awt.event.ActionListener;

import javax.swing.JButton;
import javax.swing.JFrame;
import javax.swing.JLabel;

public class MyFrame extends JFrame implements ActionListener {    ①

    // 声明标签
    JLabel label;

    public MyFrame(String title) {
        super(title);

        // 创建标签
        label = new JLabel("Label");
```

```java
    // 添加标签到内容面板
    getContentPane().add(label, BorderLayout.NORTH);

    // 创建 Button1
    JButton button1 = new JButton("Button1");
    // 添加 Button1 到内容面板
    getContentPane().add(button1, BorderLayout.CENTER);

    // 创建 Button2
    JButton button2 = new JButton("Button2");
    // 添加 Button2 到内容面板
    getContentPane().add(button2, BorderLayout.SOUTH);

    // 设置窗口大小
    setSize(350, 108);
    // 设置窗口可见
    setVisible(true);

    // 注册事件监听器,监听 Button2 单击事件
    button2.addActionListener(this);                            ②

    // 注册事件监听器,监听 Button1 单击事件
    button1.addActionListener((event) -> {
      label.setText("Hello World!");                            ③
    });
}

@Override
public void actionPerformed(ActionEvent event) {
    label.setText("Hello Swing!");                              ④
}
}
```

上述代码第③行采用 Lambda 表达式实现事件监听器,可见代码非常简单。另外,当前窗口本身也可以是事件处理者,代码第①行声明窗口实现 ActionListener 接口。代码第④行是实现抽象方法,那么注册事件监听器参数就是 this,见代码第②行。

25.3.3 使用适配器

事件监听器都是接口,在 Java 接口中定义的抽象方法必须全部实现,哪怕对某些方法并不关心,也要给一对空的大括号表示实现。例如,WindowListener 是窗口事件(WindowEvent)监听器接口,为了在窗口中接收到窗口事件,需要在窗口中注册 WindowListener 事件监听器。示例代码如下:

```java
this.addWindowListener(new WindowListener() {

    @Override
    public void windowActivated(WindowEvent e) {
    }

    @Override
    public void windowClosed(WindowEvent e) {
    }

    @Override
```

```java
        public void windowClosing(WindowEvent e) {              ①
            // 退出系统
            System.exit(0);
        }

        @Override
        public void windowDeactivated(WindowEvent e) {
        }

        @Override
        public void windowDeiconified(WindowEvent e) {
        }

        @Override
        public void windowIconified(WindowEvent e) {
        }

        @Override
        public void windowOpened(WindowEvent e) {
        }
    });
```

实现 WindowListener 接口需要提供它的 7 个方法的实现，很多情况下只是想在关闭窗口时释放一些资源，只需要实现代码第①行的 windowClosing(WindowEvent e)，其他的方法并不关心，但是也必须给出空的实现。这样的代码看起来很臃肿，为此 Java 还提供了一些与监听器相配套的适配器。监听器是接口，命名采用 XXXListener，而适配器是类，命名采用 XXX Adapter。在使用时通过继承事件所对应的适配器类，覆盖所需要的方法，无关方法不用实现。

采用适配器注册接收窗口事件代码如下：

```java
this.addWindowListener(new WindowAdapter(){
    @Override
    public void windowClosing(WindowEvent e) {
        // 退出系统
        System.exit(0);
    }
});
```

可见代码非常简洁。事件适配器提供了一种简单的实现监听器的手段，可以缩短程序代码。但是，由于 Java 的单一继承机制，当需要多种监听器或此类已有父类时，就无法采用事件适配器。

并非所有的监听器接口都有对应的适配器类，一般定义了多个方法的监听器接口。例如，WindowListener 有多个方法对应多种不同的窗口事件时，才需要配套的适配器。主要的适配器如下：

- ComponentAdapter：组件适配器。
- ContainerAdapter：容器适配器。
- FocusAdapter：焦点适配器。
- KeyAdapter：键盘适配器。
- MouseAdapter：鼠标适配器。
- MouseMotionAdapter：鼠标运动适配器。
- WindowAdapter：窗口适配器。

25.4 布局管理

为了实现图形用户界面的跨平台，并实现动态布局等效果，Java 将容器内的所有组件布局交给布局管理器管理。布局管理器负责组件的排列顺序、大小、位置，以及当窗口移动或调整大小后组件如何变化等。

Java SE 提供了 7 种布局管理器，包括 FlowLayout、BorderLayout、GridLayout、BoxLayout、CardLayout、SpringLayout 和 GridBagLayout，其中最基础的是 FlowLayout、BorderLayout 和 GridLayout 布局管理器。下面重点介绍这三种布局。

25.4.1 FlowLayout 布局

FlowLayout 布局摆放组件的规律是：从左到右、从上到下进行摆放，如果容器足够宽，第一个组件先添加到容器中第一行的最左边，后续的组件依次添加到上一个组件的右边，如果当前行已摆放不下该组件，则摆放到下一行的最左边。

FlowLayout 主要的构造方法如下：

- FlowLayout(int align, int hgap, int vgap)：创建一个 FlowLayout 对象，它具有指定的对齐方式以及指定的水平和垂直间隙，hgap 参数是组件之间的水平间隙，vgap 参数是组件之间的垂直间隙，单位是像素。
- FlowLayout(int align)：创建一个 FlowLayout 对象，指定的对齐方式，默认的水平和垂直间隙是 5 个单位。
- FlowLayout：创建一个 FlowLayout 对象，它是居中对齐的，默认的水平和垂直间隙是 5 个单位。

上述参数 align 是对齐方式，它是通过 FlowLayout 的常量指定的。这些常量说明如下：

- FlowLayout.CENTER：指示每行组件都应该是居中的。
- FlowLayout.LEADING：指示每行组件都应该与容器方向的开始边对齐，例如，对于从左到右的方向，则与左边对齐。
- FlowLayout.LEFT：指示每行组件都应该是左对齐的。
- FlowLayout.RIGHT：指示每行组件都应该是右对齐的。
- FlowLayout.TRAILING：指示每行组件都应该与容器方向的结束边对齐，例如，对于从左到右的方向，则与右边对齐。

示例代码如下：

```
//MyFrame.java 文件
package com.zhijieketang;

import java.awt.FlowLayout;

import javax.swing.JButton;
import javax.swing.JFrame;
import javax.swing.JLabel;

public class MyFrame extends JFrame {

    // 声明标签
```

```java
    JLabel label;

    public MyFrame(String title) {
        super(title);

        setLayout(new FlowLayout(FlowLayout.LEFT, 20, 20));         ①
        // 创建标签
        label = new JLabel("Label");
        // 添加标签到内容面板
        getContentPane().add(label);                                ②

        // 创建 Button1
        JButton button1 = new JButton("Button1");
        // 添加 Button1 到内容面板
        getContentPane().add(button1);                              ③

        // 创建 Button2
        JButton button2 = new JButton("Button2");
        // 添加 Button2 到内容面板
        getContentPane().add(button2);                              ④

        // 设置窗口大小
        setSize(350, 120);
        // 设置窗口可见
        setVisible(true);

        // 注册事件监听器,监听 Button2 单击事件
        button2.addActionListener((event) -> {
            label.setText("Hello Swing!");
        });

        // 注册事件监听器,监听 Button1 单击事件
        button1.addActionListener((event) -> {
            label.setText("Hello World!");
        });
    }
}
```

上述代码第①行设置当前窗口的布局是 FlowLayout 布局,采用 FlowLayout(int align, int hgap, int vgap)构造方法。一旦设置了 FlowLayout 布局,就可以通过 add(Component comp)方法添加组件到窗口的内容面板,见代码第②行、第③行和第④行。

运行结果如图 25-9(a)所示。采用 FlowLayout 布局如果水平空间比较小,组件会垂直摆放,拖曳窗口的边缘使窗口变窄,如图 25-9(b)所示,最后一个组件换行。

25.4.2 BorderLayout 布局

BorderLayout 布局是窗口的默认布局管理器,25.3 节的示例就是采用 BorderLayout 布局实现。

BorderLayout 是 JWindow、JFrame 和 JDialog 的默认布局管理器。BorderLayout 布局管理器把容器分成 5 个区域:北、南、东、西、中,如图 25-10 所示,每个区域只能放置一个组件。

BorderLayout 主要的构造方法如下:

- BorderLayout(int hgap, int vgap):创建一个 BorderLayout 对象,指定水平和垂直间隙,hgap 参数是组件之间的水平间隙,vgap 参数是组件之间的垂直间隙,单位是像素。

(a)

(b)

图 25-9　FlowLayout 示例运行结果　　　　图 25-10　BorderLayout 布局

- BorderLayout()：创建一个 BorderLayout 对象，组件之间没有间隙。

BorderLayout 布局有 5 个区域，为此 BorderLayout 中定义了 5 个约束常量，说明如下：

- BorderLayout.CENTER：中间区域的布局约束（容器中央）。
- BorderLayout.EAST：东区域的布局约束（容器右边）。
- BorderLayout.NORTH：北区域的布局约束（容器顶部）。
- BorderLayout.SOUTH：南区域的布局约束（容器底部）。
- BorderLayout.WEST：西区域的布局约束（容器左边）。

示例代码如下：

```
//MyFrame.java 文件
package com.zhijieketang;

import javax.swing.*;
import java.awt.*;

public class MyFrame extends JFrame {

    public MyFrame(String title) {
        super(title);

        // 设置 BorderLayout 布局
        setLayout(new BorderLayout(10, 10));                         ①

        // 添加按钮到容器的 North 区域
        getContentPane().add(new JButton("北"), BorderLayout.NORTH);   ②
        // 添加按钮到容器的 South 区域
        getContentPane().add(new JButton("南"), BorderLayout.SOUTH);   ③
        // 添加按钮到容器的 East 区域
        getContentPane().add(new JButton("东"), BorderLayout.EAST);    ④
        // 添加按钮到容器的 West 区域
        getContentPane().add(new JButton("西"), BorderLayout.WEST);    ⑤
        // 添加按钮到容器的 Center 区域
        getContentPane().add(new JButton("中"), BorderLayout.CENTER);  ⑥

        setSize(300, 300);
        setVisible(true);
    }
}
```

上述代码第①行设置窗口布局为 BorderLayout 布局，组件之间间隙是 10 个像素，事实上窗口默认布局就是BorderLayout，只是组件之间没有间隙，如图25-11所示。代码第②行～第⑥行分别添加了5个按钮，使用的添加方法是add(Component comp, Object constraints)，第二个参数constraints是指定约束。

当使用BorderLayout时，如果容器的大小发生变化，其变化规律为：组件的相对位置不变，大小发生变化。如图25-12所示，如果容器变高或矮，则北和南不变，西、中和东变高或矮；如果容器变宽或窄，西和东区域不变，北、中和南变宽或窄。

另外，在5个区域中不一定都放置了组件，如果某个区域缺少组件，界面布局会有比较大的影响。具体影响如图25-13所示，其中列出了主要的一些情况。

图 25-11　BorderLayout 布局示例运行结果

图 25-12　BorderLayout 布局与容器大小变化

图 25-13　某个区域缺少组件

25.4.3 GridLayout 布局

GridLayout 布局以网格形式对组件进行摆放，容器被分成大小相等的矩形，一个矩形中放置一个组件。

GridLayout 布局主要的构造方法如下：

- GridLayout()：创建具有默认值的 GridLayout 对象，即每个组件占据一行一列。
- GridLayout(int rows, int cols)：创建具有指定行数和列数的 GridLayout 对象。
- GridLayout(int rows, int cols, int hgap, int vgap)：创建具有指定行数和列数的 GridLayout 对象，并指定水平和垂直间隙。

示例代码如下：

```java
//MyFrame.java 文件
package com.zhijieketang;

import javax.swing.*;
import java.awt.*;

public class MyFrame extends JFrame {

    public MyFrame(String title) {
        super(title);

        // 设置3行3列的 GridLayout 布局管理器
        setLayout(new GridLayout(3, 3));                              ①

        // 添加按钮到第一行的第一格
        getContentPane().add(new JButton("1"));                       ②
        // 添加按钮到第一行的第二格
        getContentPane().add(new JButton("2"));
        // 添加按钮到第一行的第三格
        getContentPane().add(new JButton("3"));
        // 添加按钮到第二行的第一格
        getContentPane().add(new JButton("4"));
        // 添加按钮到第二行的第二格
        getContentPane().add(new JButton("5"));
        // 添加按钮到第二行的第三格
        getContentPane().add(new JButton("6"));
        // 添加按钮到第三行的第一格
        getContentPane().add(new JButton("7"));
        // 添加按钮到第三行的第二格
        getContentPane().add(new JButton("8"));
        // 添加按钮到第三行的第三格
        getContentPane().add(new JButton("9"));                       ③

        setSize(400, 400);
        setVisible(true);
    }
}
```

上述代码第①行设置当前窗口布局采用 3 行 3 列的 GridLayout 布局，它有 9 个区域，分别从左到右，从上到下摆放。代码第②行～第③行添加了 9 个 JButton。运行结果如图 25-14 所示。

图 25-14　GridLayout 布局示例运行结果

GridLayout 布局将容器分成几个区域，也会出现某个区域缺少组件的情况，GridLayout 布局会根据行列划分的不同，平均占据容器的空间，实际情况比较复杂。图 25-15 中列出了一些主要情况。

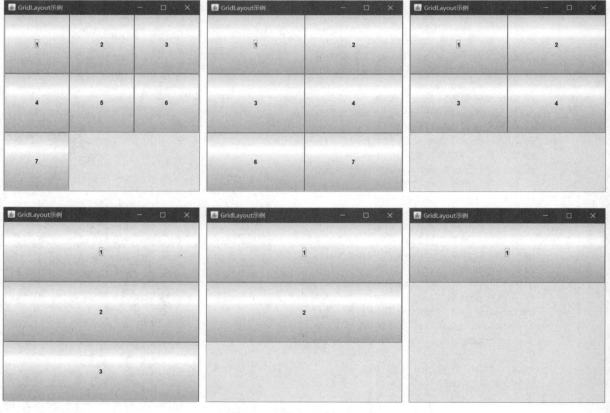

图 25-15　某个区域缺少组件

25.4.4 不使用布局管理器

如果要开发的图形用户界面应用不考虑跨平台，不考虑动态布局，窗口大小又不变，那么布局管理器就失去使用的意义。容器也可以不设置布局管理器，那么此时的布局是由开发人员自己管理的。

组件有三个与布局有关的方法，即 setLocation()、setSize() 和 setBounds()，在设置了布局管理的容器中组件的这几个方法不起作用，不设置布局管理时它们才起作用。

这三个方法的说明如下：

- void setLocation(int x, int y)：设置组件的位置。
- void setSize(int width, int height)：设置组件的大小。
- void setBounds(int x, int y, int width, int height)：设置组件的大小和位置。

下面通过示例介绍不使用布局管理器的情况，如图 25-16 所示。

示例代码如下：

图 25-16　不使用布局管理器示例

```java
//MyFrame.java 文件
package com.zhijieketang;

import javax.swing.JButton;
import javax.swing.JFrame;
import javax.swing.JLabel;
import javax.swing.SwingConstants;

public class MyFrame extends JFrame {

    public MyFrame(String title) {
        super(title);

        //设置窗口大小不变的
        setResizable(false);                                        ①

        // 不设置布局管理器
        getContentPane().setLayout(null);                           ②

        // 创建标签
        JLabel label = new JLabel("Label");
        // 设置标签的位置和大小
        label.setBounds(89, 13, 100, 30);                           ③
        // 设置标签文本水平居中
        label.setHorizontalAlignment(SwingConstants.CENTER);        ④
        // 添加标签到内容面板
        getContentPane().add(label);

        // 创建 Button1
        JButton button1 = new JButton("Button1");
        // 设置 Button1 的位置和大小
        button1.setBounds(89, 59, 100, 30);                         ⑤
        // 添加 Button1 到内容面板
        getContentPane().add(button1);

        // 创建 Button2
        JButton button2 = new JButton("Button2");
        // 设置 Button2 的位置
```

```
            button2.setLocation(89, 102);                        ⑥
            // 设置 Button2 的大小
            button2.setSize(100, 30);                            ⑦
            // 添加 Button2 到内容面板
            getContentPane().add(button2);

            // 设置窗口大小
            setSize(300, 200);
            // 设置窗口可见
            setVisible(true);

            // 注册事件监听器,监听 Button2 单击事件
            button2.addActionListener((event) -> {
                label.setText("Hello Swing!");
            });

            // 注册事件监听器,监听 Button1 单击事件
            button1.addActionListener((event) -> {
                label.setText("Hello World!");
            });
        }
    }
```

上述代码第①行设置不能调整窗口大小,没有设置布局管理器时,容器中的组件都绝对布局,容器大小如果变化,那么其中的组件大小和位置都不会变化。如图25-17所示,将窗口拉大后,组件还是在原来的位置。

代码第②行 setLayout(null) 方法是不设置布局管理器,参数是 null。

代码第③行和第⑤行是通过调用 setBounds() 方法设置组件的大小和位置。也可以分别调用 setSize() 和 setLocation() 方法设置组件的大小和位置,实现与 setBounds() 方法相同的效果,见代码第⑥行和第⑦行。

图25-17　不使用布局管理器后调整窗口大小

另外,代码第④行 setHorizontalAlignment(SwingConstants.CENTER) 方法设置了标签的文本水平居中。

25.5　Swing 组件

Swing 所有组件都继承自 JComponent,主要有文本处理、按钮、标签、列表、面板、组合框、滚动条、滚动面板、菜单、表格和树等组件。下面介绍常用的组件。

25.5.1　标签和按钮

标签和按钮在前面示例中已经用到了,本节再深入地介绍一下它们。
Swing 中标签类是 JLabel,它不仅可以显示文本还可以显示图标。JLabel 的构造方法如下:
□ JLabel():创建一个无图标无标题标签对象。
□ JLabel(Icon image):创建一个具有图标的标签对象。

- JLabel(Icon image，int horizontalAlignment)：通过指定图标和水平对齐方式创建标签对象。
- JLabel(String text)：创建一个标签对象，并指定显示的文本。
- JLabel(String text，Icon icon，int horizontalAlignment)：通过指定显示的文本、图标和水平对齐方式创建标签对象。
- JLabel(String text，int horizontalAlignment)：通过指定显示的文本和水平对齐方式创建标签对象。

上述构造方法 horizontalAlignment 参数是水平对齐方式，它的取值是 SwingConstants 中定义的以下常量之一：LEFT、CENTER、RIGHT、LEADING 或 TRAILING。

Swing 中的按钮类是 JButton，JButton 不仅可以显示文本还可以显示图标。JButton 常用的构造方法如下：

- JButton()：创建不带文本或图标的按钮对象。
- JButton(Icon icon)：创建一个带图标的按钮对象。
- JButton(String text)：创建一个带文本的按钮对象。
- JButton(String text，Icon icon)：创建一个带初始文本和图标的按钮对象。

下面通过示例介绍在标签和按钮中使用图标。如图 25-18 所示，界面中上面图标是标签，下面两个图标是按钮，当单击按钮时标签可以切换图标。

示例代码如下：

图 25-18　标签和按钮示例

```
//MyFrame.java 文件
package com.zhijieketang;

import javax.swing.Icon;
import javax.swing.ImageIcon;
import javax.swing.JButton;
import javax.swing.JFrame;
import javax.swing.JLabel;
import javax.swing.SwingConstants;

public class MyFrame extends JFrame {
    // 用于标签切换的图标
    private static Icon images[] = { new ImageIcon("./icon/0.png"),
        new ImageIcon("./icon/1.png"),
        new ImageIcon("./icon/2.png"),
        new ImageIcon("./icon/3.png"),
        new ImageIcon("./icon/4.png"),
        new ImageIcon("./icon/5.png") };                               ①

    // 当前页索引
    private static int currentPage = 0;                                ②

    public MyFrame(String title) {
        super(title);

        // 设置窗口大小不变的
        setResizable(false);

        // 不设置布局管理器
        getContentPane().setLayout(null);                              ③
```

```java
// 创建标签
JLabel label = new JLabel(images[0]);
// 设置标签的位置和大小
label.setBounds(94, 27, 100, 50);
// 设置标签文本水平居中
label.setHorizontalAlignment(SwingConstants.CENTER);
// 添加标签到内容面板
getContentPane().add(label);

// 创建向后翻页按钮
JButton backButton = new JButton(new ImageIcon("./icon/ic_menu_back.png"));     ④
// 设置按钮的位置和大小
backButton.setBounds(77, 90, 47, 30);
// 添加按钮到内容面板
getContentPane().add(backButton);

// 创建向前翻页按钮
JButton forwardButton = new JButton(new ImageIcon("./icon/ic_menu_forward.png"));     ⑤
// 设置按钮的位置和大小
forwardButton.setBounds(179, 90, 47, 30);
// 添加按钮到内容面板
getContentPane().add(forwardButton);

// 设置窗口大小
setSize(300, 200);
// 设置窗口可见
setVisible(true);

// 注册事件监听器,监听向后翻页按钮单击事件
backButton.addActionListener((event) -> {
  if (currentPage < images.length - 1) {
    currentPage++;
  }
  label.setIcon(images[currentPage]);
});

// 注册事件监听器,监听向前翻页按钮单击事件
forwardButton.addActionListener((event) -> {
  if (currentPage > 0) {
    currentPage--;
  }
  label.setIcon(images[currentPage]);
});

    }
}
```

上述代码第①行定义 ImageIcon 数组,用于标签切换图标,注意 Icon 是接口,ImageIcon 是实现 Icon 接口。代码第②行 currentPage 变量记录了当前页索引,前后翻页按钮会改变前页索引。

代码第③行是不设置布局管理器。代码第④行和第⑤行是创建向前和向后翻页按钮,构造方法参数是 ImageIcon 对象。

25.5.2 文本输入组件

文本输入组件主要有文本框(JTextField)、密码框(JPassword Field)和文本区(JTextArea)。文本

框和密码框都只能输入和显示单行文本。当按下 Enter 键时,可以触发 ActionEvent 事件。而在文本区可以输入和显示多行多列文本。

文本框(JTextField)常用的构造方法如下:
- JTextField():创建一个空的文本框对象。
- JTextField(int columns):指定列数,创建一个空的文本框对象,列数是文本框显示的宽度,列数主要用于 FlowLayout 布局。
- JTextField(String text):创建文本框对象,并指定初始化文本。
- JTextField(String text, int columns):创建文本框对象,并指定初始化文本和列数。

JPasswordField 继承自 JTextField 构造方法类似,这里不再赘述。

文本区(JTextArea)常用的构造方法如下:
- JTextArea():创建一个空的文本区对象。
- JTextArea(int rows, int columns):创建文本区对象,并指定行数和列数。
- JTextArea(String text):创建文本区对象,并指定初始化文本。
- JTextArea(String text, int rows, int columns):创建文本区对象,并指定初始化文本、行数和列数。

下面通过示例介绍文本输入组件。如图 25-19 所示,界面中有三个标签(TextField:、Password:和 TextArea:),一个文本框、一个密码框和一个文本区。这个布局有点复杂,可以采用布局嵌套,如图 25-20 所示,将 TextField:标签、Password:标签、文本框和密码框都放到一个面板(panel1)中;将 TextArea:和文本区放到一个面板(panel2)中。两个面板 panel1 和 panel2 放到内容视图中,内容视图采用 BorderLayout 布局,每个面板内部采用 FlowLayout 布局。

图 25-19 文本输入组件示例

图 25-20 布局嵌套

示例代码如下：

```java
//MyFrame.java 文件
package com.zhijieketang;

import java.awt.BorderLayout;

import javax.swing.JFrame;
import javax.swing.JLabel;
import javax.swing.JPanel;
import javax.swing.JPasswordField;
import javax.swing.JTextArea;
import javax.swing.JTextField;

public class MyFrame extends JFrame {
    private JTextField textField;
    private JPasswordField passwordField;

    public MyFrame(String title) {
        super(title);

        // 设置布局管理 BorderLayout
        getContentPane().setLayout(new BorderLayout());

        // 创建一个面板 panel1 放置 TextField 和 Password
        JPanel panel1 = new JPanel();                                       ①
        // 将面板 panel1 添加到内容视图
        getContentPane().add(panel1, BorderLayout.NORTH);                   ②

        // 创建标签
        JLabel lblTextFieldLabel = new JLabel("TextField:");
        // 添加标签到面板 panel1
        panel1.add(lblTextFieldLabel);

        // 创建文本框
        textField = new JTextField(12);                                     ③
        // 添加文本框到面板 panel1
        panel1.add(textField);

        // 创建标签
        JLabel lblPasswordLabel = new JLabel("Password:");
        // 添加标签面板 panel1
        panel1.add(lblPasswordLabel);

        // 创建密码框
        passwordField = new JPasswordField(12);                             ④
        // 添加密码框到面板 panel1
        panel1.add(passwordField);

        // 创建一个面板 panel2 放置 TextArea
        JPanel panel2 = new JPanel();                                       ⑤
        getContentPane().add(panel2, BorderLayout.SOUTH);                   ⑥

        // 创建标签
        JLabel lblTextAreaLabel = new JLabel("TextArea:");
```

```
        // 添加标签到面板 panel2
        panel2.add(lblTextAreaLabel);

        // 创建文本区
        JTextArea textArea = new JTextArea(3, 20);      ⑦
        // 添加文本区到面板 panel2
        panel2.add(textArea);

        // 设置窗口大小
        pack();         // 紧凑排列,其作用相当于 setSize()   ⑧

        // 设置窗口可见
        setVisible(true);

        textField.addActionListener((event) ->{
           textArea.setText("在文本框上按下 Enter 键");       ⑨
        });
    }
}
```

上述代码第①行和第⑤行是创建面板容器,面板(JPanel)是一种没有标题栏和边框的容器,经常用于嵌套布局。然后再将这两个面板添加到内容视图中,见代码第②行和第⑥行。

代码第③行创建文本框对象,指定列数是 12。代码第④行是创建密码框,指定列数是 12。它们都添加到面板 panel1 中。

代码第⑦行创建文本区对象,指定行数为 3,列数为 20,并将其添加到面板 panel2 中。

代码第⑧行 pack()设置窗口的大小,它设置的大小是将容器中所有组件刚好包裹进去。

代码第⑨行是文本框 textField 注册 ActionEvent 事件,当用户在文本框中按下 Enter 键时触发。

25.5.3 复选框和单选按钮

Swing 中提供了用于多选和单选功能的组件。

多选组件是复选框(JCheckBox),复选框(JCheckBox)有时也单独使用,能提供两种状态的开和关。

单选组件是单选按钮(JRadioButton),同一组的多个单选按钮应该具有互斥特性,这也是为什么单选按钮也叫作收音机按钮(RadioButton),就是当一个按钮按下时,其他按钮一定抬起。同一组多个单选按钮应该放到同一个 ButtonGroup 对象,ButtonGroup 对象不属于容器,它会创建一个互斥作用范围。

JCheckBox 主要构造方法如下:

- □ JCheckBox():创建一个没有文本、没有图标并且最初未被选定的复选框对象。
- □ JCheckBox(Icon icon):创建有一个图标、最初未被选定的复选框对象。
- □ JCheckBox(Icon icon, boolean selected):创建一个带图标的复选框对象,并指定其最初是否处于选定状态。
- □ JCheckBox(String text):创建一个带文本的、最初未被选定的复选框对象。
- □ JCheckBox(String text, boolean selected):创建一个带文本的复选框对象,并指定其最初是否处于选定状态。
- □ JCheckBox(String text, Icon icon):创建带有指定文本和图标的、最初未被选定的复选框对象。
- □ JCheckBox(String text, Icon icon, boolean selected):创建一个带文本和图标的复选框对象,并指定其最初是否处于选定状态。

JCheckBox 和 JRadioButton 有着相同的父类 JToggleButton,有着相同方法和类似的构造方法,因此 JRadioButton 构造方法这里不再赘述。

下面通过示例介绍复选框和单选按钮。如图 25-21 所示,界面中有一组复选框和一组单选按钮。

示例代码如下:

图 25-21　复选框和单选按钮示例

```
//MyFrame.java 文件
package com.zhijieketang;

...

public class MyFrame extends JFrame implements ItemListener {          ①

    //声明并创建 RadioButton 对象
    private JRadioButton radioButton1 = new JRadioButton("男");        ②
    private JRadioButton radioButton2 = new JRadioButton("女");        ③

    public MyFrame(String title) {
      super(title);

      // 设置布局管理 BorderLayout
      getContentPane().setLayout(new BorderLayout());

      // 创建一个面板 panel1 放置 TextField 和 Password
      JPanel panel1 = new JPanel();
      FlowLayout flowLayout_1 = (FlowLayout) panel1.getLayout();
      flowLayout_1.setAlignment(FlowLayout.LEFT);
      // 将面板 panel1 添加到内容视图
      getContentPane().add(panel1, BorderLayout.NORTH);

      // 创建标签
      JLabel lblTextFieldLabel = new JLabel("选择你喜欢的编程语言: ");
      // 添加标签到面板 panel1
      panel1.add(lblTextFieldLabel);

      JCheckBox checkBox1 = new JCheckBox("Java");                     ④
      panel1.add(checkBox1);

      JCheckBox checkBox2 = new JCheckBox("C++");
      panel1.add(checkBox2);

      JCheckBox checkBox3 = new JCheckBox("Objective-C");
      //注册 checkBox3 对 ActionEvent 事件监听
      checkBox3.addActionListener((event) -> {                         ⑤
        // 打印 checkBox3 状态
        System.out.println(checkBox3.isSelected());
      });
      panel1.add(checkBox3);

      // 创建一个面板 panel2 放置 TextArea
      JPanel panel2 = new JPanel();
      FlowLayout flowLayout = (FlowLayout) panel2.getLayout();
      flowLayout.setAlignment(FlowLayout.LEFT);
      getContentPane().add(panel2, BorderLayout.SOUTH);
```

```java
// 创建标签
JLabel lblTextAreaLabel = new JLabel("选择性别: ");
// 添加标签到面板 panel2
panel2.add(lblTextAreaLabel);

//创建 ButtonGroup 对象
ButtonGroup buttonGroup = new ButtonGroup();                ⑥
//添加 RadioButton 到 ButtonGroup 对象
buttonGroup.add(radioButton1);
buttonGroup.add(radioButton2);

//添加 RadioButton 到面板 panel2
panel2.add(radioButton1);
panel2.add(radioButton2);

//注册 ItemEvent 事件监听器
radioButton1.addItemListener(this);                         ⑦
radioButton2.addItemListener(this);

// 设置窗口大小
pack();                  // 紧凑排列,其作用相当于 setSize()

// 设置窗口可见
setVisible(true);
}

//实现 ItemListener 接口方法
@Override
public void itemStateChanged(ItemEvent e) {                 ⑧

    if (e.getStateChange() == ItemEvent.SELECTED) {         ⑨
        JRadioButton button = (JRadioButton) e.getItem();
        System.out.println(button.getText());
    }
  }
}
```

上述代码第②行和第③行创建了两个单选按钮对象,为了能让这两个单选按钮互斥,则需要把它们添加到一个 ButtonGroup 对象,见代码第⑥行创建 ButtonGroup 对象,并把它们添加进来。为了监听两个单选按钮的选择状态,注册 ItemEvent 事件监听器,见代码第⑦行。为了一起处理两个单选按钮事件,它们需要使用同一个事件处理者,本例是 this,这说明当前窗口是事件处理者,它实现了 ItemListener 接口,见代码第①行。代码第⑧行实现了 ItemListener 接口的抽象方法。两个单选按钮使用同一个事件处理者,那么如何判断是哪一个按钮触发的事件呢? 代码第⑨行判断按钮是否被选中,如果选中,则通过 e.getItem()方法获得按钮引用,然后再通过 getText()方法获得按钮的文本标签。

代码第④行创建了一个复选框对象,并且把它添加到面板 panel1 中。复选框和单选按钮都属于按钮,也能响应 ActionEvent 事件,代码第⑤行是注册 checkBox3 对 ActionEvent 事件监听。

25.5.4 下拉列表

Swing 中提供了下拉列表(JComboBox)组件,每次只能选择其中的一项。
JComboBox 常用的构造方法如下:
- JComboBox():创建一个下拉列表对象。

□ JComboBox(Object [] items)：创建一个下拉列表对象，items 设置下拉列表中选项。下拉列表中选项内容可以是任意类，而不再局限于 String。

下面通过示例介绍下拉列表组件。如图 25-22 所示，界面中有两个下拉列表组件。

图 25-22　下拉列表示例

示例代码如下：

```
//MyFrame.java 文件
package com.zhijieketang;
...
public class MyFrame extends JFrame {

    // 声明下拉列表 JComboBox
    private JComboBox choice1;
    private JComboBox choice2;

    private String[] s1 = { "Java", "C++", "Objective-C" };
    private String[] s2 = { "男", "女" };

    public MyFrame(String title) {
      super(title);

      getContentPane().setLayout(new GridLayout(2, 2, 0, 0));

      // 创建标签
      JLabel lblTextFieldLabel = new JLabel("选择你喜欢的编程语言：");
      lblTextFieldLabel.setHorizontalAlignment(SwingConstants.RIGHT);
      getContentPane().add(lblTextFieldLabel);

      // 实例化 JComboBox 对象
      choice1 = new JComboBox(s1);                                      ①
      // 注册 Action 事件侦听器，采用 Lambda 表达式
      choice1.addActionListener(e -> {                                  ②
        JComboBox cb = (JComboBox) e.getSource();                       ③
        // 获得选择的项目
        String itemString = (String) cb.getSelectedItem();              ④
        System.out.println(itemString);
      });

      getContentPane().add(choice1);

      // 创建标签
      JLabel lblTextAreaLabel = new JLabel("选择性别：");
      lblTextAreaLabel.setHorizontalAlignment(SwingConstants.RIGHT);
      getContentPane().add(lblTextAreaLabel);

      // 实例化 JComboBox 对象，采用 Lambda 表达式
```

```
        choice2 = new JComboBox(s2);
        // 注册项目选择事件侦听器                            ⑤
        choice2.addItemListener(e -> {                    ⑥
            // 项目选择
            if (e.getStateChange() == ItemEvent.SELECTED) {
                // 获得选择的项目                           ⑦
                String itemString = (String) e.getItem();
                System.out.println(itemString);           ⑧
            }
        });
        getContentPane().add(choice2);

        // 设置窗口大小
        setSize(400, 150);

        // 设置窗口可见
        setVisible(true);
    }
}
```

上述代码第①行和第⑤行是创建下拉列表组件对象，其中构造方法参数是字符串数组。下拉列表组件在进行事件处理时，可以注册两种事件监听器：ActionListener 和 ItemListener，这两个监听器都只有一个抽象方法需要实现，因此可以采用 Lambda 表达式作为事件处理者，代码第②行和第⑥行分别注册这两个事件监听器。

代码第③行通过 e 事件参数获得事件源，代码第④行获得选中的项目。代码第⑦行判断当前的项目是否被选中，代码第⑧行从 e 事件参数中取出项目对象。

25.5.5 列表

Swing 中提供了列表（JList）组件，可以单选或多选。
JList 常用的构造方法如下：
- JList()：创建一个列表对象。
- JList(Object [] listData)：创建一个列表对象，listData 设置列表中选项。列表中选项内容可以是任意类，而不再局限于 String。

下面通过示例介绍列表组件。如图 25-23 所示，界面中有一个列表组件。
示例代码如下：

图 25-23 列表示例

```
//MyFrame.java 文件
package com.zhijieketang;
...
public class MyFrame extends JFrame {

    private String[] s1 = { "Java", "C++", "Objective-C" };

    public MyFrame(String title) {
        super(title);
        // 创建标签
        JLabel lblTextFieldLabel = new JLabel("选择你喜欢的编程语言：");
        getContentPane().add(lblTextFieldLabel, BorderLayout.NORTH);

        // 列表组件 JList
```

```
    JList list1 = new JList(s1);                                    ①
    list1.setSelectionMode(ListSelectionModel.SINGLE_SELECTION);    ②
    // 注册项目选择事件侦听器,采用 Lambda 表达式
    list1.addListSelectionListener(e -> {                           ③
      if (e.getValueIsAdjusting() == false) {                       ④
        // 获得选择的内容
        String itemString = (String) list1.getSelectedValue();      ⑤
        System.out.println(itemString);
      }
    });
    getContentPane().add(list1, BorderLayout.CENTER);

    // 设置窗口大小
    setSize(300, 200);
    // 设置窗口可见
    setVisible(true);
  }

}
```

上述代码第①行创建列表组件对象,代码第②行设置列表为单选,代码第③行选择列表事件,代码第④行 e.getValueIsAdjusting()==false 可以判断鼠标释放,e.getValueIsAdjusting()==true 可以判断鼠标按下。

代码第⑤行取出 getSelectedValue() 获得选中的项目值,如果是多选,则可以通过 getSelectedValues() 获得选中的项目值。

25.5.6　分隔面板

Swing 中提供了一种分隔面板(JSplitPane)组件,可以将屏幕分成左、右或上、下两部分。JSplitPane 常用的构造方法如下:

- JSplitPane(int newOrientation):创建一个分隔面板,参数 newOrientation 指定布局方向,newOrientation 取值是 JSplitPane.HORIZONTAL_SPLIT(水平)或 JSplitPane.VERTICAL_SPLIT(垂直)。
- JSplitPane(int newOrientation, Component newLeftComponent, Component newRightComponent):创建一个分隔面板,参数 newOrientation 指定布局方向,newLeftComponent 指定左侧面板组件,newRight Component 指定右侧面板组件。

下面通过示例介绍分隔面板组件。如图 25-24 所示,界面分左、右两部分,左边有列表组件,选中列表项目时右边会显示相应的图片。

示例代码如下:

```
//MyFrame.java 文件
package com.zhijieketang;
...
public class MyFrame extends JFrame {

    private String[] data = { "bird1.gif", "bird2.gif", "bird3.gif",
        "bird4.gif", "bird5.gif", "bird6.gif" };

    public MyFrame(String title) {
      super(title);
```

图 25-24　分隔面板示例

```java
        // 右边面板
        JPanel rightPane = new JPanel();
        rightPane.setLayout(new BorderLayout(0, 0));
        JLabel lblImage = new JLabel();
        lblImage.setHorizontalAlignment(SwingConstants.CENTER);
        rightPane.add(lblImage, BorderLayout.CENTER);

        // 左边面板
        JPanel leftPane = new JPanel();
        leftPane.setLayout(new BorderLayout(0, 0));
        JLabel lblTextFieldLabel = new JLabel("选择鸟儿：");
        leftPane.add(lblTextFieldLabel, BorderLayout.NORTH);

        // 列表组件 JList
        JList list1 = new JList(data);
        list1.setSelectionMode(ListSelectionModel.SINGLE_SELECTION);
        // 注册项目选择事件侦听器，采用 Lambda 表达式.
        list1.addListSelectionListener(e -> {
            if (e.getValueIsAdjusting() == false) {
                // 获得选择的内容
                String itemString = (String) list1.getSelectedValue();
                String petImage = String.format("/images/%s", itemString);      ①
                Icon icon = new ImageIcon(MyFrame.class.getResource(petImage)); ②
                lblImage.setIcon(icon);
            }
        });
        leftPane.add(list1, BorderLayout.CENTER);

        // 分隔面板
        JSplitPane splitPane = new JSplitPane(JSplitPane.HORIZONTAL_SPLIT,
                                    leftPane, rightPane);                       ③
        splitPane.setDividerLocation(100);                                      ④

        getContentPane().add(splitPane, BorderLayout.CENTER);                   ⑤

        // 设置窗口大小
        setSize(300, 200);
        // 设置窗口可见
        setVisible(true);
    }
}
```

上述代码分别创建两个面板。然后在代码第③行创建分隔面板，设置布局是水平方向和左、右面板。代码第④行 splitPane.setDividerLocation(100) 设置分隔条的位置。代码第⑤行将分隔面板添加到内容面板中。

代码第①行获得图片的相对路径，代码第②行创建图片 ImageIcon 对象，MyFrame.class.getResource(petImage) 语句获取资源图片的绝对路径。

提示 资源文件是放在字节码文件夹中的文件，可通过 XXX.class.getResource() 方法获得它的运行时绝对路径。

25.5.7　使用表格

当有大量数据需要展示时，可以使用二维表格，有时也可以使用表格修改数据。表格是非常重要的组件。Swing提供了表格组件JTable类,但是表格组件比较复杂,它的表现形式与数据是分离的。Swing的很多组件都是按照MVC设计模式进行设计的,JTable最有代表性,按照MVC设计理念JTable属于视图,对应的模型是javax.swing.table.TableModel接口实现类,根据自己的业务逻辑和数据实现TableModel接口。TableModel接口要求实现所有抽象方法,使用起来比较麻烦,有时只是使用很简单的表格,此时可以使用AbstractTableModel抽象类。实际开发时需要继承AbstractTableModel抽象类。

JTable类常用的构造方法如下:

- JTable(TableModel dm):通过模型创建表格,dm是模型对象,其中包含了表格要显示的数据。
- JTable(Object[][] rowData,Object[] columnNames):通过二维数组和指定列名创建一个表格对象,rowData是表格中的数据,columnNames是列名。
- JTable(int numRows,int numColumns):指定行和列数创建一个空的表格对象。

如图25-25所示为一个使用JTable表格示例。该表格放置在一个窗口中,由于数据比较多,还有滚动条。下面具体介绍如何通过JTable实现该示例。

图 25-25 表格示例

下面先介绍通过二维数组和列名实现表格。这种方式创建表格不需要模型,实现起来比较简单,但是表格只能接受二维数组作为数据。

具体代码如下:

```
//MyFrameTable.java文件
package com.zhijieketang.array;
...
public class MyFrameTable extends JFrame {

    // 获得当前屏幕的宽高
    private double screenWidth
        = Toolkit.getDefaultToolkit().getScreenSize().getWidth();         ①
    private double screenHeight
        = Toolkit.getDefaultToolkit().getScreenSize().getHeight();        ②
```

```java
    private JTable table;

    public MyFrameTable(String title) {
        super(title);

        table = new JTable(rowData, columnNames);
        // 设置表中内容字体
        table.setFont(new Font("微软雅黑", Font.PLAIN, 16));
        // 设置表列标题字体
        table.getTableHeader().setFont(new Font("微软雅黑", Font.BOLD, 16));
        // 设置表行高
        table.setRowHeight(40);
        // 设置为单行选中模式
        table.setSelectionMode(javax.swing.ListSelectionModel.SINGLE_SELECTION);
        // 返回当前行的状态模型
        ListSelectionModel rowSM = table.getSelectionModel();
        // 注册侦听器,选中行发生更改时触发
        rowSM.addListSelectionListener(new ListSelectionListener() {

            public void valueChanged(ListSelectionEvent e) {
                //只处理鼠标按下
                if (e.getValueIsAdjusting() == false) {
                    return;
                }
                    ListSelectionModel lsm = (ListSelectionModel) e.getSource();
                    if (lsm.isSelectionEmpty()) {
                        System.out.println("没有选中行");
                    } else {
                        int selectedRow = lsm.getMinSelectionIndex();
                        System.out.println("第" + selectedRow + "行被选中");
                    }
            }
        });

        JScrollPane scrollPane = new JScrollPane();
        scrollPane.setViewportView(table);
        getContentPane().add(scrollPane, BorderLayout.CENTER);

        // 设置窗口大小
        setSize(960, 640);
        // 计算窗口位于屏幕中心的坐标
        int x = (int) (screenWidth - 960) / 2;
        int y = (int) (screenHeight - 640) / 2;
        // 设置窗口位于屏幕中心
        setLocation(x, y);

        // 设置窗口可见
        setVisible(true);
    }

// 表格列标题
String[] columnNames = { "书籍编号","书籍名称","作者","出版社","出版日期","库存数量" };
// 表格数据
Object[][] rowData = { { "0036","高等数学","李放","人民邮电出版社","20000812", 1 },
        { "0004","FLASH精选","刘扬","中国纺织出版社","19990312", 2 },
        { "0026","软件工程","牛田","经济科学出版社","20000328", 4 },
        { "0015","人工智能","周末","机械工业出版社","19991223", 3 },
        { "0037","南方周末","邓光明","南方出版社","20000923", 3 },
```

```
            ...
            { "0032", "SQL 使用手册", "贺民", "电子工业出版社", "19990425", 2 } };
}
```

上述代码第①行和第②行获得当前机器屏幕的高和宽，通过屏幕高和宽可以计算出当前窗口屏幕居中时的坐标。代码第⑧行和第⑨行计算这个坐标，由于坐标原点在屏幕的左上角，所以窗口居中坐标公式为：

```
x = (屏幕宽度 - 窗口宽度) / 2
y = (屏幕高度 - 窗口高度) / 2
```

代码第③行创建 JTable 表格对象，采用了二维数组和字符串一维数组创建表格对象。代码第④行~第⑤行注册事件监听器，监听器当行选择变化时触发。由于 List SelectionListener 接口虽然不是函数式接口，但只有一个方法，所以可以使用 Lambda 表达式实现该接口。修改代码如下：

```java
// 也可换成 Lambda 表达式
rowSM.addListSelectionListener(e -> {
    ListSelectionModel lsm = (ListSelectionModel) e.getSource();
    if (lsm.isSelectionEmpty()) {
        System.out.println("没有选中行");
    } else {
        int selectedRow = lsm.getMinSelectionIndex();
        System.out.println("第" + selectedRow + "行被选中");
    }
});
```

表格一般都会放到一个滚动面板(JScrollPane)中，这可以保证数据很多超出屏幕时，能够出现滚动条。把表格添加到滚动面板并不是使用 add() 方法，而是使用代码第⑦行的 scrollPane.setViewportView(table)语句。滚动面板是非常特殊的面板，代码第⑥行是创建这个模板，它管理着一个视口或窗口，当里面的内容超出视口则会出现滚动条，setViewportView()方法可以设置一个容器或组件作为滚动面板的视口。

25.6 案例：图书库存

在实际项目开发中往往数据是从数据库中查询返回的，数据结构有多种形式，采用自定义模型可以接收任何形式的数据。本节将 25.5.7 节的图书表格示例采用自定义模型进行重构。

在进行数据库设计时，数据库中每个表对应 Java 一个实体类，实体类是系统的"人""事""物"等一些名词，例如图书(Book)就是一个实体类。实体类 Book 代码如下：

```java
//Book.java
package com.zhijieketang.entity;

//图书实体类
public class Book {

    // 图书编号
    private String bookid;
    // 图书名称
    private String bookname;
```

```java
            // 图书作者
            private String author;
            // 出版社
            private String publisher;
            // 出版日期
            private String pubtime;
            // 库存数量
            private int inventory;

            public String getBookid() {
                return bookid;
            }
            public void setBookid(String bookid) {
                this.bookid = bookid;
            }
            public String getBookname() {
                return bookname;
            }
            public void setBookname(String bookname) {
                this.bookname = bookname;
            }
            public String getAuthor() {
                return author;
            }
            public void setAuthor(String author) {
                this.author = author;
            }
            ...
            //省略 Getter 和 Setter 方法
        }
```

从代码可见，实体类有很多私有属性（成员变量），为了在类外部能够访问它们，一般都会提供公有的 Getter 和 Setter 方法。

提示 主流的 Java IDE 编程工具都提供了通过属性生成对应的 Getter 和 Setter 方法功能。所以一般程序员只编写属性，然后通过 IDE 工具生成。IntelliJ IDEA 中生成 Getter 和 Setter 的方法是：打开源代码文件，选择菜单 Code→Generate，弹出如图 25-26 所示的 Generate 对话框。然后选择 Getter and Setter，弹出如图 25-27 所示的生成 Getter 和 Setter 方法对话框，在该对话框中根据需要选中相应的属性，选择完成之后，单击 OK 按钮即可生成。

图 25-26　Generate 对话框

图 25-27　生成 Getter 和 Setter 方法

由于目前没有介绍数据库编程，本例表格中的数据是从 JSON 文件 Books.json 中读取的，Books.json 位于项目的 db 目录中。JSON 文件 Books.json 的内容如下：

[{"bookid":"0036","bookname":"高等数学","author":"李放","publisher":"人民邮电出版社","pubtime":"20000812","inventory":1},
{"bookid":"0004","bookname":"FLASH 精选","author":"刘扬","publisher":"中国纺织出版社","pubtime":"19990312","inventory":2},
...
{"bookid":"0005","bookname":"java 基础","author":"王一","publisher":"电子工业出版社","pubtime":"19990528","inventory":3},
{"bookid":"0032","bookname":"SOL 使用手册","author":"贺民","publisher":"电子工业出版社","pubtime":"19990425","inventory":2}]

从文件 Books.json 可见，整个文档结构是 JSON 数组，因为 JSON 字符串的开始和结尾被中括号括起来，这说明是 JSON 数组。JSON 数组的每个元素是 JSON 对象，因为 JSON 对象是用大括号括起来的。代码如下：

{"bookid":"0032","bookname":"SOL 使用手册","author":"贺民","publisher":"电子工业出版社","pubtime":"19990425","inventory":2}

清楚这个 JSON 文档结构非常必要，当编程时会根据这个文档结构解析 JSON 文档代码。参考 HelloWorld 代码如下：

```java
//HelloWorld.java 文件
package com.zhijieketang;
...

public class HelloWorld {

    public static void main(String[] args) {
        List<Book> data = readData();
        new MyFrameTable("图书库存", data);
    }

    // 从文件中读取数据
    private static List<Book> readData() {
        // 返回的数据列表
        List<Book> list = new ArrayList<>();
        // 数据文件
        String dbFile = "./db/Books.json";

        try (FileInputStream fis = new FileInputStream(dbFile);
             InputStreamReader ir = new InputStreamReader(fis);
             BufferedReader in = new BufferedReader(ir)) {

            // 1.读取文件
            StringBuilder sbuilder = new StringBuilder();
            String line = in.readLine();

            while (line != null) {
                sbuilder.append(line);
                line = in.readLine();
            }

            // 2.JSON 解码
```

```java
            // 读取JSON字符完成
            System.out.println("读取JSON字符完成...");
            // JSON解码,解码成功返回JSON数组
            JSONArray jsonArray = new JSONArray(sbuilder.toString());
            System.out.println("JSON解码成功完成...");

            // 3.将JSON数组放到List<Book>集合中
            // 遍历集合
            for (Object item : jsonArray) {

                JSONObject row = (JSONObject) item;

                Book book = new Book();
                book.setBookid((String) row.get("bookid"));
                book.setBookname((String) row.get("bookname"));
                book.setAuthor((String) row.get("author"));
                book.setPublisher((String) row.get("publisher"));
                book.setPubtime((String) row.get("pubtime"));
                book.setInventory((Integer) row.get("inventory"));

                list.add(book);
            }

        }catch (Exception e) {
        }

        return list;
    }
}
```

上述代码处理过程经历了三个步骤:

(1) 读取文件。通过Java IO取得文件./db/Books.json,每次读取的字符串保存到StringBuilder的sbuilder对象中。文件读完,sbuilder中就是全部的JSON字符串。

(2) JSON解码。读取JSON字符完成后,需要对其进行解码。由于JSON字符串是数组结构,因此解码时使用JSONArray,创建JSONArray对象过程就是对字符串进行解码的过程,如果没有发生异常,则说明成功解码。

(3) 将JSON数组放到List<Book>集合中。本例表格使用的数据格式不是JSON数组形式,而是List<Book>,这种结构就是List集合中每个元素都是Book类型。这个过程需要遍历JSON数组,把数据重新组装到Book对象中。

模型BookTableModel代码如下:

```java
//BookTableModel.java 文件
package com.zhijieketang;

import java.util.List;

import javax.swing.table.AbstractTableModel;

public class BookTableModel extends AbstractTableModel {                    ①

    // 列名数组
    private final String[] columnNames
```

```java
        = {"书籍编号","书籍名称","作者","出版社","出版日期","库存数量"};

    // data保存了表格中数据,data类型是List集合
    private List<Book> data = null;

    public BookTableModel(List<Book> data) {                                    ②
        this.data = data;
    }

    // 获得列数
    @Override
    public int getColumnCount() {
        return columnNames.length;
    }

    // 获得行数
    @Override
    public int getRowCount() {
        return data.size();
    }

    // 获得某行某列的数据
    @Override
    public Object getValueAt(int row, int col) {                                ③

        Book book = (Book) data.get(row);
        return switch (col) {
            case 0 -> book.getBookid();
            case 1 -> book.getBookname();
            case 2 -> book.getAuthor();
            case 3 -> book.getPublisher();
            case 4 -> book.getPubtime();
            case 5 -> book.getInventory();
            default -> null;
        };
    }

    // 获得某列的名字
    @Override
    public String getColumnName(int col) {                                      ④
        return columnNames[col];
    }
}
```

上述代码是自定义的模型,它继承了抽象类 AbstractTableModel,见代码第①行。抽象类 AbstractTableModel 要求必须实现 getColumnCount()、getRowCount()和 getValueAt()三个抽象方法,见代码第②行、第③行和第④行,其中 getColumnCount()方法提供表格列数,getRowCount()方法提供表格行数,getValueAt()方法提供了指定行和列时单元格内容。代码第③行的 getColumnName()方法不是抽象类要求实现的方法,重写该方法能够给表格提供有意义的列名。

窗口代码如下:

```java
//MyFrameTable.java 文件
package com.zhijieketang;
...
```

```java
public class MyFrameTable extends JFrame {

    // 获得当前屏幕的宽高
    private double screenWidth
            = Toolkit.getDefaultToolkit().getScreenSize().getWidth();
    private double screenHeight
            = Toolkit.getDefaultToolkit().getScreenSize().getHeight();

    private JTable table;
    //图书列表
    private List<Book> data;

    public MyFrameTable(String title, List<Book> data) {
      super(title);

      this.data = data;
      TableModel model = new BookTableModel(data);

      table = new JTable(model);
      // 设置表中内容字体
      table.setFont(new Font("微软雅黑", Font.PLAIN, 16));
      // 设置表列标题字体
      table.getTableHeader().setFont(new Font("微软雅黑", Font.BOLD, 16));
      // 设置表行高
      table.setRowHeight(40);
      // 设置为单行选中模式
      table.setSelectionMode(javax.swing.ListSelectionModel.SINGLE_SELECTION);
      // 返回当前行的状态模型
      ListSelectionModel rowSM = table.getSelectionModel();
      // 注册侦听器,选中行发生更改时触发
      rowSM.addListSelectionListener(e -> {
        //只处理鼠标按下
        if (e.getValueIsAdjusting() == false) {
          return;
        }
        ListSelectionModel lsm = (ListSelectionModel) e.getSource();
        if (lsm.isSelectionEmpty()) {
          System.out.println("没有选中行");
        } else {
          int selectedRow = lsm.getMinSelectionIndex();
          System.out.println("第" + selectedRow + "行被选中");
        }
      });

      JScrollPane scrollPane = new JScrollPane();
      scrollPane.setViewportView(table);
      getContentPane().add(scrollPane, BorderLayout.CENTER);

      // 设置窗口大小
      setSize(960, 640);
      // 计算窗口位于屏幕中心的坐标
      int x = (int) (screenWidth - 960) / 2;
      int y = (int) (screenHeight - 640) / 2;
      // 设置窗口位于屏幕中心
      setLocation(x, y);
```

```
        // 设置窗口可见
        setVisible(true);
    }

}
```

窗口代码与25.5.7节的类似,这里不再赘述。

25.7 本章小结

本章介绍了Java中图形用户界面编程技术Swing,Swing的基础是AWT,Swing的事件处理和布局管理都是依赖于AWT,但是AWT提供的组件在使用开发中很少使用,因此重点学习Swing提供的组件。

25.8 同步练习

选择题

1. 下列哪些接口在Java中没有定义相对应的Adapter类?(　　)
   A. MouseListener　　B. KeyListener　　C. ActionListener　　D. ItemListener
   E. WindowListener
2. 下列选项中哪些是Java布局管理器类?(　　)
   A. FlowLayout　　B. BorderLayout　　C. GridLayout　　D. AbstractLayout
3. 下列哪些Java组件为容器组件?(　　)
   A. 下拉列表框　　B. 列表框　　C. 面板　　D. 按钮
4. 容器被重新设置大小后,哪种布局管理器的容器中的组件大小不随容器大小的变化而改变?(　　)
   A. 绝对布局管理器　　B. FlowLayout　　C. BorderLayout　　D. GridLayout

25.9 动手实践:展示Web数据

编程题

将第24章动手实践中获得数据,并通过Swing的JTable控件展示出来。

第 26 章 反 射

CHAPTER 26

反射(reflection)是程序的自我分析能力，通过反射可以确定类有哪些方法、有哪些构造方法以及有哪些成员变量。Java 语言提供了反射机制，通过反射机制能够动态读取一个类的信息；能够在运行时动态加载类，而不是在编译期。反射可以应用于框架开发，它能够从配置文件中读取配置信息动态加载类、创建对象，以及调用方法和成员变量。

提示　Java 反射机制在一般的 Java 应用开发中很少使用，即便 Java EE 阶段也很少使用。除非为了开发一个框架或出于对反射机制感兴趣，否则可以跳过本章内容。

26.1 Java 反射机制 API

Java 反射机制 API 主要是 java.lang.Class 类和 java.lang.reflect 包。

26.1.1 java.lang.Class 类

微课视频

java.lang.Class 类是实现反射的关键所在，Class 类的一个实例表示 Java 的一种数据类型，包括类、接口、枚举、注解(annotation)、数组、基本数据类型和 void，void 是"无类型"，主要用于方法返回值类型声明，表示不需要返回值。Class 没有公有的构造方法，Class 实例是由 JVM 在类加载时自动创建的。

在程序代码中获得 Class 实例可以通过如下代码实现：

```
//1.通过类型 class 静态变量
Class clz1 = String.class;
String str = "Hello";
//2.通过对象的 getClass()方法
Class clz2 = str.getClass();
```

每种类型包括类和接口等，都有一个 class 静态变量可以获得 Class 实例。另外，每个对象都有 getClass()方法可以获得 Class 实例，该方法是由 Object 类提供的实例方法。

Class 类提供了很多方法可以获得运行时对象的相关信息，下面的程序代码展示了其中的一些方法。

```
//HelloWorld.java 文件
package com.zhijieketang;

public class HelloWorld {

    public static void main(String[] args) {
```

```java
        // 获得 Class 实例
        // 1.通过类型 class 静态变量
        Class clz1 = String.class;

        String str = "Hello";
        // 2.通过对象的 getClass()方法
        Class clz2 = str.getClass();
        //获得 int 类型 Class 实例
        Class clz3 = int.class;                                    ①
        //获得 Integer 类型 Class 实例
        Class clz4 = Integer.class;                                ②

        System.out.println("clz2 类名称：" + clz2.getName());
        System.out.println("clz2 是否为接口：" + clz2.isInterface());
        System.out.println("clz2 是否为数组对象：" + clz2.isArray());
        System.out.println("clz2 父类名称：" + clz2.getSuperclass().getName());

        System.out.println("clz2 是否为基本类型：" + clz2.isPrimitive());
        System.out.println("clz3 是否为基本类型：" + clz3.isPrimitive());
        System.out.println("clz4 是否为基本类型：" + clz4.isPrimitive());

    }
}
```

运行结果如下：

```
clz2 类名称：java.lang.String
clz2 是否为接口：false
clz2 是否为数组对象：false
clz2 父类名称：java.lang.Object
clz2 是否为基本类型：false
clz3 是否为基本类型：true
clz4 是否为基本类型：false
```

注意上述代码第①行和第②行的区别，int 和 Integer 的区别在于 int 是基本数据类型，所以输出结果为 true，Integer 是类，是引用类型。可见 Class 可以描述 int 等基本数据类型运行时实例。

26.1.2 java.lang.reflect 包

java.lang.reflect 包提供了反射中用到的类，主要的类说明如下：

- Constructor 类：提供类的构造方法信息。
- Field 类：提供类或接口中成员变量信息。
- Method 类：提供类或接口成员方法信息。
- Array 类：提供了动态创建和访问 Java 数组的方法。
- Modifier 类：提供类和成员访问修饰符信息。

示例代码如下：

```java
//HelloWorld.java 文件
package com.zhijieketang;

import java.lang.reflect.Method;
import java.lang.reflect.Modifier;

public class HelloWorld {
```

```
public static void main(String[] args) {
    try {
        // 动态加载xx类的运行时对象
        Class c = Class.forName("java.lang.String");              ①
        // 获取成员方法集合
        Method[] methods = c.getDeclaredMethods();                 ②
        // 遍历成员方法集合
        for (Method method : methods) {                            ③
            // 打印权限修饰符,如 public、protected、private
            System.out.print(Modifier.toString(method.getModifiers()));  ④
            // 打印返回值类型名称
            System.out.print(" " + method.getReturnType().getName() + " ");  ⑤
            // 打印方法名称
            System.out.println(method.getName() + "();");          ⑥
        }
    } catch (ClassNotFoundException e) {
        System.out.println("找不到指定类");                           ⑦
    }
}
```

上述代码第①行是通过 Class 的静态方法 forName(String)创建某个类的运行时对象,其中的参数是类全名字符串,如果在类路径中找不到这个类,则抛出 ClassNotFoundException 异常,见代码第⑦行。

代码第②行是通过 Class 的实例方法 getDeclaredMethods()返回某个类的成员方法对象数组。代码第③行是遍历成员方法集合,其中的元素是 Method 类型。

代码第④行的 method.getModifiers()方法返回访问权限修饰符常量代码,是 int 类型,例如 1 代表 public,这些数字代表的含义可以通过 Modifier.toString(int)方法转换为字符串。代码第⑤行通过 Method 的 getReturnType()方法获得方法返回值类型,然后再调用 getName()方法返回该类型的名称。代码第⑥行 method.getName()返回方法名称。

26.2 创建对象

Java 反射机制提供了另外一种创建对象方法。Class 类提供了一个实例方法 newInstance(),通过该方法可以创建对象,使用起来比较简单。下面两条语句实现了创建字符串 String 对象。

微课视频

```
Class clz = Class.forName("java.lang.String");
String str = (String) clz.getDeclaredConstructor().newInstance();
```

这两条语句相当于 String str = new String()语句。另外,需要注意 newInstance()方法有可能会抛出 InstantiationException 和 IllegalAccessException 异常,InstantiationException 不能实例化异常,IllegalAccessException 不能访问构造方法异常。

26.2.1 调用构造方法

调用方法 newInstance()创建对象,这个过程中需要调用构造方法,上面的代码只是调用了 String 的默认构造方法。如果想要调用非默认构造方法,则需要使用 Constructor 对象,它对应着一个构造方法。获得 Constructor 对象需要使用 Class 类的如下方法:

- Constructor[] getConstructors()：返回所有公有构造方法 Constructor 对象数组。
- Constructor[] getDeclaredConstructors()：返回所有构造方法 Constructor 对象数组。
- Constructor getConstructor(Class... parameterTypes)：根据参数列表返回一个公有 Constructor 对象，参数 parameterTypes 是 Class 数组，指定构造方法的参数列表。
- Constructor getDeclaredConstructor(Class... parameterTypes)：根据参数列表返回一个 Constructor 对象，参数 parameterTypes 同上。

示例代码如下：

```java
//HelloWorld.java 文件
package com.zhijieketang;

import java.lang.reflect.Constructor;

public class HelloWorld {

    public static void main(String[] args) {

        try {
            Class clz = Class.forName("java.lang.String");
            // 调用默认构造方法
            String str1 = (String) clz.getDeclaredConstructor().newInstance();    ①

            // 设置构造方法参数类型
            Class[] params = new Class[1];                                         ②
            // 第一个参数是 String
            params[0] = String.class;                                              ③

            // 获取与参数对应的构造方法
            Constructor constructor = clz.getConstructor(params);                  ④
            // 为构造方法传递参数
            Object[] argObjs = new Object[1];                                      ⑤
            // 第一个参数传递"Hello"
            argObjs[0] = "Hello";                                                  ⑥

            // 调用非默认构造方法,构造方法第一个参数是 String 类型
            String str2 = (String) constructor.newInstance(argObjs);               ⑦
            System.out.println(str2);

        } catch (Exception e) {
            e.printStackTrace();
        }
    }
}
```

上述代码第①行通过反射方式创建 String 对象，这个过程中使用 String 的默认构造方法 public String()。

代码第②行~第⑦行通过反射机制调用 String 的 public String(String original)构造方法。代码第②行和第③行设置构造方法参数类型，参数有可能有多个需要 Class 数组类型。代码第④行是构造法 Constructor 对象。代码第⑤行和第⑥行为构造方法准备参数值，参数值放到 Object 数组中，与第②行的参数类型是一一对应的。

代码第⑦行通过调用 Constructor 对象的 newInstance(Object...initargs)方法创建 String 对象。

26.2.2 案例：依赖注入实现

Java 反射机制能够在运行时动态加载类，而不是在编译期。在一些框架开发中经常将要实例化的类名保存到配置文件中，在运行时从配置文件中读取类名字符串，然后动态创建对象，建立依赖关系[①]。采用 new 创建对象依赖关系是在编译期建立的，反射机制能够将依赖关系推迟到运行时建立，这种依赖关系动态注入进来称为依赖注入。

例如，如图 26-1 所示有三个类，Student 和 Worker 继承自 Person，在 HelloWorld 类的 main() 方法中会创建 Person 子类实例，至于依赖类 Student 还是 Worker，可以在运行时从配置文件中读取，然后创建对象。

下面介绍这个案例实现过程。在 IntelliJ IDEA 项目的根目录下创建一个文本文件 Configuration.ini，文件内容如下：

com.zhijieketang.Student

文件中只有一行字符串，前后没有空格，它是要配置的类全名，可以根据情况修改配置信息。

图 26-1　Person 继承类图

HelloWorld 类代码如下：

```java
//HelloWorld.java 文件
package com.zhijieketang;
...
public class HelloWorld {
    public static void main(String[] args) {
        try {
            String className = readClassName();                       ①
            Class clz = Class.forName(className);                     ②
            // 指定参数类型
            Class[] params = new Class[3];
            // 第一个参数是 String
            params[0] = String.class;
            // 第二个参数是 int
            params[1] = int.class;
            // 第三个参数是 String
            params[2] = String.class;

            // 获取对应参数的构造方法
            Constructor constructor = clz.getConstructor(params);
            // 设置传递参数
            Object[] argObjs = new Object[3];
            // 第一个参数传递"Tony"
            argObjs[0] = "Tony";
            // 第二个参数传递 18
            argObjs[1] = 18;
```

[①] 依赖关系是一种非常普遍的关系，如果在 A 中使用了 B，B 变化会引起 A 的变化，A 依赖于 B。

```java
            // 第三个参数传递"清华大学"
            argObjs[2] = "清华大学";

            // 调用非默认构造方法
            Object p = constructor.newInstance(argObjs);                ③
            System.out.println(p);

        } catch (Exception e) {
            e.printStackTrace();
        }
    }

    // 从Configuration.ini文件中读取类名
    public static String readClassName() {

        FileInputStream readfile = null;
        InputStreamReader ir = null;
        BufferedReader in = null;
        try {
            readfile = new FileInputStream("Configuration.ini");
            ir = new InputStreamReader(readfile);
            in = new BufferedReader(ir);
            // 读取文件中的一行数据
            String str = in.readLine();
            return str;
        } catch (FileNotFoundException e) {
            System.out.println("处理FileNotFoundException...");
            e.printStackTrace();
        } catch (IOException e) {
            System.out.println("处理IOException...");
            e.printStackTrace();
        }
        return null;
    }

}
```

上述代码第①行通过调用readClassName()方法从Configuration.ini文件中读取类名,读取Configuration.ini文件内容,采用Java I/O技术。关于I/O流这里不再赘述。

代码第②行通过从配置文件Configuration.ini中读取的字符串创建Class对象。代码第③行调用三个参数构造方法创建对象,这个对象是哪个类的实例,与Configuration.ini文件中配置字符串有关。

26.3 调用方法

微课视频

通过反射机制还可以调用方法,这与调用构造方法类似。调用方法需要使用Method对象,它对应着一个方法。获得Method对象需要使用Class类的如下方法:

- Method[] getMethods():返回所有公有方法Method对象数组。
- Method[] getDeclaredMethods():返回所有方法Method对象数组。
- Method getMethod(String name,Class...parameterTypes):通过方法名和参数类型返回公有方法Method对象。参数parameterTypes是Class数组,指定方法的参数列表。
- Method getDeclaredMethod(String name,Class...parameterTypes):通过方法名和参数类型返

回方法 Method 对象。参数 parameterTypes 同上。

现有一个 Person 类，它的代码如下：

```java
//Person.java 文件
package com.zhijieketang;

public class Person {

    private String name;
    private int age;

    public String getName() {
        return name;
    }

    public void setName(String name) {
        this.name = name;
    }

    public int getAge() {
        return age;
    }

    public void setAge(int age) {
        this.age = age;
    }

    public void setNameAndAge(String name, int age) {
        this.name = name;
        this.age = age;
    }

    @Override
    public String toString() {
        return "Person [name = " + name + ", age = " + age + "]";
    }
}
```

现在编写一个程序通过反射机制调用 Person 类 setNameAndAge 和 getName 方法。具体代码如下：

```java
//HelloWorld.java 文件
package com.zhijieketang;

import java.lang.reflect.Method;

public class HelloWorld {

    public static void main(String[] args) {

        try {
            Class clz = Class.forName("com.zhijieketang.Person");
            // 调用默认构造方法
            Person person = (Person) clz.getDeclaredConstructor().newInstance();
            System.out.println(person);

            // 指定参数类型
            Class[] params = new Class[2];
```

```java
            // 第一个参数是 String
            params[0] = String.class;
            // 第二个参数是 int
            params[1] = int.class;

            // 获取 setNameAndAge 方法对象
            Method method = clz.getMethod("setNameAndAge", params);           ①
            // 设置传递参数
            Object[] argObjs = new Object[2];
            // 第一个参数传递"Tony"
            argObjs[0] = "Tony";
            // 第二个参数传递 18
            argObjs[1] = 18;
            //调用 setNameAndAge 方法
            method.invoke(person, argObjs);                                    ②
            System.out.println(person);

            // 获取 getName 方法对象
            method = clz.getMethod("getName");                                 ③
            // 调用 getName 方法
            Object result = method.invoke(person);                             ④
            System.out.println(result);

        } catch (Exception e) {
            e.printStackTrace();
        }
    }
}
```

输出结果如下：

```
Person [name = null, age = 0]
Person [name = Tony, age = 18]
Tony
```

上述代码实现了调用 Person 类 setNameAndAge 和 getName 方法。代码第①行获取 setNameAndAge 方法对象，params 参数是指定参数类型，这个过程与构造方法类似。代码第②行 method.invoke(person, argObjs)语句调用 setNameAndAge 方法，person 是要调用的对象，argObjs 是设置要传递的参数值。

代码第③行获取 getName 方法对象，该方法没有参数。代码第④行 method.invoke(person)语句调用 person 的 getName 方法，invoke 方法会返回一个 Object 对象，它是调用目标方法的返回数据，本例中相当于调用 getName 方法返回的 String 类型数据。

微课视频

26.4 调用成员变量

通过反射机制还可以调用成员变量，调用方法需要使用 Field 对象，它对应着一个方法。获得 Field 对象需要使用 Class 类的如下方法：

- Field[] getFields()：返回所有公有成员变量 Field 对象数组。
- Field[] getDeclaredFields()：返回所有成员变量 Field 对象数组。
- Field getField(String name)：通过指定公共成员变量名返回 Field 对象。
- Field getDeclaredField(String name)：通过指定成员变量名返回 Field 对象。

第26章 反射

现有一个 Person 类,它的代码如下:

```java
//Person.java 文件
package com.zhijieketang;

public class Person {

    private String name = "";
    private int age;

    public String getName() {
        return name;
    }

    public void setName(String name) {
        this.name = name;
    }

    public int getAge() {
        return age;
    }

    public void setAge(int age) {
        this.age = age;
    }

    @Override
    public String toString() {
        return "Person [name = " + name + ", age = " + age + "]";
    }
}
```

Person 类有两个私有的成员变量,即 name 和 age。

提示 Java 的反射机制非常强大,可在类外部调用类的私有成员变量和成员方法。这种功能看似强大,事实上却破坏了面向对象封装性。

现在编写一个程序通过反射机制调用 Person 类的私有成员变量 name 和 age。具体代码如下:

```java
//HelloWorld.java 文件
package com.zhijieketang;

import java.lang.reflect.Field;

public class HelloWorld {

    public static void main(String[] args) {

        try {
            Class clz = Class.forName("com.zhijieketang.Person");
            // 调用默认构造方法
            Person person = (Person) clz.getDeclaredConstructor().newInstance();

            // 返回成员变量名为 name 的 Field 对象
            Field name = clz.getDeclaredField("name");                    ①
            //设置成员变量 accessible 标志为 true
            name.setAccessible(true);                                      ②
            //为成员变量 name 赋值
```

```
            name.set(person, "Tony");                    ③

            // 返回成员变量名为 age 的 Field 对象
            Field age = clz.getDeclaredField("age");     ④
            //设置成员变量 accessible 标志为 true
            age.setAccessible(true);                     ⑤
            //为成员变量 age 赋值
            age.set(person, 18);                         ⑥

            // 获取成员变量保存的数据
            System.out.printf("[name:%s, age:%d]",
                name.get(person), age.get(person));      ⑦

        }catch (Exception e) {
            e.printStackTrace();
        }
    }
}
```

运行结果如下：

Person [name = , age = 0]
Person [name = Tony, age = 18]

上述代码第①行和第④行是通过名字和年龄返回成员变量 Field 对象，注意这里是 getDeclaredField 方法，而不是 getField 方法，因为这两个成员变量都是私有的。

代码第②行和第⑤行设置成员变量 accessible 标志为 true，accessible 是可访问性标志，值为 true 则指示反射的对象在使用时应该取消 Java 语言访问检查。值为 false 则指示反射的对象应该实施 Java 语言访问检查。不仅是成员变量，方法和构造方法也可以通过 setAccessible(true) 设置，实现对私有方法和构造方法的访问。

代码第③行和第⑥行是调用 Field 的 void set(Object obj, Object value)方法为成员变量赋值，其中 obj 是要访问的目标对象，value 是要赋给成员变量的数据。

代码第⑦行通过调用 Field 的 Object get(Object obj)方法获取成员变量保存的数据，其中 obj 是要访问的目标对象，方法返回值是成员变量中保存的数据。

26.5 本章小结

本章介绍了 Java 的反射机制，读者应该清楚什么时候使用反射。本章还详细介绍了通过反射机制创建对象、访问构造方法、访问方法和访问成员变量，需要了解这些 API 的使用。

26.6 同步练习

简述题

1. 简述 Java 中反射机制的意义。
2. 如何通过反射机制创建 Java 对象。
3. 如何通过反射调用 Java 对象的方法。

第 27 章 注 解

CHAPTER 27

Java 5 之后可以在源代码中嵌入一些补充信息,这种补充信息称为注解(annotation)。例如,在方法覆盖中使用过的@Override 注解,注解都是@符号开头的。

提示 Annotation 可以翻译为"注解"或"注释",推荐翻译为"注解",因为"注释"一词已经用于说明//、/* … */和/ * … */等符号,这里的"注释"是英文 Comment 的翻译。

注解并不能改变程序运行的结果,不会影响程序运行的性能。有些注解可以在编译时给用户提示或警告,有的注解可以在运行时读写字节码文件信息。

提示 使用注解对于代码实现功能没有任何的影响。程序员即便是不知道注解,也完全可以编写 Java 程序代码。对此不感兴趣的读者可以跳过本章内容。

27.1 基本注解

微课视频

无论哪一种注解,本质上都是一种数据类型,是一种接口类型。到 Java 11 为止,Java SE 提供了 11 种内置注解。其中有 5 种是基本注解,它们来自于 java.lang 包;有 6 种是元注解①(meta annotation),它们来自于 java.lang.annotation 包,自定义注解会用到元注解。

基本注解包括@Override、@Deprecated、@SuppressWarnings、@SafeVarargs 和@FunctionalInterface。下面逐一介绍。

27.1.1 @Override

@Override 只能用于方法,子类覆盖父类方法(或者实现接口的方法)时可以@Override 注解。编译器会检查被@Override 注解的方法,确保该方法父类中存在的方法,否则会有编译错误。

使用@Override 注解示例代码如下:

```
//Person.java 文件
package com.zhijieketang;

public class Person {

    private String name = "";
    private int age;
```

---

① 元注解就是负责注解其他的注解。

```java
    ......
    @Override
    public String tOString() { //toString()                            ①
      return "Person [name = " + name
          + ", age = " + age + "]";
    }
}
```

代码第①行的方法 toString()是覆盖 Object 类的方法，该方法使用@Override 注解。如果 toString()被错误写成了 tOString()，那么程序会发生编译错误。会有如下的代码提示：

类型为 Person 的方法 tOString()必须覆盖或实现超类型方法

注意 如果该方法前面不加@Override 注解，即便方法写错误了，也不会有编译错误，但是 Object 父类的 toString()方法并没有被覆盖。这会引起程序出现 Bug(缺陷)。

27.1.2 @Deprecated

@Deprecated 用来指示 API 已经过时了，@Deprecated 可以用来注解类、接口、成员方法和成员变量。

使用@Deprecated 注解示例代码如下：

```java
//Person.java 文件
package com.zhijieketang;

@Deprecated
public class Person {                                                  ①

    @Deprecated
    protected String name;                                             ②

    private int age;

    public String getName() {
      return name;
    }

    public void setName(String name) {
      this.name = name;
    }

    public int getAge() {
      return age;
    }

    public void setAge(int age) {
      this.age = age;
    }

    @Deprecated
    public void setNameAndAge(String name, int age) {                  ③
      this.name = name;
```

```
        this.age = age;
    }

    @Override
    public String toString() {
        return "Person [name = " + name + ", age = " + age + "]";
    }
}
```

上述代码第①行的类 Person、第②行的成员变量 name 和第③行的 setNameAndAge 方法都被 @Deprecated 注解。在 IntelliJ IDEA 中这些被注解的 API 都画上删除线。调用这些 API 代码也会有删除线。示例代码如下：

```
//HelloWorld.java 文件
package com.zhijieketang;

public class HelloWorld {

    public static void main(String[] args) {

        Person p = new Person();
        p.setNameAndAge("Tony", 20);
        p.name = "Tom";
    }
}
```

不仅代码中有删除线，而且还有编译警告。

27.1.3 @SuppressWarnings

@SuppressWarnings 注解用来抑制编译器警告，如果确认程序中的警告没有问题，可以不用理会。若就是不想看到这些警告，则可以使用 @SuppressWarnings 注解消除这些警告。

使用 @SuppressWarnings 注解示例代码如下：

```
//HelloWorld.java 文件
package com.zhijieketang;

import java.util.ArrayList;
import java.util.List;

public class HelloWorld {

    @SuppressWarnings({ "deprecation" })                      ①
    public static void main(String[] args) {

        Person p = new Person();                              ②
        p.setNameAndAge("Tony", 20);                          ③
        p.name = "Tom";                                       ④

    }
}
```

上述代码第①行使用 @SuppressWarnings({ "deprecation" }) 注解了 main 方法，这是由于代码第

②行～第④行是编译警告，因为这些API已经过时，见27.1.2节Person代码。@SuppressWarnings注解中的deprecation表示要抑制API已经过时。使用了@SuppressWarnings注解后会发现程序代码的警告没有了。

27.1.4 @SafeVarargs

在介绍@SafeVarargs注解用法之前，先来看如下代码。

```java
//HelloWorld.java 文件
package com.zhijieketang;

public class HelloWorld {

    public static void main(String[] args) {

        // 传递可变参数,参数是泛型集合
        display(10, 20, 30);                                    ①
        // 传递可变参数,参数是非泛型集合
        display("10", 20, 30);          // 会有编译警告          ②

    }

    public static <T> void display(T... array) {                ③
        for (T arg : array) {
            System.out.println(arg.getClass().getName() + ":" + arg);
        }
    }
}
```

代码第③行声明了一种可变参数方法display，display方法参数个数可以变化，它可以接受不确定数量的相同类型的参数。可以通过在参数类型名后面加入"..."的方式来表示这是可变参数。可变参数方法中的参数类型相同，为此声明参数时需要指定泛型。

但是调用可变参数方法时，应该提供相同类型的参数，代码第①行调用时没有警告，而代码第②行调用时则会发生警告，这个警告是unchecked"未检查不安全代码"，就是由于将非泛型变量赋值给泛型变量所发生的。

那么如何抑制编译器警告可以使用@SafeVarargs注解，修改代码如下：

```java
//HelloWorld.java 文件
package com.zhijieketang;

public class HelloWorld {

    public static void main(String[] args) {

        // 传递可变参数,参数是泛型集合
        display(10, 20, 30);
        // 传递可变参数,参数是非泛型集合
        display("10", 20, 30);                          // 没有@SafeVarargs 会有编译警告

    }

    @SafeVarargs
```

```
    public static <T> void display(T... array) {
        for (T arg : array) {
            System.out.println(arg.getClass().getName() + ":" + arg);
        }
    }
}
```

在可变参数 display 前添加@SafeVarargs 注解。当然，也可以使用@Suppress Warnings("unchecked")注解，但@SafeVarargs 注解更适合。

27.1.5 @FunctionalInterface

@FunctionalInterface 注解是 Java 8 增加的，用于接口的注解，声明接口是函数式接口，在前面讲解 Lambda 表达式时介绍过函数式接口。有关@FunctionalInterface 注解这里不再赘述。

27.2 元注解

微课视频

元注解包括@Documented、@Target、@Retention、@Inherited、@Repeatable 和@Native。元注解是为其他注解进行说明的注解，当自定义一个新的注解类型时，其中可以使用元注解。本节介绍这几种元注解的含义，27.3 节在自定义注解中详细介绍它们的使用方法。

1. @Documented

如果在一个自定义注解中引用@Documented 注解，那么该注解可以修饰代码元素（类、接口、成员变量和成员方法等），javadoc 等工具可以提取这些注解信息。

2. @Target

@Target 注解用来指定一个新注解的适用目标。@Target 注解有一个成员（value）用来设置适用目标，value 是 java.lang.annotation.ElementType 枚举类型的数组，ElementType 描述 Java 程序元素类型，它有 10 个枚举常量，如表 27-1 所示。

表 27-1 ElementType 枚举类型中的枚举常量

枚举常量	说明
ANNOTATION_TYPE	其他注解类型声明
CONSTRUCTOR	构造方法声明
FIELD	成员变量或常量声明
LOCAL_VARIABLE	局部变量声明
METHOD	方法声明
PACKAGE	包声明
PARAMETER	参数声明
TYPE	类、接口声明
TYPE_PARAMETER	用于泛型中类型参数声明，Java 8 推出
TYPE_USE	用于任何类型的声明，Java 8 推出

3. @Retention

@Retention 注解用来指定一个新注解的有效范围，@Retention 注解有一个成员（value）用来设置保留策略，value 是 java.lang.annotation.RetentionPolicy 枚举类型，RetentionPolicy 描述注解保留策

略,它有 3 个枚举常量,如表 27-2 所示。

表 27-2　RetentionPolicy 枚举类型中的枚举常量

枚举常量	说明
SOURCE	只适用于 Java 源代码文件中,此范围最小
CLASS	编译器把注解信息记录在字节码文件中,此范围居中
RUNTIME	编译器把注解信息记录在字节码文件中,并在运行时可以读取这些信息,此范围最大

4. @Inherited

@Inherited 注解用来指定一个新注解可以被继承。假定一个类 A 被该新注解修饰,那么这个 A 类的子类会继承该新注解。

5. @Repeatable

@Repeatable 注解是 Java 8 新增加的,它允许在相同的程序元素中重复注解,可重复的注解必须使用@Repeatable 进行注解。

6. @Native

@Native 注解一个成员变量,指示这个变量可以被本地代码引用。常被代码生成工具使用。

微课视频

27.3　自定义注解

如果前面 Java SE 提供的内置注解不能满足需求,则可以自定义注解。注解本质是一种接口,它是 java.lang.annotation.Annotation 接口的子接口,是引用数据类型。

27.3.1　声明注解

声明自定义注解可以使用@interface 关键字实现,最简单形式的注解示例代码如下:

```
// Marker.java 文件
package com.zhijieketang;

public @interface Marker{

}
```

上述代码声明一个 Marker 注解,@interface 声明一个注解类型,它前面的访问限定修饰符与类一样有两种:公有访问权限和默认访问权限。

注意　关于注解源程序文件与类一样,一个源程序文件中可以声明多个注解,但只能有一个是公有访问权限的,源程序文件命名与公有访问权限的注解名一致。

Marker 注解中不包含任何的成员,这种注解称为标记注解(marked annotation),基本注解中的@Override 就属于标记注解。根据需要,注解中可以包含一些成员,示例代码如下:

```
//Marker.java 文件
package com.zhijieketang;
//单值注解
@interface MyAnnotation {
    String value();
}
```

代码中声明 MyAnnotation 注解，它有一个成员 value，注意 value 后面有一对小括号，value 前面的是数据类型。成员也可以有访问权限修饰符，但是只能是公有权限和默认权限。

注解中的成员也可以有默认值，示例代码如下：

```java
//Marker.java 文件
package com.zhijieketang;

//带有默认值注解
@interface MyAnnotation1 {

    String value() default "注解信息";

    int count() default 0;
}
```

通过关键字 default 指定默认值。使用这些注解示例代码如下：

```java
//HelloWorld.java 文件
package com.zhijieketang;

@Marker                                                     ①
public class HelloWorld {

    @MyAnnotation(value = "Annotation")                     ②
    private String info = "";

    @MyAnnotation1(count = 10)                              ③
    public static void main(String[] args) {

    }
}
```

默认情况下，注解可以修饰任意的程序元素（类、接口、成员变量、成员方法和数据类型等）。代码第①行使用@Marker 注解修饰类。代码第②行@MyAnnotation(value="Annotation")注解修饰成员变量，其中 value="Annotation"是为 value 成员提供数值。代码第③行@MyAnnotation1(count=10)注解修饰成员方法，@MyAnnotation1 有两个成员，但是只为 count 成员赋值，另外一个成员 value 使用默认值。

27.3.2 案例：使用元注解

27.3.1 节声明注解只是最基本形式的注解，对于复杂的注解可以在声明注解时使用元注解。下面通过一个案例介绍如何在自定义注解中使用元注解，在本案例中定义了两个注解。

先看第一个注解 MyAnnotation，它用来注解类或接口。MyAnnotation 代码如下：

```java
//MyAnnotation.java 文件
package com.zhijieketang;

import java.lang.annotation.ElementType;
import java.lang.annotation.Retention;
import java.lang.annotation.RetentionPolicy;
import java.lang.annotation.Documented;
import java.lang.annotation.Target;
```

```
@Documented                                          ①
@Target({ ElementType.TYPE })                        ②
@Retention(RetentionPolicy.RUNTIME)                  ③
public @interface MyAnnotation {                     ④
    String description();                            ⑤
}
```

上述代码第④行声明注解类型MyAnnotation,其中使用了三个元注解修饰MyAnnotation注解,代码第①行使用@Documented指定MyAnnotation注解信息可以被javadoc工具读取。代码第②行使用@Target({ ElementType.TYPE })指定MyAnnotation注解用于修饰类和接口等类型。代码第③行@Retention(RetentionPolicy.RUNTIME)指定MyAnnotation注解信息可以在运行时被读取。代码第⑤行的description是MyAnnotation注解的成员。

第二个注解MemberAnnotation,它用来修饰类中成员变量和成员方法。MemberAnnotation代码如下:

```
//MemberAnnotation.java 文件
package com.zhijieketang;

import java.lang.annotation.Documented;
import java.lang.annotation.ElementType;
import java.lang.annotation.Retention;
import java.lang.annotation.RetentionPolicy;
import java.lang.annotation.Target;

@Documented
@Retention(RetentionPolicy.RUNTIME)                              ①
@Target({ ElementType.FIELD, ElementType.METHOD })               ②
public @interface MemberAnnotation {                             ③
    Class<?> type() default void.class;                          ④
    String description();                                        ⑤
}
```

上述代码第③行声明注解类型MemberAnnotation,其中也使用了三个元注解修饰MemberAnnotation注解,代码第①行的@Retention(RetentionPolicy.RUNTIME)指定MemberAnnotation注解信息可以在运行时被读取。代码第②行的@Target({ ElementType.FIELD,ElementType.METHOD })指定MemberAnnotation注解用于修饰类中成员。

代码第④行和第⑤行是声明两个成员,type类型是Class<?>,默认值是void.class,void.class是void类型表示方式。description类型是String,没有设置默认值。

提示 代码第④行中Class<?>类型,表示Class的泛型,"?"是泛型通配符,可以是任何类型。泛型多数情况下尖括号中指定的都是某个具体类型,泛型也是为此而设计的。但是有时确实不需要知道具体类型,或者说什么类型都可以,此时可以使用"?"作为占位符。

下面使用MyAnnotation和MemberAnnotation注解Person类。Person类代码如下:

```
//Person.java 文件
package com.zhijieketang;

@MyAnnotation(description = "这是一个测试类")                          ①
public class Person {

    @MemberAnnotation(type = String.class, description = "名字")       ②
```

```java
    private String name;

    @MemberAnnotation(type = int.class, description = "年龄")     ③
    private int age;

    @MemberAnnotation(type = String.class, description = "获得名字")     ④
    public String getName() {
        return name;
    }

    @MemberAnnotation(type = int.class, description = "获得年龄")     ⑤
    public int getAge() {
        return age;
    }

    @MemberAnnotation(description = "设置姓名和年龄")                    ⑥
    public void setNameAndAge(String name, int age) {
        this.name = name;
        this.age = age;
    }

    @Override
    public String toString() {
        return "Person [name = " + name + ", age = " + age + "]";
    }
}
```

使用注解时如果当前类与注解不在同一个包中,则需要将注解引入。代码第①行@MyAnnotation注解只能在Person之前,修饰Person类型。代码第②行和第③行使用@MemberAnnotation注解修饰成员变量。代码第④行、第⑤行和第⑥行使用@MemberAnnotation注解修饰成员方法。

27.3.3 案例:读取运行时注解信息

注解是为工具读取信息而准备的。有些工具可以读取源代码文件中的注解信息;有的可以读取字节码文件中的注解信息;有的可以在运行时读取注解信息。但是读取这些注解信息的代码都是一样的,区别只在于自定义注解中@Retention的保留策略不同。

读取注解信息需要反射相关API,Class类有如下方法:
- <A extends Annotation> A getAnnotation(Class<A> annotationClass):如果此元素存在annotationClass类型的注解,则返回注解,否则返回null。
- Annotation[] getAnnotations():返回此元素上存在的所有注解。
- Annotation[] getDeclaredAnnotations():返回直接存在于此元素上的所有注解。与getAnnotations()区别在于,该方法将不返回继承的注释。
- boolean isAnnotationPresent(Class<? extends Annotation> annotationClass):如果此元素上存在annotationClass类型的注解,则返回true,否则返回false。
- boolean isAnnotation():如果此Class对象表示一个注解类型,则返回true。

运行时Person类中注解信息代码如下:

```java
//HelloWorld.java 文件
package com.zhijieketang;
```

```java
import java.lang.reflect.Field;
import java.lang.reflect.Method;

public class HelloWorld {

    public static void main(String[] args) {
        try {
            Class<?> clz = Class.forName("com.zhijieketang.Person");                    ①

            // 读取类注解
            if (clz.isAnnotationPresent(MyAnnotation.class)) {                          ②
                MyAnnotation ann = (MyAnnotation) clz.getAnnotation(MyAnnotation.class); ③
                System.out.printf("类 %s,读取注解描述: %s \n",
                        clz.getName(), ann.description());                              ④
            }

            // 读取成员方法的注解信息
            Method[] methods = clz.getDeclaredMethods();                                ⑤
            for (Method method : methods) {
                if (method.isAnnotationPresent(MemberAnnotation.class)) {               ⑥
                    MemberAnnotation ann = method.getAnnotation(MemberAnnotation.class); ⑦
                    System.out.printf("方法 %s,读取注解描述: %s \n",
                            method.getName(), ann.description());                       ⑧
                }
            }

            // 读取成员变量的注解信息
            Field[] fields = clz.getDeclaredFields();                                   ⑨
            for (Field field : fields) {
                if (field.isAnnotationPresent(MemberAnnotation.class)) {                ⑩
                    MemberAnnotation ann = field.getAnnotation(MemberAnnotation.class);
                    System.out.printf("成员变量 %s,读取注解描述: %s \n",
                            field.getName(), ann.description());
                }
            }

        } catch (Exception e) {
            e.printStackTrace();
        }
    }
}
```

运行结果如下：

```
类 com.zhijieketang.Person,读取注解描述: 这是一个测试类
方法 getName,读取注解描述: 获得名字
方法 getAge,读取注解描述: 获得年龄
方法 setNameAndAge,读取注解描述: 设置姓名和年龄
成员变量 name,读取注解描述: 名字
成员变量 age,读取注解描述: 年龄
```

上述代码第①行创建 Person 类对应的 Class 对象，代码第②行判断 Person 类是否存在 MyAnnotation 注解，如果存在，则通过代码第③行的 getAnnotation 方法将 MyAnnotation 注解实例返回。代码第④行中 ann.description() 表达式读取 MyAnnotation 注解中 description 成员内容。

代码第⑤行获得所有成员方法对象数组,通过遍历方法对象数组,在代码第⑥行判断方法中是否存在 MemberAnnotation 注解,如果存在,则通过代码第⑦行的 getAnnotation 方法将 MemberAnnotation 注解实例返回。代码第⑧行中 ann.description() 表达式读取 MemberAnnotation 注解中 description 成员内容。

代码第⑨行获得所有成员变量对象数组,代码第⑩行判断成员变量中是否存在 MemberAnnotation 注解。其他的处理与成员方法类似,这里不再赘述。

27.4 本章小结

本章介绍了 Java 的注解。首先介绍了基本注解,接着介绍了元注解,最后介绍了自定义注解。读者需要掌握基本注解有哪些用途,了解元注解、自定义注解,了解读取自定义注解信息的方法。另外,不要把注解与注释混淆了。

27.5 同步练习

简述题

1. 简述 Java 中注解的意义。
2. 解释基本注解 @Override、@Deprecated、@SuppressWarnings、@SafeVarargs 和 @FunctionalInterface 的含义。
3. 解释元注解的含义。

第 28 章 数据库编程
CHAPTER 28

数据必须以某种方式来存储才可以有用,数据库实际上是一组相关数据的集合。例如,某个医疗机构中所有信息的集合可以被称为一个"医疗机构数据库",这个数据库中的所有数据都与医疗机构相关。

数据库编程相关的技术很多,涉及具体的数据库安装、配置和管理,还要掌握 SQL 语句,最后才能编写程序访问数据库。本章重点介绍 MySQL 数据库的安装和配置,以及 JDBC 数据库编程。

28.1 数据持久化技术概述

微课视频

把数据保存到数据库中只是一种数据持久化方式。凡是将数据保存到存储介质中,需要的时候能够找到它们,并能够对数据进行修改,这些就属于数据持久化。

Java 中数据持久化技术有很多。

1. 文本文件

通过 Java I/O 流技术将数据保存到文本文件中,然后进行读写操作,这些文件一般是结构化的文档,如 XML、JSON 和 CSV 等文件。结构化文档就是文件内部采取某种方式将数据组织起来。

2. 对象序列化

序列化用于将某个对象以及它的状态写到文件中,它保证了被写入的对象之间的关系,当需要这个对象时,可以完整地从文件重新构造出来,并保持原来的状态。在 Java 中实现 java.io.Serilizable 接口的对象才能被序列化和反序列化。Java 还提供了两个流:ObjectInputStream 和 ObjectOutputStream。但序列化不支持事务处理、查询或者向不同的用户共享数据。序列化只适用于最简单的应用,或者在某些无法有效地支持数据库的嵌入式系统中。

3. 数据库

将数据保存到数据库中是不错的选择,数据库的后面是一个数据库管理系统,它支持事务处理、并发访问、高级查询和 SQL 语言。Java 对象保存到数据库中主要的技术有 JDBC、EJB 和 ORM 框架等。其中 JDBC 是本书重点介绍的技术。

28.2 MySQL 数据库管理系统

微课视频

Python DB-API 规范一定会依托某个数据库管理系统(Database Management System,DBMS),还会使用到 SQL 语句,所以本节先介绍数据库管理系统。

数据库管理系统负责对数据的管理、维护和使用。现在主流数据库管理系统有 Oracle、SQL Server、DB2、Sysbase、MySQL 和 SQLite 等，本节介绍 MySQL 数据库管理系统的使用和管理。

提示 Python 内置模块提供了对 SQLite 数据库访问的支持，但 SQLite 主要是嵌入式系统设计的，虽然 SQLite 很优秀，也可以应用于桌面和 Web 系统开发，但数据承载能力有些差，并发访问处理性能也比较差，因此本书没有重点介绍 SQLite 数据库。

MySQL（https://www.mysql.com）是流行的开放源码 SQL 数据库管理系统，它由 MySQL AB 公司开发，先被 Sun 公司收购，后来又被 Oracle 公司收购，现在 MySQL 数据库是 Oracle 旗下的数据库产品，Oracle 负责提供技术支持和维护。

28.2.1 数据库安装和配置

目前 Oracle 提供了多个 MySQL 版本，其中社区版 MySQL Community Edition 是免费的，社区版本比较适合中小企业数据库，本书也对这个版本进行介绍。

社区版下载地址是 https://dev.mysql.com/downloads/mysql/。如图 28-1 所示，可以选择不同的平台版本，MySQL 可在 Windows、Linux 和 UNIX 等操作系统上安装和运行。本书选择的是 Windows 版中的 mysql-8.0.20-winx64 安装文件。笔者推荐 Windows（x86，64-bit），ZIP Archive 版本。

图 28-1　MySQL 数据库社区版下载

mysql-8.0.20-winx64 是一种压缩文件，它的安装不需要安装文件，只需解压后并进行一些配置就可以了。

首先解压 mysql-8.0.20-winx64 到一个合适的文件夹中。然后将 <MySQL 解压文件夹>\bin\添加到 Path 环境变量中。

配置数据库需要用管理员权限，在命令提示符中运行一些指令进行配置。管理员权限在命令提示符，可以使用 Windows PowerShell（管理员）进入。

提示 Windows PowerShell（管理员）进入过程：右击屏幕左下角的 Windows 图标■，弹出如图 28-2 所示的 Windows 菜单，选择 Windows PowerShell（管理员）菜单项，打开如图 28-3 所示的 Windows PowerShell（管理员）对话框。

指令进行配置如下。

1）初始化数据库

初始化数据库指令如下：

```
mysqld --initialize --user=mysql --console
```

图 28-2　Windows 菜单

图 28-3　Windows PowerShell（管理员）对话框

初始化过程如图 28-4 所示。初始化成功后 root 用户会生成一个临时密码，请一定记住这个密码。笔者生成的密码是 &x.esX_Ze2V。

2）安装 MySQL 服务

安装 MySQL 服务就是把 MySQL 数据库启动配置成为 Windows 系统中的一个服务。这样当 Windows 启动后，MySQL 数据库自动启动。安装 MySQL 服务指令如下：

```
mysqld --install
```

图 28-4　初始化数据库指令

3）启用服务

启用服务指令如下：

```
net start mysql
```

MySQL 数据库服务启动成功说明数据库安装和配置成功。查看 MySQL 数据库服务可以打开 Windows 服务，如图 28-5 所示。

图 28-5　MySQL 数据库服务启动

4）修改 root 临时密码

首先需要通过命令提示符窗口登录 MySQL 数据库服务器，运行如下指令，按下 Enter 键，在提示输入密码后，再按下 Enter 键，如图 28-6 所示。

```
mysql -u root -p
```

图 28-6　登录 MySQL 数据库服务器

登录成功后，在 mysql 提示符中输入如下指令。其中 12345 是修改后的新密码，如图 28-7 所示。

```
ALTER USER 'root'@'localhost' IDENTIFIED WITH mysql_native_password BY '12345';
```

图 28-7　修改密码

28.2.2 登录服务器

无论使用命令提示符窗口（macOS 和 Linux 中终端窗口）还是使用客户端工具管理 MySQL 数据库，都需要登录 MySQL 服务器。本书重点介绍命令提示符窗口登录。

事实上在 28.2.1 节中修改密码时，已经使用了命令提示符窗口登录服务器。完整的指令如下：

```
mysql -h 主机 IP 地址（主机名） -u 用户 -p
```

其中-h、-u、-p 是参数，说明如下：

-h：是要登录的服务器主机名或 IP 地址，可以是远程的一个服务器主机。注意-h 后面可以没有空格。如果是本机登录则可以省略。

-u：是登录服务器的用户，这个用户一定是数据库中存在的，并且具有登录服务器的权限。注意-u 后面可以没有空格。

-p：是用户对应的密码，可以直接在-p 后面输入密码，也可以在按回车键后再输入密码。

如果想登录本机数据库，用户是 root，密码是 12345，那么至少有如下 6 种指令可以登录数据库。

```
mysql -u root -p
mysql -u root -p12345
mysql -uroot -p12345
mysql -h localhost -u root -p
mysql -h localhost -u root -p12345
mysql -hlocalhost -uroot -p12345
```

如图 28-8 所示是 mysql-hlocalhost-uroot-p12345 指令登录服务器。

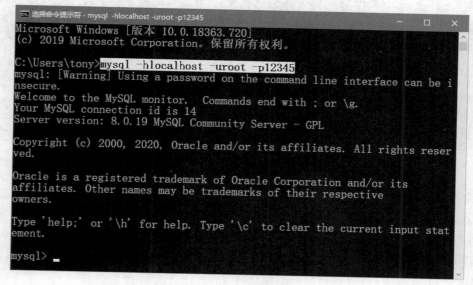

图 28-8 登录服务器

28.2.3 常见的管理命令

通过命令行客户端管理 MySQL 数据库，需要了解一些常用的命令。

1. help

第一个应该熟悉的就是 help 命令，help 命令能够列出 MySQL 其他命令的帮助。在命令行客户端中输入 help，不需要分号结尾，直接按下 Enter 键，如图 28-9 所示。这里都是 MySQL 的管理命令，这些命令大部分不需要分号结尾。

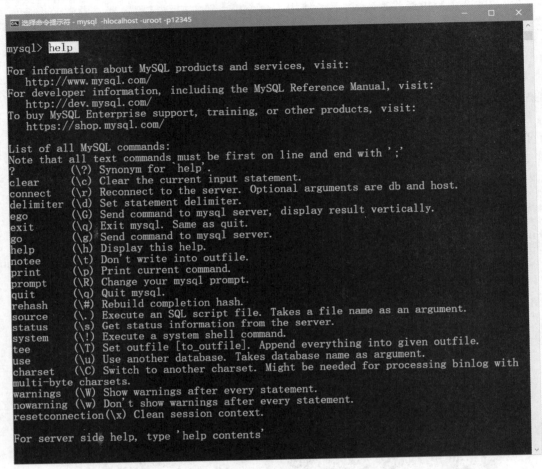

图 28-9 使用 help 命令

2. 退出命令

从命令行客户端中退出，可以在命令行客户端中使用 quit 或 exit 命令，如图 28-10 所示。这两个命令也不需要分号结尾。通过命令行客户端管理 MySQL 数据库，需要了解一些常用的命令。

3. 数据库管理

在使用数据库的过程中，有时需要知道数据库服务器中有哪些数据库。查看数据库的命令是 show databases;，如图 28-11 所示，注意该命令后面是以分号结尾的。

创建数据库可以使用 create database testdb; 命令，如图 28-12 所示，testdb 是自定义数据库名，注意该命令后面是以分号结尾的。

想要删除数据库可以使用 drop database testdb; 命令，如图 28-13 所示，testdb 是自定义数据库名，注意该命令后面是以分号结尾的。

图 28-10　使用退出命令

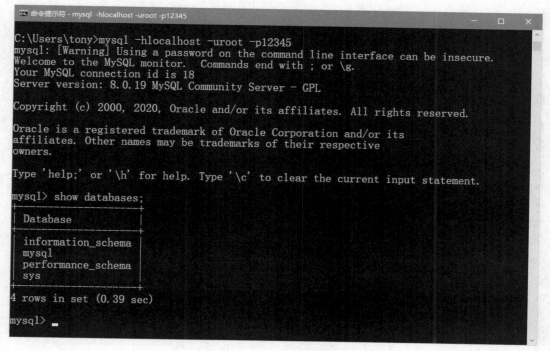

图 28-11　查看数据库信息

图 28-12 创建数据库

图 28-13 删除数据库

4. 数据表管理

在使用数据库的过程中,有时需要知道某个数据库下有多少个数据表,并需要查看表结构等信息。

查看有多少个数据表的命令是 show tables;,如图 28-14 所示,注意该命令后面是以分号结尾的。一个服务器中有很多数据库,应该先使用 use 选择数据库,use sys 命令结尾没有分号。

图 28-14 查看数据库中表信息

知道了有哪些表后,还需要知道表结构,可以使用 desc 命令,如获得 city 表结构可以使用 desc host_summary;命令,如图 28-15 所示,注意该命令后面是以分号结尾的。

图 28-15 查看表结构

28.3 JDBC 技术

微课视频

Java 中数据库编程是通过 JDBC 实现的。使用 JDBC 技术涉及三种不同的角色:Java 官方、开发人员和数据库厂商,如图 28-16 所示。

- Java 官方提供 JDBC 接口,如 Connection、Statement 和 ResultSet 等。

图 28-16 JDBC 技术涉及三种不同的角色

- 数据库厂商为了支持 Java 语言使用自己的数据库，他们根据这些接口提供了具体的实现类，这些具体实现类称为 JDBC Driver(JDBC 驱动程序)，例如 Connection 是数据库连接接口，如何能够高效地连接数据库或许只有数据库厂商自己清楚，因此他们提供的 JDBC 驱动程序是最高效的，当然针对某种数据库也可能有其他第三方 JDBC 驱动程序。
- 对于开发人员而言，JDBC 提供了一致的 API，开发人员不用关心实现接口的细节。

28.3.1 JDBC API

JDBC API 为 Java 开发者使用数据库提供了统一的编程接口，它由一组 Java 类和接口组成。这种类和接口来自于 java.sql 和 javax.sql 两个包。

- java.sql：这个包中的类和接口主要针对基本的数据库编程服务，如创建连接、执行语句、语句预编译和批处理查询等。同时也有一些高级的处理，如批处理更新、事务隔离和可滚动结果集等。
- javax.sql：它主要为数据库方面的高级操作提供了接口和类，提供分布式事务、连接池和行集等。

28.3.2 加载驱动程序

在编程实现数据库连接时，JVM 必须先加载特定厂商提供的数据库驱动程序。使用 Class.forName()方法实现驱动程序加载过程，该方法在前面介绍过。

不同驱动程序的装载方法如下：

```
Class.forName("sun.jdbc.odbc.JdbcOdbcDriver");         //JDBC-ODBC 桥接,Java 自带
Class.forName("特定的 JDBC 驱动程序类名");              //数据库厂商提供
```

例如，加载 MySQL 驱动程序代码如下：

```
Class.forName("com.mysql.cj.jdbc.Driver");
```

如果直接这样运行程序，则会抛出如下的 ClassNotFoundException 异常。

```
java.lang.ClassNotFoundException: com.mysql.cj.jdbc.Driver
```

这是因为程序无法找到 MySQL 驱动程序 com.mysql.cj.jdbc.Driver 类，这需要配置当前项目的

类路径(Classpath),类路径通常会使用.jar 文件。所以运行加载 MySQL 驱动程序代码是应该在类路径中包含 MySQL 驱动程序,它是有.jar 文件。

提示 一般在发布 java 文件时,会把字节码文件(class 文件)打包成.jar 文件,.jar 文件是一种基于.zip 结构的压缩文件。

提示 与 mysql-8.0.20-winx64 数据配套的 MySQL 驱动程序读者可以在本书配套代码中找到 mysql-connector-java-8.0.20.jar 文件。

为了配置 IntelliJ IDEA 项目的类路径(Classpath)需要如下操作步骤:

(1) 首先将驱动程序文件 mysql-connector-java-8.0.20.jar,复制到 IntelliJ IDEA 项目的根目录下,如图 28-17 所示。

(2) 配置当前项目的类路径,IntelliJ IDEA 项目中右击驱动程序文件 mysql-connector-java-8.0.20.jar→Add as Library,弹出如图 28-18 所示的"库配置"对话框,单击 OK 按钮就可以将.jar 文件添加到类路径了。

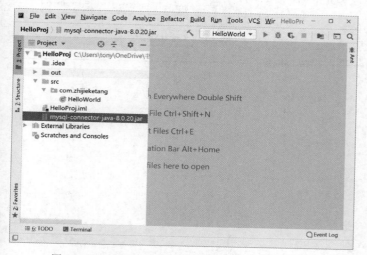

图 28-17 复制驱动程序文件到 IntelliJ IDEA 项目

图 28-18 "库配置"对话框

将驱动程序.jar 文件添加到类路径中后,再运行上面的程序看是否还有 ClassNotFoundException 异常。

28.3.3 建立数据连接

驱动程序加载成功就可以进行数据库连接了。建立数据库连接可以通过调用 DriverManager 类的 getConnection()方法实现。该方法有如下几个重载版本:

- static Connection getConnection(String url):尝试通过一个 URL 建立数据库连接,调用此方法时,DriverManager 会试图从已注册的驱动中选择恰当的驱动来建立连接。
- static Connection getConnection(String url,Properties info):尝试通过一个 URL 建立数据库连接,一些连接参数(如 user 和 password)可以按照键值对的形式放置到 info 中,Properties 是 Hashtable 的子类,它是一种 Map 结构。
- static Connection getConnection(String url,String user,String password):尝试通过一个 URL 建立数据库连接,指定数据库用户名和密码。

上面的几个 getConnection()方法都会抛出受检查的 SQLException 异常,注意处理这个异常。
JDBC 的 URL 类似于其他场合的 URL,它的语法如下:

jdbc:< subprotocol >:< subname >

这里有三个部分,它们用冒号隔离。
(1) 协议:jdbc 表示协议,它是唯一的,JDBC 只有这一种协议。
(2) 子协议:主要用于识别数据库驱动程序,也就是说,不同的数据库驱动程序的子协议不同。
(3) 子名:它属于专门的驱动程序,不同的专有驱动程序可以采用不同的技术实现。
对于不同的数据库,厂商提供的驱动程序和连接的 URL 都不同,如表 28-1 所示。

表 28-1 数据库厂商提供的驱动程序和连接的 URL

数据库名	驱动程序	URL
MS SQLServer	com.microsoft.jdbc.sqlserver.SQLServerDriver	jdbc:microsoft:sqlserver://[ip]:[port];user=[user];password=[password]
JDBC-ODBC	sun.jdbc.odbc.JdbcOdbcDriver	jdbc:odbc:[odbcsource]
Oracle thin Driver	oracle.jdbc.driver.OracleDriver	jdbc:oracle:thin:@[ip]:[port]:[sid]
MySQL	com.mysql.cj.jdbc.Driver	jdbc:mysql://ip/database

建立数据连接示例代码如下:

```java
//HelloWorld.java 文件
package com.zhijieketang;

import java.sql.Connection;
import java.sql.DriverManager;
import java.sql.SQLException;

public class HelloWorld {

    public static void main(String[] args) {

        try {
            Class.forName("com.mysql.cj.jdbc.Driver");
            System.out.println("驱动程序加载成功...");

        } catch (ClassNotFoundException e) {
            System.out.println("驱动程序加载失败...");
            // 退出
            return;
        }

        String url = "jdbc:mysql://localhost:3306/MyDB?serverTimezone=UTC";    ①

        String user = "root";
        String password = "12345";

        try (Connection conn = DriverManager.getConnection(url, user, password)) {    ②

            System.out.println("数据库连接成功:" + conn);

        }catch (SQLException e) {
```

```
            e.printStackTrace();
        }
    }
}
```

上述代码第①行是设置数据库连接的 URL,事实上表 28-1 所示 URL 后面还可以跟有很多参数,就是在 URL 后面加上"?","?"之后的就是参数与 URL 的参数是类似的。本例中参数 serverTimezone＝UTC,这是设置服务器时区,UTC 是协调世界时间。注意：在目前的 MySQL 8 版本数据库中 serverTimezone＝UTC 参数不可以省略,否则会发生运行期错误。

提示 如果程序有 MySQL 数据库交互时,有中文乱码问题。读者还可以在 URL 后面添加 useUnicode 和 characterEncoding 参数。

例如：

"jdbc:mysql://localhost:3306/MyDB?serverTimezone = UTC&useUnicode = true&characterEncoding = utf - 8"

或

"jdbc:mysql://localhost:3306/MyDB?serverTimezone = UTC&useUnicode = true&characterEncoding = gbk"

代码第②行使用 DriverManager 的 getConnection(String url, String user, String password)方法建立数据连接,在 url 中 3306 是数据库端口号,MyDB 是 MySQL 服务器中的数据库。注意：在上述代码运行之前保证已经创建了 MyDB 数据库。

另外,Connection 对象是通过自动资源管理技术释放资源的。

注意 Connection 对象代表的数据连接不能被 JVM 的垃圾收集器回收,在使用完连接后必须关闭(调用 close()方法),否则连接会保持一段比较长的时间,直到超时。Java 7 之前都在 finally 模块中关闭数据库连接。Java 7 之后 Connection 接口继承了 AutoCloseable 接口,可以通过自动资源管理技术释放资源。

数据库用户名和密码事实上可以放到 URL 的参数中,所以有时 URL 参数字符串会很长,维护起来不方便,可以把这些参数对放置到 Properties 对象中。示例代码如下：

```java
//HelloWorldWithProp.java 文件
package com.zhijieketang;

import java.sql.Connection;
import java.sql.DriverManager;
import java.sql.SQLException;
import java.util.Properties;

public class HelloWorldWithProp {

    public static void main(String[] args) {

        try {
            Class.forName("com.mysql.cj.jdbc.Driver");
            System.out.println("驱动程序加载成功...");

        } catch (ClassNotFoundException e) {
            System.out.println("驱动程序加载失败...");
            // 退出
```

```
        return;
    }

    String url = "jdbc:mysql://localhost:3306/MyDB";
    //创建Properties对象
    Properties info = new Properties();                            ①
    info.setProperty("user", "root");                              ②
    info.setProperty("password", "12345");                         ③
    info.setProperty("serverTimezone", "UTC");                     ④

    try (Connection conn = DriverManager.getConnection(url, info)) { ⑤
        System.out.println("数据库连接成功：" + conn);

    }catch (SQLException e) {
        e.printStackTrace();
    }

    }
}
```

上述代码第①行创建Properties对象，代码第②行～第④行设置参数，setProperty()方法键和值都是字符串类型。代码第⑤行通过DriverManager的getConnection(String url, Properties info)方法建立数据连接。

但是上述代码还是有不尽如人意的地方，就是这些参数都是"硬编码[①]"在程序代码中的，程序编译之后不能修改。但是数据库用户名、密码、服务器主机名、端口等，在开发阶段和部署阶段可能完全不同，这些参数信息应该是可以配置的，可以放到一个属性文件中，借助于输入流，可以在运行时读取属性文件内容到Properties对象中。具体示例代码如下：

```
//HelloWorldWithPropFile.java 文件
package com.zhijieketang;

...

public class HelloWorldWithPropFile {

    public static void main(String[] args) {

        //加载驱动程序
        ...

        Properties info = new Properties();                         ①
        try {
            InputStream input = HelloWorldWithPropFile.class.getClassLoader()
                .getResourceAsStream("config.properties");          ②

            info.load(input);                                       ③

        }catch (IOException e) {
            // 退出
            return;
```

[①] 硬编码俗称"写死"，指将可变变量用一个固定值来代替的方法，用这种方法编译后，如果以后需要更改此变量就非常困难。

```
        }
        String url = "jdbc:mysql://localhost:3306/MyDB";
        try (Connection conn = DriverManager.getConnection(url, info)) {
            System.out.println("数据库连接成功：" + conn);
        }catch (SQLException e) {
            e.printStackTrace();
        }
    }
}
```

上述代码第①行创建一个 Properties 对象。代码第②行获得 config.properties 属性文件输入流对象，属性文件一般在 src 目录，与源代码文件放置在一起，但是编译时，这些文件会被复制到字节码文件所在的目录中，这种目录称为资源目录，获得资源目录要通过 Java 反射机制，HelloWorldWithPropFile.class.getClassLoader().getResourceAsStream("config.properties")语句能够获得运行时 config.properties 的文件输入流对象。

代码第③行是从流中加载信息到 Properties 对象中。

config.properties 文件内容如下：

```
user = root
password = 12345
serverTimezone = UTC
```

在开发和部署阶段使用文本编辑器修改该文件，不需要修改程序代码。

28.3.4 三个重要接口

下面重点介绍 JDBC API 中最重要的三个接口：Connection、Statement 和 ResultSet。

1. Connection 接口

java.sql.Connection 接口的实现对象代表与数据库的连接，也就是在 Java 程序和数据库之间建立连接。Connection 接口中常用的方法如下：

- Statement createStatement()：创建一个语句对象，语句对象用来将 SQL 语句发送到数据库。
- PreparedStatement prepareStatement(String sql)：创建一个预编译的语句对象，用来将参数化的 SQL 语句发送到数据库，参数包含一个或者多个问号"?"占位符。
- CallableStatement prepareCall(String sql)：创建一个调用存储过程的语句对象，参数是调用的存储过程，参数包含一个或者多个问号"?"占位符。
- close()：关闭到数据库的连接，在使用完连接后必须关闭，否则连接会保持一段比较长的时间，直到超时。
- isClosed()：判断连接是否已经关闭。

2. Statement 接口

java.sql.Statement 称为语句对象，它提供用于向数据库发出的 SQL 语句，并且给出访问结果。Connection 接口提供了生成 Statement 的方法，一般情况下通过 connection.createStatement()方法就可以得到 Statement 对象。

有三种 Statement 接口：java.sql.Statement、java.sql.PreparedStatement 和 java.sql.CallableStatement。其中，PreparedStatement 继承 Statement 接口，CallableStatement 继承 PreparedStatement 接口。Statement 实现对象用于执行基本的 SQL 语句，PreparedStatement 实现对象用于执行预编译的 SQL 语句，CallableStatement 实现对象用于调用数据库中的存储过程。

注意 预编译 SQL 语句是在程序编译时一起进行编译，这样的语句在数据库中执行时不需要编译过程，直接执行 SQL 语句，所以速度很快。在预编译 SQL 语句时会有一些程序执行时才能确定的参数，这些参数采用"?"占位符，直到运行时再用实际参数替换。

Statement 提供了许多方法，最常用的方法如下：

- executeQuery()：运行查询语句，返回 ResultSet 对象。
- executeUpdate()：运行更新操作，返回更新的行数。
- close()：关闭语句对象。
- isClosed()：判断语句对象是否已经关闭。

Statement 对象用于执行不带参数的简单 SQL 语句，它的典型使用如下：

```
Connection conn = DriverManager.getConnection("jdbc:odbc:accessdb", "admin", "admin");
Statement stmt = conn.createStatement();
ResultSet rst = stmt.executeQuery("select userid, name from user");
```

PreparedStatement 对象用于执行带参数的预编译 SQL 语句，它的典型使用如下：

```
Connection conn = DriverManager.getConnection("jdbc:odbc:accessdb", "admin", "admin");
PreparedStatement pstmt = conn.prepareStatement("insert into user values(?,?)");
pstmt.setInt(1,10);              //绑定第一个参数
pstmt.setString(2,"guan");       //绑定第二个参数
pstmt.executeUpdate();           //执行 SQL 语句
```

上述 SQL 语句"insert into user values(?,?)"在 Java 源程序编译时一起编译，两个问号占位符所代表的参数在运行时绑定。

注意 绑定参数时需要注意两个问题：绑定参数顺序和绑定参数的类型。绑定参数顺序是从 1 开始，而不是从 0 开始的；根据绑定参数的类型不同选择对应的 set 方法。

CallableStatement 对象用于执行对数据库已存储过程的调用，它的典型使用如下：

```
Connection conn = DriverManager.getConnection("jdbc:odbc:accessdb", "admin", "admin");
strSQL = "{call proc_userinfo(?,?)}";
java.sql.CallableStatement sqlStmt = conn.prepaleCall(strSQL);
sqlStmt.setString(1,"tony");
sqlStmt.setString(2,"tom");
//执行存储过程
int i = sqlStmt.exeCuteUpdate();
```

3. ResultSet 接口

在 Statement 执行 SQL 语句时，如果是 SELECT 语句，则会返回结果集，结果集通过接口 java.sql.ResultSet 描述，它提供了逐行访问结果集的方法，通过该方法能够访问结果集中不同字段的内容。

ResultSet 提供了检索不同类型字段的方法，最常用的方法如下：

- close()：关闭结果集对象。
- isClosed()：判断结果集对象是否已经关闭。
- next()：将结果集的光标从当前位置向后移一行。

- getString()：获得在数据库里是 CHAR 或 VARCHAR 等字符串类型的数据，返回值类型是 String。
- getFloat()：获得在数据库里是浮点类型的数据，返回值类型是 float。
- getDouble()：获得在数据库里是浮点类型的数据，返回值类型是 double。
- getDate()：获得在数据库里是日期类型的数据，返回值类型是 java.sql.Date。
- getBoolean()：获得在数据库里是布尔数据的类型，返回值类型是 boolean。
- getBlob()：获得在数据库里是 Blob（二进制大型对象）类型的数据，返回值类型是 Blob 类型。
- getClob()：获得在数据库里是 Clob（字符串大型对象）类型的数据，返回值类型是 Clob。

这些方法要求有列名或者列索引，如 getString()方法的如下两种情况：

```
public String getString(int columnIndex) throws SQLException
public String getString(String columnName) throws SQLException
```

方法 getXXX 提供了获取当前行中某列值的途径，在每行内，可按任何次序获取列值。使用列索引有时会比较麻烦，这个顺序是 select 语句中的顺序：

```
select * from user
select userid, name from user
select name,userid from user
```

注意 columnIndex 列索引是从 1 开始，而不是从 0 开始的。这个顺序与 select 语句有关，如果 select 使用 * 返回所有字段，如 select * from user 语句，那么列索引是数据表中字段的顺序；如果 select 指定具体字段，如 select userid, name from user 或 select name,userid from user，那么列索引是 select 指定字段的顺序。

ResultSet 示例代码如下：

```
//HelloWorldWithPropFile.java 文件
...
String url = "jdbc:mysql://localhost:3306/MyDB";

try ( // 自动资源管理技术释放资源
        Connection conn = DriverManager.getConnection(url, info);
        Statement stmt = conn.createStatement();
        ResultSet rst = stmt.executeQuery("select name,userid from user")) {

    while (rst.next()) {
        System.out.printf("name:%s id:%d\n", rst.getString("name"), rst.getInt(2));
    }

} catch (SQLException e) {
    e.printStackTrace();
}
```

从上述代码可见，Connection 对象、Statement 对象和 ResultSet 对象的释放采用自动资源管理。

在遍历结果集时使用了 rst.next()方法，next()是将结果集光标从当前位置向后移一行，结果集光标最初位于第一行之前；第一次调用 next 方法使第一行成为当前行；第二次调用使第二行成为当前行，以此类推。如果新的当前行有效，则返回 true；如果不存在下一行，则返回 false。

注意 Connection 对象、Statement 对象和 ResultSet 对象都不能被 JVM 的垃圾收集器回收，在使用完后都必须关闭(调用它们的close()方法)。Java 7 之前都在 finally 模块中关闭释放资源。Java 7 之后它们都继承了 AutoCloseable 接口,可以通过自动资源管理技术释放资源。

微课视频

28.4 案例:数据 CRUD 操作

对数据库表中数据可以进行 4 类操作:数据插入(Create)、数据查询(Read)、数据更新(Update)和数据删除(Delete),也是俗称的"增、删、改、查"。

本节通过一个案例介绍如何通过 JDBC 技术实现 Java 对数据的 CRUD 操作。

28.4.1 数据库编程一般过程

在讲解案例之前,有必要先介绍一下通过 JDBC 进行数据库编程的一般过程。

如图 28-19 所示是数据库编程的一般过程,其中查询(Read)过程最多需要 7 个步骤,修改(C 插入、U 更新、D 删除)过程最多需要 5 个步骤。这个过程采用了预编译语句对象进行数据操作,所以有可能进行绑定参数,见第 4 步骤。

图 28-19 数据库编程的一般过程

上述步骤是基本的一般步骤,实际情况会有所变化,例如没有参数需要绑定,则第 4 步骤就省略了。另外,如果 Connection 对象、Statement 对象和 ResultSet 对象都采用自动资源管理技术释放资源,那么第 7 步骤也可以省略。

28.4.2 数据查询操作

为了介绍数据查询操作案例,这里准备了一个 User 表,它有两个字段 name 和 userid,如表 28-2 所示。

表 28-2 User 表结构

字 段 名	类 型	是否可以为 Null	主 键
name	varchar(20)	是	否
userid	int	否	是

下面介绍实现两条 SQL 语句查询功能：

```
select name,userid from user where userid > ? order by userid    //有条件查询
select max(userid) from user                                     //使用 max 等函数,无条件查询
```

1. 有条件查询

实现代码如下：

```java
//CRUDSample.java 文件
package com.zhijieketang;

import java.io.IOException;
import java.io.InputStream;
import java.sql.Connection;
import java.sql.DriverManager;
import java.sql.PreparedStatement;
import java.sql.ResultSet;
import java.sql.SQLException;
import java.util.Properties;

public class CRUDSample {

    // 连接数据库 url
    static String url;
    // 创建 Properties 对象
    static Properties info = new Properties();

    // 1.驱动程序加载
    static {
        // 获得属性文件输入流
        InputStream input                                                    ①
                = CRUDSample.class.getClassLoader()
                        .getResourceAsStream("config.properties");

        try {
            // 加载属性文件内容到 Properties 对象
            info.load(input);
            // 从属性文件中取出 url
            url = info.getProperty("url");
            // Class.forName("com.mysql.cj.jdbc.Driver");
            // 从属性文件中取出 driver
            String driverClassName = info.getProperty("driver");
            Class.forName(driverClassName);
            System.out.println("驱动程序加载成功...");
        } catch (ClassNotFoundException e) {
            System.out.println("驱动程序加载失败...");
        } catch (IOException e) {
            System.out.println("加载属性文件失败...");
        }
    }
                                                                             ②
    public static void main(String[] args) {
        // 查询数据
        read();
    }
```

```java
// 数据查询操作
public static void read() {                              ③

    Connection conn = null;
    PreparedStatement pstmt = null;
    ResultSet rs = null;

    try {
        // 2.创建数据库连接
        conn = DriverManager.getConnection(url, info);
        // 3.创建语句对象
        pstmt = conn.prepareStatement("select name,userid from "
            + "user where userid > ? order by userid");
        // 4.绑定参数
        pstmt.setInt(1, 0);
        // 5.执行查询(R)
        rs = pstmt.executeQuery();
        // 6.遍历结果集
        while (rs.next()) {
            System.out.printf("id: %d name: %s\n", rs.getInt(2), rs.getString("name"));
        }

    } catch (SQLException e) {
        e.printStackTrace();
    } finally {                   // 7.释放资源         ④
        if (rs != null) {
            try {
                rs.close();
            } catch (SQLException e) {
            }
        }
        if (pstmt != null) {
            try {
                pstmt.close();
            } catch (SQLException e) {
            }
        }
        if (conn != null) {
            try {
                conn.close();
            } catch (SQLException e) {
            }
        }
    }                                                     ⑤
}
```

上述代码第①行~第②行是静态代码块,在静态代码块中读取属性文件内容到 Properties 对象和加载驱动程序,这两个操作只需执行一次,所以它们最好放到静态代码块中。另外,需要注意本例中将驱动程序类名和数据库连接的 url 字符串都放到属性文件 config.properties 中,这样更加方便配置。config.properties 内容如下:

```
driver = com.mysql.cj.jdbc.Driver
url = jdbc:mysql://localhost:3306/MyDB
```

```
user = root
password = 12345
serverTimezone = UTC
```

上述代码第③行 read() 方法是数据查询方法,查询完成之后采用 finally 代码块释放资源,见代码第④~第⑤行。本例也可以使用自动资源管理技术,但会引起 try 语句发生嵌套,反而会有些麻烦。

2. 无条件查询

实现代码如下:

```
// 1.驱动程序加载
static {
    ...
}
...

// 查询最大的用户 Id
public static int readMaxUserId() {

    int maxId = 0;
    try (
        // 2.创建数据库连接
        Connection conn = DriverManager.getConnection(url, info);
        // 3.创建语句对象
        PreparedStatement pstmt
            = conn.prepareStatement("select max(userid) from user");
        // 4.绑定参数
        // pstmt.setInt(1, 0);
        // 5.执行查询(R)
        ResultSet rs = pstmt.executeQuery()) {
        // 6.遍历结果集
        if (rs.next()) {
            maxId = rs.getInt(1);
        }

    } catch (SQLException e) {
        e.printStackTrace();
    }

    return maxId;
}
```

上述代码使用了自动资源管理技术,由于没有参数需要绑定,所以 ResultSet 对象可以与 Connection 对象和 PreparedStatement 对象放在一个 try 代码块中进行管理。而前面的有条件查询 read() 方法则不行。

28.4.3 数据修改操作

数据修改操作包括数据插入、数据更新和数据删除。

1. 数据插入

数据插入代码如下:

```
// 数据插入操作
public static void create() {
```

```java
        try ( // 2.创建数据库连接
            Connection conn = DriverManager.getConnection(url, info);
            // 3. 创建语句对象
            PreparedStatement pstmt
                = conn.prepareStatement("insert into user (userid, name) values (?,?)")) {     ①

            // 查询最大值
            int maxId = readMaxUserId();

            // 4. 绑定参数
            pstmt.setInt(1, ++maxId);                                                          ②
            pstmt.setString(2, "Tony" + maxId);                                                ③
            // 5. 执行修改(C、U、D)
            int affectedRows = pstmt.executeUpdate();                                          ④

            System.out.printf("成功插入 %d 条数据。\n", affectedRows);

        }catch (SQLException e) {
            e.printStackTrace();
        }
    }
```

代码第①行创建插入语句对象,其中有两个占位符。因此需要绑定参数,代码第②行绑定第一个参数,代码第③行绑定第二个参数。代码第④行 executeUpdate()方法执行 SQL 语句,该方法与查询方法 executeQuery()不同。executeUpdate()方法返回的是整数——成功影响的记录数,即成功插入记录数。

2. 数据更新

数据更新代码如下:

```java
// 数据更新操作
public static void update() {

        try ( // 2.创建数据库连接
            Connection conn = DriverManager.getConnection(url, info);
            // 3. 创建语句对象
            PreparedStatement pstmt
                = conn.prepareStatement("update user set name = ? where userid > ?")) {

            // 4. 绑定参数
            pstmt.setString(1, "Tom");
            pstmt.setInt(2, 30);
            // 5. 执行修改(C、U、D)
            int affectedRows = pstmt.executeUpdate();

            System.out.printf("成功更新 %d 条数据。\n", affectedRows);

        }catch (SQLException e) {
            e.printStackTrace();
        }
    }
```

3. 数据删除

数据删除代码如下:

```java
// 数据删除操作
public static void delete() {
```

```java
        try ( // 2.创建数据库连接
            Connection conn = DriverManager.getConnection(url, info);
            // 3. 创建语句对象
            PreparedStatement pstmt
                = conn.prepareStatement("delete from user where userid = ?")) {

            // 查询最大值
            int maxId = readMaxUserId();

            // 4. 绑定参数
            pstmt.setInt(1, maxId);
            // 5. 执行修改(C、U、D)
            int affectedRows = pstmt.executeUpdate();

            System.out.printf("成功删除%d条数据。\n", affectedRows);

        }catch (SQLException e) {
          e.printStackTrace();
        }
    }
```

数据更新、数据删除与数据插入程序结构上非常类似,差别主要在于 SQL 语句的不同,绑定参数的不同。具体代码不再解释。

28.5 本章小结

本章首先介绍 MySQL 数据库的安装、配置和日常的管理命令,然后重点讲解了 JDBC 数据库编程技术。读者需要重点掌握三个主要接口,熟悉一般数据库编程过程。

28.6 同步练习

选择题

在 JDBC API 中属于预处理语句的是?(　　)

A. PreparedStatement　　　　　　　　B. Statement
C. CallableStatement　　　　　　　　　D. ResultSet

判断题

1. Java 中数据库编程是通过 JDBC 实现的。使用 JDBC 技术涉及三种不同的角色:Java 官方、开发人员和数据库厂商。(　　)
2. 在 MySQL 中创建 mydb 数据库的指令是:create database mydb。(　　)

28.7 动手实践:从结构化文档迁移数据到数据库

编程题

设计一个 JSON 文件,再设计一个数据库表,表结构与 JSON 结构一致。编写程序读取 JSON 文件内容将数据插入数据库的表中。

第四篇 项目实战

  本篇包括2章内容，介绍了Java项目开发过程中相关的技术。内容包括项目实战1：开发PetStore宠物商店项目和项目实战2：开发Java版QQ聊天工具。

  第29章 项目实战1：开发PetStore宠物商店项目。完整介绍PetStore宠物商店项目的设计和开发过程。

  第30章 项目实战2：开发Java版QQ聊天工具。完整介绍QQ聊天工具的设计和开发过程。

第 29 章 项目实战 1：开发 PetStore 宠物商店项目

CHAPTER 29

前面学习的 Java 知识只有通过项目贯穿起来，才能将书本中的知识变成自己的。通过项目实战读者能够了解软件开发流程，了解所学知识在实际项目中使用的情况，哪些是重点的，哪些是了解的。

本章介绍 Java SE 技术实现的 PetStore 宠物商店项目，所涉及的知识点：Java 面向对象、Lambda 表达式、Java Swing 技术、JDBC 技术和数据库相关等知识，其中还会用到方方面面的 Java 基础知识。

29.1 系统分析与设计

微课视频

本节对 PetStore 宠物商店项目进行分析和设计，其中设计过程包括原型设计、数据库设计、架构设计和系统设计。

29.1.1 项目概述

PetStore 是 Sun(现在 Oracle)公司为了演示自己的 Java EE 技术，而编写的一个基于 Web 的宠物店项目。如图 29-1 所示为项目启动页面，项目介绍网站是 http://www.oracle.com/technetwork/java/index-136650.html。

图 29-1 PetStore 项目启动页面

PetStore 是典型的电子商务项目，是现在很多电商平台的雏形。技术方面主要是 Java EE 技术，用户界面采用 Java Web 介绍实现。但本书介绍 Java SE 技术，不介绍 Java Web，所以本章的 PetStore 项目用户界面采用 Java Swing 技术实现。

29.1.2 需求分析

PetStore 宠物商店项目主要功能如下：
- 用户登录；
- 查询商品；
- 添加商品到购物车；
- 查看购物车；
- 下订单；
- 查看订单。

采用用例分析方法描述用例图如图 29-2 所示。

图 29-2　PetStore 宠物商店用例图

29.1.3 原型设计

原型设计草图对于开发人员、设计人员、测试人员、UI 设计人员以及用户都是非常重要的。PetStore 宠物商店项目原型设计图如图 29-3 所示。

29.1.4 数据库设计

Java 官方提供的 PetStore 宠物商店项目数据库设计比较复杂，这里根据如图 29-2 所示的用例图重新设计数据库。数据库设计模型如图 29-4 所示。

数据库设计模型中各个表说明如下。

1. 用户表

用户表(英文名 accounts)是 PetStore 宠物商店的注册用户，用户 Id(英文名 userid)是主键。用户表结构如表 29-1 所示。

第29章 项目实战1：开发PetStore宠物商店项目

图 29-3 PetStore 宠物商店项目原型设计图

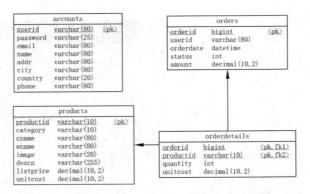

图 29-4 数据库设计模型

表 29-1 用户表

字段名	数据类型	长度	精度	主键	外键	备注
userid	varchar(80)	80	—	是	否	用户 Id
password	varchar(25)	25	—	否	否	用户密码
email	varchar(80)	80	—	否	否	用户 Email
name	varchar(80)	80	—	否	否	用户名
addr	varchar(80)	80	—	否	否	地址
city	varchar(80)	80	—	否	否	所在城市
country	varchar(20)	20	—	否	否	国家
phone	varchar(80)	80	—	否	否	电话号码

2. 商品表

商品表（英文名 products）是 PetStore 宠物商店所销售的商品（宠物），商品 Id（英文名 productid）是主键。商品表结构如表 29-2 所示。

表 29-2 商品表

字段名	数据类型	长度	精度	主键	外键	备注
productid	varchar(10)	10	—	是	否	商品 Id
category	varchar(10)	10	—	否	否	商品类别
cname	varchar(80)	80	—	否	否	商品中文名
ename	varchar(80)	80	—	否	否	商品英文名
image	varchar(20)	20	—	否	否	商品图片
descn	varchar(255)	255	—	否	否	商品描述
listprice	decimal(10,2)	10	2	否	否	商品市场价
unitcost	decimal(10,2)	10	2	否	否	商品单价

3. 订单表

订单表（英文名 orders）记录了用户每次购买商品所生成的订单信息，订单 Id（英文名 orderid）是主键。订单表结构如表 29-3 所示。

表 29-3 订单表

字段名	数据类型	长度	精度	主键	外键	备注
orderid	bigint	—	—	是	否	订单 Id
userid	varchar(80)	80	—	否	否	下订单的用户 Id
orderdate	datetime	—	—	否	否	下订单时间
status	int	—	—	否	否	订单付款状态 0 待付款 1 已付款
amount	decimal(10,2)	10	2	否	否	订单应付金额

4. 订单明细表

订单表中不能描述其中有哪些商品、购买商品的数量、购买时商品的单价等信息，这些信息被记录在订单明细表中。订单明细表（英文名 ordersdetails）记录了某个订单更加详细的详细，订单明细表主键是由 orderid 和 productid 两个字段联合而成，是一种联合主键。订单明细表结构如表 29-4 所示。

表 29-4 订单明细表

字段名	数据类型	长度	精度	主键	外键	备注
orderid	bigint	—	—	是	是	订单 Id
productid	varchar(10)	10	—	是	是	商品 Id
quantity	int	—	—	否	否	商品数量
unitcost	decimal(10,2)	10	2	否	否	商品单价

从图 29-4 所示的数据库设计模型中可以编写 DDL（数据定义）语句[①]，使用这些语句可以很方便地创建和维护数据库中的表结构。

29.1.5 架构设计

无论庞大的企业级系统，还是手机上的应用，都应该有效地组织程序代码。这就需要设计。而架构设计就是系统的"骨架"，它是源自于前人经验的总结和提炼，形成一种模式推而广之。但是遗憾的是本书的定位是初学者，本书并不是介绍架构设计方面的书。为了开发 PetStore 宠物商店项目需要，这里给出最简单的架构设计结果。

世界著名软件设计大师 Martin Fowler 在《企业应用架构模式》（英文名 Patterns of Enterprise Application Architecture）一书中提到，为了有效地组织代码，一个系统应该分为三个基本层，如图 29-5 所示。"层"（layer）是相似功能的类和接口的集合，"层"之间是松耦合的，"层"的内部是高内聚的。

- 表示层：用户与系统交互的组件集合。用户通过这一层向系统提交请求或发出指令，系统通过这一层接收用户请求或指令，待指令消化吸收后再调用下一层，接着将调用结果展现到这一层。表示层应该是轻薄的，不应该具有业务逻辑。
- 服务层：系统的核心业务处理层。负责接收表示层的指令和数据，待指令和数据消化吸收后，再进行组织业务逻辑的处理，并将结果返回给表示层。
- 数据持久层：用于访问持久化数据，持久化数据可以是保存在数据库、文件、其他系统或者网络中的数据。根据不同的数据来源，数据持久层会采用不同的技术。例如，如果数据保存到数据库中，则使用 JDBC 技术；如果数据保存到 JSON 文件中，则需要 I/O 流和 JSON 解码技术实现。

[①] 数据定义语句用于创建、删除和修改数据库对象，包括 DROP、CREATE、ALTER、GRANT、REVOKE 和 TRUNCATE 等语句。

Martin Fowler 分层架构设计看起来像一个多层"蛋糕",蛋糕师在制作多层"蛋糕"时先做下层再做上层,最后做顶层。没有下层就没有上层,这称为"上层依赖于下层"。为了降低松耦度,层之间还需要定义接口,通过接口隔离实现细节,上层调用者只关心接口,不关心下一层的实现细节。

Martin Fowler 分层架构是基本形式,在具体实现项目设计时,可能有所增加,也可能有所减少。本章实现的 PetStore 宠物商店项目,由于简化了需求,逻辑比较简单,可以不需要服务层,表示层可以直接访问数据持久层,如图 29-6 所示,表示层采用 Swing 技术实现,数据持久层采用 JDBC 技术实现。

图 29-5 Martin Fowler 分层架构设计

图 29-6 PetStore 宠物商店项目架构设计

29.1.6 系统设计

系统设计是在具体架构下的设计实现,PetStore 宠物商店项目主要分为表示层和数据持久层。下面分别介绍它们的具体实现。

1. 数据持久层设计

数据持久层在具体实现时,会采用 DAO(数据访问对象)设计模式,数据库中每个数据表对应一个 DAO 对象,每个 DAO 对象中有访问数据表的 CRUD[①] 四类操作。

如图 29-7 所示为 PetStore 宠物商店项目的数据持久层类图。首先定义了 4 个 DAO 接口,这 4 个接口对应数据中的 4 个表,接口定义的方法是对数据库表的 CRUD 操作。

2. 表示层设计

主要使用 Swing 技术,每个界面就是一个窗口对象。在表示层中各个窗口是依据原型设计而来的。PetStore 宠物商店项目表示层类如图 29-8 所示。其中有三个窗口类,即 LoginFrame(用户登录窗口)、CartFrame(购物车窗口)和 ProductListFrame(商品列表窗口),它们有共同的父类 MyFrame,MyFrame 类是根据自己的项目情况进行的封装。从类图中可见,CartFrame 与 ProductListFrame 具有关联关系,CartFrame 包含一个对 ProductListFrame 的引用。

图 29-7 PetStore 宠物商店项目数据持久层类图

图 29-8 PetStore 宠物商店项目表示层类图

---

① CRUD 方法是访问数据的 4 个方法,即增加、删除、修改和查询:C 为 Create,表示增加数据;R 是 Read,表示查询数据;U 是 Update,表示修改数据;D 是 Delete,表示删除数据。

另外，CartFrame 与 ProductListFrame 会使用到表格，所以自定义了两个表模型 CartTableModel 和 ProductTableModel。

29.2 任务1：创建数据库

微课视频

在设计完成之后，在编写 Java 代码之前，应该创建数据库。

29.2.1 迭代 1.1：安装和配置 MySQL 数据库

首先应该为开发该项目，准备好数据库。本书推荐使用 MySQL 数据库，如果没有安装 MySQL 数据库，可以参考 28.2.1 节安装 MySQL 数据库。

29.2.2 迭代 1.2：编写数据库 DDL 脚本

按照图 29-4 所示的数据库设计模型编写数据库 DDL 脚本。当然，也可以通过一些工具生成 DDL 脚本，然后把这个脚本放在数据库中执行。下面是编写的 DDL 脚本：

```
/* 删除数据库 */
DROP DATABASE IF EXISTS petstore;

/* 创建数据库 */
CREATE DATABASE IF NOT EXISTS petstore;

use petstore;

/* 用户表 */
CREATE TABLE IF NOT EXISTS accounts (
    userid varchar(80) not null,           /* 用户 Id      */
    password varchar(25) not null,         /* 用户密码     */
    email varchar(80) not null,            /* 用户 Email   */
    name varchar(80) not null,             /* 用户名       */
    addr varchar(80) not null,             /* 地址         */
    city varchar(80) not null,             /* 所在城市     */
    country varchar(20) not null,          /* 国家         */
    phone varchar(80) not null,            /* 电话号码     */
PRIMARY KEY (userid));

/* 商品表 */
CREATE TABLE IF NOT EXISTS products (
    productid varchar(10) not null,        /* 商品 Id      */
    category varchar(10) not null,         /* 商品类别     */
    cname varchar(80) null,                /* 商品中文名   */
    ename varchar(80) null,                /* 商品英文名   */
    image varchar(20) null,                /* 商品图片     */
    descn varchar(255) null,               /* 商品描述     */
    listprice decimal(10,2) null,          /* 商品市场价   */
    unitcost decimal(10,2) null,           /* 商品单价     */
PRIMARY KEY (productid));

/* 订单表 */
CREATE TABLE IF NOT EXISTS orders (
    orderid bigint not null,               /* 订单 Id      */
```

```
        userid varchar(80) not null,              /* 下订单的用户 Id */
        orderdate datetime not null,              /* 下订单时间      */
        status int not null default 0,            /* 订单付款状态 0 待付款 1 已付款 */
        amount decimal(10,2) not null,            /* 订单应付金额    */
PRIMARY KEY (orderid));

/* 订单明细表 */
CREATE TABLE IF NOT EXISTS orderdetails (
        orderid bigint not null,                  /* 订单 Id        */
        productid varchar(10) not null,           /* 商品 Id        */
        quantity int not null,                    /* 商品数量       */
        unitcost decimal(10,2) null,              /* 商品单价       */
PRIMARY KEY (orderid, productid));
```

如果对于编写 DDL 脚本不熟悉,可以直接使用编写好的 jpetstore-mysql-schema.sql 脚本文件,文件位于 PetStore 项目下的 db 目录中。

29.2.3 迭代 1.3:插入初始数据到数据库

PetStore 宠物商店项目有一些初始的数据,这些初始数据在创建数据库之后插入。这些插入数据的语句如下:

```
use petstore;

INSERT INTO accounts VALUES('j2ee','j2ee','yourname@yourdomain.com','关东升','北京丰台区','北京','中国','18811588888');
INSERT INTO accounts VALUES('ACID','ACID','acid@yourdomain.com','Tony','901 San Antonio Road','Palo Alto','USA','555-555-5555');

/* 商品表数据 */
INSERT INTO products VALUES ('FI-SW-01','鱼类','神仙鱼','Angelfish','fish1.jpg','来自澳大利亚的咸水鱼',650, 400);
INSERT INTO products VALUES ('FI-SW-02','鱼类','虎鲨','Tiger Shark','fish4.jpg','来自澳大利亚的咸水鱼',850, 600);
INSERT INTO products VALUES ('FI-FW-01','鱼类','锦鲤','Koi','fish3.jpg','来自日本淡水鱼', 150, 120);
...
INSERT INTO products VALUES ('AV-SB-06','鸟类','玄凤鹦鹉','Finch5','bird5.jpg','世界上最常见的中型鹦鹉之一', 150, 110);
```

如果不愿意自己编写插入数据的脚本文件,可以直接使用编写好的 jpetstore-mysql-dataload.sql 脚本文件,文件位于 PetStore 项目下 db 目录中。

微课视频

29.3 任务 2:初始化项目

本项目推荐使用 IntelliJ IDEA 工具,所以首先参考 3.1 节创建一个 IntelliJ IDEA 项目,项目名称为 PetStore。

29.3.1 迭代 2.1:配置项目构建路径

PetStore 项目创建完成后,需要参考图 29-9,将 MySQL 数据库 JDBC 驱动程序 mysql-connector-java-8.0.20.jar 复制到 PetStore 项目根目录,参考 28.3.2 节将驱动程序文件添加到项目的构建路径中。

29.3.2 迭代2.2：添加资源图片

项目中会用到很多资源图片，为了打包发布项目方便，这些图片最好放到 src 源文件夹下，IntelliJ IDEA 会将该文件夹下所有文件一起复制到字节码文件夹中。参考图 29-9，在本书配套资源中找到 images 文件夹，并将其复制到 IntelliJ IDEA 项目的 src 文件夹中。

29.3.3 迭代2.3：添加包

参考图 29-9，在 src 文件夹中创建如下 4 个包：

- com.zhijieketang.jpetstore.ui：放置表示层组件。
- com.zhijieketang.jpetstore.domain：放置实体类。
- com.zhijieketang.jpetstore.dao：放置数据持久层组件中的 DAO 接口。
- com.zhijieketang.jpetstore.dao.mysq：放置数据持久层组件中 DAO 接口具体实现类，mysql 说明是 MySQL 数据库 DAO 对象。该包中还放置了访问 MySQL 数据库的一些辅助类和配置文件。

图 29-9　PetStore 项目目录结构

29.4 任务3：编写数据持久层代码

IntelliJ IDEA 项目创建并初始化完成后，可以先编写数据持久层代码。

29.4.1 迭代3.1：编写实体类

无论数据库设计还是面向对象的架构设计都会使用"实体"。"实体"是系统中的"人""事""物"等名词，如用户、商品、订单和订单明细等。在数据库设计时它将演变为表，如用户表（accounts）、商品表（products）、订单表（orders）和订单明细表（ordersdetails），在面向对象的架构设计时，实体将演变为"实体类"。如图 29-10 所示是 PetStore 宠物商店项目中的实体类。实体类属性与数据库表字段是相似的，事实上它们描述的是同一个事物，当然具有相同的属性，只是它们分别采用不同的设计理念，实体类采用对象模型，表采用关系模式。

图 29-10　PetStore 宠物商店项目实体类图

订单明细实体类 OrderDetail 的代码如下：

```java
//OrderDetail.java 文件
package com.zhijieketang.jpetstore.domain;

//订单明细实体类
public class OrderDetail {

    private long orderid;                    // 订单 Id
    private String productid;                // 商品 Id
    private int quantity;                    // 商品数量
    private double unitcost;                 // 单价
```

```java
    public long getOrderid() {
        return orderid;
    }

    public void setOrderid(long orderid) {
        this.orderid = orderid;
    }

    public double getUnitcost() {
        return unitcost;
    }

    public void setUnitcost(double unitcost) {
        this.unitcost = unitcost;
    }

    public String getProductid() {
        return productid;
    }

    public void setProductid(String productid) {
        this.productid = productid;
    }

    public int getQuantity() {
        return quantity;
    }

    public void setQuantity(int quantity) {
        this.quantity = quantity;
    }

}
```

从上述代码中可见实体类结构很简单，主要是一个私有属性，以及对这些属性方法的公有 Getter 和 Setter 方法。在使用 IntelliJ IDEA 编程时只需要编写那些私有属性即可，然后通过 IntelliJ IDEA 工具生成 Getter 和 Setter 方法，具体步骤参考 25.6 节。

订单实体类 Order 的代码如下：

```java
//Order.java 文件
package com.zhijieketang.jpetstore.domain;

import java.util.Date;

//订单明细实体类
public class Order {

    private long orderid;              // 订单 Id
    private String userid;             // 下订单的用户 Id
    private Date orderdate;            // 下订单时间
    private int status;                // 订单付款状态 0 待付款 1 已付款
    private double amount;             // 订单应付金额

    //省略 Setter 和 Getter 方法
```

}
```

用户实体类 Account 的代码如下：

```java
//Account.java 文件
package com.zhijieketang.jpetstore.domain;

//用户实体类
public class Account {
    private String userid;              // 用户 Id
    private String password;            // 用户密码
    private String email;               // 用户 Email
    private String username;            // 用户名
    private String addr;                // 地址
    private String city;                // 所在城市
    private String country;             // 国家
    private String phone;               // 电话号码

    //省略 Setter 和 Getter 方法

}
```

商品实体类 Product 的代码如下：

```java
//Product.java 文件
package com.zhijieketang.jpetstore.domain;

public class Product {

    private String productid;           // 商品 Id
    private String category;            // 商品类别
    private String cname;               // 商品中文名
    private String ename;               // 商品英文名
    private String image;               // 商品图片
    private String descn;               // 商品描述
    private double listprice;           // 商品市场价
    private double unitcost;            // 商品单价

    //省略 Setter 和 Getter 方法

}
```

29.4.2 迭代 3.2：数据库帮助类 DBHelper

数据库帮助类 DBHelper 可以进行 JDBC 驱动程序加载以及获得数据库连接。具体实现代码如下：

```java
//DBHelper.java 文件
package com.zhijieketang.jpetstore.dao.mysql;

import java.io.IOException;
import java.io.InputStream;
import java.sql.Connection;
import java.sql.DriverManager;
import java.sql.SQLException;
import java.util.Properties;
```
```

```java
//数据库辅助类
public class DBHelper {

    // 连接数据库 url
    static String url;
    // 创建 Properties 对象
    static Properties info = new Properties();

    // 1.驱动程序加载
    static {                                                              ①
        // 获得属性文件输入流
        InputStream input = DBHelper.class.getClassLoader()
            .getResourceAsStream("com/zhijieketang/jpetstore/dao/mysql/config.properties");

        try {
            // 加载属性文件内容到 Properties 对象
            info.load(input);
            // 从属性文件中取出 url
            url = info.getProperty("url");
            // 从属性文件中取出 driver
            String driverClassName = info.getProperty("driver");
            Class.forName(driverClassName);
            System.out.println("驱动程序加载成功...");
        }catch (ClassNotFoundException e) {
            System.out.println("驱动程序加载失败...");
        }catch (IOException e) {
            System.out.println("加载属性文件失败...");
        }
    }                                                                     ②

    // 获得数据库连接
    public static Connection getConnection() throws SQLException {        ③
        // 创建数据库连接
        Connection conn = DriverManager.getConnection(url, info);
        return conn;
    }

}
```

上述代码第①～第②行通过静态代码库加载数据库驱动程序，并且在静态代码块中读取配置文件 config.properties 信息，该配置文件位于 com.zhijieketang.jpetstore.dao.mysql 包中，内容如下：

```
driver = com.mysql.cj.jdbc.Driver
url = jdbc:mysql://localhost:3306/petstore
user = root
password = 12345
serverTimezone = UTC
```

代码第③行提供了获得数据库的连接方法，这是一个静态方法，使用起来比较方便。

29.4.3　迭代3.3：编写 DAO 类

编写 DAO 类就没有实体类那么简单了，数据持久层开发的主要工作量主要是 DAO 类。如图 29-11 所示是 DAO 实现类图。

1. 用户管理 DAO

用户管理 AccountDao 实现类 AccountDaoImp 代码如下：

```java
//AccountDaoImp.java 文件
package com.zhijieketang.jpetstore.dao.mysql;
...
public class AccountDaoImp implements AccountDao {

    @Override
    public List<Account> findAll() {
        // TODO 自动生成的方法存根
        return null;
    }

    @Override
    public Account findById(String userid) {

        Connection conn = null;
        PreparedStatement pstmt = null;
        ResultSet rs = null;
        Account account = null;
        try {
            // 2.创建数据库连接
            conn = DBHelper.getConnection();
            // 3.创建语句对象
            String sql = "select userid,password,email,name,addr,city,country,phone"
                + " from accounts where userid = ?";

            pstmt = conn.prepareStatement(sql);
            // 4.绑定参数
            pstmt.setString(1, userid);
            // 5.执行查询(R)
            rs = pstmt.executeQuery();
            // 6.遍历结果集
            if (rs.next()) {
                account = new Account();

                account.setUserid(rs.getString("userid"));
                account.setPassword(rs.getString("password"));
                account.setEmail(rs.getString("email"));
                account.setUsername(rs.getString("name"));
                account.setAddr(rs.getString("addr"));
                account.setUserid(rs.getString("userid"));
                account.setCity(rs.getString("city"));
                account.setCountry(rs.getString("country"));
                account.setPhone(rs.getString("phone"));

                return account;
            }

        }catch (SQLException e) {
            e.printStackTrace();
        }finally { // 释放资源
            if (rs != null) {
                try {
                    rs.close();
```

图 29-11　DAO 实现类图

```java
            } catch (SQLException e) {
            }
        }
        if (pstmt != null) {
            try {
                pstmt.close();
            } catch (SQLException e) {
            }
        }
        if (conn != null) {
            try {
                conn.close();
            } catch (SQLException e) {
            }
        }
    }

    return null;
}

@Override
public int create(Account account) {
    // TODO 自动生成的方法存根
    return 0;
}

@Override
public int modify(Account account) {
    // TODO 自动生成的方法存根
    return 0;
}

@Override
public int remove(Account account) {
    // TODO 自动生成的方法存根
    return 0;
}

}
```

AccountDao 接口中定义了 5 个抽象方法。但在本项目中只需要实现 findById()方法。具体代码不再赘述。

2. 商品管理 DAO

商品管理 ProductDao 实现类 ProductDaoImp 代码如下：

```java
//ProductDaoImp.java 文件
package com.zhijieketang.jpetstore.dao.mysql;
...
//商品管理 DAO
public class ProductDaoImp implements ProductDao {

    @Override
    public List<Product> findAll() {

        String sql = "select productid,category,cname,ename,image,"
```

```java
            + "listprice,unitcost,descn from products";

    List<Product> products = new ArrayList<>();

    try (
        // 2.创建数据库连接
        Connection conn = DBHelper.getConnection();
        // 3.创建语句对象
        PreparedStatement pstmt = conn.prepareStatement(sql);
        // 4.绑定参数
        // 5.执行查询(R)
        ResultSet rs = pstmt.executeQuery()) {

      // 6.遍历结果集
      while (rs.next()) {
        Product p = new Product();
        p.setProductid(rs.getString("productid"));
        p.setCategory(rs.getString("category"));
        p.setCname(rs.getString("cname"));
        p.setEname(rs.getString("ename"));
        p.setImage(rs.getString("image"));
        p.setListprice(rs.getDouble("listprice"));
        p.setUnitcost(rs.getDouble("unitcost"));
        p.setDescn(rs.getString("descn"));

        products.add(p);
      }

    } catch (SQLException e) {
      e.printStackTrace();
    }
    return products;
  }

  @Override
  public List<Product> findByCategory(String category) {

    Connection conn = null;
    PreparedStatement pstmt = null;
    ResultSet rs = null;
    List<Product> products = new ArrayList<>();

    try {
      // 2.创建数据库连接
      conn = DBHelper.getConnection();
      // 3.创建语句对象
      String sql = "select productid,category,cname,ename,image," +
          "listprice,unitcost,descn " +
          "from products where category = ?";

      pstmt = conn.prepareStatement(sql);
      // 4.绑定参数
      pstmt.setString(1, category);
      // 5.执行查询(R)
      rs = pstmt.executeQuery();
      // 6.遍历结果集
```

```java
        while (rs.next()) {
          Product p = new Product();
          p.setProductid(rs.getString("productid"));
          p.setCategory(rs.getString("category"));
          p.setCname(rs.getString("cname"));
          p.setEname(rs.getString("ename"));
          p.setImage(rs.getString("image"));
          p.setListprice(rs.getDouble("listprice"));
          p.setUnitcost(rs.getDouble("unitcost"));
          p.setDescn(rs.getString("descn"));

          products.add(p);
        }

    }catch (SQLException e) {
      e.printStackTrace();
    }finally { // 释放资源
      if (rs != null) {
        try {
          rs.close();
        } catch (SQLException e) {
        }
      }
      if (pstmt != null) {
        try {
          pstmt.close();
        } catch (SQLException e) {
        }
      }
      if (conn != null) {
        try {
          conn.close();
        } catch (SQLException e) {
        }
      }
    }

    return products;
}

@Override
public Product findById(String productid) {

    Connection conn = null;
    PreparedStatement pstmt = null;
    ResultSet rs = null;

    try {
      // 2.创建数据库连接
      conn = DBHelper.getConnection();
      // 3. 创建语句对象
      String sql = "select productid,category,cname,ename,image," +
              "listprice,unitcost,descn " +
              "from products where productid = ?";

      pstmt = conn.prepareStatement(sql);
```

```java
        // 4. 绑定参数
        pstmt.setString(1, productid);
        // 5. 执行查询(R)
        rs = pstmt.executeQuery();
        // 6. 遍历结果集
        if (rs.next()) {

            Product p = new Product();
            p.setProductid(rs.getString("productid"));
            p.setCategory(rs.getString("category"));
            p.setCname(rs.getString("cname"));
            p.setEname(rs.getString("ename"));
            p.setImage(rs.getString("image"));
            p.setListprice(rs.getDouble("listprice"));
            p.setUnitcost(rs.getDouble("unitcost"));
            p.setDescn(rs.getString("descn"));

            return p;
        }

    }catch (SQLException e) {
        e.printStackTrace();
    }finally { // 释放资源
        if (rs != null) {
            try {
                rs.close();
            } catch (SQLException e) {
            }
        }
        if (pstmt != null) {
            try {
                pstmt.close();
            } catch (SQLException e) {
            }
        }
        if (conn != null) {
            try {
                conn.close();
            } catch (SQLException e) {
            }
        }
    }

    return null;
}

@Override
public int create(Product product) {
    // TODO 自动生成的方法存根
    return 0;
}

@Override
public int modify(Product product) {
    // TODO 自动生成的方法存根
    return 0;
```

```java
    }

    @Override
    public int remove(Product product) {
        // TODO 自动生成的方法存根
        return 0;
    }

}
```

ProductDao 接口中定义了 6 个抽象方法,但在本项目中只需要实现 findAll()、findByCategory()和 findById()方法。

3. 订单管理 DAO

订单管理 OrderDao 实现类 OrderDaoImp 代码如下:

```java
//OrderDaoImp.java 文件
package com.zhijieketang.jpetstore.dao.mysql;
...
//订单管理 DAO
public class OrderDaoImp implements OrderDao {

    @Override
    public List<Order> findAll() {

        String sql = "select orderid,userid,orderdate from orders";
        List<Order> orderList = new ArrayList<Order>();

        try (
                // 2.创建数据库连接
                Connection conn = DBHelper.getConnection();
                // 3.创建语句对象
                PreparedStatement pstmt = conn.prepareStatement(sql);
                // 4.绑定参数
                // 5.执行查询(R)
                ResultSet rs = pstmt.executeQuery()) {

            // 6.遍历结果集
            while (rs.next()) {
                Order order = new Order();
                order.setOrderid(rs.getInt("orderid"));
                order.setUserid(rs.getString("userid"));
                order.setOrderdate(rs.getDate("orderdate"));

                orderList.add(order);
            }

        } catch (SQLException e) {
            e.printStackTrace();
        }
        return orderList;
    }

    @Override
    public Order findById(int orderid) {
        // TODO 自动生成的方法存根
```

```java
        return null;
    }

    @Override
    public int create(Order order) {

        try ( // 2.创建数据库连接
            Connection conn = DBHelper.getConnection();
            // 3. 创建语句对象
            PreparedStatement pstmt = conn.prepareStatement(
                    "insert into orders (orderid,userid,orderdate,status,amount)"
                    + "values (?,?,?,?,?)")) {

            // 4. 绑定参数
            pstmt.setLong(1, order.getOrderid());
            pstmt.setString(2, order.getUserid());
            java.util.Date date = order.getOrderdate();
            //pstmt.setDate(3, new java.sql.Date(date.getTime()));
            pstmt.setTimestamp(3, new java.sql.Timestamp(date.getTime()));
            pstmt.setInt(4, order.getStatus());
            pstmt.setDouble(5, order.getAmount());

            // 5. 执行修改(C、U、D)
            int affectedRows = pstmt.executeUpdate();
            System.out.printf("成功插入%d条数据.\n", affectedRows);

        }catch (SQLException e) {
            return -1;
        }

        return 0;
    }

    @Override
    public int modify(Order order) {
        // TODO 自动生成的方法存根
        return 0;
    }

    @Override
    public int remove(Order order) {
        // TODO 自动生成的方法存根
        return 0;
    }

}
```

OrderDao 接口中定义了 5 个抽象方法,但在本项目中只需要实现 findAll() 和 create() 方法。

4. 订单明细管理 DAO

订单明细管理 OrderDetailDao 实现类 OrderDetailDaoImp 代码如下:

```java
//OrderDetailDaoImp.java 文件
package com.zhijieketang.jpetstore.dao.mysql;
...
//订单明细管理 DAO
public class OrderDetailDaoImp implements OrderDetailDao {
```

```java
@Override
public List<OrderDetail> findAll() {
    // TODO 自动生成的方法存根
    return null;
}

@Override
public OrderDetail findByPK(int orderid, String productid) {

    Connection conn = null;
    PreparedStatement pstmt = null;
    ResultSet rs = null;
    OrderDetail orderDetail = null;

    try {
        // 2.创建数据库连接
        conn = DBHelper.getConnection();
        // 3. 创建语句对象
        String sql = "select orderid,productid,quantity,unitcost " +
            " from orderdetails " +
            "where orderid = ? and productid = ?";

        pstmt = conn.prepareStatement(sql);
        // 4. 绑定参数
        pstmt.setInt(1, orderid);
        pstmt.setString(2, productid);

        // 5. 执行查询(R)
        rs = pstmt.executeQuery();
        // 6. 遍历结果集
        if (rs.next()) {

            orderDetail = new OrderDetail();
            orderDetail.setOrderid(rs.getInt("orderid"));
            orderDetail.setProductid(rs.getString("productid"));
            orderDetail.setQuantity(rs.getInt("quantity"));
            orderDetail.setUnitcost(rs.getDouble("unitcost"));

            return orderDetail;
        }

    }catch (SQLException e) {
        e.printStackTrace();
    }finally {                              // 释放资源
        if (rs != null) {
            try {
                rs.close();
            } catch (SQLException e) {
            }
        }
        if (pstmt != null) {
            try {
                pstmt.close();
            } catch (SQLException e) {
            }
```

```java
        }
        if (conn != null) {
          try {
             conn.close();
          } catch (SQLException e) {
          }
        }
      }

      return null;
    }

    @Override
    public int create(OrderDetail orderDetail) {
       try ( // 2. 创建数据库连接
          Connection conn = DBHelper.getConnection();
          // 3. 创建语句对象

          PreparedStatement pstmt = conn
              .prepareStatement("insert into orderdetails "
                 + "(orderid, productid,quantity,unitcost) values (?,?,?,?)")) {

         // 4. 绑定参数
         pstmt.setLong(1, orderDetail.getOrderid());
         pstmt.setString(2, orderDetail.getProductid());
         pstmt.setInt(3, orderDetail.getQuantity());
         pstmt.setDouble(4, orderDetail.getUnitcost());

         // 5. 执行修改(C、U、D)
         int affectedRows = pstmt.executeUpdate();
         System.out.printf("成功插入%d条数据.\n", affectedRows);

       }catch (SQLException e) {
         return -1;
       }
       return 0;
    }

    @Override
    public int modify(OrderDetail orderDetail) {
      // TODO 自动生成的方法存根
      return 0;
    }

    @Override
    public int remove(OrderDetail orderDetail) {
      // TODO 自动生成的方法存根
      return 0;
    }

}
```

OrderDetailDao 接口中定义了 5 个抽象方法。但在本项目中只需要实现 findByPK() 和 create() 方法。

29.5 任务4：编写表示层代码

从客观上讲，表示层开发的工作量是很大的，有很多细节工作需要完成。

29.5.1 迭代4.1：编写启动类

Java SE 应用程序需要有一个具有 main 主方法的类，它是项目启动类。代码如下：

```java
//MainApp.java 文件
package com.zhijieketang.jpetstore.ui;

import com.zhijieketang.jpetstore.domain.Account;

//启动类
public class MainApp {

    // 用户登录成功后,保存当前用户信息
    public static Account accout;                                          ①

    public static void main(String[] args) {

        LoginFrame frame = new LoginFrame();
        frame.setVisible(true);
    }

}
```

在 main 主方法中实例化用户登录窗口——LoginFrame 类。另外，代码第①行声明静态变量 accout，当用户登录成功后 accout 用来保存用户信息。静态变量 accout 可以在其他类中方便访问。这是为了模拟 Web 应用开发中的会话（Session）对象，等用户打开浏览器，登录 Web 系统后，服务器端会将用户信息保存到会话对象中。

29.5.2 迭代4.2：编写自定义窗口类——MyFrame

由于 Swing 提供的 JFrame 类启动窗口后默认位于屏幕的左上角，而本项目中所有的窗口都是屏幕居中的，因此自定义了窗口类 MyFrame。MyFrame 代码如下：

```java
//MyFrame.java 文件
package com.zhijieketang.jpetstore.ui;

import java.awt.Toolkit;
import java.awt.event.WindowAdapter;
import java.awt.event.WindowEvent;

import javax.swing.JFrame;

//这是一个屏幕居中的自定义窗口
public class MyFrame extends JFrame {

    // 获得当前屏幕的宽
    private double screenWidth
```

```
    = Toolkit.getDefaultToolkit().getScreenSize().getWidth();        ①
// 获得当前屏幕的高
private double screenHeight
    = Toolkit.getDefaultToolkit().getScreenSize().getHeight();       ②

public MyFrame(String title, int width, int height) {
    super(title);

    // 设置窗口大小
    setSize(width, height);
    // 计算窗口位于屏幕中心的坐标
    int x = (int) (screenWidth - width) / 2;                         ③
    int y = (int) (screenHeight - height) / 2;                       ④
    // 设置窗口位于屏幕中心
    setLocation(x, y);

    // 注册窗口事件
    addWindowListener(new WindowAdapter() {                          ⑤
        // 单击窗口关闭按钮时调用
        public void windowClosing(WindowEvent e) {
            // 退出系统
            System.exit(0);
        }
    });
}
```

上述代码第①行和第②行是获取当前屏幕的宽和高,具体的计算过程见代码第③行和第④行,具体的原理在 25.5.7 节已经介绍过,这里不再赘述。

另外,代码第⑤行注册窗口事件,当用户单击窗口的关闭按钮时调用 System.exit(0)语句退出系统,继承 MyFrame 类的所有窗口都可以单击关闭按钮时退出系统。

29.5.3 迭代 4.3:用户登录窗口

MainApp 类运行时会启动用户登录窗口,如图 29-12 所示,其中有一个文本框、一个密码框和两个按钮。用户输入账号和密码后,单击"确定"按钮,如果输入的账号和密码正确,则登录成功进入商品列表窗口;如果输入的账号或密码不正确,则弹出如图 29-13 所示的对话框。

图 29-12 用户登录窗口

图 29-13 用户登录失败提示

用户登录窗口 LoginFrame 代码如下:

```
//LoginFrame.java 文件
package com.zhijieketang.jpetstore.ui;
...
//用户登录窗口
```

```java
public class LoginFrame extends MyFrame {

    private JTextField txtAccountId;
    private JPasswordField txtPassword;

    public LoginFrame() {
      super("用户登录", 400, 230);
      // 设置布局管理为绝对布局
      getContentPane().setLayout(null);

      JLabel label1 = new JLabel();
      label1.setHorizontalAlignment(SwingConstants.RIGHT);
      label1.setBounds(51, 33, 83, 30);
      getContentPane().add(label1);
      label1.setText("账号: ");
      label1.setFont(new Font("微软雅黑", Font.PLAIN, 15));

      txtAccountId = new JTextField(10);
      txtAccountId.setText();
      txtAccountId.setBounds(158, 33, 157, 30);
      txtAccountId.setFont(new Font("微软雅黑", Font.PLAIN, 15));
      getContentPane().add(txtAccountId);

      JLabel label2 = new JLabel();
      label2.setText("密码: ");
      label2.setFont(new Font("微软雅黑", Font.PLAIN, 15));
      label2.setHorizontalAlignment(SwingConstants.RIGHT);
      label2.setBounds(51, 85, 83, 30);
      getContentPane().add(label2);

      txtPassword = new JPasswordField(10);
      txtPassword.setText();
      txtPassword.setBounds(158, 85, 157, 30);
      getContentPane().add(txtPassword);

      JButton btnOk = new JButton();
      btnOk.setText("确定");
      btnOk.setFont(new Font("微软雅黑", Font.PLAIN, 15));
      btnOk.setBounds(61, 140, 100, 30);
      getContentPane().add(btnOk);

      JButton btnCancel = new JButton();
      btnCancel.setText("取消");
      btnCancel.setFont(new Font("微软雅黑", Font.PLAIN, 15));
      btnCancel.setBounds(225, 140, 100, 30);
      getContentPane().add(btnCancel);

      // 注册 btnOk 的 ActionEvent 事件监听器
      btnOk.addActionListener(e -> {                                          ①
        AccountDao accountDao = new AccountDaoImp();                          ②
        Account account = accountDao.findById(txtAccountId.getText());        ③

        String passwordText = new String(txtPassword.getPassword());          ④
        if (account != null && passwordText.equals(account.getPassword())) {  ⑤
          System.out.println("登录成功.");
          ProductListFrame form = new ProductListFrame();
```

```
                form.setVisible(true);
                setVisible(false);
                //用户登录成功后,将用户信息保存到 MainApp.accout 静态变量中
                MainApp.accout = account;
            } else {
                JLabel label = new JLabel("您输入的账号或密码有误,请重新输入.");
                label.setFont(new Font("微软雅黑", Font.PLAIN, 15));
                JOptionPane.showMessageDialog(null, label, "登录失败",
                        JOptionPane.ERROR_MESSAGE);                              ⑥
            }

        });

        // 注册 btnCancel 的 ActionEvent 事件监听器
        btnCancel.addActionListener(e -> {
            // 退出系统
            System.exit(0);
        });
    }
}
```

上述代码第①行是用户单击"确定"按钮调用代码块。代码第②行创建 AccountDaoImp 对象,代码第③行通过 DAO 对象调用 findById()方法,该方法通过用户账号查询用户信息。代码第④行从密码框中取出密码。代码第⑤行比较窗口界面中的密码与从数据库中查询的密码是否一致,如果一致则登录成功;否则登录失败,失败时弹出对话框,代码第⑥行 JOptionPane.showMessageDialog 方法可以弹出对话框。JOptionPane 类还有类似的静态方法:

- showConfirmDialog:弹出确认对话框,可以是 Yes、No、Ok 和 Cancel 等按钮。
- showInputDialog:弹出提示输入对话框。
- showMessageDialog:弹出消息提示对话框。

代码第⑥行 showMessageDialog 方法第一个参数是设置对话框所在的窗口,如果是当前窗口,则设置为 null;第二个参数是要显示的消息;第三个参数是对话框标题;第四个参数是要显示的消息类型,这些类型有 ERROR_MESSAGE、INFORMATION_MESSAGE、WARNING_MESSAGE、QUESTION_MESSAGE 或 PLAIN_MESSAGE,其中 ERROR_MESSAGE 是错误消息类型。

29.5.4 迭代4.4:商品列表窗口

登录成功后会进入商品列表窗口,如图 29-14 所示。商品列表窗口是分栏显示的,左栏是商品列表,右栏是商品明细信息。商品列表窗口是 PetStore 项目的最核心窗口,在该窗口可进行的操作如下:

- 查看商品信息:当在左栏的表格中选择某一个商品时,右栏会显示该商品的详细信息。
- 选择商品类型进行查询:用户可以选择商品类型,单击"查询"按钮根据商品类型进行查询。如图 29-15 所示为选中"鱼类"商品类型时查询结果。
- 重置查询:根据商品类型查询后,如果想返回查询之前的状态,可以单击"重置"按钮重置商品列表,回到如图 29-14 所示界面。
- 添加商品到购物车:用户在商品列表中选中商品后,可以单击"添加到购物车"按钮,将选中的商品添加到购物车中。注意用户每单击一次增加一次该商品的数量到购物车。
- 查看购物车:用户单击"查看购物车"按钮后窗口会跳转到购物车窗口。

图 29-14 商品列表窗口

图 29-15 查询商品列表

商品列表窗口 ProductListFrame 代码如下：

```
//ProductListFrame.java 文件
package com.zhijieketang.jpetstore.ui;
...

//商品列表窗口
public class ProductListFrame extends MyFrame {

    private JTable table;
```

```java
    private JLabel lblImage;
    private JLabel lblListprice;
    private JLabel lblDescn;
    private JLabel lblUnitcost;

    // 商品列表集合
    private List<Product> products = null;
    // 创建商品 Dao 对象
    private ProductDao dao = new ProductDaoImp();

    // 购物车,键是选择的商品 Id,值是商品的数量
    private Map<String, Integer> cart = new HashMap<>();
    // 选择的商品索引
    private int selectedRow = -1;

    public ProductListFrame() {

        super("商品列表", 1000, 700);
        // 查询所有商品
        products = dao.findAll();                                        ①

        // 添加顶部搜索面板
        getContentPane().add(getSearchPanel(), BorderLayout.NORTH);

        // 创建分栏面板
        JSplitPane splitPane = new JSplitPane();
        // 设置指定分隔条位置,从窗格的左边到分隔条的左边
        splitPane.setDividerLocation(600);
        // 设置左侧面板
        splitPane.setLeftComponent(getLeftPanel());
        // 设置右侧面板
        splitPane.setRightComponent(getRightPanel());
        // 把分栏面板添加到内容面板
        getContentPane().add(splitPane, BorderLayout.CENTER);
    }

    // 初始化搜索面板
    private JPanel getSearchPanel() {

        JPanel searchPanel = new JPanel();
        FlowLayout flowLayout = (FlowLayout) searchPanel.getLayout();
        flowLayout.setVgap(20);
        flowLayout.setHgap(40);

        JLabel lbl = new JLabel("选择商品类别: ");
        lbl.setFont(new Font("微软雅黑", Font.PLAIN, 15));
        searchPanel.add(lbl);

        String[] categorys = {"所有类别", "鱼类", "犬类", "爬行类", "猫类", "鸟类"};
        JComboBox comboBox = new JComboBox(categorys);
        comboBox.setFont(new Font("微软雅黑", Font.PLAIN, 15));
        searchPanel.add(comboBox);

        JButton btnGo = new JButton("查询");
        btnGo.setFont(new Font("微软雅黑", Font.PLAIN, 15));
        searchPanel.add(btnGo);
```

```java
        JButton btnReset = new JButton("重置");
        btnReset.setFont(new Font("微软雅黑", Font.PLAIN, 15));
        searchPanel.add(btnReset);

        // 注册查询按钮的 ActionEvent 事件监听器
        btnGo.addActionListener(e -> {                                        ②
            // 所选择的类别
            String category = (String) comboBox.getSelectedItem();
            if ("所有类别".equals(category)) {
                // 查询所有数据
                products = dao.findAll();
            }else {
                // 按照类别进行查询数据
                products = dao.findByCategory(category);
            }
            TableModel model = new ProductTableModel(products);
            table.setModel(model);
        });

        // 注册重置按钮的 ActionEvent 事件监听器
        btnReset.addActionListener(e -> {
            products = dao.findAll();                                         ③
            TableModel model = new ProductTableModel(products);
            table.setModel(model);
        });

        return searchPanel;
    }

    // 初始化右侧面板
    private JPanel getRightPanel() {

        JPanel rightPanel = new JPanel();
        rightPanel.setBackground(Color.WHITE);

        rightPanel.setLayout(new GridLayout(2, 1, 0, 0));

        lblImage = new JLabel();
        rightPanel.add(lblImage);
        lblImage.setHorizontalAlignment(SwingConstants.CENTER);

        JPanel detailPanel = new JPanel();
        detailPanel.setBackground(Color.WHITE);
        rightPanel.add(detailPanel);
        detailPanel.setLayout(new GridLayout(8, 1, 0, 5));

        JSeparator separator_1 = new JSeparator();
        detailPanel.add(separator_1);

        lblListprice = new JLabel();
        detailPanel.add(lblListprice);
        // 设置字体
        lblListprice.setFont(new Font("微软雅黑", Font.PLAIN, 16));

        lblUnitcost = new JLabel();
        detailPanel.add(lblUnitcost);
```

```java
    // 设置字体
    lblUnitcost.setFont(new Font("微软雅黑", Font.PLAIN, 16));

    lblDescn = new JLabel();
    detailPanel.add(lblDescn);
    // 设置字体
    lblDescn.setFont(new Font("微软雅黑", Font.PLAIN, 16));

    JSeparator separator_2 = new JSeparator();
    detailPanel.add(separator_2);

    JButton btnAdd = new JButton("添加到购物车");
    btnAdd.setFont(new Font("微软雅黑", Font.PLAIN, 15));
    detailPanel.add(btnAdd);

    // 布局占位使用
    JLabel lb1 = new JLabel("");
    detailPanel.add(lb1);

    JButton btnCheck = new JButton("查看购物车");
    btnCheck.setFont(new Font("微软雅黑", Font.PLAIN, 15));
    detailPanel.add(btnCheck);

    // 注册【添加到购物车】按钮的 ActionEvent 事件监听器
    btnAdd.addActionListener(e -> {                                           ④

        if (selectedRow < 0) {
            return;
        }
        // 添加商品到购物车处理
        Product selectProduct = products.get(selectedRow);
        String productid = selectProduct.getProductid();

        if (cart.containsKey(productid)) {// 购物车中已经有该商品            ⑤
            // 获得商品数量
            Integer quantity = cart.get(productid);                            ⑥
            cart.put(productid, ++quantity);                                   ⑦
        } else {// 购物车中还没有该商品
            cart.put(productid, 1);                                            ⑧
        }

        System.out.println(cart);
    });

    // 注册【查看购物车】按钮的 ActionEvent 事件监听器
    btnCheck.addActionListener(e -> {                                          ⑨
        CartFrame cartFrame = new CartFrame(cart, this);
        cartFrame.setVisible(true);
        setVisible(false);
    });

    return rightPanel;
}

// 初始化左侧面板
private JScrollPane getLeftPanel() {
```

```java
        JScrollPane leftScrollPane = new JScrollPane();
        // 将表格作为滚动面板的各个视口视图
        leftScrollPane.setViewportView(getTable());
        return leftScrollPane;
    }

    // 初始化左侧面板中的表格控件
    private JTable getTable() {

        TableModel model = new ProductTableModel(this.products);

        if (table == null) {
            table = new JTable(model);
            // 设置表中内容字体
            table.setFont(new Font("微软雅黑", Font.PLAIN, 16));
            // 设置表列标题字体
            table.getTableHeader().setFont(new Font("微软雅黑", Font.BOLD, 16));
            // 设置表行高
            table.setRowHeight(51);
            table.setSelectionMode(ListSelectionModel.SINGLE_SELECTION);
            ListSelectionModel rowSelectionModel = table.getSelectionModel();

            rowSelectionModel.addListSelectionListener(e -> {                    ⑩

            //只处理鼠标释放
            if (e.getValueIsAdjusting()) {
                return;
            }

                ListSelectionModel lsm = (ListSelectionModel) e.getSource();
                selectedRow = lsm.getMinSelectionIndex();
                if (selectedRow < 0) {
                    return;
                }
                // 更新右侧面板内容
                Product p = products.get(selectedRow);
                String petImage = String.format("/images/%s", p.getImage());   ⑪
                ImageIcon icon
                    = new ImageIcon(ProductListFrame.class.getResource(petImage));  ⑫
                lblImage.setIcon(icon);

                String descn = p.getDescn();
                lblDescn.setText("商品描述: " + descn);

                double listprice = p.getListprice();
                String slistprice = String.format("商品市场价: %.2f", listprice);
                lblListprice.setText(slistprice);

                double unitcost = p.getUnitcost();
                String slblUnitcost = String.format("商品单价: %.2f", unitcost);
                lblUnitcost.setText(slblUnitcost);
            });
        } else {
            table.setModel(model);
        }
        return table;
```

    }
}
```

上述代码第①行的 Products = dao.findAll()语句是查询所有数据,单击"重置"按钮也调用 dao.findAll()语句查询所有数据,见代码第③行。代码第②行代码块是用户单击"查询"按钮调用的。

代码第④行的代码块是用户单击"添加到购物车"按钮调用的,其中代码第⑤行判断购物车中是否已经有了选中的商品,如果有,则通过代码第⑥行取出商品数量,代码第⑦行是将商品数量加1后,再重新放回到购物车中;如果没有商品,则将该商品添加到购物车中,商品数量为1,见代码第⑧行。

代码第⑨行是单击"查看购物车"按钮时调用的代码块。此时当前界面会调转到购物车窗口。

代码第⑩行是用户选中表格中某一行时调用的代码块,在这里根据用户选中的商品更新右边的详细商品信息。

代码第⑪行是获得图片相对路径,它们属于资源目录(即 src 源文件夹)。代码第⑫行的 ProductListFrame.class.getResource(petImage)语句可以获得图片文件运行时的绝对路径。

商品列表窗口中使用了自定义表格模型 ProductTableModel。ProductTableModel 代码如下:

```java
//ProductTableModel.java 文件
package com.zhijieketang.jpetstore.ui;
...
//商品列表表格模型
public class ProductTableModel extends AbstractTableModel {

    // 表格列名 columnNames
    private String[] columnNames = { "商品编号","商品类别","商品中文名","商品英文名" };

    // 表格中的内容保存在 List<Product>集合中
    private List<Product> data = null;

    public ProductTableModel(List<Product> data) {
        this.datas = data;
    }

    // 返回列数
    @Override
    public int getColumnCount() {
        return columnNames.length;
    }

    // 返回行数
    @Override
    public int getRowCount() {
        return data.size();
    }

    // 获得某行某列的数据,而数据保存在对象数组 data 中
    @Override
    public Object getValueAt(int rowIndex, int columnIndex) {

        // 每行就是一个 Product 商品对象
        Product p = data.get(rowIndex);

        return switch (columnIndex) {
```
```

```
            case 0 -> p.getProductid();        // 第一列商品编号
            case 1 -> p.getCategory();         // 第二列商品类别
            case 2 -> p.getCname();            // 第三列商品中文名
            default -> p.getEname();           // 第四列商品英文名
        };
    }

    @Override
    public String getColumnName(int columnIndex) {
        return columnNames[columnIndex];
    }
}
```

上述表格模型代码继承了 AbstractTableModel 抽象类,表格中的数据保存在 List＜Product＞集合中。类似的表格模型在 25.6 节介绍过,这里不再赘述。

29.5.5 迭代 4.5：商品购物车窗口

当用户在商品列表窗口,单击了"查看购物车"按钮,则会跳转到商品购物车窗口,如图 29-16 所示。在该窗口可进行操作如下：

图 29-16 商品购物车窗口

- 返回商品列表：当用户单击"返回商品列表"按钮时,界面跳转回上一级窗口(商品列表窗口),用户还可以重新添加新的商品到购物车。
- 修改商品数量：用户如果想修改商品数量,可以在购物车表格中双击某一商品数量单元格,使其进入编辑状态。用户只能输入大于或等于 0 的数值,不能输入负数或非数值字符。
- 提交订单：如果商品选择完成,用户想提交订单,则可以单击"提交订单"按钮生成订单,订单生成后会在数据库中插入订单信息和订单明细信息。然后会弹出如图 29-17 所示订单等待付款确认对话框。如果单击"是"按钮,则进入付款流程,由于付款需要实际的支付接口,因此付款功能未实现。如果单击"否"按钮,则退出系统。

图 29-17 订单生成确认对话框

商品购物车窗口 CartFrame 代码如下：

```java
//CartFrame.java 文件
package com.zhijieketang.jpetstore.ui;
...
//商品购物车窗口
public class CartFrame extends MyFrame {

    private JTable table;

    // 购物车数据
    private Object[][] data = null;

    // 创建商品 Dao 对象
    private ProductDao dao = new ProductDaoImp();

    // 购物车,键是选择的商品 Id,值是商品的数量
    private Map<String, Integer> cart;
    // 引用到上级 Frame(ProductListFrame)
    private ProductListFrame productListFrame;

    public CartFrame(Map<String, Integer> cart, ProductListFrame productListFrame) {

        super("商品购物车", 1000, 700);
        this.cart = cart;
        this.productListFrame = productListFrame;

        JPanel topPanel = new JPanel();
        FlowLayout fl_topPanel = (FlowLayout) topPanel.getLayout();
        fl_topPanel.setVgap(10);
        fl_topPanel.setHgap(20);
        getContentPane().add(topPanel, BorderLayout.NORTH);

        JButton btnReturn = new JButton("返回商品列表");
        btnReturn.setFont(new Font("微软雅黑", Font.PLAIN, 15));
        topPanel.add(btnReturn);

        JButton btuSubmit = new JButton("提交订单");
        topPanel.add(btuSubmit);
        btuSubmit.setFont(new Font("微软雅黑", Font.PLAIN, 15));

        JScrollPane scrollPane = new JScrollPane();
        getContentPane().add(scrollPane, BorderLayout.CENTER);
        scrollPane.setViewportView(getTable());

        // 注册【提交订单】按钮的 ActionEvent 事件监听器
        btuSubmit.addActionListener(e -> {                               ①
            // 生成订单
            generateOrders();

            JLabel label = new JLabel("订单已经生成,等待付款.");
            label.setFont(new Font("微软雅黑", Font.PLAIN, 15));
            if (JOptionPane.showConfirmDialog(this, label, "信息",
                    JOptionPane.YES_NO_OPTION) == JOptionPane.YES_OPTION) {
                // TODO 付款
                System.exit(0);
```

```java
    } else {
      System.exit(0);
    }
  });

  // 注册【返回商品列表】按钮的 ActionEvent 事件监听器
  btnReturn.addActionListener(e -> {
    // 更新购物车
    for (int i = 0; i < data.length; i++) {
      // 商品编号
      String productid = (String) data[i][0];
      // 数量
      Integer quantity = (Integer) data[i][3];
      cart.put(productid, quantity);
    }
    this.productListFrame.setVisible(true);
    setVisible(false);
  });
}

// 初始化左侧面板中的表格控件
private JTable getTable() {

  // 准备表中数据
  data = new Object[cart.size()][5];
  Set<String> keys = this.cart.keySet();
  int indx = 0;
  for (String productid : keys) {
    Product p = dao.findById(productid);
    data[indx][0] = p.getProductid();                        // 商品编号
    data[indx][1] = p.getCname();                            // 商品名
    data[indx][2] = Double.valueOf(p.getUnitcost());         // 商品单价
    data[indx][3] = Integer.valueOf(cart.get(productid));    // 数量
    // 计算商品应付金额
    double amount = (double) data[indx][2] * (int) data[indx][3];
    data[indx][4] = Double.valueOf(amount);
    indx++;
  }

  // 创建表数据模型
  TableModel model = new CartTableModel(data);

  if (table == null) {
    // 创建表
    table = new JTable(model);
    // 设置表中内容字体
    table.setFont(new Font("微软雅黑", Font.PLAIN, 16));
    // 设置表列标题字体
    table.getTableHeader().setFont(new Font("微软雅黑", Font.BOLD, 16));
    // 设置表行高
    table.setRowHeight(51);
    table.setRowSelectionAllowed(false);

  } else {
    table.setModel(model);
  }
```

```java
        return table;
    }

    // 生成订单
    private void generateOrders() {                                    ②

        OrderDao orderDao = new OrderDaoImp();
        OrderDetailDao orderDetailDao = new OrderDetailDaoImp();

        Order order = new Order();
        order.setUserid(MainApp.accout.getUserid());                   ③
        // 0 待付款
        order.setStatus(0);
        // 订单 Id 是当前时间
        Date now = new Date();
        long orderId = now.getTime();
        order.setOrderid(orderId);                                     ④
        order.setOrderdate(now);
        order.setAmount(getOrderTotalAmount());                        ⑤

        // 下订单时间是数据库自动生成不用设置
        // 创建订单
        orderDao.create(order);                                        ⑥

        for (int i = 0; i < data.length; i++) {

            OrderDetail orderDetail = new OrderDetail();
            orderDetail.setOrderid(orderId);
            orderDetail.setProductid((String) data[i][0]);
            orderDetail.setQuantity((int) data[i][3]);
            orderDetail.setUnitcost((double) data[i][2]);
            // 创建订单详细
            orderDetailDao.create(orderDetail);                        ⑦
        }
    }

    // 计算订单应付总金额
    private double getOrderTotalAmount() {

        double totalAmount = 0.0;
        for (int i = 0; i < data.length; i++) {
            // 计算商品应付金额
            totalAmount += (Double) data[i][4];
        }
        return totalAmount;
    }
}
```

当用户单击"提交订单"按钮时调用代码第①行的代码块。在该代码块中首先调用 generateOrders() 方法生成订单,然后通过调用 JOptionPane.showConfirmDialog 方法弹出付款确认对话框。

代码第②行是生成订单 generateOrders() 方法定义,在该方法中将订单信息插入数据库订单表和订单明细表中。代码第③行设置订单中用户 Id 属性,这个属性是在登录时保存在 MainApp.accout 静态变量中的。代码第④行设置订单 Id 属性,订单 Id 生成规则是当前系统时间毫秒数,这种生成规则在用户访问量少的情况下可以满足要求。代码第⑤行设置该订单应付金额,该金额的计算是通过

getOrderTotalAmount()方法实现的,就是将订单中所有商品价格乘以数量,然后累加起来。

代码第⑥行是将订单数据插入数据库中,由于订单中有可能有多个商品,所以代码第⑦行循环插入订单明细数据。

订单生成后可以在数据中查看生成的结果,如图29-18所示。

```
line 1
mysql> select * from orders;
+---------------+-------+---------------------+--------+--------+
| orderid       | userid| orderdate           | status | amount |
+---------------+-------+---------------------+--------+--------+
| 1590906928739 | j2ee  | 2020-05-31 06:35:29 |      0 | 330.00 |
+---------------+-------+---------------------+--------+--------+
1 row in set (0.00 sec)

mysql> select * from orderdetails;
+---------------+-----------+----------+----------+
| orderid       | productid | quantity | unitcost |
+---------------+-----------+----------+----------+
| 1590906928739 | AV-SB-05  |        2 |   110.00 |
| 1590906928739 | AV-SB-06  |        1 |   110.00 |
+---------------+-----------+----------+----------+
2 rows in set (0.00 sec)

mysql>
```

图 29-18 订单生成数据

购物车窗口中会用到购物车表格,购物车表格比较复杂,用户可以修改数量这一列,其他的列不能修改。另外,修改的数量是要验证的,不能小于0,更不能输入非数值字符。这些需求的解决是通过自定义表格模型实现的。表格模型 CartTableModel 代码如下:

```java
//CartTableModel.java 文件
package com.zhijieketang.jpetstore.ui;

import javax.swing.table.AbstractTableModel;

//购物车表格模型
public class CartTableModel extends AbstractTableModel {

    // 表格列名 columnNames
    private String[] columnNames
            = { "商品编号", "商品名", "商品单价", "数量", "商品应付金额" };

    // 表格中数据保存在 data 二维数组中
    private Object[][] data = null;

    public CartTableModel(Object[][] data) {
        this.data = data;
    }

    // 返回列数
    @Override
    public int getColumnCount() {
        return columnNames.length;
    }
```

```java
// 返回行数
@Override
public int getRowCount() {
  return data.length;
}

// 获得某行某列的数据,而数据保存在对象数组 data 中
@Override
public Object getValueAt(int rowIndex, int columnIndex) {
  return data[rowIndex][columnIndex];
}

@Override
public String getColumnName(int columnIndex) {
  return columnNames[columnIndex];
}

@Override
public boolean isCellEditable(int rowIndex, int columnIndex) {         ①
  // 数量列可以修改
  if (columnIndex == 3) {
    return true;
  }
  return false;
}

@Override
public void setValueAt(Object aValue, int rowIndex, int columnIndex) { ②
  // 只允许修改数量列
  if (columnIndex != 3) {                                              ③
    return;
  }
  try {
    // 从表中获得修改之后的商品数量,从表而来的数据都是 String 类型
    int quantity = Integer.valueOf((String) aValue);                   ④
    // 商品数量不能小于 0
    if (quantity < 0) {                                                ⑤
      return;
    }
    // 更新数量列
    data[rowIndex][3] = quantity;                                      ⑥
    // 计算商品应付金额
    double unitcost = (double) data[rowIndex][2];                      ⑦
    double totalPrice = unitcost * quantity;                           ⑧
    // 更新商品应付金额列
    data[rowIndex][4] = Double.valueOf(totalPrice);                    ⑨
  }catch (Exception e) {
  }
}
```

为了能让表格可以被编辑,需要覆盖代码第①行的 isCellEditable 方法,在该方法中判断当前列索引是 3(就是数量列),则返回 true,表示这一列可以修改。

在修改数量时需要进行验证,则需要覆盖代码第②行的 setValueAt 方法,其中 aValue 参数是当前

单元格（rowIndex，columnIndex）的输入值。代码第③行判断数量列才进行处理。代码第④行将输入值aValue转换为整数，如果是非数值字符，则会发生异常，结束setValueAt方法。代码第⑤行判断小于0时结束setValueAt方法。代码第⑥行用输入值aValue替换二维数组data中对应的数据。代码第⑦行data[rowIndex][2]取出二维数组商品单价。代码第⑧行计算商品应付金额，然后通过代码第⑨行将商品应付金额更新为二维数组data中的商品应付金额元素。

微课视频

29.6 任务5：应用程序打包发布

编写的Java程序最后要被人使用，大多数人不会用JDK指令或IntelliJ IDEA工具运行java程序，而且一个java项目可能有很多字节码文件，使用起来也不好管理。因此，最后发布时需要给应用程序打包。

29.6.1 迭代5.1：处理TODO任务

在最后发布打包之前，还需要处理代码中的TODO注释任务。TODO注释说明此处有待处理的任务，或代码没有编写完成。要在IntelliJ IDEA中打开TODO视图，参考图29-19所示，单击IntelliJ IDEA窗口左下角图标 ▢ ，在弹出菜单中选择TODO菜单项，则可以打开TODO视图。

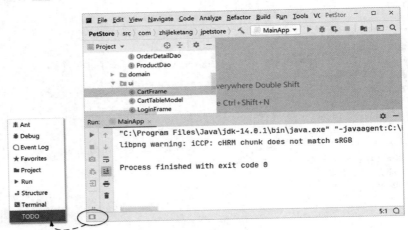

图29-19 打开TODO视图

打开TODO视图后，如图29-20所示，看到很多TODO任务，单击其中一个TODO任务，则可以打开TODO注释代码。根据需要修改这些代码。

29.6.2 迭代5.2：打包

任务和问题都已经检查并修正后，即可打包。在JDK中有一个jar命令，它可以为Java字节码文件进行打包，打包之后的文件一般是.jar文件，该文件是zip压缩格式。使用jar文件有很多好处，首先，文件经过压缩占用空间小，其次，文件多个字节码、资源和配置文件被打包成一个文件方便管理。

要发布的Java项目的类型不同，打包的内容也会有所不同。主要是注意Java应用程序（Java application）的项目打包，与其他的Java项目有所不同。Java应用程序在打包时需要指定包含main主方法的类是哪一个。PetStore项目属于Java应用程序项目，下面介绍PetStore项目打包过程。

第29章 项目实战1：开发PetStore宠物商店项目

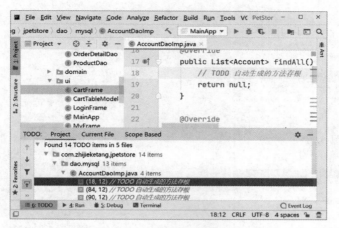

图 29-20　处理 TODO 任务

可以使用 JDK 中的 jar 命令或者使用 IDE 工具进行打包。笔者推荐使用 jar 命令打包。

jar 命令模拟 UNIX 和 Linux 中的 tar 命令，参数也类似。常用的有：

- -c：创建新文档。
- -x：从文档中解压文件。
- -v：输出压缩或解压信息。
- -f：指定文档文件名。
- -m：指定一个自定义清单文件。
- -C：更改默认目录为指定的目录，默认目录是当前目录，需要打包其他目录下的文件时，则需要使用此参数。

首先需要找到 IntelliJ IDEA 编译之后输出目录，如图 29-21 所示位于 out 下 production 中，PetStore 目录就是编译输出的内容了。然后在 PetStore 目录下面创建 lib 目录，lib 目录用来放置第三方类库文件，PetStore 项目需要 MySQL 的 JDBC 驱动程序 mysql-connector-java-8.0.20.jar，将该文件需要复制到 lib 目录，如图 29-22 所示。

另外，还需要在 production 目录中创建一个 mymanifest.txt 文件，如图 29-23 所示。它自己编写的清单（Manifest）文件，然后修改 mymanifest.txt 文件内容如下：

图 29-21　IntelliJ IDEA 编译之后输出目录

```
Manifest-Version: 1.0
Class-Path: ../lib/mysql-connector-java-8.0.20.jar
Main-Class: com.zhijieketang.jpetstore.ui.MainApp
```

启动命令提示符工具，进入 PetStore 目录，如图 29-24 所示输入如下指令：

```
jar -cvfm PetStore.jar mymanifest.txt .
```

其中，-cvfm 参数是 c、v、f、m 四个参数的叠加，PetStore.jar 打包生成的文件 mymanifest.txt 指定的清单文件；"."代表当前目录所有文件都打包到 PetStore.jar 中。

图 29-22 添加 lib 目录

图 29-23 添加 mymanifest.txt 文件

图 29-24 启动命令提示符工具

输入指令后按 Enter 键,终端窗口会输出打包信息。如果成功,则会在当前目录下生成一个 PetStore.jar 打包文件,双击该文件就可以运行了。

第 30 章 项目实战 2：开发 Java 版 QQ 聊天工具

第 29 章开发的 PetStore 宠物商店项目没涉及多线程和网络通信，本章介绍的 QQ 聊天工具会涉及这方面的技术。

本章介绍 Java SE 技术实现的 QQ 聊天工具项目，所涉及的知识点：Java 面向对象、Lambda 表达式、Java Swing 技术、多线程技术和网络通信等知识，其中还会用到方方面面的 Java 基础知识。

微课视频

30.1 系统分析与设计

本节对 QQ 聊天工具项目进行分析和设计，其中设计过程包括原型设计、数据库设计和系统设计。

30.1.1 项目概述

QQ 是一个网络即时聊天工具，即时聊天工具是可以在两名或多名用户之间传递即时消息的网络软件，大部分的即时聊天软件都可以显示联络人名单，并能显示联络人是否在线，聊天者发出的每句话都会显示在双方的屏幕上。

即时聊天工具主要有：
- ICQ：最早的网络即时通信工具。1996 年，三个以色列人维斯格、瓦迪和高德芬格一起开发了 ICQ 工具。ICQ 支持在 Internet 上聊天、发送消息和文件等。
- QQ：国内最流行的即时通信工具。
- MSN Messenger：是微软所开发，曾经在公司中使用广泛。
- 百度 HI：百度公司推出的一款集文字消息、音视频通话、文件传输等功能的即时通信软件。
- 阿里旺旺：是阿里巴巴公司为自己旗下产品用户定制的商务沟通软件。
- Gtalk：Google 的即时通信工具。
- Skype：网络即时语音沟通工具。
- 微信：基于移动平台的即时通信工具。

30.1.2 需求分析

QQ 项目工具分为客户端和服务器端，客户端和服务器端都提供了很多工作线程，这些线程帮助进行后台通信等处理。

客户端由聊天用户和工作线程完成工作。客户端主要功能如下：
- 用户登录：用户打开登录窗口，单击"登录"按钮登录。客户端工作线程向服务器发送用户登录请求消息；客户端工作线程接收到服务器返回信息，如果成功，则界面跳转，否则弹出提示框，提示用户登录失败。
- 打开聊天对话框：用户双击好友列表中的好友，打开聊天对话框。
- 显示好友列表：当用户登录成功后，客户端工作线程接收服务器端数据，根据数据显示好友列表。
- 刷新好友列表：每个用户上线（登录成功），服务器会广播用户上线消息，客户端工作线程接收到用户上线消息，则将好友列表中好友在线状态更新。
- 向好友发送消息：用户在聊天对话框中发送消息给好友，服务器端工作线程接收到这个消息后，转发给用户好友。
- 接收好友消息：客户端工作线程接收好友消息，这个消息是服务器转发的。
- 用户下线：单击好友列表的关闭窗口，则用户下线。客户端工作线程向服务器发送用户下线消息。

采用用例分析方法描述客户端用例图如图 30-1 所示。

图 30-1　QQ 项目客户端用例图

服务器端所有功能都是通过服务工作线程完成的，没有人为操作。服务器端主要功能如下：
- 客户用户登录：客户端用户发生登录请求，服务器端工作线程查询数据库用户信息，验证用户登录。用户登录成功后，服务器端工作线程将好友信息发送给客户端。
- 广播用户上线消息：当用户登录成功后，服务器向所有在线用户发送消息，即广播。
- 接收用户消息：用户在聊天时发送消息给服务器，服务器端工作线程一直不断地接收用户消息。
- 转发消息给好友：服务器端工作线程接收到用户发送的聊天信息，然后再将消息转发给好友。

采用用例分析方法描述服务器端用例图如图 30-2 所示。

图 30-2　QQ 项目服务器端用例图

30.1.3 原型设计

服务器端没有界面,没有原型设计。客户端有原型设计,原型设计主要应用于图形界面应用程序,原型设计对于设计人员、开发人员、测试人员、UI 设计人员以及用户都是非常重要的。

QQ 项目客户端原型设计图如图 30-3 所示。

图 30-3　QQ 项目客户端原型设计图

30.1.4 数据库设计

QQ 项目中客户端没有数据库,只有服务器端有数据库。服务器数据库设计如图 30-4 所示。

数据库设计模型中各个表说明如下:

1. 用户表

用户表(英文名 user)是 QQ 的注册用户,用户 Id(英文名 user_id)是主键。用户表结构如表 30-1 所示。

图 30-4 数据库设计模型

表 30-1 用户表

字段名	数据类型	长度	精度	主键	外键	备注
user_id	varchar(80)	80	—	是	否	用户 Id
user_pwd	varchar(25)	25	—	否	否	用户密码
user_name	varchar(80)	80	—	否	否	用户名
user_icon	varchar(100)	100	—	否	否	用户头像

2. 用户好友表

用户好友表(英文名 friend)只有两个字段,即用户 Id1 和用户 Id2,它们是用户好友的联合主键,给定一个用户 Id1 和用户 Id2 可以确定用户好友表中唯一一条数据,这是"主键约束"。用户好友表与用户表关系比较复杂,用户好友表的两个字段都引用到用户表用户 Id 字段,用户好友表中的用户 Id1 和用户 Id2 都必须是用户表中存在的用户 Id,这是"外键约束"。用户好友表结构如表 30-2 所示。

表 30-2 用户好友表

字段名	数据类型	长度	精度	主键	外键	备注
user_id1	varchar(80)	80	—	是	是	用户 Id1
user_id2	varchar(80)	80	—	是	是	用户 Id2

图 30-5 用户好友表与用户表数据

对于初学者理解用户好友表与用户表的关系有一定的困难,下面通过如图 30-5 所示进一步理解它们之间的关系。从图中可见,用户好友表中的 user_id1 和 user_id2 数据都是用户表 user_id 中存在的。

那么用户 111 的好友应该有 222、333 和 888,凡是用户好友表中 user_id1 或 user_id2 等于 111 的数据都是其好友。要想通过一条 SQL 语句查询出用户 111 的好友信息,可以有多种写法,主要使用表连接或子查询实现。如下代码是通过子查询实现 SQL 语句:

```
select user_id,user_pwd,user_name,user_icon FROM user
    WHERE user_id IN (select user_id2 as user_id from friend where user_id1 = 111)
    OR user_id IN (select user_id1 as user_id from friend where user_id2 = 111)
```

其中,select user_id2 as user_id from friend where user_id1 = 111 和 select user_id1 as user_id from friend where user_id2 = 111 是两个子查询,分别查询出用户好友表中 user_id1 = 111 的 user_id2 的

数据和 user_id2 = 111 的 user_id1 的数据。

在 MySQL 数据库执行 SQL 语句，结果如图 30-6 所示。

图 30-6　子查询实现 SQL 语句

30.1.5　网络拓扑图

QQ 项目分为客户端和服务器端，采用 C/S（客户端/服务器）网络结构，如图 30-7 所示，服务器端只有一个，客户端可以有多个。

图 30-7　QQ 项目网络结构

30.1.6　系统设计

系统设计也分为客户端和服务器端。

1. 客户端系统设计

客户端系统设计如图 30-8 所示。客户端有三个窗口：用户登录窗口 LoginFrame、好友列表窗口 FriendsFrame 和聊天窗口 ChatFrame。Client 是客户端启动类。

2. 服务器端系统设计

服务器端系统设计如图 30-9 所示，服务器端没有图像用户界面。服务器端 4 个类说明如下：
- Server：服务器端启动类。
- UserDAO：服务器端用户信息 DAO 类，用来操作数据库用户表。
- DBHelper：连接数据库辅助类。

- ClientInfo：服务器端保存客户端信息类，userId 属性是客户 Id，address 属性是客户端地址，port 是客户端端口号。

图 30-8　客户端系统设计类图

图 30-9　服务器端系统设计类图

微课视频

30.2　任务 1：创建服务器端数据库

在设计完成之后，在编写 Java 代码之前，应该先创建服务器端数据库。

30.2.1　迭代 1.1：安装和配置 MySQL 数据库

首先应该为开发该项目准备好数据库。本书推荐使用 MySQL 数据库，如果没有安装 MySQL 数据库，可以参考 28.2.1 节安装 MySQL 数据库。

30.2.2　迭代 1.2：编写数据库 DDL 脚本

按照图 30-4 所示的数据库设计模型编写数据库 DDL 脚本。当然，也可以通过一些工具生成 DDL 脚本，然后把这个脚本放在数据库中执行。下面是编写的 DDL 脚本：

```
/* 删除数据库 */
DROP DATABASE IF EXISTS qq;

/* 创建数据库 */
CREATE DATABASE IF NOT EXISTS qq;

use qq
/* 用户表 */
CREATE TABLE IF NOT EXISTS user (
    user_id varchar(80) not null,                /* 用户 Id */
    user_pwd varchar(25) not null,               /* 用户密码 */
    user_name varchar(80) not null,              /* 用户名 */
    user_icon varchar(100) not null,             /* 用户头像 */
PRIMARY KEY (user_id));


/* 用户好友表 Id1 和 Id2 互为好友 */
CREATE TABLE IF NOT EXISTS friend (
    user_id1 varchar(80) not null,               /* 用户 Id1 */
    user_id2 varchar(80) not null,               /* 用户 Id2 */
PRIMARY KEY (user_id1, user_id2));
```

如果对于编写 DDL 脚本不熟悉，可以直接使用编写好的 qq-mysql-schema.sql 脚本文件，文件位于 QQ 项目下 db 目录中。

30.2.3 迭代1.3：插入初始数据到数据库

QQ项目服务器端有一些初始的数据，这些初始数据在创建数据库之后插入。这些插入数据的语句如下：

```
use qq

/* 用户表数据 */
INSERT INTO user VALUES('111','123', '关东升', '28');
INSERT INTO user VALUES('222','123', '赵 1', '30');
INSERT INTO user VALUES('333','123', '赵 2', '52');
INSERT INTO user VALUES('888','123', '赵 3', '53');

/* 用户好友表 Id1 和 Id2 互为好友 */
INSERT INTO friend VALUES('111','222');
INSERT INTO friend VALUES('111','333');
INSERT INTO friend VALUES('888','111');
INSERT INTO friend VALUES('222','333');
```

如果读者不愿意自己编写插入数据的脚本文件，可以直接使用笔者编写好的 qq-mysql-dataload.sql 脚本文件，文件位于本章配套资源目录中。

30.3 任务2：创建项目

微课视频

为了便于管理和发布，客户端和服务器分为两个不同的项目：QQ客户端项目和QQ服务器项目。

30.3.1 迭代2.1：创建QQ客户端项目

参考3.1节创建IntelliJ IDEA工具创建项目QQClient，如图30-10所示。

图 30-10 创建 QQ 客户端项目

30.3.2 迭代2.2：QQ客户端项目中添加资源图片

项目中会用到很多资源图片，为了打包发布项目方便，这些图片最好放到 src 源文件夹下，IntelliJ

IDEA 会将该文件夹下所有文件一起复制到字节码文件夹中。参考图 30-11,在本书配套资源中找到 images 文件夹,并将其复制到 IntelliJ IDEA 项目的 src 文件夹中。

30.3.3 迭代 2.3:QQ 客户端项目中添加包

在 QQ 客户端项目中创建包 com.zhijieketang.qq.client,如图 30-12 所示。

图 30-11 添加资源图片

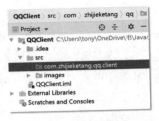
图 30-12 QQ 客户端项目包

30.3.4 迭代 2.4:QQ 客户端项目添加 JSON-java 库

客户端与服务器端之间数据交换采用 JSON 格式,JSON 解码和编码库采用第三方的 JSON-java 库,参考 24.4.2 节添加 JSON-java 库到项目。

30.3.5 迭代 2.5:创建 QQ 服务器项目

参考 3.1 节创建 IntelliJ IDEA 工具创建项目 QQServer,如图 30-13 所示。

30.3.6 迭代 2.6:QQ 服务器项目中添加包

在 QQ 服务器项目中创建包 com.zhijieketang.qq.server,如图 30-14 所示。

图 30-13 创建 QQ 服务器项目

图 30-14 QQ 服务器项目包

30.3.7 迭代 2.7:QQ 服务器项目添加库

QQ 服务器项目需要两个库:JSON-java 和 JDBC 驱动程序。添加 JSON-java 参考任务 2.4。JDBC 驱动程序库添加参考 28.3.2 节,并将驱动程序文件添加到项目的构建路径中。

30.4 任务3：编写QQ服务器项目外围代码

QQ服务器项目外围代码主要涉及DBHelper、UserDAO和ClientInfo等几个非通信类。

30.4.1 迭代3.1：数据库帮助类DBHelper

数据库帮助类DBHelper可以进行JDBC驱动程序加载以及获得数据库连接。如图30-15所示是DBHelper详细类图。它有两个静态变量和一个静态方法。

图 30-15　数据库帮助类 DBHelper 类图

DBHelper具体实现代码如下：

```java
package com.zhijieketang.qq.server;

import java.io.IOException;
import java.io.InputStream;
import java.sql.Connection;
import java.sql.DriverManager;
import java.sql.SQLException;
import java.util.Properties;

public class DBHelper {

    // 连接数据库 url
    static String url;
    // 创建 Properties 对象
    static Properties info = new Properties();

    // 1.驱动程序加载
    static {
        // 获得属性文件输入流
        InputStream input = DBHelper.class.getClassLoader()
            .getResourceAsStream("config.properties");

        try {
            // 加载属性文件内容到 Properties 对象
            info.load(input);
            // 从属性文件中取出 url
            url = info.getProperty("url");
            // Class.forName("com.mysql.jdbc.Driver");
            // 从属性文件中取出 driver
            String driverClassName = info.getProperty("driver");
            Class.forName(driverClassName);
            System.out.println("驱动程序加载成功...");
        } catch (ClassNotFoundException e) {
            System.out.println("驱动程序加载失败...");
        } catch (IOException e) {
            System.out.println("加载属性文件失败...");
        }
    }

    public static Connection getConnection() throws SQLException {
        // 创建数据库连接
```

①

②

③

```
            Connection conn = DriverManager.getConnection(url, info);
            return conn;
    }

}
```

上述代码第①～第②行通过静态代码库加载数据库驱动程序,并且在静态代码块中读取配置文件 config.properties 信息,该配置文件位于 com.zhijieketang.qq.server 包中,内容如下:

```
## this is db config file
driver = com.mysql.cj.jdbc.Driver
url = jdbc:mysql://localhost:3306/qq
user = root
password = 12345
serverTimezone = UTC
```

代码第③行提供了获得数据库的连接方法,这是一个静态方法,使用起来比较方便。

30.4.2 迭代3.2:编写 UserDAO 类

UserDAO 是操作数据库用户表的 DAO 对象,如图 30-16 所示是 UserDAO 详细类图。它有三个公有查询方法:

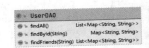

```
public List<Map<String, String>> findAll()
public Map<String, String> findById(String id)
public List<Map<String, String>> findFriends(String id)
```

图 30-16 UserDAO 详细类图

findById 通过用户 ID 查询用户信息,查询返回的数据在 Map 中,没有放到实体类中。findFriends 是通过用户 Id 查询他的所有好友,返回的是 List 集合,其中的每个元素都是 Map。

UserDAO 代码如下:

```java
package com.zhijieketang.qq.server;

import java.sql.Connection;
import java.sql.PreparedStatement;
import java.sql.ResultSet;
import java.sql.SQLException;
import java.util.ArrayList;
import java.util.HashMap;
import java.util.List;
import java.util.Map;

public class UserDAO {

    // 查询所有用户信息
    public List<Map<String, String>> findAll() {

        List<Map<String, String>> list = new ArrayList<Map<String, String>>();

        // SQL 语句
        String sql = "select user_id,user_pwd,user_name, user_icon" +
            " from user";

        try {// 2.创建数据库连接
            Connection conn = DBHelper.getConnection();
```

```java
            // 3. 创建语句对象
            PreparedStatement pstmt = conn.prepareStatement(sql);
            // 5. 执行查询
            ResultSet rs = pstmt.executeQuery();) {

        // 6. 遍历结果集
        while (rs.next()) {

            Map<String, String> row = new HashMap<>();
            row.put("user_id", rs.getString("user_id"));           ①
            row.put("user_name", rs.getString("user_name"));
            row.put("user_pwd", rs.getString("user_pwd"));
            row.put("user_icon", rs.getString("user_icon"));       ②

            list.add(row);
        }

    }catch (SQLException e) {
    }

    return list;
}


// 按照主键查询
public Map<String, String> findById(String id) {

    Connection conn = null;
    PreparedStatement pstmt = null;
    ResultSet rs = null;
    // SQL 语句
    String sql = "select user_id,user_pwd,user_name, user_icon " +
            "from user where user_id = ?";
    try {
        // 2. 创建数据库连接
        conn = DBHelper.getConnection();
        // 3. 创建语句对象

        pstmt = conn.prepareStatement(sql);
        // 4. 绑定参数
        pstmt.setString(1, id);
        // 5. 执行查询(R)
        rs = pstmt.executeQuery();
        // 6. 遍历结果集
        if (rs.next()) {

            Map<String, String> row = new HashMap<>();
            row.put("user_id", rs.getString("user_id"));           ③
            row.put("user_name", rs.getString("user_name"));
            row.put("user_pwd", rs.getString("user_pwd"));
            row.put("user_icon", rs.getString("user_icon"));       ④

            return row;
        }

    }catch (SQLException e) {
```

```java
            e.printStackTrace();
        } finally { // 释放资源
            if (rs != null) {
                try {
                    rs.close();
                } catch (SQLException e) {
                }
            }
            if (pstmt != null) {
                try {
                    pstmt.close();
                } catch (SQLException e) {
                }
            }
            if (conn != null) {
                try {
                    conn.close();
                } catch (SQLException e) {
                }
            }
        }

        return null;
    }

    // 查询好友 列表
    public List<Map<String, String>> findFriends(String id) {

        Connection conn = null;
        PreparedStatement pstmt = null;
        ResultSet rs = null;
        List<Map<String, String>> friends = new ArrayList<Map<String, String>>();
        // SQL 语句
        String sql = "select user_id,user_pwd,user_name,user_icon " +
            "FROM user WHERE user_id IN (select user_id2 as user_id " +
            " from friend where user_id1 = ?)" +
            " OR user_id IN (select user_id1 as user_id " +
            " from friend where user_id2 = ?)";                            ⑤

        try {
            // 2.创建数据库连接
            conn = DBHelper.getConnection();
            // 3. 创建语句对象

            pstmt = conn.prepareStatement(sql);
            // 4. 绑定参数
            pstmt.setString(1, id);
            pstmt.setString(2, id);
            // 5. 执行查询(R)
            rs = pstmt.executeQuery();
            // 6. 遍历结果集
            while (rs.next()) {

                Map<String, String> row = new HashMap<>();
                row.put("user_id", rs.getString("user_id"));               ⑥
                row.put("user_name", rs.getString("user_name"));
```

```
                row.put("user_pwd", rs.getString("user_pwd"));
                row.put("user_icon", rs.getString("user_icon"));                         ⑦

                friends.add(row);
            }

        }catch (SQLException e) {
            e.printStackTrace();
        }finally { // 释放资源
            if (rs != null) {
                try {
                    rs.close();
                } catch (SQLException e) {
                }
            }
            if (pstmt != null) {
                try {
                    pstmt.close();
                } catch (SQLException e) {
                }
            }
            if (conn != null) {
                try {
                    conn.close();
                } catch (SQLException e) {
                }
            }
        }

        return friends;
    }

}
```

在findAll()方法中代码第①～第②行遍历结果集，并将数据从字段中取出，然后按照键值对放入Map对象中。findById()方法中代码第③～第④行、findFriends()方法中代码第⑥～第⑦行的处理也是类似的。

代码第⑤行SQL语句使用了子查询，在前面数据库设计时已经介绍了，这里不再赘述。

30.4.3 迭代3.3：编写 ClientInfo 类

一个用户可以在任何一个客户端主机上登录，因此登录的客户端主机IP和端口号都是动态的。为了在服务器端保存所有登录的用户Id，以及登录的客户端主机地址和端口号信息，所以设计了 ClientInfo 类。如图30-17所示是 ClientInfo 详细类图。

图 30-17 ClientInfo 详细类图

ClientInfo 代码如下：

```
package com.zhijieketang.qq.server;

import java.net.InetAddress;

public class ClientInfo {
    // 用户 Id
```

```
      private String userId;
      // 客户端 IP 地址
      private InetAddress address;
      // 客户端端口号
      private int port;

      public String getUserId() {
        return userId;
      }
      public void setUserId(String userId) {
        this.userId = userId;
      }
      public InetAddress getAddress() {
        return address;
      }
      public void setAddress(InetAddress address) {
        this.address = address;
      }
      public int getPort() {
        return port;
      }
      public void setPort(int port) {
        this.port = port;
      }
    }
```

注意，为了方便，客户端 IP 地址属性的类型是 InetAddress，不是字符串。

30.5　任务 4：QQ 客户端项目 UI 实现

从客观上讲，QQ 客户端 UI 实现开发的工作量是很大的，有很多细节工作需要完成。

30.5.1　迭代 4.1：登录窗口实现

客户端启动立即显示用户登录窗口，如图 30-18 所示，其中有很多组件，但是本例中主要使用文本框、密码框和两个按钮。等用户输入 QQ 号码和 QQ 密码，单击"登录"按钮，如果输入的账号和密码正确，则登录成功，进入好友列表窗口；如果输入的账号和密码不正确，则弹出如图 30-19 所示的对话框。

图 30-18　登录窗口

登录窗口类是 LoginFrame，它的类图如图 30-20 所示。

图 30-19　登录失败提示

图 30-20　登录窗口类图

用户登录窗口 LoginFrame 代码如下：

```java
package com.zhijieketang.qq.client;

...

public class LoginFrame extends JFrame {

    // private Client client;
    // 获得当前屏幕的宽和高
    private double screenWidth
        = Toolkit.getDefaultToolkit().getScreenSize().getWidth();        ①
    private double screenHeight
        = Toolkit.getDefaultToolkit().getScreenSize().getHeight();       ②

    // 登录窗口宽和高
    private int frameWidth = 329;
    private int frameHeight = 250;

    // QQ号码文本框
    private JTextField txtUserId = null;
    // QQ密码框
    private JPasswordField txtUserPwd = null;

    public LoginFrame() {

        JLabel lblImage = new JLabel();
        lblImage.setIcon(new
            ImageIcon(LoginFrame.class.getResource("/images/QQ11.JPG")));
        lblImage.setBounds(0, 0, 325, 48);
        getContentPane().add(lblImage);

        // 添加蓝线面板
        getContentPane().add(getPaneLine());

        // 初始化登录按钮
        JButton btnLogin = new JButton();
        btnLogin.setBounds(152, 181, 63, 19);
        btnLogin.setFont(new Font("Dialog", Font.PLAIN, 12));
        btnLogin.setText("登录");
        getContentPane().add(btnLogin);
```

```java
// 注册登录按钮事件监听器
btnLogin.addActionListener(e -> {                                          ③

    //TODO 登录处理

});

// 初始化取消按钮
JButton btnCancel = new JButton();
btnCancel.setBounds(233, 181, 63, 19);
btnCancel.setFont(new Font("Dialog", Font.PLAIN, 12));
btnCancel.setText("取消");
getContentPane().add(btnCancel);
btnCancel.addActionListener(e -> {
    // 退出系统
    System.exit(0);
});

// 初始化【申请号码↓】按钮
JButton btnSetup = new JButton();
btnSetup.setBounds(14, 179, 99, 22);
btnSetup.setFont(new Font("Dialog", Font.PLAIN, 12));
btnSetup.setText("申请号码↓");
getContentPane().add(btnSetup);

/// 初始化当前窗口
setIconImage(Toolkit.getDefaultToolkit()                                   ④
        .getImage(Client.class.getResource("/images/QQ.png")));
setTitle("QQ 登录");
setResizable(false);
getContentPane().setLayout(null);
// 设置窗口大小
setSize(frameWidth, frameHeight);
// 计算窗口位于屏幕中心的坐标
int x = (int)(screenWidth - frameWidth) / 2;
int y = (int)(screenHeight - frameHeight) / 2;
// 设置窗口位于屏幕中心
setLocation(x, y);                                                         ⑤

// 注册窗口事件
addWindowListener(new WindowAdapter() {                                    ⑥
    // 单击窗口关闭按钮时调用
    public void windowClosing(WindowEvent e) {
        // 退出系统
        System.exit(0);
    }
});
}


// 蓝线面板
private JPanel getPaneLine() {                                             ⑦

    JPanel paneLine = new JPanel();
    paneLine.setLayout(null);
    paneLine.setBounds(7, 54, 300, 118);
```

```java
        // 边框颜色设置为蓝色
        paneLine.setBorder(BorderFactory.createLineBorder(new Color(102, 153, 255), 1));

        // 初始化【忘记密码?】标签
        JLabel lblHelp = new JLabel();
        lblHelp.setBounds(227, 47, 67, 21);
        lblHelp.setFont(new Font("Dialog", Font.PLAIN, 12));
        lblHelp.setForeground(new Color(51, 51, 255));
        lblHelp.setText("忘记密码?");
        paneLine.add(lblHelp);

        // 初始化【QQ密码】标签
        JLabel lblUserPwd = new JLabel();
        lblUserPwd.setText("QQ密码");
        lblUserPwd.setFont(new Font("Dialog", Font.PLAIN, 12));
        lblUserPwd.setBounds(21, 48, 54, 18);
        paneLine.add(lblUserPwd);

        // 初始化【QQ号码↓】标签
        JLabel lblUserId = new JLabel();
        lblUserId.setText("QQ号码↓");
        lblUserId.setFont(new Font("Dialog", Font.PLAIN, 12));
        lblUserId.setBounds(21, 14, 55, 18);
        paneLine.add(lblUserId);

        // 初始化【QQ号码】文本框
        this.txtUserId = new JTextField();
        this.txtUserId.setBounds(84, 14, 132, 18);
        paneLine.add(this.txtUserId);

        // 初始化【QQ密码】密码框
        this.txtUserPwd = new JPasswordField();
        this.txtUserPwd.setBounds(84, 48, 132, 18);
        paneLine.add(this.txtUserPwd);

        // 初始化【自动登录】复选框
        JCheckBox chbAutoLogin = new JCheckBox();
        chbAutoLogin.setText("自动登录");
        chbAutoLogin.setFont(new Font("Dialog", Font.PLAIN, 12));
        chbAutoLogin.setBounds(79, 77, 73, 19);
        paneLine.add(chbAutoLogin);

        // 初始化【隐身登录】复选框
        JCheckBox chbHideLogin = new JCheckBox();
        chbHideLogin.setText("隐身登录");
        chbHideLogin.setFont(new Font("Dialog", Font.PLAIN, 12));
        chbHideLogin.setBounds(155, 77, 73, 19);
        paneLine.add(chbHideLogin);

        return paneLine;
    }

}
```

上述代码第①行和第②行获取当前屏幕的宽和高,用来介绍当前窗口屏幕居中的坐标。具体的原理在25.5.7节已经介绍过,这里不再赘述。

代码第③行是用户单击"登录"按钮之后的处理,本节暂时不介绍具体实现过程,后面介绍登录处理时再详细说明。

代码第④~第⑤行初始化登录窗口,包括设置窗口图标、窗口大小和位置等内容。代码第⑥行注册窗口事件,当用户单击窗口的关闭按钮时调用 System.exit(0) 语句退出系统。

代码第⑦行的 getPaneLine() 方法用来初始化"蓝线面板",蓝线面板如图 30-21 所示的虚线部分,其中包括一个文本框、一个密码框、两个复选框和三个标签。

30.5.2 迭代 4.2:好友列表窗口实现

在客户端用户登录成功之后,界面会跳转到好友列表窗口,如图 30-22 所示。

好友列表窗口类是 FriendsFrame,它的类图如图 30-23 所示。

图 30-21 登录窗口中的蓝线面板　　图 30-22 好友列表窗口　　图 30-23 好友列表窗口类图

好友列表窗口类 FriendsFrame 代码如下:

```
package com.zhijieketang.qq.client;

...

public class FriendsFrame extends JFrame implements Runnable {

    // 线程运行状态
    private boolean isRunning = true;
    // 用户信息
    private Map user;
    // 好友列表
    private List<Map<String, String>> friends;
    // 好友标签控件列表
    private List<JLabel> lblFriendList;
```

```java
// 获得当前屏幕的宽
private double screenWidth
    = Toolkit.getDefaultToolkit().getScreenSize().getWidth();

// 登录窗口宽高
private int frameWidth = 260;
private int frameHeight = 600;

public FriendsFrame(Map user) {
    setTitle("QQ");

    // 初始化成员变量
    this.user = user;
    /// 初始化用户列表
    this.friends = (List<Map<String, String>>) user.get("friends");

    // 设置布局
    BorderLayout borderLayout = (BorderLayout) getContentPane().getLayout();
    borderLayout.setVgap(5);

    String userId = (String) user.get("user_id");
    String userName = (String) user.get("user_name");
    String userIcon = (String) user.get("user_icon");

    JLabel lblLabel = new JLabel(userName);
    lblLabel.setHorizontalAlignment(SwingConstants.CENTER);
    String iconFile = String.format("/images/%s.jpg", userIcon);
    lblLabel.setIcon(new ImageIcon(FriendsFrame.class.getResource(iconFile)));
    getContentPane().add(lblLabel, BorderLayout.NORTH);

    JScrollPane scrollPane = new JScrollPane();
    scrollPane.setBorder(BorderFactory.createLineBorder(Color.blue, 1));

    getContentPane().add(scrollPane, BorderLayout.CENTER);

    JPanel panel1 = new JPanel();
    scrollPane.setViewportView(panel1);
    panel1.setLayout(new BorderLayout(0, 0));

    JLabel label = new JLabel("我的好友");
    label.setHorizontalAlignment(SwingConstants.CENTER);
    panel1.add(label, BorderLayout.NORTH);

    // 好友列表面板
    JPanel friendListPanel = new JPanel();
    panel1.add(friendListPanel);
    friendListPanel.setLayout(new GridLayout(50, 0, 0, 5));

    lblFriendList = new ArrayList<JLabel>();                    ①
    // 初始化好友列表
    for (int i = 0; i < friends.size(); i++) {                  ②
        Map<String, String> friend = this.friends.get(i);
        String friendUserId = friend.get("user_id");
        String friendUserName = friend.get("user_name");
        String friendUserIcon = friend.get("user_icon");
        // 获得好友在线状态
```

```java
            String friendUserOnline = friend.get("online");

            JLabel lblFriend = new JLabel(friendUserName);              ③
            lblFriend.setToolTipText(friendUserId);                     ④
            String friendIconFile = String.format("/images/%s.jpg", friendUserIcon);
            lblFriend.setIcon(new
                    ImageIcon(FriendsFrame.class.getResource(friendIconFile)));
            // 在线设置可用,离线设置不可用
            if (friendUserOnline.equals("0")) {                         ⑤
              lblFriend.setEnabled(false);
            } else {
              lblFriend.setEnabled(true);
            }

            lblFriend.addMouseListener(new MouseAdapter() {             ⑥
              @Override
              public void mouseClicked(MouseEvent e) {
                // 用户图标双击鼠标时显示对话框
                if (e.getClickCount() == 2) {
                  ChatFrame chatFrame = new ChatFrame(FriendsFrame.this, user, friend);
                  chatFrame.setVisible(true);
                  isRunning = false;
                }
              }
            });
            // 添加到列表集合
            lblFriendList.add(lblFriend);
            // 添加到面板
            friendListPanel.add(lblFriend);
        }

        /// 初始化当前 Frame
        setBounds((int) screenWidth - 300, 10, frameWidth, frameHeight);
        setIconImage(Toolkit.getDefaultToolkit().getImage(FriendsFrame.class
                            .getResource("/images/QQ.png")));

        // 注册窗口事件
        addWindowListener(new WindowAdapter() {
            // 单击窗口关闭按钮时调用
            public void windowClosing(WindowEvent e) {                  ⑦

              //TODO 用户下线

              // 退出系统
              System.exit(0);
            }
        });

    }

    //TODO 启动接收消息子线程
    //TODO 刷新好友列表
}
```

上述代码第①行实例化 lblFriendList 对象,它保存了好友标签组件集合。代码第②行通过循环初始化好友列表,显示的好友名和图标事实上是一个标签组件(JLabel)。代码第③行创建标签对象,显示的内容是好友名。代码第④行 lblFriend.setToolTipText（friendUserId）设置好友的 Id，标签的 setToolTipText 方法设置 ToolTipText 属性，该属性是当鼠标放到标签上时弹出的气泡。代码第⑤行设置好友标签是否可用，好友在线可用，好友离线不可用。代码第⑥行为好友标签注册鼠标双击事件。代码第⑦行在窗口关闭时调用，在该方法中进行用户下线处理。

另外，有关用户下线、启动接收消息子线程和刷新好友列表这些处理会在后面详细介绍。

30.5.3 迭代4.3：聊天窗口实现

在客户端用户双击好友列表中的好友时，会弹出好友聊天窗口，如图 30-24（a）所示，在这里可以给好友发送聊天信息，可以接收好友回复的信息，如图 30-24（b）所示。

聊天窗口类是 ChatFrame，它的类图如图 30-25 所示。

图 30-24　聊天窗口

图 30-25　聊天窗口类图

聊天窗口类 ChatFrame 代码如下：

```java
package com.zhijieketang.qq.client;
...
public class ChatFrame extends JFrame implements Runnable {

    private boolean isRunning = true;

    // 当前用户 Id
    private String userId;
    // 聊天好友用户 Id
    private String friendUserId;
    // 聊天好友用户名
    private String friendUserName;

    // 获得当前屏幕的高和宽
    private double screenHeight
        = Toolkit.getDefaultToolkit().getScreenSize().getHeight();
    private double screenWidth
        = Toolkit.getDefaultToolkit().getScreenSize().getWidth();

    // 登录窗口宽和高
    private int frameWidth = 352;
    private int frameHeight = 310;

    // 查看消息文本区
    private JTextArea txtMainInfo;
```

```java
// 发送消息文本区
private JTextArea txtInfo;
// 消息日志
private StringBuffer infoLog;

// 接收消息子线程
private Thread receiveMessageThread;
// 日期格式化
private DateFormat dateFormat = new SimpleDateFormat("yyyy-MM-dd HH:mm:ss");
// 好友列表 Frame
private FriendsFrame friendsFrame;

public ChatFrame(FriendsFrame friendsFrame,
        Map<String, String> user, Map<String, String> friend) {

    // 初始化成员变量
    this.friendsFrame = friendsFrame;

    this.userId = user.get("user_id");
    String userIcon = user.get("user_icon");

    this.friendUserId = friend.get("user_id");
    this.friendUserName = friend.get("user_name");

    this.infoLog = new StringBuffer();

    // 初始化查看消息面板
    getContentPane().add(getPanLine1());
    // 初始化发送消息面板
    getContentPane().add(getPanLine2());

    /// 初始化当前 Frame
    String iconFile = String.format("/images/%s.jpg", userIcon);
    setIconImage(Toolkit.getDefaultToolkit()
            .getImage(Client.class.getResource(iconFile)));
    String title = String.format("与 %s 聊天中...", friendUserName);
    setTitle(title);
    setResizable(false);
    getContentPane().setLayout(null);

    // 设置 Frame 大小
    setSize(frameWidth, frameHeight);
    // 计算 Frame 位于屏幕中心的坐标
    int x = (int) (screenWidth - frameWidth) / 2;
    int y = (int) (screenHeight - frameHeight) / 2;
    // 设置 Frame 位于屏幕中心
    setLocation(x, y);

    receiveMessageThread = new Thread(this);
    receiveMessageThread.start();

    // 注册窗口事件
    addWindowListener(new WindowAdapter() {
        // 单击窗口关闭按钮时调用
        public void windowClosing(WindowEvent e) {        ①
            isRunning = false;
```

```java
            setVisible(false);
            // 重启好友列表线程
            friendsFrame.resetThread();
        }
    });
}

// 查看消息面板
private JPanel getPanLine1() {

    txtMainInfo = new JTextArea();
    txtMainInfo.setEditable(false);

    JScrollPane scrollPane = new JScrollPane();
    scrollPane.setBounds(5, 5, 320, 200);
    scrollPane.setViewportView(txtMainInfo);

    JPanel panLine1 = new JPanel();
    panLine1.setLayout(null);
    panLine1.setBounds(new Rectangle(5, 5, 330, 210));
    panLine1.setBorder(BorderFactory.createLineBorder(Color.blue, 1));
    panLine1.add(scrollPane);

    return panLine1;
}

// 发送消息面板
private JPanel getPanLine2() {

    JPanel panLine2 = new JPanel();
    panLine2.setLayout(null);
    panLine2.setBounds(5, 220, 330, 50);
    panLine2.setBorder(BorderFactory.createLineBorder(Color.blue, 1));
    panLine2.add(getSendButton());

    JScrollPane scrollPane = new JScrollPane();
    scrollPane.setBounds(5, 5, 222, 40);
    panLine2.add(scrollPane);

    txtInfo = new JTextArea();
    scrollPane.setViewportView(txtInfo);

    return panLine2;
}

private JButton getSendButton() {

    JButton button = new JButton("发送");
    button.setBounds(232, 10, 90, 30);
    button.addActionListener(e -> {
        sendMessage();
        txtInfo.setText("");
    });
    return button;
}

private void sendMessage() {
```

```
            if (!txtInfo.getText().equals("")) {
                // TODO 发送消息
            }
        }

        // TODO 接收消息
}
```

用户关闭聊天窗口并不退出系统,见代码第①行,只是停止当前窗口中的线程,隐藏当前窗口,回到好友列表界面,并重启好友列表线程。

提示　线程的使用原则：当前窗口中启动的线程,在窗口退出时、隐藏时一定停止线程。

另外,发送消息和接收消息后面会详细介绍。

微课视频

30.6　任务5：用户登录过程实现

用户登录时客户端和服务器端互相交互,客户端和服务器端代码比较复杂,涉及多线程编程。用户登录过程如图30-26所示。当用户1打开登录对话框,输入QQ号码和QQ密码,单击"登录"按钮,用户登录过程开始：

第①步：用户1登录。客户端将QQ号码和QQ密码数据封装发给服务器端。

第②步：服务器端接收用户1请求,验证用户1的QQ号码和QQ密码是否与数据库的QQ号码和QQ密码一致。

第③步：返回给用户1登录结果。服务器端将登录结果发给客户端。

图30-26　用户登录过程

30.6.1　迭代5.1：客户端启动

在介绍客户端登录编程之前,首先介绍客户端启动程序Client。QQ客户端项目Client.java代码如下：

```java
package com.zhijieketang.qq.client;

import java.io.IOException;
import java.net.DatagramSocket;

public class Client {

    // 命令代码
    public static final int COMMAND_LOGIN = 1;       // 登录命令      ①
    public static final int COMMAND_LOGOUT = 2;      // 注销命令
    public static final int COMMAND_SENDMSG = 3;     // 发消息命令    ②

    public static DatagramSocket socket;                              ③
    // 服务器端 IP
    public static String SERVER_IP = "127.0.0.1";                     ④
    // 服务器端端口号
    public static int SERVER_PORT = 7788;                             ⑤

    public static void main(String[] args) {

      if (args.length == 2) {
        SERVER_IP = args[0];                                          ⑥
        SERVER_PORT = Integer.parseInt(args[1]);                      ⑦
      }

      try {// 创建 DatagramSocket 对象,由系统分配可以使用的端口
        socket = new DatagramSocket();                                ⑧
        // 设置超时 5s,不再等待接收数据
        socket.setSoTimeout(5000);                                    ⑨
        System.out.println("客户端运行...");
        LoginFrame frame = new LoginFrame();                          ⑩
        frame.setVisible(true);

      } catch (IOException e) {
        e.printStackTrace();
      }

    }
}
```

上述代码第①~第②行定义了三个命令代码常量,客户端与服务器端都定义了这三个命令代码常量,服务器端根据客户端的命令代码获知客户端请求的意图,然后再进一步处理。

代码第③行声明了一个公有的静态数据报 Socket 变量 socket,代码第⑧行实例化数据报 Socket 对象 socket。

注意 socket 对象一直没有关闭,这是因为 socket 对象的生命周期是整个 Client 应用程序。在这些 Client 应用程序中有很多线程,一直是使用 socket 对象发送和接收数据,因此不能关闭 socket 对象。只有 Client 应用程序停止 socket 对象才关闭。

代码第④行声明服务器端 IP 地址。由于 IP 地址硬编码并不是好的做法,可以在运行 Client 时,通过 main 主方法的 args 参数传递进来,见代码第⑥行。

代码第⑤行声明服务器端端口号,端口号也可以通过 main 主方法的 args 参数传递进来,见代码第⑦行。

代码第⑨行设置 socket 对象超时时间，数据报 Socket 的 receive 方法会导致线程阻塞，客户端有一个子线程一直在调用 receive 方法接收来自于服务器的数据，有时服务器会没有数据返回，如果不设置超时，那么客户端接收线程一直会被阻塞，设置了超时后，接收线程只等待 5s。代码第⑩行调用 LoginFrame 启动登录窗口。

30.6.2 迭代 5.2：客户端登录编程

在客户端登录编程 LoginFrame.java 代码如下：

```java
package com.zhijieketang.qq.client;
...
public class LoginFrame extends JFrame {
    ...
    public LoginFrame() {
        ...

        // 注册登录按钮事件监听器
        btnLogin.addActionListener(e -> {

            // 先进行用户输入验证,验证通过再登录
            String userId = txtUserId.getText();
            String password = new String(txtUserPwd.getPassword());

            Map user = login(userId, password);                    ①

            if (user != null) {                                    ②
                // 登录成功调转界面
                System.out.println("登录成功调转界面");
                // 设置登录窗口可见
                this.setVisible(false);
                FriendsFrame frame = new FriendsFrame(user);
                frame.setVisible(true);
            } else {
                JOptionPane.showMessageDialog(null, "您 QQ 号码或密码不正确");
            }

        });
        ...
    }

    // 客户端向服务器发送登录请求
    public Map login(String userId, String password) {

        // 准备一个缓冲区
        byte[] buffer = new byte[1024];
        InetAddress address;

        try {
            address = InetAddress.getByName(Client.SERVER_IP);

            JSONObject jsonObj = new JSONObject();                 ③
            jsonObj.put("command", Client.COMMAND_LOGIN);          ④
            jsonObj.put("user_id", userId);
            jsonObj.put("user_pwd", password);
            // 字节数组
```

```java
        byte[] b = jsonObj.toString().getBytes();
        // 创建 DatagramPacket 对象
        DatagramPacket packet = new DatagramPacket(b,
                b.length, address, Client.SERVER_PORT);         ⑤
        // 发送
        Client.socket.send(packet);                              ⑥

        /* 接收数据报 */
        packet = new DatagramPacket(buffer, buffer.length,
                address, Client.SERVER_PORT);
        Client.socket.receive(packet);                           ⑦
        // 接收数据长度
        int len = packet.getLength();
        String str = new String(buffer, 0, len);
        System.out.println("receivedjsonObj = " + str);
        JSONObject receivedjsonObj = new JSONObject(str);

        if ((Integer) receivedjsonObj.get("result") == 0) {     ⑧
            Map user = receivedjsonObj.toMap();                 ⑨
            return user;
        }

    }catch (IOException e) {
        e.printStackTrace();
    }

    return null;
    }
}
```

上述代码第③~第⑥行是客户端向服务器端发送登录请求。代码第③行创建 JSON 对象,它保存了发送给服务器端的数据。代码第④行将登录命令放入 JSON 对象,另外还将 QQ 号码和 QQ 密码放入 JSON 对象中。客户端发给服务器端 JSON 对象内容如下:

```
{
    "user_id": "111",                       //QQ 号码
    "user_pwd": "123",                      //QQ 密码
    "command": 1                            //命令 1 为登录
}
```

代码第⑤行创建数据包对象,JSON 对象编码后将放在数据包中。代码第⑥行发送数据给指定服务器。

到此为止,用户发送登录请求给服务器端,完成了图 30-26 所示的第①步操作。

代码第⑦行客户端调用 socket 对象的 receive()方法等待服务器端应答。服务器端返回数据给客户端,代码第⑧行判断 JSON 对象中的 result 键是否等于 0。代码第⑨行将 JSON 对象转换为 Map 对象。

从服务器端返回的 JSON 对象示例代码如下:

```
{
    "result": 0,                            // 登录结果 0 登录成功 -1 登录失败
    "user_icon": "52",
    "user_pwd": "123",
    "user_id": "333",
```

```
            "user_name": "赵 2",
            "friends": [                              //该用户的好友列表
                {
                    "online": "1",                    //好友在线状态 1 为在线 0 为离线
                    "user_icon": "28",
                    "user_pwd": "123",
                    "user_id": "111",
                    "user_name": "关东升"
                },
                {
                    "online": "1",
                    "user_icon": "30",
                    "user_pwd": "123",
                    "user_id": "222",
                    "user_name": "赵 1"
                },
                {
                    "online": "0",
                    "user_icon": "53",
                    "user_pwd": "123",
                    "user_id": "888",
                    "user_name": "赵 3"
                }
            ]
    }
```

到此为止，完成了图 30-26 所示的第③步操作。如果用户登录成功，login 方法会返回非空数据；如果登录失败，login 方法返回空。

上述代码第②行判断 login 方法返回值是否为空，如果为非空，登录成功，则显示 FriendsFrame 窗口。

30.6.3 迭代 5.3：服务器启动

在介绍服务器端编程之前，首先介绍服务器端启动程序 Server。Server.java 代码如下：

```
package com.zhijieketang.qq.server;
...
public class Server {

    // 命令代码
    public static final int COMMAND_LOGIN = 1;      // 登录命令              ①
    public static final int COMMAND_LOGOUT = 2;     // 注销命令              ②
    public static final int COMMAND_SENDMSG = 3;    // 发消息命令

    public static int SERVER_PORT = 7788;                                    ③
    // 所有已经登录的客户端信息
    private static List<ClientInfo> clientList
            = new CopyOnWriteArrayList<>();                                  ④

    // 创建数据访问对象
    static UserDAO dao = new UserDAO();                                      ⑤

    public static void main(String[] args) {

        if (args.length == 1) {
```

```
            SERVER_PORT = Integer.parseInt(args[0]);
        }                                                       ⑥
        System.out.printf("服务器启动,监听自己的端口%d...\n", SERVER_PORT);
        byte[] buffer = new byte[2048];
        try ( // 创建 DatagramSocket 对象,监听自己的端口 7788
            DatagramSocket socket = new DatagramSocket(SERVER_PORT)) {   ⑦
            while (true) {                                               ⑧
                //TODO 服务器端处理
            }
        }catch (IOException e) {
            e.printStackTrace();
        }
    }
}
```

上述代码第①~第②行定义了三个命令代码常量,与客户端定义的三个命令代码保持一致。

代码第③行声明了一个公有的静态端口号,端口号也可以通过 main 主方法的 args 参数传递进来,见代码第⑥行。

代码第④行创建 List 集合对象 clientList,用来保存所有登录的客户端信息。

注意 List 的实例是 CopyOnWriteArrayList 对象,CopyOnWriteArrayList 是线程安全的 List 对象,ArrayList 是非线程安全。CopyOnWrite ArrayList 使用了一种叫作写入时复制(copy-on- write,COW)的方法写,COW 是指在并发访问的集合修改集合元素时,不直接修改该集合,而是先复制一份副本,在副本上进行修改。修改完成之后,将指向原来集合的引用指向集合副本。

代码第⑤行创建 UserDAO 数据访问对象。代码第⑦行实例化 DatagramSocket 对象。代码第⑧行是服务器端循环,服务器端一直循环接收客户端数据和发送数据给客户端。

30.6.4 迭代 5.4:服务器验证编程

迭代 5.4 任务实现图 30-26 所示的第②步操作。服务器端实现代码如下:

```
package com.zhijieketang.qq.server;
...
while (true) {

    DatagramPacket packet = new DatagramPacket(buffer, buffer.length);
    socket.receive(packet);
    // 接收数据长度
    int len = packet.getLength();
    String str = new String(buffer, 0, len);
    // 从客户端传来的数据包中得到客户端地址
    InetAddress address = packet.getAddress();
    // 从客户端传来的数据包中得到客户端端口号
    int port = packet.getPort();

    JSONObject jsonObj = new JSONObject(str);
    System.out.println(jsonObj);
```

```java
        int cmd = (int) jsonObj.get("command");                              ①

        if (cmd == COMMAND_LOGIN) {      // 用户登录过程                      ②
            // 通过用户 Id 查询用户信息
            String userId = (String) jsonObj.get("user_id");                 ③
            Map<String, String> user = dao.findById(userId);

            // 判断客户端发送过来的密码与数据库的密码是否一致
            if (user != null && jsonObj.get("user_pwd").equals(user.get("user_pwd"))) {  ④

                JSONObject sendJsonObj = new JSONObject(user);
                // 添加 result:0 键值对,0 表示成功,-1 表示失败
                sendJsonObj.put("result", 0);                                ⑤

                ClientInfo cInfo = new ClientInfo();
                cInfo.setUserId(userId);
                cInfo.setAddress(address);
                cInfo.setPort(port);
                clientList.add(cInfo);                                       ⑥

                // 取出好友用户列表
                List<Map<String, String>> friends = dao.findFriends(userId); ⑦

                // 设置好友状态,更新 friends 集合,添加 online 字段
                for (Map<String, String> friend : friends) {                 ⑧
                    // 添加好友状态 1 在线 0 离线
                    friend.put("online", "0");                               ⑨
                    String fid = friend.get("user_id");
                    // 好友在 clientList 集合中存在,则在线
                    for (ClientInfo c : clientList) {
                        String uid = c.getUserId();
                        // 好友在线
                        if (uid.equals(fid)) {
                            // 更新好友状态 1 在线 0 离线
                            friend.put("online", "1");                       ⑩
                            break;
                        }
                    }
                }
                sendJsonObj.put("friends", friends);                         ⑪

                // 创建 DatagramPacket 对象,用于向客户端发送数据
                byte[] b = sendJsonObj.toString().getBytes();
                packet = new DatagramPacket(b, b.length, address, port);

                socket.send(packet);                                         ⑫

                // TODO 广播当前用户上线了

            } else {
                // 发送失败消息
                JSONObject sendJsonObj = new JSONObject();
                sendJsonObj.put("result", -1);                               ⑬
                byte[] b = sendJsonObj.toString().getBytes();
                packet = new DatagramPacket(b, b.length, address, port);
```

```
            // 向请求登录的客户端发送数据
            socket.send(packet);
        }
    }else if (cmd == COMMAND_SENDMSG) {     // 用户发送消息命令
        //TODO 用户发送消息
    }else if (cmd == COMMAND_LOGOUT) {      // 用户发送注销命令
        //TODO 用户注销
    }
}
```

上述代码第①行是从客户端传递过来的命令。代码第②行判断命令是否为用户登录命令。代码第③行是从客户端传递过来的用户 Id。代码第④行判断客户端传递过来的密码与数据库查询出来的密码是否一致。如果密码一致，则登录成功，代码第⑤行将 result：0 键值对放入 JSON 对象。代码第⑥行将用户所在客户端信息添加到 clientList 集合中。

代码第⑦行根据用户 Id 获取好友用户列表。代码第⑧行循环获得好友信息，代码第⑨行 friend.put("online", "0") 设置好友登录状态为离线。代码第⑩行设置好友登录状态为在线 friend.put("online", "1")。代码第⑪行将好友信息放置到 sendJsonObj 对象中。

在登录失败时，代码第⑬行将 result：−1 键值对放入 JSON 对象。代码第⑫行和第⑭行发送数据给客户端。至此，服务器端验证结束。

30.7 任务 6：用户登录刷新好友列表

用户登录成功后，需要给其他客户端发送通知，通知该用户上线，客户端需要刷新好友列表，这个过程如图 30-27 所示。其中第①步和第②步在任务 5 中已经介绍了，这里不再赘述。

第③步：广播用户 1 登录成功。
第④步：客户端刷新好友列表。

图 30-27　用户登录刷新好友列表过程

30.7.1 迭代6.1：用户登录刷新好友列表服务器端编程

用户登录之后，服务器端接收用户等成功的消息，广播给其他用户的客户端。
Server.java代码如下：

```java
if (cmd == COMMAND_LOGIN) {// 用户登录过程
    // 通过用户Id查询用户信息
    String userId = (String) jsonObj.get("user_id");
    Map< String, String > user = dao.findById(userId);

    // 判断客户端发送过来的密码与数据库的密码是否一致
    if (user != null && jsonObj.get("user_pwd").equals(user.get("user_pwd"))) {
        ...
        // 广播当前用户上线了
        for (ClientInfo info : clientList) {                      ①
            // 给其他好友发送,当前用户上线消息
            if (!info.getUserId().equals(userId)) {               ②
                jsonObj = new JSONObject();
                jsonObj.put("user_id", userId);
                jsonObj.put("online", "1");                       ③

                byte[] b2 = jsonObj.toString().getBytes();
                packet = new DatagramPacket(b2, b2.length,
                                    info.getAddress(), info.getPort());
                // 发送给其他用户
                socket.send(packet);                              ④
            }
        }
    }else {
        // 发送失败消息
        ...
    }
} else if (cmd == COMMAND_SENDMSG) {                 // 用户发送消息
    //TODO 用户发送消息
} else if (cmd == COMMAND_LOGOUT) {                  // 用户发送注销命令
    //TODO 用户注销
}
```

上述代码第①行广播当前用户上线，代码第②行判断如果不是当前用户，则发送消息给其他用户，通知他们当前用户已经上线。代码第③行设置当前用户状态为1（上线）。代码第④行发送消息给其他用户。如果当前用户是222，那么其他用户会收到如下JSON消息。

```
{
    "user_id": "222",                          //当前用户Id
    "online": "1"                              //在线
}
```

30.7.2 迭代6.2：用户登录刷新好友列表客户端编程

某个用户登录成功后，服务器端会广播某用户登录成功，其他用户会更新自己的好友列表。
FriendsFrame.java相关代码如下：

```java
package com.zhijieketang.qq.client;
...
public class FriendsFrame extends JFrame implements Runnable {

    // 线程运行状态
    private boolean isRunning = true;                           ①
    ...
    public FriendsFrame(Map user) {
      setTitle("QQ");
      ...
      // 启动接收消息子线程
      resetThread();                                            ②
    }

    @Override
    public void run() {                                         ③
      // 准备一个缓冲区
      byte[] buffer = new byte[1024];
      while (isRunning) {

        try {
          InetAddress address = InetAddress.getByName(Client.SERVER_IP);
          /* 接收数据报 */
          DatagramPacket packet = new DatagramPacket(buffer,
              buffer.length, address, Client.SERVER_PORT);
          // 开始接收
          Client.socket.receive(packet);                        ④
          // 接收数据长度
          int len = packet.getLength();
          String str = new String(buffer, 0, len);

          System.out.println("客户端:   " + str);

          JSONObject jsonObj = new JSONObject(str);
          String userId = (String) jsonObj.get("user_id");
          String online = (String) jsonObj.get("online");

          // 刷新好友列表
          refreshFriendList(userId, online);                    ⑤

        } catch (Exception e) {
        }
      }
    }

    // 刷新好友列表
    public void refreshFriendList(String userId, String online) {
      // 初始化好友列表
      for (JLabel lblFriend : lblFriendList) {
        // 判断用户Id是否一致
        if (userId.equals(lblFriend.getToolTipText())) {        ⑥
          if (online.equals("1")) {
            lblFriend.setEnabled(true);
          } else {
            lblFriend.setEnabled(false);
          }
```

```
            }
          }
        }
        // 重新启动接收消息子线程
        public void resetThread() {                                ⑦
            isRunning = true;
            // 接收消息子线程
            Thread receiveMessageThread = new Thread(this);        ⑧
            // 启动接收消息线程
            receiveMessageThread.start();                          ⑨
        }
    }
```

上述代码第①行定义线程运行状态，默认为 true。代码第②行调用 resetThread()方法启动线程。代码第③行是实现线程体，一直接收服务器端返回的消息。代码第④行是接收方法。接收的 JSON 消息格式如下：

```
{
    "user_id": "222",              //上线好友 Id
    "online": "1"                  //上线
}
```

如果接收到来自于服务器端的消息，则调用代码第⑤行 refreshFriendList(userId，online)方法刷新用户好友列表。

在 refreshFriendList 方法中，代码第⑥行判断用户 Id 是否与标签的 ToolTipText 属性一致，如果一致，则设置标签可用，表明用户上线了；否则不可用，说明用户下线了。注意：标签 ToolTipText 属性保存的是用户 Id，Text 属性保存的是用户名。

代码第⑦行定义重新启动接收消息子线程方法 resetThread()，该方法用来启动一个接收消息子线程。当用户登录成功进入好友列表窗口或关闭聊天窗口回到好友列表窗口时调用该方法。代码第⑧行创建接收消息的子线程。代码第⑨行启动接收消息子线程。

30.8 任务7：聊天过程实现

聊天过程如图 30-28 所示。客户端用户 1 向用户 3 发送消息，这个过程实现有如下三个步骤。

第①步：客户端用户 1 向用户 3 发送消息。
第②步：服务器端接收用户 1 消息与转发给用户 3 消息。
第③步：客户端用户 3 接收用户 1 消息。

30.8.1 迭代7.1：客户端用户1向用户3发送消息

客户端用户 1 向用户 3 发送消息是在聊天窗口 ChatFrame 中实现的。ChatFrame.java 相关代码如下：

```
package com.zhijieketang.qq.client;
...
public class ChatFrame extends JFrame implements Runnable {
    ...
```

图 30-28　聊天过程

```java
private JButton getSendButton() {

  JButton button = new JButton("发送");
  button.setBounds(232, 10, 90, 30);
  button.addActionListener(e -> {
    sendMessage();                                              ①
    txtInfo.setText("");
  });
  return button;
}

private void sendMessage() {                                    ②

  if (!txtInfo.getText().equals("")) {

    // 获得当前时间,并格式化
    String date = dateFormat.format(new Date());

    String info = String.format("#%s#" + "\n" + "您对%s说: %s",
            date, friendUserName, txtInfo.getText());
    infoLog.append(info).append('\n');
    txtMainInfo.setText(infoLog.toString());                    ③

    Map<String, String> message = new HashMap<>();
    message.put("receive_user_id", friendUserId);
    message.put("user_id", userId);
    message.put("message", txtInfo.getText());

    JSONObject jsonObj = new JSONObject(message);               ④
    jsonObj.put("command", Client.COMMAND_SENDMSG);             ⑤

    try {
      InetAddress address = InetAddress.getByName(Client.SERVER_IP);
      /* 发送数据报 */
      byte[] b = jsonObj.toString().getBytes();
```

```
                DatagramPacket packet = new DatagramPacket(b, b.length,
                            address, Client.SERVER_PORT);
                Client.socket.send(packet);                                    ⑥

            } catch (IOException e) {
            }
        }
    }
}
```

上述代码第①行是当用户单击发送按钮时调用 sendMessage()方法。代码第②行定义 sendMessage()方法。代码第③行更新 txtMainInfo(显示聊天记录)组件内容。

代码第④行创建 JSON 对象，message 是客户端发送给服务器端的消息。代码第⑤行添加命令为发送聊天消息命令。代码第⑥行发送数据给服务器端。

```
{
    "receive_user_id": "222",                          //接收消息的用户 Id(即用户 3)
    "message": "你好吗?",                               //发送的消息
    "user_id": "111",                                   //发送消息的用户 Id(即用户 1)
    "command": 3                                        //命令 3 是发送聊天消息
}
```

30.8.2　迭代 7.2：服务器接收用户 1 消息与转发给用户 3 消息

服务器接收用户 1 消息与转发给用户 3 消息是在 Server 中完成的。相关代码如下：

```
package com.zhijieketang.qq.server;
...
public class Server {
    ...
    public static void main(String[] args) {
        ...
        try ( // 创建 DatagramSocket 对象,监听自己的端口 7788
            DatagramSocket socket = new DatagramSocket(SERVER_PORT)) {

            while (true) {
                ...
                if (cmd == COMMAND_LOGIN) {// 用户登录过程
                    ...
                }else if (cmd == COMMAND_SENDMSG) {    // 用户发送聊天消息       ①
                    // 获得好友 Id
                    String friendUserId = (String) jsonObj.get("receive_user_id"); ②

                    // 向客户端发送数据
                    for (ClientInfo info : clientList) {
                        // 找到好友的 IP 地址和端口号
                        if (info.getUserId().equals(friendUserId)) {           ③

                            jsonObj.put("OnlineUserList", getUserOnlineStateList()); ④

                            // 创建 DatagramPacket 对象,用于向客户端发送数据
                            byte[] b = jsonObj.toString().getBytes();
                            packet = new DatagramPacket(b, b.length,
                                    info.getAddress(), info.getPort());
```

```
                    // 转发给好友
                    socket.send(packet);
                    break;
                }
            }
        } else if (cmd == COMMAND_LOGOUT) {      // 用户发送注销命令
            ...
        }
    }
    }catch (IOException e) {
      e.printStackTrace();
    }
}

//获得用户在线状态
private static List<Map<String, String>> getUserOnlineStateList() {           ⑤
    //从数据库查询所有用户信息
    List<Map<String, String>> userList = dao.findAll();
    //保存用户在线状态集合
    List<Map<String, String>> list = new ArrayList<Map<String, String>>();

    for (Map<String, String> user : userList) {                              ⑥

        String userId = user.get("user_id");
        Map<String, String> map = new HashMap<>();
        map.put("user_id", userId);
        // 默认离线
        map.put("online", "0");

        for (ClientInfo info : clientList) {                                 ⑦
            //如果 clientList(已经登录的客户端信息)中有该用户,则该用户在线
            if (info.getUserId().equals(userId)) {                           ⑧
                // 设置为在线
                map.put("online", "1");
                break;
            }
        }
        list.add(map);
    }
    return list;
}
```

上述代码第①行判断客户端命名是否为"用户发送聊天消息"。代码第②行获得接收消息的用户 Id。要想给用户 3 发消息,需要在 clientList 集合中查找该用户。代码第③行判断是否找到该用户,如果找到该用户,那么可以从 clientList 返回该用户的客户端主机 IP 地址和端口号码,有了这些信息就可以给他发消息。

代码第④行是向发给用户 3 的消息中添加 OnlineUserList 消息,OnlineUserList 是所有用户的登录状态,这是为了让客户端在聊天的同时也能刷新好友列表。添加 OnlineUserList 消息后,发给用户 3 的消息如下:

```
{
    "user_id": "111",                        //发送消息的用户 Id(即用户 1)
    "receive_user_id": "222",                //接收消息的用户 Id(即用户 3)
```

```
            "message": "你好吗?",
            "OnlineUserList": [                                    //所有用户状态
                {
                    "user_id": "111",
                    "online": "1"
                },
                {
                    "user_id": "222",
                    "online": "1"
                },
                {
                    "user_id": "333",
                    "online": "0"
                },
                {
                    "user_id": "888",
                    "online": "0"
                }
            ],                                                     //所有用户状态
            "command": 3
        }
```

通过 getUserOnlineStateList()方法可以获得所有用户状态,该方法定义见代码第⑤行。在该方法中首先从数据中查询所有的用户信息,然后进行遍历,见代码第⑥行。遍历获得一个用户信息,那么如何判断这个用户是否在线呢？这需要在 clientList 集合中查找,如果 clientList 集合中有该用户,则该用户在线,见代码第⑦行和第⑧行。

30.8.3 迭代7.3：客户端用户3接收用户1消息

客户端用户 3 接收用户 1 消息是在聊天窗口类 ChatFrame 接收消息子线程体中完成的。相关代码如下：

```
package com.zhijieketang.qq.client;
...
public class ChatFrame extends JFrame implements Runnable {

    private boolean isRunning = true;

    // 接收消息子线程
    private Thread receiveMessageThread;
    ...
    @Override
    public void run() {                                                            ①
        // 准备一个缓冲区
        byte[] buffer = new byte[1024];

        while (isRunning) {
            try {

                InetAddress address = InetAddress.getByName(Client.SERVER_IP);
                /* 接收数据报 */
                DatagramPacket packet = new DatagramPacket(buffer,
                        buffer.length, address, Client.SERVER_PORT);
```

```
            // 开始接收
            Client.socket.receive(packet);                                      ②
            // 接收数据长度
            int len = packet.getLength();
            String str = new String(buffer, 0, len);

            // 打印接收的数据
            System.out.printf("从服务器接收的数据:【%s】\n", str);
            JSONObject jsonObj = new JSONObject(str);

            // 获得当前时间,并格式化
            String date = dateFormat.format(new Date());
            String message = (String) jsonObj.get("message");

            String info = String.format("#%s#" + "\n" + "%s 对您说: %s",
                    date, friendUserName, message);
            infoLog.append(info).append('\n');

            txtMainInfo.setText(infoLog.toString());                            ③
            txtMainInfo.setCaretPosition(txtMainInfo.getDocument().getLength()); ④

            Thread.sleep(100);
            // 刷新好友列表
            JSONArray userList = (JSONArray) jsonObj.get("OnlineUserList");     ⑤

            for (Object item : userList) {                                      ⑥
                JSONObject onlineUser = (JSONObject) item;
                String userId = (String) onlineUser.get("user_id");
                String online = (String) onlineUser.get("online");
                friendsFrame.refreshFriendList(userId, online);                 ⑦
            }

        } catch (Exception e) {
        }
    }
}
```

上述代码第①行是接收消息子线程体,代码第②行是接收消息,代码第③行是将接收的消息显示在文本区中。代码第④行是文本区文本滚动显示到最后一行。

代码第⑤行从接收的消息中获得好友状态。然后通过循环刷新好友列表状态,见代码第⑥行和第⑦行。

30.9 任务 8:用户下线刷新好友列表过程

微课视频

一个用户单击关闭好友列表窗口就会下线,在服务器端注销用户登录信息,其他客户端也会收到该用户下线消息。这个过程如图 30-29 所示。

第①步:用户 1 下线。
第②步:广播用户 1 下线。
第③步:客户端刷新好友列表。

图 30-29 用户下线刷新好友列表

30.9.1 迭代 8.1：客户端编程

用户关闭好友列表窗口触发下线处理，FriendsFrame.java 相关代码如下：

```
package com.zhijieketang.qq.client;
…
public class FriendsFrame extends JFrame implements Runnable {
    …
    public FriendsFrame(Map user) {
      setTitle("QQ");
      …
      // 注册窗口事件
      addWindowListener(new WindowAdapter() {
        // 单击窗口关闭按钮时调用
        public void windowClosing(WindowEvent e) {                                ①

          // 当前用户下线
          JSONObject jsonObj = new JSONObject();                                  ②
          jsonObj.put("command", Client.COMMAND_LOGOUT);                          ③
          jsonObj.put("user_id", userId);
          byte[] b = jsonObj.toString().getBytes();

          InetAddress address;
          try {
            address = InetAddress.getByName(Client.SERVER_IP);
            // 创建 DatagramPacket 对象
            DatagramPacket packet = new DatagramPacket(b,
                b.length, address, Client.SERVER_PORT);
            // 发送
            Client.socket.send(packet);                                           ④
          } catch (IOException e1) {
          }
```

```
            // 退出系统
            System.exit(0);
        }
    });
    ...
    }
    ...
}
```

上述代码第①行是用户关闭窗口时调用。代码第②行创建 JSON 对象。代码第③行设置命令。代码第④行发送下线消息。发送的 JSON 消息格式如下：

```
{
    "user_id": "111",                  //发送消息的用户 Id(即用户 1)
    "command": 2                       //命令 2 是用户下线
}
```

30.9.2 迭代 8.2：服务器端编程

服务器端接收用户下线消息，广播给其他用户的客户端。
Server.java 代码如下：

```
package com.zhijieketang.qq.server;
...
public class Server {
    ...
    public static void main(String[] args) {
        ...

        try ( // 创建 DatagramSocket 对象,监听自己的端口 7788
            DatagramSocket socket = new DatagramSocket(SERVER_PORT)) {

            while (true) {
                ...
                int cmd = (int) jsonObj.get("command");

                if (cmd == COMMAND_LOGIN) {           // 用户登录过程
                    ...
                } else if (cmd == COMMAND_SENDMSG) {  // 用户发送消息
                    ...
                } else if (cmd == COMMAND_LOGOUT) {   // 用户发送注销命令        ①

                    // 获得用户 Id
                    String userId = (String) jsonObj.get("user_id");              ②

                    // 从 clientList 集合中删除用户
                    for (ClientInfo info : clientList) {                          ③
                        if (info.getUserId().equals(userId)) {
                            clientList.remove(info);                              ④
                            break;
                        }
                    }

                    //向其他客户端广播该用户下线
```

```
                for (ClientInfo info : clientList) {                    ⑤
                    jsonObj = new JSONObject();
                    jsonObj.put("user_id", userId);
                    jsonObj.put("online", "0");                         ⑥

                    byte[] b2 = jsonObj.toString().getBytes();
                    packet = new DatagramPacket(b2, b2.length,
                        info.getAddress(), info.getPort());
                    socket.send(packet);                                ⑦
                }
            }
        }catch (IOException e) {
            e.printStackTrace();
        }
    }
...
}
```

上述代码第①行判断命令是用户注销命令,代码第②行获得当前用户 Id,代码第③行遍历集合 clientList,代码第④行从集合中删除用户信息。

代码第⑤行遍历集合 clientList,分别给其他客户端发送当前用户下线。JSON 消息格式如下:

```
{
    "user_id": "111",           //发送消息的用户 Id(即用户 1)
    "online": "0"               //用户下线
}
```

客户端接收下线信息并更新好友列表。这个过程与登录成功刷新好友列表代码共用,具体代码可参考 30.5.2 节的迭代 6.2,这里不再赘述。

微课视频

30.10 测试与运行

Java 版 QQ 聊天工具比较复杂,又分为客户端和服务器两个相对独立的项目。测试与运行时也有先后顺序:先启动服务器再启动客户端。

30.10.1 启动服务器

QQ 服务器项目中启动运行 Server.java 文件,服务器正常启动,如图 30-30 所示服务器启动。

30.10.2 启动服务器失败分析

虽然,很多原因导致服务器无法启动,但是最常见的是端口冲突。如果读者在启动过程中,控制台输出如下错误信息,这说明发生端口冲突:

```
服务器启动,监听自己的端口 7788...
java.net.BindException: Address already in use: Cannot bind
    at java.base/java.net.DualStackPlainDatagramSocketImpl.socketBind(Native Method)
    at java.base/java.net.DualStackPlainDatagramSocketImpl.bind0(DualStackPlainDatagramSocketImpl.java:90)
    at java.base/java.net.AbstractPlainDatagramSocketImpl.bind(AbstractPlainDatagramSocketImpl.java:116)
```

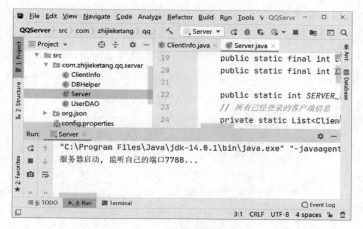

图 30-30　服务器启动

```
at java.base/java.net.DatagramSocket.bind(DatagramSocket.java:438)
at java.base/java.net.DatagramSocket.<init>(DatagramSocket.java:289)
at java.base/java.net.DatagramSocket.<init>(DatagramSocket.java:346)
at java.base/java.net.DatagramSocket.<init>(DatagramSocket.java:318)
at com.zhijieketang.qq.server.Server.main(Server.java:39)
```

所谓端口冲突,就是这个端口已经被其他程序占用了,导致端口冲突原因有如下几种:

(1) 使用了 1024 以下端口,1024 以下端口都是操作系统规定好的一些特点端口,例如 80 是 HTTP 协议端口。这些端口不要使用。

(2) 已经有另外一个程序使用了该端口。仔细检查哪些程序,实在无法找到建议重启计算机。

(3) 多次启动服务器端程序。第一次启动服务器端程序则占用特定端口,由于读者不小心又启动了一次服务器端程序,则会发生端口冲突。仔细检查是否多次启动服务器端程序,实在无法找到建议重启计算机。

30.10.3　启动客户端

QQ 客户端项目中启动运行 Client.java 文件,服务器正常启动,如图 30-31 客户端启动。

图 30-31　客户端启动

与服务器启动不同,可能需要启动多个客户端。使用 IntelliJ IDEA 工具默认不能同时运行多个程序,如果想运行多个程序则需要进行配置。如果是第一次运行 Client.java 文件,则右击菜单中选择 Create 'Client.main()',弹出如图 30-32 所示对话框,选择 Allow parallel run 选项,则允许同时并运行多个程序。如果已经运行 Client.java 文件,则右击菜单中选择 Edit 'Client.main()'。

图 30-32 配置并行运行

30.10.4 启动客户端失败分析

导致启动客户端失败,可以有如下几个原因:
(1)服务器端没启动。
(2)客户端设置的端口与服务器端设置的端口不一致。
(3)客户端设置的 IP 地址不是服务器的 IP 地址。
(4)服务器防火墙设置。如果客户端和服务器不在同一台计算机上运行,需要设置服务器防火墙设置开放端口,使得客户端能够通过特定端口到服务器。